T.H.E BOOK

한권으로 끝내는

# 위험물산업기사

2종 완결

# 실기

도서출판 오스틴북스

# 스터디 플랜

| | 1일차 | 2일차 | 3일차 |
|---|---|---|---|
| **1주차** | Chapter.3<br>위험물의 화학적 성질 및 취급 필수 암기 118개<br>반응식 : 30개 암기 | Chapter.3<br>위험물의 화학적 성질 및 취급 필수 암기 118개<br>반응식 : 30개 암기<br>(1일차와 누적으로) | Chapter.3<br>위험물의 화학적 성질 및 취급 필수 암기 118개<br>반응식 : 30개 암기<br>(1, 2일차와 누적으로) |
| | **8일차** | **9일차** | **10일차** |
| **2주차** | 기출문제 : 20 ~ 22년 풀기 | 기출문제 : 08 ~ 11년 풀기 | 기출문제 : 12 ~ 15년 풀기 |

| 4일차 | 5일차 | 6일차 | 7일차 |
| --- | --- | --- | --- |
| Chapter.3<br>위험물의 화학적 성질 및 취급 필수 암기 118개<br>반응식 : 30개 암기<br>(1, 2, 3일차와 누적으로) | **기출문제** : 08 ~ 11년 풀기 | **기출문제** : 12 ~ 15년 풀기 | **기출문제** : 16 ~ 19년 풀기 |

| 11일차 | 12일차 | 13일차 | 14일차 |
| --- | --- | --- | --- |
| **기출문제** : 16 ~ 19년 풀기 | **기출문제** : 20 ~ 22년 풀기 | **기출문제** : 08 ~ 15년 풀기 | **기출문제** : 16 ~ 22년 풀고 부족한 부분 중점적으로 마무리 공부 |

# Contents

차례

# 01

# 기초화학

# 01. 2010년 ~ 2023년 작업형 기출문제(압축)

2010년 ~ 2023년

산업안전기사

# 작업형 기출문제(압축)

10년 1회 10년 3회 11년 2회 12년 3회 14년 1회 16년 1회 19년 1회 20년 2회

## 01

**다음 영상을 보고 위험을 방지하기 위한 필요 조치 사항 3가지를 쓰시오.**

[동영상 설명]
작업자가 터널공사 중 다이너마이트를 설치하고 있다. 터널 등의 건설작업에 있어서 낙반 등에 의하여 작업자에게 위험을 미칠 우려가 있어보인다.

① 터널지보공 설치
② 록볼트 설치
③ 부석 제거

10년 1회 11년 3회 13년 1회 13년 2회 14년 2회 14년 3회 15년 1회 15년 3회 16년 2회 16년 3회 17년 1회 17년 3회 18년 3회 19년 1회 20년 1회 20년 2회 20년 3회 21년 3회

## 02

**다음 영상을 보고 각 물음에 답하시오.**

[동영상 설명]
박공지붕 작업을 하는데 안전난간과 추락방호망이 설치되지 않았다. 작업자는 지붕 위쪽 중간에서 커피를 마시면서 앉아 휴식을 취하는 작업자와 작업자 위쪽과 뒤편에 적재물들이 적치되어 있고 휴식중인 작업자에게 적재물들이 굴러와 작업자에게 충돌하여 작업자가 땅으로 추락하였다.

(1) 위험요인 3가지
(2) 안전대책 3가지

(1) 위험요인
① 추락방호망 미설치
② 안전난간 미설치
③ 안전대 미착용
④ 안전대 부착설비 미설치
⑤ 위험장소에서 작업자 휴식 취함

(2) 안전대책
① 추락방호망 설치
② 안전난간 설치
③ 안전대 착용
④ 안전대 부착설비 설치
⑤ 추락에 대한 안전교육 실시

10년 1회 11년 2회 13년 2회 16년 1회 17년 1회 17년 2회 19년 1회 19년 3회 20년 2회 20년 4회 21년 2회

## 03

**다음 영상을 보고 각 물음에 답하시오.**

[동영상 설명]
화면은 20,000 $V$의 전압이 흐르는 배전반에 절연내력 시험기 앞의 작업자가 뒤에 있던 다른 작업자를 발견하지 못하여 시험하다가 다른 작업자가 쓰러졌다.

(1) 재해형태
(2) (1)의 정의
(3) 가해물

(1) 감전

(2) 외부에서 인가된 전원에 의해 인체 안으로 전류가 통과되는 것

(3) (배전반에 접촉되면) 배전반
(배전반과 거리가 떨어지면) 전류

10년 1회 12년 1회 12년 2회 13년 3회 14년 2회 14년 3회 15년 1회 15년 3회 16년 3회 17년 1회 17년 3회 18년 2회 19년 1회 20년 1회 20년 2회 21년 3회 22년 1회

## 04

**다음 영상을 보고 각 물음에 답하시오.**

[동영상 설명]
작업자가 단무지공장에서 일하는 모습을 보여준다. 단무지가 있고 가운데에 수중펌프가 있으며 무릎까지 물이 차오른 상태에서 수중펌프가 작동하자마자 작업자가 감전에 당했다.

(1) 습윤한 장소에서 사용되는 이동전선에 대한 사용 전 점검사항 3가지를 쓰시오.
(2) 재해 예방대책 3가지를 쓰시오.
(3) 전원부 작업 시 필요한 방호장치 1가지를 쓰시오.
(4) 작업자가 감전사고를 당한 원인을 인체 피부저항과 관련하여 자세히 설명하시오.

(1) 사용 전 점검사항
① 누전차단기 설치 확인
② 수중펌프 외함의 접지상태 점검
③ 절연저항 측정 실시

(2) 재해 예방대책
① 누전차단기 설치
② 수중펌프와 전선의 이음새 부분 작업 전 확인
③ 전선은 수분의 침투가 불가능한 것을 사용

(3) 방호장치
: 누전차단기

(4) 감전사고 원인
: 사람이 수중에 있으므로 인체 피부저항이 $\frac{1}{25}$로 감소되어 쉽게 감전되었다.

10년 1회 20년 2회 21년 1회

## 05

**다음 영상을 보고 목재가공용 둥근톱 작업에서 불안전한 행동 및 안전대책 3가지씩 쓰시오.**

[동영상 설명]
작업자가 보호구를 착용하지 않고 면장갑을 착용한 상태에서 방호장치가 설치되지 않은 목재가공용 둥근톱을 이용하여 물을 뿌리면서 대리석을 자르는 작업을 하고 있다. 작업자가 전원을 차단하지 않고 쇠파이프 막대로 수압조절밸브를 툭툭 치면서 조절한다. 그 손으로 벽면에 부착된 기계의 전원스위치를 만지고 가동 중인 기계 레일의 상단을 왔다 갔다 한다. 그러다가 기계가 정지되자 면장갑을 착용한 손으로 톱날을 돌리다가 기계가 갑자기 작동하여 재해가 발생하였다.

(1) 불안전한 행동
① 장갑착용
② 보안경 미착용
③ 방진마스크 미착용
④ 톱날접촉방지장치 미설치
⑤ 반발예방장치 미설치
⑥ 전원을 차단하지 않고 점검
⑦ 적합한 공구 또는 손을 사용하지 않고 벨브 조절
⑧ 가동 중인 기계 위를 걸어다님

(2) 안전대책
① 장갑착용 금지
② 보안경 착용
③ 방진마스크 착용
④ 톱날접촉방지장치 설치
⑤ 반발예방장치 설치
⑥ 전원을 차단한 후 점검
⑦ 적합한 공구 또는 손을 사용하여 벨브 조절
⑧ 가동 중인 기계 위를 걸어다니지 말 것

10년 1회 11년 1회 12년 2회 13년 3회 15년 3회 18년 1회 19년 2회

## 06

**다음 영상을 보고 각 물음에 답하시오.**

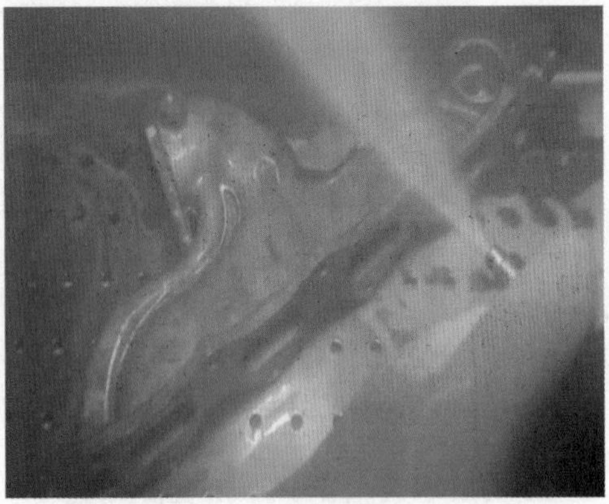

[동영상 설명]
작업자가 자동차 부품 도금공정 중 세척하는 과정에서 고무장갑, 운동화를 착용하고 담배를 피우면서 작업을 하고 있다.

(1) 위험예지훈련 2가지
(2) 만약, 세척조에서 시너(Thinner)를 사용할 때 예상되는 재해유형 2가지를 쓰시오.

(1) 위험예지훈련
① 작업 중 흡연을 금하자.
② 세척 작업 시 불침투성 보호장갑•보호장화를 착용하자.

(2) 예상되는 재해유형 : ① 폭발, ② 화재

10년 1회 11년 2회 12년 3회 14년 3회 16년 1회 17년 2회

## 07

**다음 영상을 보고 분리식 방진 마스크에 대한 표의 빈칸을 채우시오.**

[동영상 설명]
작업자가 쓰고있는 분리식 방진 마스크를 보여주고 있다.

| 등급 | 염화나트륨($NaCl$) 및 파라핀 오일 시험 |
|---|---|
| 특급 | ( ① ) |
| 1급 | ( ② ) |
| 2급 | ( ③ ) |

① 99.95% 이상
② 94% 이상
③ 80% 이상

*방진마스크의 성능기준

| | 종류 | 등급 | 염화나트륨($NaCl$) 및 파라핀 오일 시험 |
|---|---|---|---|
| 여과재 분진 등 포집효율 | 분리식 | 특급 | 99.95% 이상 |
| | | 1급 | 94% 이상 |
| | | 2급 | 80% 이상 |
| | 안면부 여과식 | 특급 | 99% 이상 |
| | | 1급 | 94% 이상 |
| | | 2급 | 80% 이상 |

10년 2회 11년 2회 14년 1회 16년 2회

## 08

**다음 영상을 보고 아래의 표를 완성하시오.**

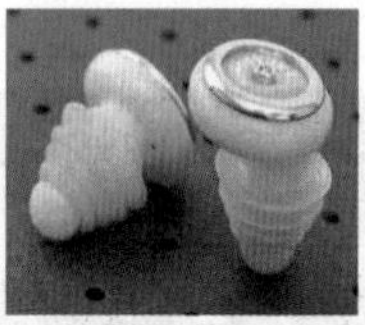

[동영상 설명]
방음용 보호구(귀마개)를 확대하여 보여주고 있다.

| 형식 | 종류 | 기호 | 성능 |
|---|---|---|---|
| 귀마개 | ① | ② | ③ |
| | ④ | ⑤ | ⑥ |

① 1종 ② EP-1 ③ 저음부터 고음까지 차음하는 것
④ 2종 ⑤ EP-2 ⑥ 고음만을 차음하는 것

10년 2회 13년 2회 16년 3회 18년 2회 20년 2회

## 09

**다음 영상을 보고 해당하는 프레스에 설치하여 사용할 수 있는 유효 방호장치 4가지를 쓰시오.**

[동영상 설명]
작업자가 급정지 기구가 부착되지 않은 프레스기로 철판에 구멍을 뚫는 작업을 하고 있다.

① 양수기동식
② 게이트가드식
③ 수인식
④ 손쳐내기식

*급정지기구 부착여부

| 급정지기구 부착○ | 급정지기구 부착× |
|---|---|
| ① 양수조작식 방호장치<br>② 감응식 방호장치 | ① 양수기동식 방호장치<br>② 게이트가드식 방호장치<br>③ 수인식 방호장치<br>④ 손쳐내기식 방호장치 |

10년 2회 11년 3회 16년 3회 20년 1회

## 10

**다음 영상을 보고 이동식 크레인에 대한 각 물음에 답하시오.**

[동영상 설명]
철판집게로 철판을 "ㄷ"자로 물고 있는 이동식 크레인은 철판을 화물차 위로 이동시키고 있으며, 화물차 위에서 작업자가 이동해온 철판을 내리려는 찰나에 철판이 낙하하여 작업자가 깔리는 재해가 발생하였다.

(1) 이동식 크레인의 방호장치 4가지를 쓰시오.
(2) 영상을 보고 다음 보기의 빈칸을 채우시오.

[보기]
안전검사주기에서 사업장에서 설치가 끝난 날부터 (①) 이내에 최초 안전검사를 실시하되, 그 이후부터 매 (②) (건설현장에서 사용하는 것은 최초로 설치한 날로부터 (③)) 마다 안전검사를 실시한다.

(1) 방호장치
① 권과방지장치
② 과부하방지장치
③ 제동장치
④ 비상정지장치

(2) ① 3년 ② 2년 ③ 6개월

10년 2회 11년 2회 12년 3회 13년 1회 14년 2회 14년 3회 17년 1회 17년 3회 18년 1회 19년 1회 19년 2회 21년 1회 21년 2회 22년 1회

## 11

**다음 영상을 보고 고압전선로 옆 항타기・항발기 작업에 대한 각 물음에 답하시오.**

[동영상 설명]

작업자는 $30kV$의 전압이 흐르는 고압선 옆에서 항타기・항발기로 땅파고 전주 세우기 작업을 하고 있다가 감전사고가 발생하였다.

(1) 사고원인 3가지

(2) 안전대책 3가지

(1) 사고 원인
① 절연방호구 미설치
② 울타리 미설치
③ 접지점 미관리
④ 이격거리 미확보
⑤ 감시인 미배치

(2) 안전 대책
① 절연방호구 설치
② 울타리 설치
③ 접지점 관리
④ 이격거리 확보
⑤ 감시인 배치

10년 2회 10년 3회 12년 3회 14년 3회 15년 1회 16년 2회 16년 3회 19년 3회 20년 2회 20년 3회 21년 1회 21년 2회 22년 1회 22년 2회 22년 3회

## 12

**다음 영상을 보고 각 물음에 답하시오.**

[동영상 설명]

작업자가 맨손으로 전동 권선기에 동선을 감는 작업 중 기계가 정지하여 점검하던 도중 몸이 굳은 채 갑자기 쓰러졌다.

(1) 재해유형

(2) 재해원인 2가지

(1) 재해유형 : 감전

(2) 재해원인
① 정전작업 미실시(기계 전원 미차단)
② 절연보호구 미착용

10년 2회 10년 3회 11년 3회 12년 1회 13년 2회 14년 3회 15년 3회
17년 1회 17년 2회 18년 1회 18년 2회 20년 2회

## 13

**다음 영상을 보고 승강기 컨트롤 패널 작업에 대한 각 물음에 답하시오.**

[동영상 설명]
절연보호구를 착용하지 않은 작업자는 MCC 패널을 점검하고 있다. 작업자는 개폐기 문을 열어 전원을 차단하고 나서 문을 닫은 후에 다른 곳 패널에서 작업하던 도중 전선을 만지더니 쓰러졌다.

(1) 재해형태
(2) 가해물
(3) 재해형태 원인 1가지
(4) 감전 방지대책 3가지

(1) 재해형태 : 감전

(2) 가해물 : (MCC 패널과 접촉하면) MCC 패널
(MCC 패널과 거리가 떨어지면) 전류

(3) 재해형태 원인 : 잔류전하에 의한 감전

(4) 감전 방지대책
① 절연용 보호구 착용
② 작업지휘자 또는 감시인 배치
③ 작업자들에게 작업에 대한 안전교육 실시

10년 2회 17년 1회

## 14

**다음 영상을 보고 각 물음에 답하시오.**

[동영상 설명]
해당 LPG저장소에서 대기 중에 LPG가 유출되어 폭발사고가 발생하였다.

(1) 재해형태
(2) 기인물

(1) 재해형태 : 폭발
(2) 기인물 : LPG

10년 2회 10년 3회 11년 1회 11년 2회 12년 3회 14년 2회 15년 1회
17년 2회 19년 1회 20년 2회 20년 3회 22년 3회

## 15

**다음 영상을 보고 유해화학물질이 흡수되는 경로와 특별관리물질 게시사항 각각 3가지씩 쓰시오.**

[동영상 설명]
보호구를 아무것도 착용하지 않은 작업자가 유해한 화학물질을 맨손으로 취급하고 있으며 유해화학물질의 냄새를 맡고있는 장면을 보여준다.

(1) 흡수경로 : ① 호흡기 ② 소화기 ③ 피부

(2) 게시사항
① 발암성 물질
② 생식세포 변이원성 물질
③ 생식독성 물질

10년 2회 13년 2회 14년 3회 16년 1회 17년 2회 19년 2회 20년 2회

## 16

**다음 영상을 보고 터널 굴착공사 중에 사용되는 계측 방법의 종류 3가지를 쓰시오.**

[동영상 설명]
화면에서 터널 굴착공사하는 모습을 보여주고 있다.

① 내공변위 측정
② 지중변위 측정
③ 천단침하 측정
④ 록볼트 축력 측정

10년 2회 12년 3회 14년 2회 16년 2회 17년 3회 20년 4회

## 17

**다음 영상을 보고 탁상용 연삭기 작업에 대한 각 물음에 답하시오.**

[동영상 설명]
작업자가 탁상용 연삭기로 봉강 연마 작업 중 파편이 튀어 사고가 발생하였다.

(1) 기인물
(2) 방호장치 1가지
(3) 작업 시 숫돌과 가공면과의 각도의 적절한 범위

(1) 기인물 : 탁상용 연삭기
(2) 방호장치 : 칩 비산방지판
(3) 각도 : 15° ~ 30°

10년 2회 10년 3회 16년 1회 17년 2회 18년 2회 20년 2회 20년 4회 22년 1회

## 18

**다음 영상을 보고 프레스 작업에서 사고를 방지하기 위한 조치사항 2가지를 쓰시오.**

[동영상 설명]
작업자가 프레스 작업을 하던 도중 이물질에 의해 갑자기 프레스기가 정지되었다. 작업자는 몸을 기울인 채 이물질을 손으로 제거하는 작업을 하다가 실수로 페달을 밟아 손이 다치는 재해가 발생하였다.

① 작업 전 전원 차단한 후 이물질 제거
② 프레스를 일시 정지할 때 페달에 U자형 덮개 씌움
③ 이물질 제거 시 수공구 사용
④ 게이트가드식 안전장치 등 설치

10년 2회 12년 2회 16년 1회 17년 3회 18년 2회 19년 1회 20년 1회 22년 1회

## 19

**다음 영상을 보고 감전방지용 누전차단기 설치장소 및 설치대상 3가지씩 쓰시오.**

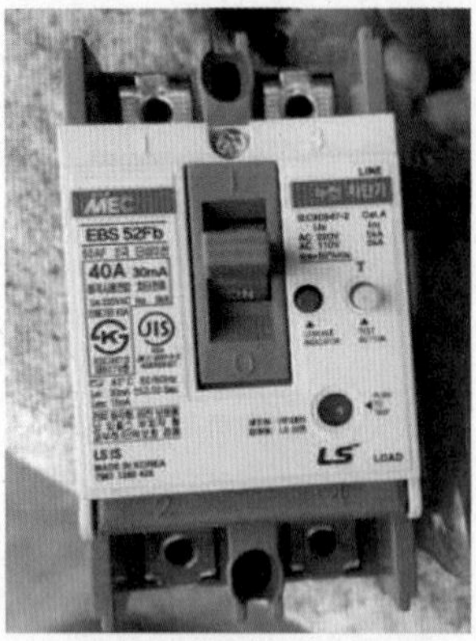


[동영상 설명]
화면에서 누전차단기를 확대하여 보여주고 있다.

(1) 설치장소
① 대지전압이 150 V를 초과하는 장소
② 물 등 도전성이 높은 액체가 있는 습윤장소
③ 철판·철골 위 등 도전성이 높은 장소
④ 임시배선의 전로가 설치되는 장소

(2) 설치대상
① 대지전압이 150 V를 초과하는 이동형 또는 휴대형 전기기계·기구
② 물 등 도전성이 높은 액체가 있는 습윤장소에서 사용하는 저압용 전기기계·기구
③ 철판·철골 위 등 도전성이 높은 장소에서 사용하는 이동형 또는 휴대형 전기기계·기구
④ 임시배선의 전로가 설치되는 장소에서 사용하는 이동형 또는 휴대형 전기기계·기구

10년 2회 10년 3회 11년 3회 12년 2회 14년 1회 14년 2회 15년 1회 16년 3회 18년 1회 20년 2회

## 20

**다음 영상을 보고 작업자의 눈·손·신체에 각각 필요한 보호구를 쓰시오.**

[동영상 설명]
보호구를 아무것도 착용하지 않은 작업자가 변압기의 양쪽에 나와있는 선을 두 손으로 들고 유기화합물 드럼통에 넣었다 빼서 앞 선반에 올리는 반복 작업을 하고 있다.

① 눈 : 보안경
② 손 : 불침투성 보호장갑
③ 신체 : 불침투성 보호복

10년 2회 12년 3회 14년 1회 16년 1회 19년 1회 20년 2회 21년 1회

## 21

**다음 영상을 보고 각 물음에 답하시오.**

[동영상 설명]
한 작업자가 지게차에 주유를 하면서 시동을 건 채 내려 다른 작업자와 흡연을 하며 이야기를 나누고 있다.

(1) 위험요소 2가지
(2) 가장 근본적인 위험의 원인과 결과를 서술하시오.
(3) 지게차 작업자의 담뱃불에 해당하는 발화원 형태의 명칭

(1) 위험요소
① 주유 중 담배를 피워 화재발생위험
② 부주의로 인한 정량 이상을 주유하여 바닥에 유류가 넘쳐 화재발생위험
③ 지게차에 시동이 걸려있어 오동작에 인한 사고 발생위험

(2) 가장 근본적인 위험
: 인화성 물질이 있는 장소에서 흡연을 하여 화재 및 폭발 위험에 노출되어 화재가 발생할 수 있다.

(3) 발화원 형태의 명칭 : 나화

10년 2회 12년 1회 13년 1회 15년 3회 17년 3회 18년 3회 20년 3회 22년 1회

## 22

**다음 영상을 보고 보기의 항타기에 대한 빈칸을 채우시오.**

[동영상 설명]
화면에서 항타기를 확대하여 보여주고 있다.

[보기]
- 항타기 권상장치의 드럼축과 권상장치로부터 첫 번째 도르래의 축 간의 거리를 권상장치 드럼폭의 ( ① )배 이상으로 하여야 한다.
- 도르래는 권상장치 드럼의 ( ② )을 지나야하며 ( ③ )에 있어야 한다.

① 15 ② 중심 ③ 수직면

10년 2회 11년 2회 12년 3회 14년 1회 15년 1회 16년 2회 16년 3회 17년 3회 19년 3회 20년 1회 20년 3회 22년 1회

## 23

**다음 영상을 보고 높이가 $2m$ 이상인 작업장소에 적합한 작업발판의 설치기준 3가지를 쓰시오.**

[동영상 설명]
작업자가 조립식 비계발판을 설치하고 있다.

① 발판재료는 작업 시 하중을 견딜 수 있도록 견고한 것으로 설치
② 작업발판의 지지물은 하중에 의하여 파괴될 우려가 없는 것을 사용
③ 작업발판을 작업에 따라 이동시킬 때에는 위험방지에 필요한 조치를 할 것
④ 작업발판재료는 뒤집히거나 떨어지지 않도록 둘 이상의 지지물에 연결하거나 고정할 것
⑤ 추락의 위험이 있는 경우, 안전난간 설치

10년 2회 13년 3회

## 24

**다음 영상을 보고 방진마스크의 일반적인 구조조건 3가지를 쓰시오.**

[동영상 설명]
화면은 작업자가 착용한 방진마스크를 확대하고 있다.

① 착용 시 압박감이나 고통을 주지 않을 것
② 전면형은 호흡 시 투시부가 흐려지지 않을 것
③ 안면부 여과식 마스크는 여과재를 안면에 밀착시킬 수 있을 것
④ 안면부 여과식 마스크에 있어서는 여과재로 된 안면부가 사용기간 중 심하게 변형되지 않을 것

10년 3회 11년 3회 13년 1회 13년 2회 14년 3회 15년 2회 16년 1회 16년 3회 17년 1회 17년 3회 19년 2회 19년 2회 20년 2회 22년 2회

## 25

**다음 영상을 보고 밀폐공간에서 작업 중 착용하여야 할 보호구 2가지를 쓰시오.**

[동영상 설명]
작업자가 지하에 설치된 폐수처리조에서 슬러지 처리 작업 중 의식을 잃고 갑자기 쓰러졌다.

① 송기마스크 ② 공기호흡기 ③ 산소호흡기

10년 3회 12년 2회 14년 1회 16년 2회 17년 1회 19년 1회

## 26

**다음 영상을 보고 석면을 취급하는 작업 시 안전작업 방법 3가지를 쓰시오.**

[동영상 설명]
일반작업복, 일반장갑, 일반마스크를 착용하는 작업자들과 브레이크 패드를 제작하는 작업장 사방에 석면이 흩날리고 있으며 위의 작업자는 석면을 포대에서 알루미늄용기를 사용하여 배합기에 넣고 아래의 작업자는 철로 된 용기에 주변 바닥으로 떨어진 석면을 빗자루로 쓸어서 담고 있는 장면을 보여주고 있다. 주변에는 국소배기장치가 없다.

① 호흡용 보호구 착용
② 국소배기장치 설치
③ 습기 유지
④ 다른 작업장소와의 격리

10년 3회 12년 1회 14년 1회 16년 3회 17년 2회 20년 2회

## 27

**다음 영상을 보고 항타기·항발기 조립 작업 시 점검 사항 3가지를 쓰시오.**

[동영상 설명]
작업자들이 콘크리트 전주를 세우기 위해 항타기·항발기를 조립하려는 장면이다.

① 본체 연결부의 풀림 또는 손상의 유무
② 권상기 설치상태의 이상 유무
③ 권상장치의 브레이크 및 쐐기장치 기능의 이상 유무
④ 버팀의 방법 및 고정상태의 이상 유무
⑤ 권상용 와이어로프·드럼 및 도르래의 부착상태 이상 유무

10년 3회 11년 1회 11년 2회 12년 1회 15년 2회 16년 1회 18년 2회 18년 3회 20년 2회 20년 3회

## 28

**다음 영상의 위험요인 3가지를 쓰시오.**

[동영상 설명]
작업자 2명에서 사다리차를 타고 전주의 고압선로에 절연방호구를 설치하는 활선작업을 하고 있다. 작업자 1명은 밑에서 절연방호구를 올리고 다른 작업자 1명은 사다리차 위에서 물건을 받아서 활선에 절연방호구 설치 작업을 하다 감전사고가 발생하였다.

① 붐대의 활선 접촉에 따른 감전위험
② 절연용 보호구 미착용에 대한 감전위험
③ 활선작업거리 미준수에 따른 감전위험

10년 3회 14년 3회 15년 3회 17년 3회 18년 3회 20년 2회 22년 1회

## 29

**다음 영상을 보고 각 물음에 답하시오.**

[동영상 설명]
작업자가 승강기 모터 벨트 부분에 묻어있는 기름과 먼지를 청소하던 도중 모터 상부 고정부분에 손이 끼이는 재해가 발생하였다.

(1) 위험점
(2) 재해형태
(3) 재해형태의 정의

(1) 위험점 : 끼임점

(2) 재해형태 : 끼임

(3) 재해형태의 정의 : 기계설비에 끼이거나 감김

***산업재해 명칭**

| 명칭 | 내용 |
|---|---|
| 떨어짐 | 높이가 있는 곳에서 사람이 떨어짐 |
| 넘어짐 | 사람이 미끄러지거나 넘어짐 |
| 깔림 | 물체의 쓰러짐이나 뒤집힘 |
| 부딪힘 | 물체에 부딪힘 |
| 맞음 | 날아오거나 떨어진 물체에 맞음 |
| 무너짐 | 건축물이나 쌓인 물체가 무너짐 |
| 끼임 | 기계설비에 끼이거나 감김 |

10년 3회 17년 3회

## 30

**다음 영상을 보고 보호구 중 안전화의 종류 4가지를 쓰시오.**

[동영상 설명]
화면에 작업자가 착용하는 보호구들을 보여주다가 마지막에 안전화를 확대하여 보여주었다.

① 가죽제 안전화
② 고무제 안전화
③ 정전기 안전화
④ 발등 안전화
⑤ 절연장화
⑥ 절연화

10년 3회 11년 1회 11년 2회 12년 3회 13년 2회 14년 1회 15년 2회 16년 2회 18년 3회 19년 1회 20년 4회 21년 2회 22년 1회

## 31

**다음 영상을 보고 각 물음에 답하시오.**

[동영상 설명]
지게차를 운전하던 작업자는 지게차에 불안정하고 높게 적재된 화물에 의하여 시야 확보가 어려운 도중 통로에 있던 작업자와 충돌하는 사고 발생하였다.

(1) 재해발생원인 3가지를 쓰시오.
(2) 운전자의 조치 3가지를 쓰시오.

(1) 재해발생원인
① 물건의 적재불량으로 인한 운전자의 시야 불충분
② 작업자가 지게차의 운행 경로에 나와 작업함
③ 물건을 불안정하게 적재하여 화물의 낙하 위험

(2) 운전자의 조치
① 경적과 경광등을 사용하여 주의
② 하차하여 주변의 안전을 확인
③ 유도자를 지정하여 지게차를 유도 또는 후진으로 서행

10년 3회 11년 1회 12년 2회 14년 2회 15년 1회 16년 2회 16년 3회 17년 3회 18년 1회 20년 1회 20년 3회

## 32

**다음 영상을 보고 각 물음에 답하시오.**

[동영상 설명]
화면에는 위의 보호구를 확대하여 보여주고 있다.

(1) 해당 보호구의 명칭
(2) 해당 보호구의 정의
(3) 해당 보호구가 갖추어야 하는 구조 2가지
(4) 해당 보호구의 일반적인 구조조건 2가지

(1) 명칭 : 안전블록

(2) 정의
: 안전그네와 연결하여 추락발생시 추락을 억제할 수 있는 자동잠김장치가 갖추어져 있고 죔줄이 자동적으로 수축되는 장치

(3) 갖추어야 하는 구조
① 자동잠김장치를 갖출 것
② 부품은 부식방지처리를 할 것

(4) 일반적인 구조조건
① 안전블록은 정격 사용길이가 명시될 것
② 안전블록의 줄은 합성섬유로프, 웨빙, 와이어로프이어야 하며, 와이어로프인 경우 최소 공칭지름이 $4mm$ 이상인 것

10년 3회 11년 1회 12년 1회 12년 2회 14년 1회 14년 3회 15년 2회 16년 1회 17년 1회 17년 2회 18년 1회 20년 1회 20년 4회 21년 1회 21년 2회 22년 2회

## 33

**다음 영상을 보고 추락사고에 대한 각 물음에 답하시오.**

[동영상 설명]
작업자가 아파트 난간에서 창틀에서 창호설치 작업을 하던 도중에 바닥으로 추락사고가 발생하였다.

(1) 위험요인 3가지
(2) 가해물

(1) 위험요인
① 추락방호망 미설치
② 안전난간 미설치
③ 안전대 미착용
④ 안전대 부착설비 미설치
(2) 가해물 : 바닥

10년 3회 13년 3회 14년 1회 14년 2회 14년 3회 15년 2회 15년 3회 16년 3회 18년 1회 19년 1회 20년 2회 22년 2회

## 34

**다음 영상을 보고 크레인을 이용한 전주 세우기 작업에 대한 각 물음에 답하시오.**

[동영상 설명]
작업자는 $30kV$의 전압이 흐르는 고압선에서 크레인을 이용하여 활선전로에 인접하여 전주 세우기 작업을 하고 있다. 작업을 하던 도중 크레인이 활선전로에 접촉하여 운전하던 작업자가 감전을 당했다.

(1) 이 사고의 직접원인 1가지
(2) 이 사고의 동종 재해 방지를 위한 안전대책 3가지

(1) 직접원인 : 활선전로와 접촉
(2) 안전대책
① 절연방호구 설치
② 울타리 설치 또는 감시인 배치
③ 접지점 관리
④ 이격거리 확보

10년 3회 11년 1회 11년 2회 12년 1회 12년 2회 12년 3회 15년 1회

## 35

**다음 영상을 보고 고압선 주변에서 작업 시 안전수칙 3가지를 쓰시오.**

[동영상 설명]
$30kV$의 전압이 흐르는 고압선 아래에서 이동용 크레인을 이용하여 맨홀 내부에 화물을 인양하던 도중 감전사고가 발생하였다.

① 절연방호구 설치
② 울타리 설치 또는 감시인 배치
③ 접지점 관리
④ 이격거리 확보

10년 3회 12년 3회

## 36

**다음 영상을 보고 재해유발요인 3가지를 쓰시오.**

[동영상 설명]
보안경을 착용하지 않은 목장갑을 착용한 작업자가 덮개가 설치되지 않은 작동되고 있는 원심기를 점검하고 있다.

① 기계의 전원을 차단하지 않고 점검
② 덮개 미설치
③ 보안경 미착용
④ 회전기계에 목장갑 착용

11년 1회 11년 3회 12년 2회

## 37

**다음 영상을 보고 회전하는 브레이크 라이닝에 대한 각 물음에 답하시오.**

[동영상 설명]
장갑을 착용한 작업자가 브레이크 라이닝 연마 작업 중 손이 말려들어가는 재해를 당했다.
(브레이크 드럼에는 방호장치가 설치되지 않았다.)

(1) 위험요인 2가지
(2) 안전대책 2가지

(1) 위험요인
① 작업 시 장갑을 착용하고 있어서
② 비상정지장치 • 덮개 등 방호장치 미설치

(2) 안전대책
① 회전기계에 장갑을 착용하지 않는다.
② 비상정지장치 • 덮개 등 방호장치 설치한다.

11년 1회 13년 3회 15년 2회 16년 3회 18년 1회 19년 3회 21년 3회

## 38

**다음 영상을 보고 재해원인 2가지를 쓰시오.**

[동영상 설명]
작업자가 전주에 올라가다 표지판에 부딪혀 추락하는 재해가 발생하였다.

① 방해되는 표지판을 미리 이설하지 않음
② 머리위의 시야 확보 미흡
③ 안전대 미착용

11년 1회 12년 1회

## 39

**다음 영상을 보고 전주 설치 시 사고예방 관리적 대책 3가지를 쓰시오.**

[동영상 설명]
작업자들이 전주를 설치하는 작업을 하고 있다.

① 작업 내용에 대한 위험성 주의 및 교육
② 작업지휘자에 의한 작업지휘 또는 감시인 배치
③ 개인보호구 착용 및 취급사항 교육·감독

11년 1회 12년 2회 13년 3회 14년 3회 20년 4회

## 40

**다음 영상의 사고 위험요인 3가지를 쓰시오.**

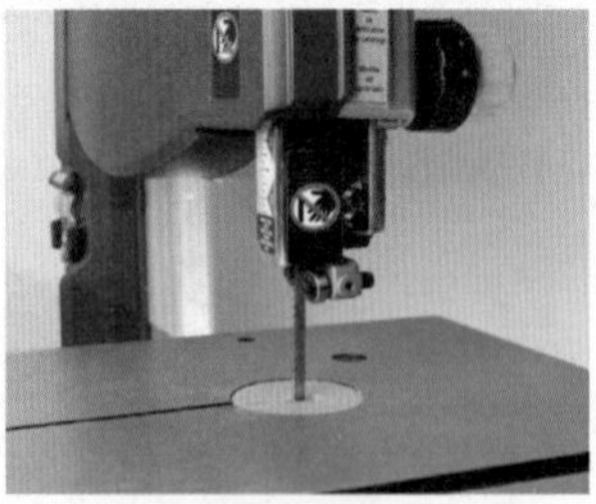

[동영상 설명]
보안경을 착용하지 않은 작업자가 고개를 숙이며 띠톱 작업 중 자재를 꺼내려다 톱날에 장갑이 걸려 들어가는 사고가 발생하였다.

① 장갑을 착용하여 손이 톱날에 끼일 위험
② 자재를 꺼낼 때 전원을 차단하지 않아 위험
③ 자재를 꺼낼 때 수공구를 사용하지 않아 위험

11년 1회 12년 2회 16년 1회 18년 2회 19년 3회 20년 4회 21년 1회

## 41

**다음 영상을 보고 각 물음에 답하시오.**

[동영상 설명]
연구실에서 안전장갑을 끼지 않은 상태에서 황산$(H_2SO_4)$으로 유리용기를 세척하던 도중 작업자에게 황산$(H_2SO_4)$이 손에 묻어 사고가 발생하였다.

(1) 재해형태
(2) 재해형태의 정의
(3) 원인

(1) 유해위험물질 노출·접촉

(2) 유해위험물질 노출·접촉 또는 흡입하였거나 독성동물에 쏘이거나 물린 경우

(3) 안전장갑을 사용하지 않고 황산 취급

11년 1회 12년 1회 15년 2회 16년 3회 20년 2회

## 42

**다음 영상을 보고 안전수칙 2가지를 쓰시오.**

[동영상 설명]
작업자 2명이 승강기 개구부에서 작업하고 있다. 작업자 1명은 위에서 안전난간에 밧줄을 걸쳐 물건을 끌어 올리고 다른 작업자 1명은 이를 밑에서 올려주는 작업을 하던 도중, 인양하던 물건이 떨어져 밑에 있던 작업자 1명이 다치는 사고가 발생하였다.

① 낙하물방지망 설치
② 물건 인양 시 도르래 등의 기구 사용
③ 작업자는 안전모 등 보호구 착용

11년 1회 14년 2회 15년 2회

## 43

**다음 영상을 보고 가죽제 안전화의 성능시험 4가지를 쓰시오.**

[동영상 설명]
작업자가 여러 보호구를 착용하는 모습을 보여주며, 마지막에는 가죽제 안전화를 집중적으로 보여주었다.

① 내답발성
② 내압박성
③ 내충격성
④ 내부식성
⑤ 내유성
⑥ 박리저항

11년 1회 13년 2회 13년 3회 14년 3회 15년 1회 16년 3회 17년 2회 19년 2회 20년 1회 21년 1회

## 44

**다음 영상을 보고 밀폐장소 작업 시 각 물음에 답하시오.**

[동영상 설명]
탱크 내부 밀폐된 공간에서 작업자가 그라인더 작업을 하고 있다. 다른 작업자가 외부에 설치된 국소배기장치를 실수로 발로 차서 전원공급이 차단되어 내부 작업자가 의식을 잃고 쓰러지는 사고가 발생하였다.

(1) 위험요인 3가지
(2) 관리감독자의 직무(안전조치 사항) 3가지

(1) 위험요인
① 국소배기장치 전원 차단
② 환기 미실시
③ 근로자 송기마스크 미착용

(2) 관리감독자의 직무(안전조치 사항)
① 작업을 하는 장소의 산소 여부의 적절성을 작업 시작 전에 점검
② 환기장치・측정장비 등 작업시작 전에 점검
③ 근로자에게 송기마스크 등의 착용을 지도하고 착용상황을 점검

11년 1회 12년 2회 18년 1회 19년 1회 19년 2회 20년 3회 20년 4회

## 45

**다음 영상을 보고 산소결핍장소(밀폐장소)에서 안전수칙 3가지를 쓰시오.**

[동영상 설명]
여러 작업자들이 지하피트의 밀폐된 공간에서 작업을 하고 있는 모습을 보여주고 있다.

① 작업시작 전 산소 및 유해가스 농도 측정
② 근로자를 입장시키거나 퇴장시킬 때 인원 점검
③ 관계자 외 출입금지 및 출입금지 표시판을 보기 쉬운 곳에 설치
④ 작업장과 외부의 감시인 간에 상시 연락을 할 수 있는 설비 설치

11년 1회 13년 2회 22년 3회

## 46

**다음 영상을 보고 재해원인 3가지를 쓰시오.**

[동영상 설명]
크레인 작업 중 배관을 로프에 걸어 작업자가 배관 아래에서 수신호 작업하다 배관에 부딪히는 재해가 발생하였다. 화면에서 클로즈업 해주어, 로프가 반쯤 잘리고, 보조로프가 설치되지 않은 것을 보여주었다.

① 위험반경 내 신호작업
② 로프 상태 불량
③ 유도로프 미설치

11년 1회 11년 3회 12년 2회 13년 1회 13년 2회 14년 1회 14년 2회 15년 2회 16년 3회 18년 2회 18년 3회 20년 2회 20년 3회 20년 4회 21년 1회 21년 3회 22년 3회

## 47

**다음 영상을 보고 각 물음에 답하시오.**

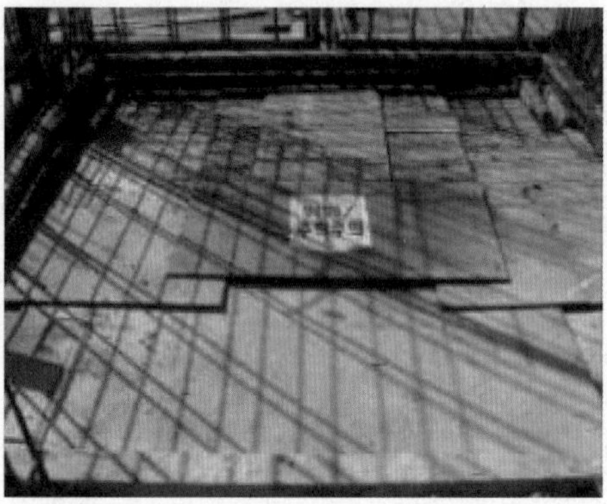

[동영상 설명]
작업자가 승강기를 설치하기 이전에 피트 내에서 판자로 엉성하게 이어붙인 발판 위에서 벽면에 돌출되어 있는 못을 망치로 제거하는 작업을 하다 추락하여 사망하였다.

(1) 재해요인 3가지
(2) 안전대책 3가지

(1) 재해요인
① 추락방호망 미설치
② 안전난간 미설치
③ 안전대 미착용
④ 안전대 부착설비 미설치
⑤ 작업발판 미고정

(2) 안전대책
① 추락방호망 설치
② 안전난간 설치
③ 안전대 착용
④ 안전대 부착설비 설치
⑤ 작업발판 고정

11년 1회 18년 2회 20년 1회 21년 2회 21년 3회

## 48

**다음 영상을 보고 작업 시 착용하여야 하는 보호구의 종류 3가지를 쓰시오.**

[동영상 설명]
안전모 • 보안경 미착용, 일반 작업복만 입은 작업자가 작은 변압기의 양쪽에 나와 있는 선을 맨손으로 들고 유기화합물통에 넣었다 빼서 작업자 앞에 있는 선반에 올리는 작업을 하였다.

① 보안경
② 불침투성 안전장갑
③ 불침투성 보호복
④ 불침투성 안전화

11년 1회 12년 2회

## 49

**다음 영상을 보고 재해원인 2가지를 쓰시오.**

[동영상 설명]
보호구를 착용하지 않은 작업자가 전원이 꺼지지 않은 카렌더기를 청소하던 도중 감전사고를 당했다.

① 절연보호구 미착용
② 정전작업 미실시

11년 1회 13년 3회 16년 1회 17년 2회 20년 3회 22년 2회

## 50

**다음 영상을 보고 위험요인 3가지를 쓰시오.**

[동영상 설명]
작업자 2명이 작동하는 양수기를 수리를 하면서 서로 잡담을 하며 수공구를 던져주고 받다가 손이 벨트에 물리는 재해가 발생하였다.

① 운전 중 수리 작업
② 회전기계 작업 중 장갑 착용
③ 작업자가 작업에 집중하지 않음

11년 1회 12년 2회 13년 3회 16년 1회 18년 1회 20년 3회 22년 1회

## 51

**다음 영상을 보고 리프트 작업시작 전 점검사항 2가지를 쓰시오.**

[동영상 설명]
건설현장에서 리프트가 움직이는 것을 보여주고 있다.

① 방호장치 • 브레이크 및 클러치의 기능
② 와이어로프가 통하고 있는 곳의 상태

11년 1회 20년 4회

## 52

**다음 영상을 보고 각 물음에 답하시오.**

[동영상 설명]
작업자가 작업발판용 나무토막을 가공대 위에 올려놓고 한 발은 지면에 있고 다른 한 발로 나무를 고정 후 톱질을 하던 도중 작업발판이 흔들림에 의하여 작업자가 균형을 잃고 바닥에 넘어지는 사고가 발생하였다.

(1) 재해형태
(2) 기인물
(3) 가해물

(1) 재해형태 : 넘어짐

(2) 기인물 : 작업발판

(3) 가해물 : 바닥

*산업재해 명칭

| 명칭 | 내용 |
|---|---|
| 떨어짐 | 높이가 있는 곳에서 사람이 떨어짐 |
| 넘어짐 | 사람이 미끄러지거나 넘어짐 |
| 깔림 | 물체의 쓰러짐이나 뒤집힘 |
| 부딪힘 | 물체에 부딪힘 |
| 맞음 | 날아오거나 떨어진 물체에 맞음 |
| 무너짐 | 건축물이나 쌓인 물체가 무너짐 |
| 끼임 | 기계설비에 끼이거나 감김 |

11년 1회 12년 2회 12년 3회 13년 3회 14년 1회 14년 3회 15년 1회 15년 2회 15년 3회 16년 3회 17년 1회 17년 2회 18년 1회 18년 3회

## 53

**다음 영상을 보고 방독마스크에 대한 각 물음에 답하시오.**
**(단, 사진의 색상은 무시한다.)**

[동영상 설명]
작업자가 H라고 쓰여진 녹색인 정화통을 끼운 방독마스크를 착용하고 있다.

(1) 종류
(2) 형식
(3) 시험가스 종류
(4) 정화통 흡수제
(5) 직결식 전면형일 경우의 누설률
(6) 중농도 방독마스크의 파과시간

(1) 암모니아용 방독마스크

(2) 격리식 전면형

(3) 암모니아 가스

(4) 큐프라마이트

(5) 0.05% 이하

(6) 40분 이상

11년 1회 11년 3회 12년 2회 15년 1회 15년 2회 16년 2회 17년 2회 18년 2회 18년 3회 19년 2회 19년 3회 21년 3회 22년 1회

## 54

**다음 영상을 보고 해체작업의 해체계획서 작성 시 포함사항 4가지를 쓰시오.**

[동영상 설명]
작업자가 집게가위 포크레인을 이용하여 건물을 해체하는 모습을 보여주고 있다.

① 해체방법 및 해체순서 도면
② 해체물의 처분 계획
③ 해체작업용 기계・기구 등의 작업계획서
④ 해체작업용 화약류 등의 사용계획서
⑤ 사업장 내 연락방법
⑥ 가설설비・방호설비・환기설비 및 살수・방화설비 등의 방법

11년 1회 12년 3회 14년 1회 16년 3회 18년 3회 21년 3회

## 55

**다음 영상을 보고 아크용접에 대한 각 물음에 답하시오.**

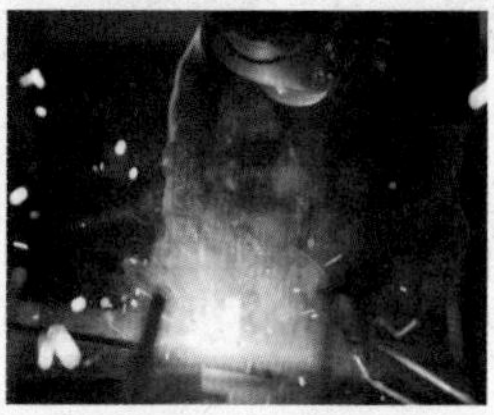

[동영상 설명]
캡모자와 목장갑을 착용한 작업자가 교류 아크용접작업을 하고 있다. 용접을 한번 하고 슬러지를 털어낸 뒤 육안으로 확인 후 다시 용접 작업을 하기 위하여 아크불꽃을 내는 순간 감전되어 쓰러졌다.

(1) 기인물
(2) 착용해야 할 보호구 2가지

(1) 기인물 : 교류아크용접기
(2) 보호구 : 용접용 보안면, 절연장갑

11년 2회 13년 1회 14년 3회 15년 3회 19년 2회 20년 2회 20년 3회

## 56

**다음 영상을 보고 특수화학설비 내부의 이상상태를 조기에 파악하기 위하여 설치해야 할 장치 3가지를 쓰시오.**

[동영상 설명]
화면에는 특수화학설비 시설을 보여주고 있다.

① 온도계
② 유량계
③ 압력계
④ 자동경보장치

11년 2회 11년 3회

## 57

**다음 영상을 보고 방독마스크에 대한 각 물음에 답하시오.**
**(단, 사진의 색상은 무시한다.)**

[동영상 설명]
작업자가 C라고 쓰여진 갈색인 정화통을 끼운 방독마스크를 착용하고 있다.

(1) 종류
(2) 흡수제
(3) 시험가스의 종류 3가지

(1) 종류 : 유기화합물용 방독마스크
(2) 흡수제 : 활성탄
(3) 시험가스의 종류
① 시클로헥산
② 디메틸에테르
③ 이소부탄

11년 2회 13년 2회 14년 2회 14년 3회 15년 3회 17년 1회 17년 2회 17년 3회 19년 2회 19년 3회 20년 2회 20년 4회 21년 1회 21년 2회

## 58

**다음 영상을 보고 인쇄용 롤러에 대한 각 물음에 답하시오.**

[동영상 설명]
작업자가 방호장치가 설치되지 않은 인쇄용 롤러의 전원을 끄지 않고, 윗 부분을 걸레로 체중을 실어서 힘 있게 청소 작업 중 손이 말려 들어가는 사고가 발생하였다.

(1) 위험요인 3가지
(2) 안전대책 3가지

(1) 위험요인
① 전원을 차단하지 않은 상태에서 청소하여 손이 말려 들어감
② 방호장치 미설치로 인해 손이 말려 들어감
③ 체중을 실어 닦고 있어 손이 말려 들어감
(2) 안전대책
① 전원을 차단한 후 청소한다.
② 인터록 등 방호장치를 설치한다.
③ 똑바로 서서 작업한다.
④ 회전체에 장갑을 착용하지 않는다.

11년 2회 14년 3회 15년 1회 17년 1회 17년 2회 19년 2회 22년 2회

## 59

**다음 영상을 보고 컨베이어 벨트 작업 시 안전 조치 사항 2가지를 쓰시오.**

[동영상 설명]
작업자가 야간에 손전등을 들고 컨베이어 벨트를 점검하다가 부주의하여 한눈판 사이에 컨베이어 위에 둔 손이 롤러 사이에 끼어 말려 들어갔다.

① 작업 시작 전 전원을 차단한다.
② 장갑을 벗고 작업한다.
③ 비상정지장치를 설치한다.
④ 야간에 점검하지 않는다.

11년 2회 12년 3회 14년 2회 15년 3회 17년 3회 18년 1회 18년 3회 20년 2회 20년 3회

## 60

**다음 영상을 보고 차량계 하역운반기계 등의 수리 또는 부속장치의 장착 및 해체 작업을 할 때 작업 시작 전 조치사항 3가지를 쓰시오.**

[동영상 설명]
덤프트럭의 적재함을 올리고 실린더 유압장치 밸브를 수리하던 도중에 적재함 사이에 손이 끼는 사고가 발생하였다.

① 작업계획서를 작성하고 계획대로 진행한다.
② 하역장치 및 유압장치 기능의 이상 유무 확인한다.
③ 안전지지대 또는 안전블록 등을 이용해 받쳐준다.
④ 작업지휘자를 지정하여 작업순서를 결정한 후 작업한다.

11년 2회 16년 1회 17년 1회 17년 2회 18년 1회 19년 2회 19년 3회 20년 2회 21년 3회 22년 2회

## 61

**다음 영상을 보고 작업발판에 대한 각 물음에 답하시오.**

[동영상 설명]
작업발판에서 작업하는 작업자를 보여주고 있다.

(1) 작업발판의 폭의 기준
(2) 발판 틈새의 기준

(1) 40cm 이상
(2) 3cm 이하

11년 2회 17년 3회 18년 2회 19년 3회 20년 4회

## 62

**다음 영상을 보고 각 물음에 답하시오.**

[동영상 설명]
인화성 물질 취급 및 저장소에서 작업자가 옷을 벗는 도중 폭발 사고가 발생하였다.

(1) 폭발의 종류
(2) 정의

(1) 증기운 폭발(UVCE)
(2) 대기 중 확산되어 있는 증기운이 어떤 점화원에 의해 급격히 폭발하는 현상

11년 2회 13년 2회 19년 3회 22년 1회

## 63

**다음 영상을 보고 화물의 떨어짐 • 넘어짐 위험을 방지하기 위한 사전점검 또는 조치사항 3가지를 쓰시오.**

[동영상 설명]
작업자는 신호수의 수신호와 유도로프 없이 이동식 크레인을 이용하여 배관을 위로 올리는 작업을 하고 있다.

① 작업반경 내 관계근로자 외 출입을 금지
② 와이어로프의 안전상태를 점검
③ 훅의 해지장치 점검
④ 유도로프를 사용
⑤ 작업시작 전 일정한 신호방법을 정하고 신호수의 신호에 따라 작업

11년 2회 12년 3회 14년 1회 15년 1회 16년 3회 17년 1회 18년 1회 20년 3회 20년 4회

## 64

**다음 영상을 보고 스팀배관에 대한 각 물음에 답하시오.**

[동영상 설명]
작업자가 고온의 스팀 배관의 보수를 위해 누출 부위를 점검하던 도중에 눈에 스팀압력에 의한 재해 및 화상을 당하였다.

(1) 재해발생형태
(2) 사고원인 2가지

(1) 이상온도 노출 • 접촉에 의한 화상
(2) 사고원인
① 보안경 미착용
② 배관 내 잔압을 제거하지 않고 점검

11년 2회 12년 3회 14년 2회 15년 1회 16년 3회 20년 3회

## 65

**다음 영상을 보고 각 물음에 답하시오.**

[동영상 설명]
한 작업자가 버스 정비를 위해 샤프트 계통 점검 도중에 다른 작업자가 점검하는지 모르고 버스에 탑승하여 시동을 걸자마자 작업자의 소매가 회전하는 샤프트에 말려 들어가는 사고가 발생하였다.

(1) 위험점
(2) 재해원인 3가지
(3) 사전 안전 조치사항 3가지

(1) 위험점 : 회전말림점

(2) 재해원인 3가지
① "정비 중"임을 나타내는 표지판 미설치
② 작업지휘자 또는 감시자 배치하지 않음
③ 기동장치에 잠금장치 하지 않고 열쇠를 별도 관리하지 않음

(3) 사전 안전 조치사항
① "정비 중"임을 나타내는 표지판 설치
② 작업지휘자 또는 감시자를 배치
③ 기동장치에 잠금장치 하고 열쇠를 별도 관리

11년 2회 11년 3회 12년 1회 13년 1회 13년 3회 14년 2회 15년 1회 15년 2회 16년 1회 17년 1회 17년 3회 19년 1회

## 66

**다음 영상을 보고 각 물음에 답하시오.**

[동영상 설명]
작업자가 일반적인 덴탈 마스크를 착용하고 있으나 석면 분진폭로 위험성에 노출되어 있어 작업자에게 직업성 질환 발생 우려가 있다.

(1) 작업자가 직업성 질환 발생 우려가 있는 이유
(2) 발생 직업병 종류 3가지

(1) 방진마스크를 착용하지 않았으므로, 석면분진이 마스크를 통해 흡입될 수 있다.
(2) ① 폐암 ② 석면폐증 ③ 악성중피종

11년 2회 14년 2회 15년 3회 17년 1회 17년 2회 17년 3회 18년 1회 18년 1회 20년 2회

## 67

**다음 영상을 보고 피부자극성 및 부식성 관리대상 유해물질 취급시 비치하여야 할 보호구 3가지를 쓰시오.**

[동영상 설명]
작업자가 DMF(디메틸포름아미드)작업장에서 각종 보호구를 착용하지 않은 채 드럼(DMF라고 쓰여있음)을 통해 유해물질 DMF 작업을 하고 있다.

① 불침투성 보호장갑
② 불침투성 보호장화
③ 불침투성 보호복
④ 보안경
⑤ 방독마스크

11년 2회 11년 3회 14년 1회 15년 2회 17년 2회 19년 1회 20년 3회 21년 2회

## 68

**다음 영상을 보고 영상표시단말기(VDT) 작업에 대한 각 물음에 답하시오.**

[동영상 설명]
작업자가 사무실에서 의자에 앉아 컴퓨터로 문서 작업 중이다. 작업자의 의자 높이가 맞지 않아 다리를 구부리고 앉아있고, 모니터를 근접하여 보고있고, 키보드를 높은 곳에 놔두어 작업하는 모습을 보여주고 있다.

(1) 개선사항 3가지를 쓰시오.
(2) 위험요인 3가지를 쓰시오.
(3) 얻을 수 있는 직업병 3가지를 쓰시오.

(1) 개선사항
① 허리를 등받이 깊숙이 지지하여 앉는다.
② 모니터를 보기 편한 위치에 놓는다.
③ 키보드를 조작하기 편한 위치에 놓는다.

(2) 위험요인
① 반복작업에 의한 어깨 및 손목 통증
② 장시간 앉아 있는 작업자세에 의한 요통 위험
③ 장시간 화면 집중에 의한 시력저하 위험

(3) 직업병
① 어깨결림 ② 손목통증 ③ 요통 ④ 시력저하

11년 2회 12년 1회 13년 1회 15년 2회 19년 2회 20년 2회 22년 1회 22년 2회

## 69

**다음 영상을 보고 각 물음에 답하시오.**

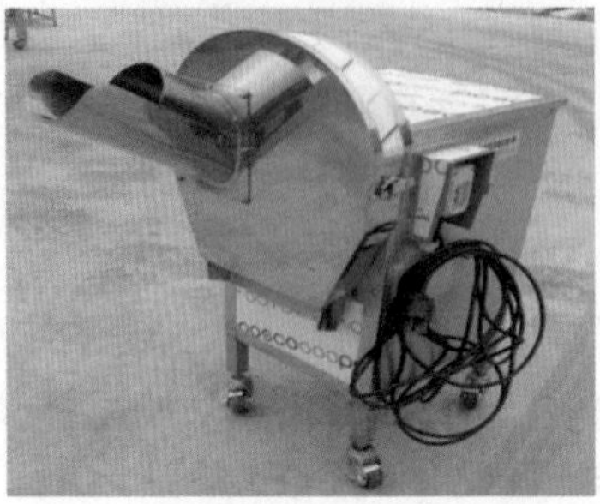

[동영상 설명]
작업자가 김치제조 공장에서 무채를 썰어내는 슬라이스 기계를 작업하던 도중 기계가 갑자기 멈추자 작업자가 이를 점검하던 중에 갑자기 슬라이스 기계가 작동하여 손가락이 절단되었다.

(1) 위험점
(2) (1)의 정의
(3) 위험요인 2가지
(4) 필요한 방호장치 3가지

(1) 절단점

(2) 회전하는 운동 부분 자체의 위험에서 초래되는 위험점

(3) ① 전원을 차단하지 않고 점검하여 위험
② 인터록 등 방호장치 미설치로 인한 위험

(4) ① 인터록
② 덮개
③ 울

11년 3회 14년 3회 15년 2회 20년 1회 21년 2회

## 70

**다음 영상을 보고 마그네틱 크레인을 사용하다가 발생한 사고의 위험요인 3가지를 쓰시오.**

[동영상 설명]
목장갑 착용 및 안전모 미착용한 작업자가 마그네틱 크레인으로 금형을 옮기려 한다. 마그네틱을 금형 위에 올리고 손잡이를 작동시키며 이동하려고 오른손으로는 금형을 잡고 왼손으로는 전기배선 외관에 피복이 벗겨져 있는 크레인 조정장치를 누르면서 이동하다가 넘어지면서 마그네틱 ON/OFF 봉을 건드려 금형이 발등 위로 떨어져 사고가 발생하였다.

① 안전모 미착용
② 유도로프 미사용
③ 작동스위치 전선이 벗겨져 감전위험
④ 신호수를 배치하지 않음
⑤ 작업자가 위험구역에서 크레인 조정

11년 3회  14년 1회

## 71

**다음 영상을 보고 잔류전하에 의한 감전사고 재해 예방 조치 3가지를 쓰시오.**

[동영상 설명]
작업자가 배전반 작업을 하던 도중에 잔류전하에 의하여 감전사고가 발생하였다.

① 정전작업 실시
② 절연보호구 착용
③ 관리감독자는 작업에 대한 안전교육 시행

11년 3회  12년 1회  14년 3회  15년 2회  18년 3회  20년 4회  21년 2회

## 72

**다음 영상을 보고 각 물음에 답하시오.**

[동영상 설명]
한 작업자가 포대를 컨베이어 벨트에 올리는 작업을 하고 있고 컨베이어 포대가 비대칭으로 놓여서 올라가던 도중 위쪽에서 작업하던 다른 작업자의 발에 부딪쳐 작업자가 무게중심을 잃고 쓰러지면서 오른쪽 팔이 기계 하단으로 들어가는 재해가 발생하였다.

(1) 재해요인 2가지를 쓰시오.
(2) 재해발생 시 조치사항 2가지를 쓰시오.

(1) 재해요인
① 덮개 또는 울 미설치로 인해 발생한 재해
② 작업자가 위험구역 내에 위치하여 발생한 재해

(2) 재해발생 시 조치사항
① 기계의 전원을 차단
② 부상자에 대한 응급조치

11년 3회  13년 1회  14년 3회  16년 2회  19년 3회  20년 1회  22년 3회

## 73

**다음 영상을 보고 교류아크 용접작업에 대한 각 물음에 답하시오.**

[동영상 설명]
작업자가 인화성 물질이 주위에 산재되어 있는 장소에서 양손으로(오른손은 용접봉, 왼손은 스위치 조작) 배관 교류아크 용접작업을 하고 있다.

(1) 작업자 측면의 위험요인 1가지
(2) 작업장 측면의 위험요인 1가지
(3) 교류아크 용접작업을 하다보면 유해광선에 의한 눈 장해가 우려될 수 있다. 유해광선의 종류를 적으시오.

(1) 양손 동시 사용으로 작업자세 불안정
(2) 주변에 인화성 물질이 산재되어 화재 위험 존재
(3) 자외선

11년 3회 13년 1회 15년 1회 19년 1회 19년 2회

## 74

**다음 영상을 보고 고무제 안전화에 대한 각 물음에 답하시오.**

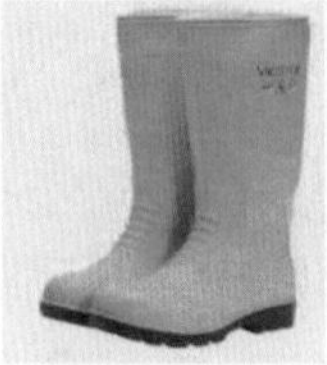

[동영상 설명]
작업자가 신고있는 고무제 안전화를 확대하여 보여준다.

(1) 사용되는 작업장의 종류 2가지
(2) 사용장소에 따른 고무제 안전화의 분류 2가지

(1) 사용되는 작업장의 종류
① 일반작업장
② 탄화수소류의 윤활유 등을 취급하는 작업장

(2) 고무제 안전화의 분류
① 일반용
② 내유용

11년 3회 13년 1회 16년 2회 19년 2회 20년 3회

## 75

**다음 영상을 보고 화약장전 시 ①위험요인과 ②준수사항 1가지 쓰시오.**

[동영상 설명]
폭파 스위치 장비가 보이는 터널 내부에서 작업자가 강봉(철근)으로 장전구 안에 화약을 안으로 4~5개 정도 밀어 넣고, 접속한 전선을 꼬아서 주변 선들 위에 올려놓는 장면이다.

① 위험요인
: 강봉으로 화약 장전 시 충격•마찰 등에 의하여 폭발의 위험 존재

② 준수사항
: 규정된 장전봉으로 장전을 실시

11년 3회 12년 2회

## 76

**다음 영상을 보고 방진마스크의 구비조건 3가지를 쓰시오.**

[동영상 설명]
화면은 작업자가 착용한 방진마스크를 확대하고 있다.

① 여과효율이 좋을 것
② 흡•배기 저항이 낮을 것
③ 사용적이 적을 것
④ 중량이 가벼울 것
⑤ 시야가 넓을 것
⑥ 안면 밀착성이 좋을 것

11년 3회 14년 1회 16년 1회 21년 1회 21년 3회 22년 2회

## 77

**다음 영상을 보고 휴대용 연삭기에 대한 각 물음에 답하시오.**

| [동영상 설명] |
|---|
| 작업자가 휴대용 연삭기로 작업을 하고 있다. |

(1) 방호장치
(2) 노출각도
(3) 설치각도

(1) 방호장치 : 덮개
(2) 노출각도 : 180° 이내
(3) 설치각도 : 180° 이상

11년 3회 18년 3회 19년 2회 20년 1회 21년 3회 22년 2회

## 78

**다음 영상을 보고 화물자동차 및 지게차 작업시작 전 점검사항 4가지를 쓰시오.**

| [동영상 설명] |
|---|
| 작업자가 지게차를 운전하는 모습을 보여주고 있다. |

① 제동장치 및 조종장치 기능의 이상유무
② 하역장치 및 유압장치 기능의 이상유무
③ 바퀴의 이상유무
④ 전조등 • 후미등 • 방향지시기 및 경보장치 기능의 이상유무
⑤ 충전장치를 포함한 홀더 등의 결합상태의 이상유무

11년 3회 14년 2회 15년 1회 16년 2회 16년 3회 19년 3회

## 79

**다음 영상을 보고 작업자의 불안전한 행동 2가지를 쓰시오.**

| [동영상 설명] |
|---|
| 작업자가 작동되는 컨베이어 벨트 끝 부분에 발을 짚고 올라서서 불안정한 자세로 형광등을 교체하다 추락하였다. |

① 작업 전 컨베이어 전원 미차단
② 작업하는 자세의 불안정
③ 안전모 등 보호구 미착용

11년 3회 12년 3회 14년 2회 16년 1회 16년 3회 17년 2회 19년 3회

## 80

**다음 영상을 보고 페인트 작업에 대한 각 물음에 답 하시오.**

[동영상 설명]
작업자가 강재 파이프에 스프레이건으로 페인트칠을 하는 작업을 하고 있다.

(1) 영상에서 사용된 마스크
(2) 흡수제 3가지

(1) 방독마스크

(2) 흡수제 : ① 활성탄
② 소다라임
③ 큐프라마이트
④ 알칼리제

12년 1회 14년 3회 16년 1회 17년 2회 18년 3회 20년 1회 21년 2회 21년 3회

## 81

**다음 영상을 보고 위험요인 2가지를 쓰시오.**

[동영상 설명]
작업자가 안전대를 착용했으나 체결하지 않고 전주에 올라서서 흔들리는 작업발판을 딛고 변압기 볼트를 조이는 작업을 하다가 추락하였다.

① 안전대 연결하지 않음
② 딛고 선 발판이 불안

12년 1회 12년 3회

## 82

**다음 영상을 보고 이동식크레인 운전 시 어떠한 안전작업방법을 준수하지 않아 발생한 사례인지3가지 쓰시오.**

[동영상 설명]
크레인 작업 중 배관을 로프에 걸어 작업자가 배관 아래에서 수신호 작업하다 신호가 맞지 않아 배관이 작업자 위로 떨어지는 재해가 발생하였다. 화면에서 클로즈업 해주어, 유도로프가 설치하지 않은 것을 보여주었다.

① 유도로프를 사용하지 않음
② 무전기를 사용하여 신호할 때 일정한 신호방법을 미리 정하지 않음
③ 슬링 와이어의 체결상태를 확인하지 않음

12년 1회 14년 2회 15년 3회 17년 2회 20년 3회 21년 1회 21년 2회 22년 1회

## 83

**다음 영상을 보고 위험점과 정의를 쓰시오.**

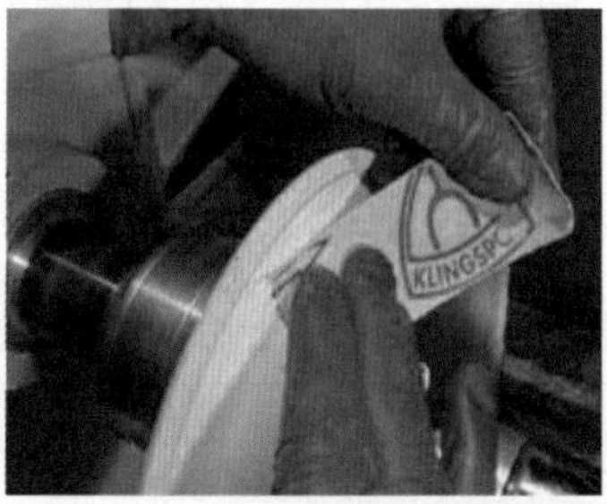

| [동영상 설명] |
|---|
| 작업자가 선반에 사포(샌드페이퍼)를 갈아 손으로 지지하고 있다가 작업복이 말려 들어가는 사고가 발생하였다. |

① 위험점 : 회전말림점
② 정의
: 회전하는 물체에 작업복 등이 말려드는 위험점

12년 1회 13년 1회 16년 1회 16년 2회 20년 4회 22년 3회

## 84

**다음 영상을 보고 지게차의 안정도에 대한 빈칸을 채우시오.**

| [동영상 설명] |
|---|
| 화면에서 지게차를 보여주고 있다. |

| 지게차의 형식 | 안정도 |
|---|---|
| 하역작업 시 전후 안정도 | ① |
| 하역작업 시 좌우 안정도 | ② |
| 하역작업 시 전후 안정도(단, $5ton$ 이상) | ③ |
| 주행 시 전후 안정도 | ④ |
| 주행 시 좌우 안정도 (단 $5km$로 주행한다.) | ⑤ |

① 4% 이내
② 6% 이내
③ 3.5% 이내
④ 18% 이내
⑤ $15+1.1V = 15+1.1\times5 = 20.5\%$ 이내

12년 1회 13년 2회 14년 3회 15년 2회 16년 3회 18년 3회 20년 2회 22년 2회

## 85

**다음 영상을 보고 각 물음에 답하시오.**

| [동영상 설명] |
|---|
| 작업자가 폭발성 화학물질을 취급하는 실험실 안에 들어가기 전 신발에 물을 묻히고 들어가서 작업한다. |

(1) 신발에 물을 묻히는 이유
(2) 화재 시 적합한 소화방법

(1) 바닥면과 신발의 접촉으로 인한 정전기에 의한 폭발 발생을 방지하기 위해
(2) 다량의 주수에 의한 냉각소화

12년 1회 13년 3회 15년 2회 20년 3회 20년 4회 21년 1회 21년 3회 22년 1회

## 86

**다음 영상을 보고 브레이크 라이닝 세척 작업 시 착용하여야 하는 보호구 3가지를 쓰시오.**

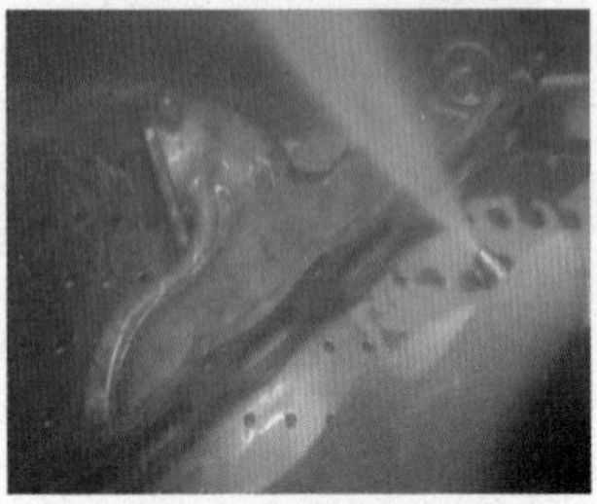

[동영상 설명]
작업자가 자동차부품인 브레이크 라이닝을 화학약품을 사용하여 세척하는 작업을 하고 있다.

① 보안경
② 방독마스크
③ 불침투성 보호복
④ 불침투성 보호장갑
⑤ 불침투성 보호장화

12년 1회 15년 2회 18년 2회

## 87

**다음 영상을 보고 방독마스크의 안전인증표시 외 추가 표시사항 4가지를 쓰시오.**

[동영상 설명]
화면에서는 작업자가 방독마스크를 쓰고있는 모습을 확대하여 보여주고 있다.

① 파과곡선도
② 정화통의 외부 측면의 표시색
③ 사용시간 기록카드
④ 사용상의 주의사항

12년 1회 13년 3회 22년 3회

## 88

**다음 영상을 보고 안전대에 대한 각 물음에 답하시오.**

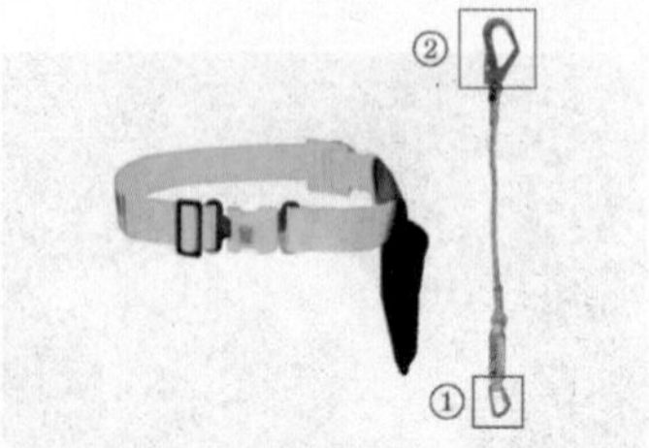


[동영상 설명]
화면에서는 안전대를 확대하여 보여준다.

(1) 안전대의 명칭
(2) 각 부의 명칭
(3) 벨트의 구조와 치수 기준 각 1가지씩 쓰시오.
(4) 위 안전대와 별개로 안전그네식 정하중 성능시험에 대한 다음 보기의 빈칸을 채우시오.

[보기]
안전그네식 정하중 성능시험은 안전그네를 시험몸통에 착용상태로 설치하고 추락 시 하중을 받는 D링 등의 연결부와 시험몸통의 가랑이링간을 인장시험기로 (　　)kN의 인장하중을 1분간 유지하여 시험몸통으로부터 안전그네가 풀리는 지의 여부를 확인한다.

같은 방법으로 안전그네를 시험몸통에 설치한 후 D링 연결부와 목링간의 인장시험기로 (　　)kN의 인장하중을 1분간 유지하여 시험몸통으로부터 안전그네가 풀리는지의 여부를 확인한다.

(1) 안전대의 명칭 : 벨트식

(2) 각 부의 명칭
① 카라비너 ② 훅

(3) 벨트의 구조 및 치수 기준
① 구조 기준
: 강인한 실로 짠 직물로 비틀어짐, 흠, 기타 결함이 없을 것
② 치수 기준
: 벨트의 너비는 50*mm* 이상, 길이는 1100*mm* 이상(버클 포함), 두께는 2*mm* 이상일 것

(4) 15

12년 1회 15년 3회 17년 3회 19년 2회

## 89

**다음 영상을 보고 작업자들이 착용하고 있는 안전대의 종류 및 용도를 각각 쓰시오.**

| [동영상 설명] |
|---|
| 두 작업자가 안전대를 착용하여 전주에서 작업하는 것을 보여주고 있다. |

① 종류 : 벨트식
② 용도 : U자 걸이 전용

12년 1회 14년 2회 15년 2회 15년 3회 17년 1회 18년 2회 20년 2회 20년 4회

## 90

**다음 영상을 보고 밀폐작업 중 퍼지작업의 종류 4가지를 쓰시오.**

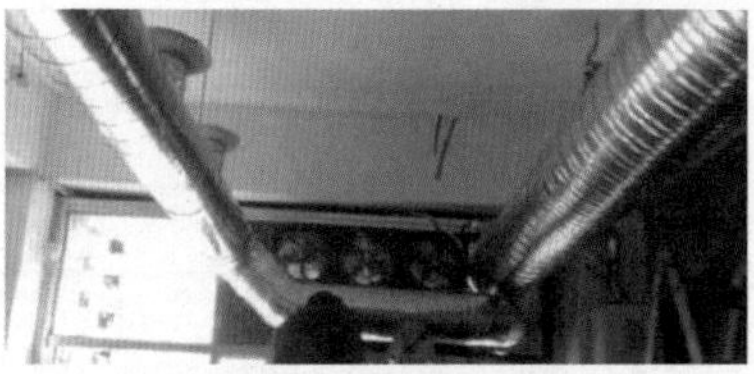

| [동영상 설명] |
|---|
| 작업자들이 밀폐공간에서 퍼지작업을 하고 있다. |

① 진공퍼지
② 압력퍼지
③ 스위프퍼지
④ 사이펀퍼지

12년 1회 14년 3회 15년 3회 19년 2회

## 91

**다음 영상을 보고 각 물음에 답하시오.**

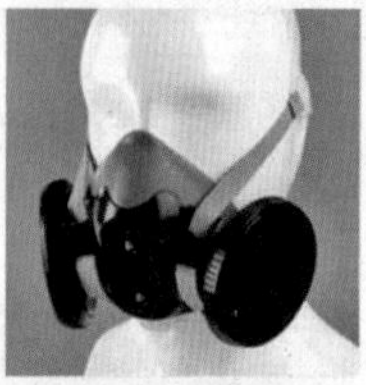

| [동영상 설명] |
|---|
| 작업자가 사용하는 마스크를 확대하여 보여주고 있다. |

(1) 마스크의 명칭
(2) 등급 3종류
(3) 산소농도 몇 % 이상인 장소에서 사용해야 하는가?

(1) 명칭 : 방진마스크(직결식 반면형)
(2) 등급 : 특급, 1급, 2급
(3) 18%

12년 1회 14년 1회 17년 2회 18년 3회 20년 2회 21년 3회

## 92

**다음 영상을 보고 누설감지경보기에 대한 각 물음에 답하시오.**

| [동영상 설명] |
|---|
| 해당 LPG저장소에는 가스누설감지경보기가 설치되지 않아 작업자들이 가스 폭발사고를 당했다. |

(1) 적절한 설치위치
(2) 경보설정값

(1) 바닥 근처 낮은 곳에 설치
(2) 폭발하한계의 25% 이하

12년 1회 13년 3회 16년 1회 19년 3회

## 93

**다음 영상을 보고 재해형태와 정의를 쓰시오.**

[동영상 설명]
위에서 작업하던 작업자가 물체를 인양하던 도중 물체가 밑으로 떨어져 아래 작업자에게 재해가 발생하였다.

① 재해형태 : 맞음
② 정의 : 날아오거나 떨어진 물체에 맞음

*산업재해 명칭

| 명칭 | 내용 |
|---|---|
| 떨어짐 | 높이가 있는 곳에서 사람이 떨어짐 |
| 넘어짐 | 사람이 미끄러지거나 넘어짐 |
| 깔림 | 물체의 쓰러짐이나 뒤집힘 |
| 부딪힘 | 물체에 부딪힘 |
| 맞음 | 날아오거나 떨어진 물체에 맞음 |
| 무너짐 | 건축물이나 쌓인 물체가 무너짐 |
| 끼임 | 기계설비에 끼이거나 감김 |

12년 1회 13년 2회 14년 3회 15년 3회 16년 2회 17년 1회 18년 2회 20년 3회 20년 4회

## 94

**다음 영상을 보고 유해물질 취급 시 일반적인 주의사항 4가지를 쓰시오.**

[동영상 설명]
작업자가 유해물 취급 작업을 하고 있다.

① 유해물질에 대한 사전조사
② 유해물질 발생원인 차단
③ 실내환기
④ 점화원 제거
⑤ 환경의 정돈 및 청소

12년 2회 15년 1회 16년 1회 17년 3회 20년 4회 21년 1회 21년 3회

## 95

**다음 영상을 보고 위험요인 2가지를 쓰시오.**

[동영상 설명]
보안경은 착용하지 않고 장갑을 착용한 작업자가 드릴작업 하면서 칩과 같은 이물질을 입으로 불어서 제거하고 이후에 손으로 칩을 제거하려 하다 드릴에 손이 다치는 재해가 발생하였다.

① 보안경을 착용하지 않고 입으로 불어 칩을 제거하고 있어서 이물질이 눈에 들어갈 위험이 있다.
② 수공구를 사용하지 않고 장갑을 착용한 손으로 칩을 제거하다 손이 다칠 위험이 있다.

12년 2회 14년 2회

## 96

**다음 영상을 보고 핵심위험요소 2가지를 쓰시오.**

[동영상 설명]
작업자가 탱크 내부와 같은 밀폐 공간에서 작업을 하던 도중에 작업자가 국소배기장치 콘센트에 발이 걸려 환기장치가 꺼지고 다른 내부 밀폐작업자가 쓰러졌다.

① 송기마스크, 공기호흡기 등 보호구 미착용
② 국소배기장치 전원부에 잠금장치 미설치
③ 감시인 미배치

12년 2회 13년 3회 14년 3회 15년 2회 16년 3회 18년 1회 18년 2회 21년 1회 21년 2회 22년 2회

## 97

**다음 영상을 보고 타워크레인 운전과 관련한 안전 작업 방법 미준수 사항 3가지를 쓰시오.**

[동영상 설명]
작업자가 타워크레인을 이용하여 강관비계를 운반하던 도중 강관비계가 낙하하여 아래에 있던 다른 작업자에게 재해가 발생하였다.

① 관계근로자 외 출입금지하지 않음
② 신호수 미배치
③ 유도로프 미사용
④ 혹의 해지장치 미설치

12년 2회 12년 3회

## 98

**다음 영상을 보고 중량물 인양 작업 시 준수하여야 할 안전수칙 2가지를 쓰시오.**

| [동영상 설명] |
|---|
| 작업자가 중량물을 인양하던 도중 아래에 있는 작업자에게 중량물을 떨어뜨려 재해가 발생하였다. |

① 개인보호구 지급 및 작업자 착용 철저
② 관계근로자 외 출입금지 설치
③ 중량물 작업 시 올바른 작업방법 준수 철저

12년 2회 15년 3회 17년 3회 18년 3회

## 99

**다음 영상을 보고 가죽제 안전화의 뒷굽 높이를 제외한 몸통 높이에 따라 3가지로 구분하시오.**

| [동영상 설명] |
|---|
| 작업자가 신은 보호구들을 보여주며 마지막에는 가죽제 안전화에 확대하여 화면이 정지하였다. |

① 단화 : 113$mm$ 미만
② 중단화 : 113$mm$ 이상
③ 장화 : 178$mm$ 이상

12년 2회 14년 2회 15년 3회 17년 1회 17년 2회 18년 2회 18년 3회 20년 1회 20년 4회 21년 1회 22년 3회

## 100

**다음 영상을 보고 이동식 크레인 작업시작 전 점검사항 3가지를 쓰시오.**

| [동영상 설명] |
|---|
| 건설공사 현장에서 이동식 크레인을 보여주고 있다. |

① 권과방지장치 및 그 밖의 경보장치의 기능
② 브레이크 • 클러치 및 조정장치의 기능
③ 와이어로프가 통하고 있는 곳 및 작업장소의 지반상태

12년 2회 13년 3회 16년 1회 17년 1회 18년 3회 21년 3회 22년 2회

## 101

**다음 영상을 보고 해당 위험점의 각 물음에 답하시오.**

| [동영상 설명] |
|---|
| 화면은 작업자가 롤러기를 닦다가 손이 물려 들어가는 것을 보여준다. |

(1) 위험점
(2) 위험점의 정의
(3) 위험점의 발생조건

(1) 물림점
(2) 2개의 회전체에 물려 들어가는 위험점
(3) 회전체가 서로 반대방향으로 맞물려 회전할 것

12년 3회 13년 2회 14년 1회

## 102

**다음 영상을 보고 방독마스크에 대한 각 물음에 답하시오.**
**(단, 사진의 색상은 무시한다.)**

[동영상 설명]
작업자가 A라고 쓰여진 회색인 정화통을 끼운 방독마스크를 착용하고 있다.

(1) 종류
(2) 형식
(3) 시험가스 종류
(4) 정화통 흡수제 2가지를 쓰시오.

(1) 할로겐용 방독마스크
(2) 격리식 전면형
(3) 염소가스
(4) 소다라임, 활성탄

12년 3회 14년 1회 17년 2회 19년 2회 21년 2회

## 103

**다음 영상을 보고 재해요인 3가지를 쓰시오.**

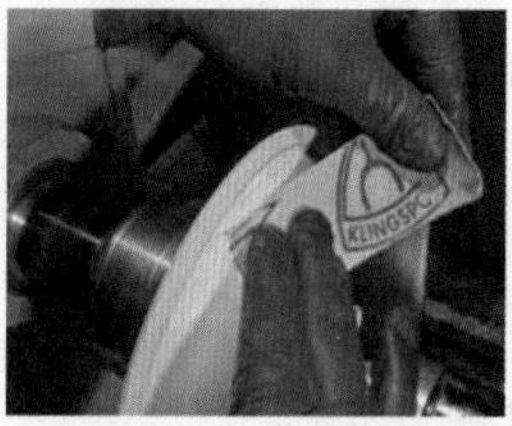

[동영상 설명]
다른 작업자와 대화하면서 작업하고 있는 작업자가 회전하는 물체에 사포(샌드페이퍼)를 갈아 손으로 지지하다 손이 미끄러져 말려 들어간 재해가 발생하였다.

(1) 재해요인 3가지
(2) 이 사고의 위험점

(1) 재해요인
① 회전물에 손으로 지지하고 있기 때문에 작업복과 손이 말려들어갈 위험
② 작업에 집중하지 않아 작업복과 손이 말려들어갈 위험
③ 기계 위에 손을 올려놓고 있어 손이 말려들어갈 위험

(2) 위험점 : 회전말림점

12년 3회 13년 1회 14년 1회 15년 1회 17년 3회 20년 1회

## 104

**다음 영상을 보고 선박 밸러스트 탱크 내부 작업에서 필요한 비상시 피난용구 3가지를 쓰시오.**

[동영상 설명]
작업자가 선박 밸러스트 탱크 내부의 용접 작업 중에 가스 질식으로 인해 갑자기 쓰러져 의식을 잃은 것을 보여주고 있다.

① 송기마스크
② 공기호흡기
③ 사다리
④ 섬유로프

12년 3회 17년 1회

## 105

**다음 영상을 보고 프레스기에 금형 교체작업 중 안전을 위한 점검사항 4가지를 쓰시오.**

[동영상 설명]
작업자가 프레스기에 금형을 교체하고 있는 모습을 보여준다.

① 펀치와 볼스터면의 평행도
② 펀치와 다이의 평행도
③ 다이와 볼스터의 평행도
④ 다이홀더와 펀치의 직각도
⑤ 생크홀과 펀치의 직각도

11년 2회 12년 3회 13년 1회 14년 2회 16년 1회 16년 2회 17년 3회 18년 1회 20년 1회 20년 3회

## 106

**다음 영상을 보고 전기형강작업에 대한 각 물음에 답하시오.**

[동영상 설명]
보호구를 차지 않은 작업자 2명이 전주 위에서 흡연하며 전기형강작업을 하고 있다. 한 작업자는 변압기 위에 올라가서 흔들리는 불안정한 발판용 볼트에 C.O.S(Cut Out Switch)가 임시로 걸쳐있는 것을 확대하여 보여주며, 다른 작업자는 근처에서 이동식크레인에 작업대를 매달고 다른 작업을 하고있는 모습을 보여주고 있다.

(1) 위험요인 3가지
(2) 정전작업 전 조치사항 3가지
(3) 정전작업 중 조치사항 3가지
(4) 정전작업 종료후 조치사항 3가지

(1) 위험요인
① 작업 중 흡연
② 절연보호구 미착용
③ 작업발판 불안정
④ C.O.S 고정상태 불량
(2) 정전작업 전 조치사항
① 전로의 개로개폐기에 시건장치 및 통전금지 표지판 설치
② 전력 케이블·전력콘덴서 등의 잔류전하 방전
③ 검전기로 개로된 전로의 충전여부 확인
④ 단락접지기구로 단락접지
(3) 정전작업 중 조치사항
① 작업지휘자에 의한 작업지휘
② 개폐기의 관리
③ 단락접지의 수시 확인
④ 근접활선에 대한 방호상태 관리
(4) 정전작업 후 조치사항
① 시건장치 또는 표지판 철거
② 단락접지기구 철거
③ 작업자에 대한 위험이 없는 것을 최종 확인
④ 개폐기 투입으로 송전 재개

12년 3회 13년 1회 14년 1회 15년 1회 15년 3회 16년 1회 20년 3회

## 107

**다음 영상을 보고 핵심위험요인 2가지를 쓰시오.**

[동영상 설명]
섬유공장에서 실을 감는 섬유기계가 돌아가고 있고 장갑을 착용하던 작업자가 그 아래에서 일을 하고 있는데, 갑자기 실이 끊어지며 기계가 멈추었다. 이때 작업자는 회전하는 대형 회전체의 문을 열고 허리 안까지 집어넣고 점검하던 도중 기계가 갑자기 돌아가며 작업자의 손과 몸이 회전체에 끼이는 재해가 발생하였다.

① 기계의 전원을 차단하지 않고 점검하여 말려들어갈 위험에 노출됨
② 장갑을 착용한 상태에서 점검하여 말려들어갈 위험에 노출됨
③ 기계에 인터록장치 미설치로 인한 위험에 노출됨

12년 3회 14년 1회 15년 2회 16년 3회 20년 2회

## 108

**다음 영상을 보고 각 물음에 답하시오.**

[동영상 설명]
한 작업자가 이동식크레인으로 전주를 옮기는 과정에서 다른 작업자가 떨어진 전주에 맞아 사고가 발생하였다.

(1) 재해명칭
(2) 가해물
(3) 착용해야 하는 전기용 안전모의 종류 2가지

(1) 재해명칭 : 맞음
(2) 가해물 : 전주
(3) 안전모의 종류 : AE, ABE

*산업재해 명칭

| 명칭 | 내용 |
|---|---|
| 떨어짐 | 높이가 있는 곳에서 사람이 떨어짐 |
| 넘어짐 | 사람이 미끄러지거나 넘어짐 |
| 깔림 | 물체의 쓰러짐이나 뒤집힘 |
| 부딪힘 | 물체에 부딪힘 |
| 맞음 | 날아오거나 떨어진 물체에 맞음 |
| 무너짐 | 건축물이나 쌓인 물체가 무너짐 |
| 끼임 | 기계설비에 끼이거나 감김 |

12년 3회 16년 1회 17년 2회 19년 1회

## 109

**다음 영상을 보고 퍼지작업(환기작업)에 대한 목적을 각각 쓰시오.**

[동영상 설명]
화면에서는 밀폐된 공간(산소가 결핍된 장소)에서 작업하는 작업자들을 보여주며 마지막에는 환기작업 하는 모습을 보여준다.

(1) 가연성가스 및 지연성가스의 경우
(2) 독성가스의 경우
(3) 불활성가스의 경우

(1) 화재폭발 방지 및 산소결핍에 의한 질식사고 방지
(2) 중독사고 방지
(3) 산소결핍에 의한 질식사고 방지

13년 1회 14년 2회 15년 1회 17년 2회 20년 4회 21년 1회 21년 3회 22년 1회

## 110

**다음 영상을 보고 컨베이어 작업시작 전 점검사항 4가지를 쓰시오.**

[동영상 설명]
화면에서 컨베이어에서 작업하는 작업자들을 보여주고 있다.

① 원동기 및 풀리 기능의 이상 유무
② 이탈 등의 방지장치 기능의 이상 유무
③ 비상정지장치 기능의 이상 유무
④ 원동기·회전축·기어 및 풀리 등의 덮개 또는 울 등의 이상 유무

13년 1회 14년 2회 16년 1회 18년 1회 19년 2회

## 111

**다음 영상을 보고 방열복 내열 원단의 시험성능 항목 3가지를 쓰시오.**

[동영상 설명]
화면에서 작업자가 착용한 방열복을 보여주고 있다.

① 난연성 시험
② 내열성 시험
③ 내한성 시험
④ 절연저항 시험
⑤ 인장강도 시험

13년 2회 15년 1회

## 112

**다음 영상을 보고 안전모의 안전인증 기준에 대한 다음 보기의 빈칸을 채우시오.**

[동영상 설명]
작업자가 착용하고 있는 안전모를 확대하여 보여주고 있다.

[보기]
- 안전모의 모체, 착장체 및 충격흡수재를 포함한 질량은 ( ① )을 초과하지 않을 것
- 물체의 낙하 또는 비래에 의한 위험을 방지 또는 경감하고, 머리부위 감전에 의한 위험을 방지하기 위한 안전모의 기호는 ( ② )이다.
- 내전압성이란 ( ③ ) 이하의 전압에 견디는 것을 말한다.

① 440$g$
② AE형
③ 7000$V$

13년 3회 17년 1회 19년 1회 20년 2회 20년 3회 21년 1회

## 113

**다음 영상을 보고 위험요인 2가지를 쓰시오.**

[동영상 설명]
작업자가 맨손으로 임시배전반에서 드라이버를 가지고 맨손으로 점검하던 중 옆 작업자가 와서 문을 닫는 과정에서 손이 컨트롤 박스 문에 끼어 감전 재해가 발생하였다.

① 작업자의 절연장갑 미착용
② 문에 잠금장치 및 통전금지 표찰 미설치

13년 3회 15년 1회

## 114

**다음 영상을 보고 기계의 각 작동 부분이 정상 조건이 아닌 경우 자동으로 전원을 차단하여 사고를 방지하는 방호장치의 이름을 쓰시오.**

[동영상 설명]
작업자가 선반 작업 중 가동이 멈추는 현상이 발생하였다. 작업자는 회전부의 덮개 부분을 열어 점검하던 중 선반이 갑자기 가동하여 작업자의 손가락이 다쳤다.

인터록(Inter Lock)

13년 3회 15년 1회 18년 2회 19년 3회 21년 1회

## 115

**다음 영상을 보고 추락사고에 대한 각 물음에 답하시오.**

[동영상 설명]
작업자가 부적절한 작업발판을 밟고 교량 점검 작업을 하던 도중에 추락하였다.

(1) 작업발판의 폭의 기준
(2) 재해 원인 2가지

(1) 작업발판의 폭 : 40cm 이상

(2) 재해 원인
① 추락방호망 미설치
② 안전난간 미설치
③ 안전대 미착용
④ 안전대 부착설비 미설치

14년 1회

## 116

**다음 영상을 보고 전주 작업에서 착용하여야 하는 안전대의 종류 2가지를 쓰시오.**

[동영상 설명]
작업자가 안전대를 착용하여 전주 작업을 하고 있다.

① 벨트식 ② 안전그네식

14년 1회 14년 2회 15년 1회 15년 3회 17년 2회 21년 2회 21년 3회

## 117

**다음 영상을 보고 감전사고에 대한 각 물음에 답하시오.**

[동영상 설명]
한 작업자가 맨손으로 변압기의 2차 전압을 측정하기 위하여 건너편에 있는 다른 작업자에게 전원을 투입하라는 신호를 보낸다. 측정이 끝난 후 다시 차단하라고 신호를 보내고 측정기기를 철거하다 감전사고가 발생하였다.

(1) 재해원인 3가지
(2) 안전대책 3가지

(1) 재해원인
① 절연용보호구 미착용
② 안전확인을 소홀히 한다.
③ 작업자간 신호전달이 잘 이루어지지 않음
(2) 안전대책
① 절연용보호구 착용
② 안전확인을 확실히 한다.
③ 작업자간 신호전달을 확실히 한다.

14년 1회

## 118

**다음 영상을 보고 제일 높은 해체물의 높이가 $7m$일 때 해체장비와 해체물 사이의 안전거리는 몇 $m$ 이상이어야 하는가?**

[동영상 설명]
작업자가 해체장비로 해체물을 무너뜨리고 있다.

안전거리 $= 0.5 \times$ 해체물 높이 $= 0.5 \times 7 = 3.5m$ 이상

14년 1회 22년 2회

## 119

**다음 영상을 보고 크레인으로 배관을 인양하던 도중에 발생한 재해에 대한 동종 재해를 방지하기 위한 화물 인양 시 준수사항 2가지를 쓰시오.**

[동영상 설명]
크레인 작업자가 크고 두꺼운 배관을 와이어로프로 안전하지 못하게 단 한번 빙 둘러서 인양하고 있다. 도중에 끈을 확대하여 보여주는데 끈의 일부분이 손상되어 찢겨져 있는 부분을 보여주었다. 배관을 다시 인양하던 도중에 아래에서 작업하던 작업자들의 머리 부근까지 내려오다가 배관이 순간 흔들리면서 날아와서 작업자를 그대로 가격하는 모습을 보여주고 있다.

① 작업반경 내 관계근로자 외 출입을 금지
② 와이어로프의 안전상태를 점검
③ 훅의 해지장치 점검
④ 유도로프를 사용
⑤ 작업시작 전 일정한 신호방법을 정하고 신호수의 신호에 따라 작업

14년 2회

## 120

**다음 영상을 보고 각 물음에 답하시오.**

[동영상 설명]
작업자가 철골 위에서 발판을 설치하는 작업을 하고 있다. 작업자가 발판 상단을 지나가다 걸려 땅으로 떨어져 재해가 발생하였다.

(1) 재해형태
(2) 기인물

(1) 재해형태 : 떨어짐

(2) 기인물 : 발판

*산업재해 명칭

| 명칭 | 내용 |
|---|---|
| 떨어짐 | 높이가 있는 곳에서 사람이 떨어짐 |
| 넘어짐 | 사람이 미끄러지거나 넘어짐 |
| 깔림 | 물체의 쓰러짐이나 뒤집힘 |
| 부딪힘 | 물체에 부딪힘 |
| 맞음 | 날아오거나 떨어진 물체에 맞음 |
| 무너짐 | 건축물이나 쌓인 물체가 무너짐 |
| 끼임 | 기계설비에 끼이거나 감김 |

14년 3회 15년 1회 15년 2회 16년 2회 17년 3회 18년 1회 19년 2회 20년 3회

## 121

**다음 영상을 보고 사출성형기의 이물질 제거 시 재해 발생 방지대책 3가지를 쓰시오.**

[동영상 설명]
작업자가 사출성형기를 작업하던 중 기계가 멈추자 안을 들여다보며 사출성형기에 끼인 이물질을 제거하려다 감전으로 뒤로 쓰러졌다.

① 작업 전 전원 차단한 후 이물질 제거
② 작업 시 절연용보호구 착용
③ 이물질 제거 시 수공구 사용

14년 3회 15년 1회 18년 2회 20년 2회 22년 1회

## 122

**다음 영상을 보고 이동식크레인 운전자가 준수 하여야 할 사항 3가지를 쓰시오.**

[동영상 설명]
이동식 크레인 작업 중 비계를 로프에 걸어 작업자가 비계 아래에서 수신호 작업하다 신호가 맞지 않아 비계가 작업자 위로 낙하하는 재해가 발생하였다.

① 작업시작 전 일정한 신호방법을 정하고 신호수의 신호에 따라 작업
② 작업 중 운전석 이탈을 금지
③ 작업 종료 후 이동식 크레인 동력을 차단

15년 1회 15년 2회 16년 3회 17년 3회 20년 1회 20년 2회 20년 3회 21년 2회 22년 2회

## 123

**다음 영상을 보고 이동식크레인 작업의 위험요인 2가지를 쓰시오.**

[동영상 설명]
작업자가 이동식크레인으로 배관을 1줄걸이 상태로 불안정하게 운반하고 있으며, 와이어로프가 어느정도 손상된 모습을 보여준다. 작업자들이 배관을 손으로 지지하다 배관이 흔들리며 작업자들이 배관에 맞는 재해가 발생하였다.
(훅의 해지장치는 설치되지 않았다.)

① 줄걸이 방법 불량(2줄걸이로 해야함)
② 와이어로프 안정상태 미점검
③ 훅의 해지장치 미설치
④ 유도로프 미사용

15년 2회

## 124

**다음 영상을 보고 프레스로 철판에 구멍을 뚫는 작업에서 위험예지포인트 3가지를 쓰시오.**

[동영상 설명]
주변이 지저분한 작업장에서 보안경을 착용하지 않은 작업자가 프레스 작업을 하던 도중 이물질에 의해 갑자기 프레스기가 정지되었다. 작업자는 몸을 기울인 채 이물질을 손으로 제거하는 작업을 하였다.

① 주변 정리정돈 불량으로 넘어져 다칠 수 있다.
② 보안경 미착용으로 인한 이물질이 눈에 들어갈 수 있다.
③ 이물질을 손으로 제거하려다 손을 다칠 수 있다.
④ 작업자 실수로 페달을 밟아 손을 다칠 수 있다.

15년 3회 19년 1회

## 125

**다음 영상을 보고 작업자와 해체장비 사이의 이격거리는 몇 $m$ 이상 이격하여야 하는가?**

[동영상 설명]
건물해체공사를 하는 작업자가 해체장비와 충돌하였다.

$4m$ 이상

15년 3회 22년 3회

## 126

**다음 영상을 보고 인화성물질의 증기·가연성 가스 또는 분진이 존재하여 폭발 또는 화재가 발생할 우려가 있을 경우의 예방대책 3가지를 쓰시오.**

[동영상 설명]
인화성 물질 취급 및 저장소에서 작업자가 옷을 벗는 도중 폭발 사고가 발생하였다.

① 실내 환기
② 분진을 미리 제거
③ 가스검지 및 경보장치 설치
④ 작업자에게 인화성물질에 대한 안전교육 실시

16년 1회 20년 1회 22년 3회

## 127

**다음 영상을 보고 위험요인 2가지를 쓰시오.**

[동영상 설명]
안전모와 보안경을 착용하지 않은 작업자가 방호장치가 설치되지 않은 드릴을 이용하여 구멍을 넓히는 작업을 하고 있다.
(단, 작업자는 목장갑을 끼고 공작물을 손으로 잡고 있다.)

① 공작물을 맨손으로 지지하여 위험
② 보안경 미착용으로 인한 위험
③ 덮개 미설치로 인한 위험
④ 안전모 미착용으로 인한 위험
⑤ 장갑 착용으로 인한 위험

16년 1회 17년 1회 18년 2회

## 128

**다음 영상을 보고 안전모의 각 세부명칭을 쓰시오.**

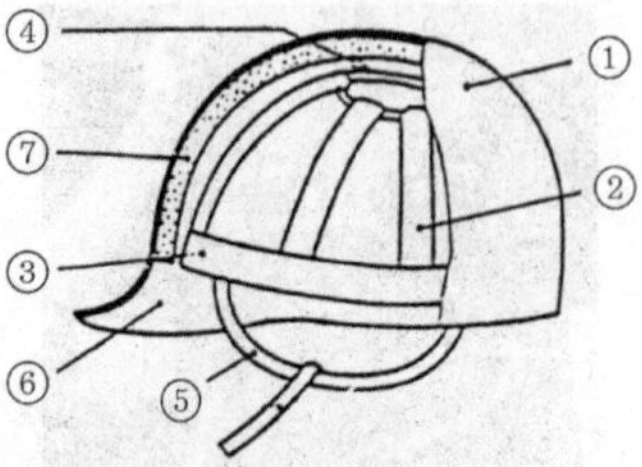


| [동영상 설명] |
|---|
| 다음은 안전모의 그림을 보여준다. |

| 번호 | 명칭 | |
|---|---|---|
| ① | ( ㉠ ) | |
| ② | 착장체 | 머리받침끈 |
| ③ | | ( ㉡ ) |
| ④ | | 머리받침고리 |
| ⑤ | ( ㉢ ) | |
| ⑥ | ( ㉣ ) | |
| ⑦ | ( ㉤ ) | |

㉠ 모체
㉡ 머리고정대
㉢ 턱끈
㉣ 챙(차양)
㉤ 충격흡수재

16년 2회 17년 3회 18년 1회 19년 2회 19년 3회 21년 1회 22년 3회

## 129

**다음 영상을 보고 아래의 보기의 밀폐공간의 적정 공기수준에 관한 내용의 빈칸을 채우시오.**

| [동영상 설명] |
|---|
| 화면에서 밀폐공간을 보여주고 있다. |

| [보기] |
|---|
| "적정공기"란 산소농도의 범위가 ( ① )% 이상 ( ② )% 미만, 탄산가스의 농도가 ( ③ )% 미만, 일산화탄소의 농도가 ( ④ )$ppm$ 미만, 황화수소의 농도가 ( ⑤ )$ppm$ 미만인 수준의 공기를 말한다. |

① 18
② 23.5
③ 1.5
④ 30
⑤ 10

16년 2회 16년 3회 17년 3회 19년 1회 20년 1회 20년 3회 22년 1회

## 130

**다음 영상을 보고 방호장치가 없는 둥근톱 기계에 고정식 톱날접촉예방장치를 설치하려 할 때 각 물음에 답하시오.**

| [동영상 설명] |
|---|
| 화면에서 목재가공용 둥근톱 기계를 보여주고 있다. |

(1) 하단과 가공재 사이의 간격
(2) 하단과 테이블 사이의 높이
(3) 하단과 가공재 사이의 최대 간격
(4) 하단과 테이블 사이의최대 높이

(1) $8mm$ 이하

(2) $25mm$ 이하

(3) $8mm$

(4) $25mm$

*고정식 톱날접촉예방장치(덮개)

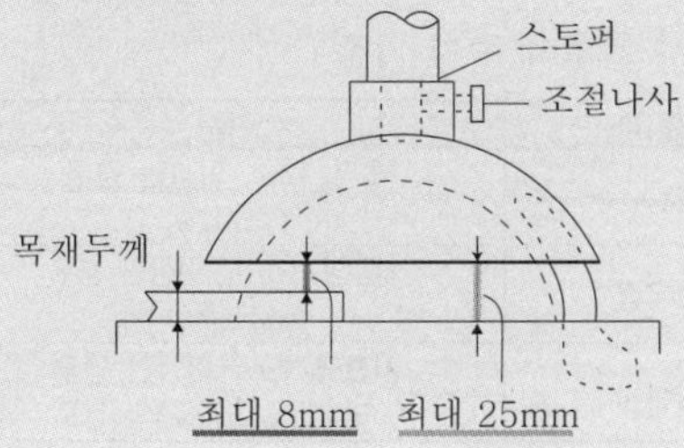


16년 3회 18년 3회

## 131

**다음 영상을 보고 방열복의 질량에 대한 빈칸을 채우시오.**

| [동영상 설명] |
|---|
| 화면에서 방열복을 전체적으로 보여주고 있다. |

| 방열복 종류 | 질량$[kg]$ |
|---|---|
| 방열상의 | ( ① ) |
| 방열하의 | ( ② ) |
| 방열일체복 | ( ③ ) |
| 방열장갑 | ( ④ ) |
| 방열두건 | ( ⑤ ) |

① 3.0 이하
② 2.0 이하
③ 4.3 이하
④ 0.5 이하
⑤ 2.0 이하

17년 1회

## 132

**다음 영상을 보고 변전실에 대한 안전대책 3가지를 쓰시오.**

[동영상 설명]
작업자들이 옥상 변전실 근처에서 축구공으로 공놀이를 하다가 축구공이 변전실에 들어가는 바람에 작업자 한 명이 단독으로 축구공을 꺼내오려다가 변전실 안에서 감전당하여 쓰러진다.

① 변전실 관계자외 출입금지 표지판 설치
② 변전실 잠금장치 설치
③ 변전실 전원을 차단한 후 공을 제거
④ 변전실 전기위험에 대한 안전교육 실시

17년 1회 19년 1회

## 133

**다음 영상을 보고 용접용 보안면에 대한 각 물음에 답하시오.**

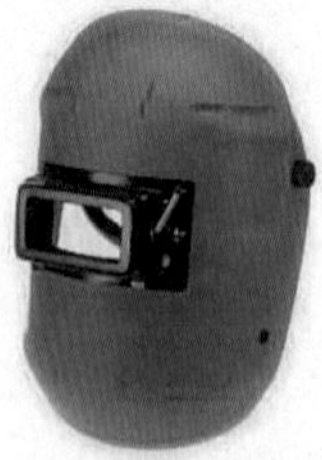

[동영상 설명]
화면에서 용접용 보안면을 보여준다.

(1) 등급을 나누는 기준
(2) 투과율의 종류 3가지

(1) 등급기준 : 차광도 번호
(2) 투과율의 종류
① 자외선 최대 분광 투과율
② 시감 투과율
③ 적외선 투과율

17년 1회

## 134

**다음 영상을 보고 철골공사 작업의 중지 기준 3가지를 쓰시오.**

[동영상 설명]
화면에서 철골공사 작업을 보여주고 있다.

① 풍속 : $10m/s$ 이상인 경우
② 강우량 : $1mm/hr$ 이상인 경우
③ 강설량 : $1cm/hr$ 이상인 경우

*철골공사 작업의 중지 기준

| 종류 | 기준 |
|---|---|
| 풍속 | 초당 $10m$ 이상인 경우 ($10m/s$) |
| 강우량 | 시간당 $1mm$ 이상인 경우 ($1mm/hr$) |
| 강설량 | 시간당 $1cm$ 이상인 경우 ($1cm/hr$) |

17년 1회

## 135

**다음 영상을 보고 충전전로에서 전기작업을 하거나 그 부근에서 작업을 하는 경우의 안전대책 3가지를 쓰시오.**

[동영상 설명]
작업자들이 충전전로에서 전기작업을 하고 있다.

① 절연용 보호구 착용
② 절연용 방호구 설치
③ 활선작업용 기구 및 장치 사용

17년 1회 19년 2회 21년 1회 22년 1회

## 136

**다음 영상을 보고 롤러기 방호장치인 급정지장치에 대한 빈칸을 채우시오.**

[동영상 설명]
화면에서 롤러기를 처음에 보여주고 롤러기에 붙어있는 급정지장치를 확대하여 보여주고 있다.

| 종류 | 위치 |
|---|---|
| 손조작식 | 밑면에서 ( ① ) |
| 복부조작식 | 밑면에서 ( ② ) |
| 무릎조작식 | 밑면에서 ( ③ ) |

① 1.8$m$ 이내
② 0.8$m$ 이상 1.1$m$ 이내
③ 0.4$m$ 이상 0.6$m$ 이내

*급정지장치

| 종류 | 위치 |
|---|---|
| 손조작식 | 밑면에서 1.8$m$ 이내 |
| 복부조작식 | 밑면에서 0.8$m$ 이상 1.1$m$ 이내 |
| 무릎조작식 | 밑면에서 0.4$m$ 이상 0.6$m$ 이내 |

17년 2회 19년 1회

## 137

**다음 영상을 보고 안전대에 대한 각 물음에 답하시오.**

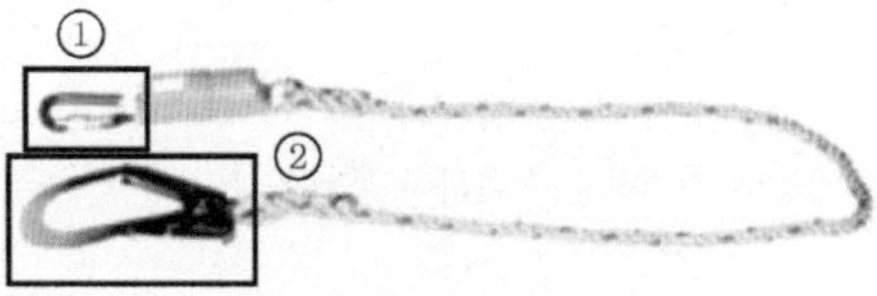


[동영상 설명]
화면에서는 안전대를 확대하여 보여준다.

(1) 안전대의 명칭
(2) 각 부의 명칭

(1) 안전대의 명칭 : 죔줄

(2) 각 부의 명칭
① 카라비너 ② 훅

18년 1회 19년 3회 22년 1회

## 138

**다음 영상을 보고 고소작업대에 대한 각 물음에 답하시오.**

[동영상 설명]
건설현장에서 고소작업대로 이동하여 철구조물을 산소절단기로 고소작업을 하고 있다.

(1) 고소작업대 이동 시 준수사항 3가지
(2) 고소작업대 안전 작업 준수사항 3가지

(1) 이동 시 준수사항
① 작업대를 가장 낮게 내릴 것
② 이동통로의 요철상태 또는 장애물의 유무 등 확인
③ 작업대를 올린 상태에서 작업자를 태우고 이동하지 말 것

(2) 안전 작업 준수사항 3가지
① 안전모 착용
② 안전대 착용
③ 관계근로자 외 출입금지
④ 작업대 정격하중 초과하여 물건을 싣거나 탑승금지

18년 1회 18년 3회 20년 2회 21년 2회

## 139

**다음 영상을 보고 착용하여야 할 적절한 보호구 3가지를 쓰시오.**

[동영상 설명]
섬유공장에서 캡모자와 목장갑을 착용한 작업자가 돌아가는 회전체의 전기기구를 만지며 작업한다. 얼굴을 찡그린 채 먼지를 손으로 닦으며 작업자의 눈과 귀를 확대하여 보여주고 있다.

① 귀마개
② 보안경
③ 방진마스크

18년 1회 20년 1회

## 140

**다음 영상을 보고 이 장치의 명칭과 구조를 쓰시오.**

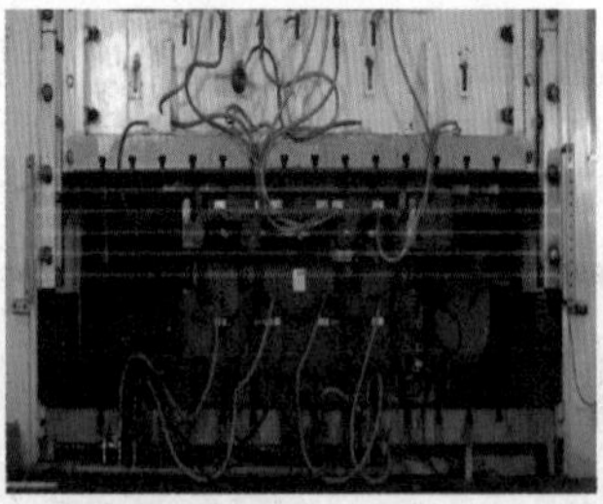

[동영상 설명]
화면에서 "A-1"이라고 쓰여있는 기계의 장치를 보여주고 있다.

① 명칭 : 광전자식 방호장치
② 구조
: 투광부 • 수광부 • 컨트롤 부분으로 구성된 것으로서 신체의 일부가 광선을 차단하면 기계를 급정지시키는 방호장치

18년 1회 21년 1회

## 141

**다음 영상을 보고 중량물을 취급하는 작업에서 작성하는 작업계획서 포함사항 3가지를 쓰시오.**

[동영상 설명]
2명에서 회전하는 기계를 분해하여 닦고 다시 조립하고 있다. 작업자 한 명이 중량물이 무거워서 허리를 삐끗하는 순간 중량물을 놓치고 다른 작업자 발등에 중량물이 떨어지는 재해가 발생하였다.

① 추락위험을 예방할 수 있는 안전대책
② 낙하위험을 예방할 수 있는 안전대책
③ 전도위험을 예방할 수 있는 안전대책
④ 협착위험을 예방할 수 있는 안전대책
④ 붕괴위험을 예방할 수 있는 안전대책

18년 1회 18년 3회

## 142

**다음 영상을 보고 특수화학설비 내부의 이상상태를 조기에 파악하기 위하여 설치해야 할 계측장치 3가지를 쓰시오.**

[동영상 설명]
화면에는 특수화학설비 시설을 보여주고 있다.

① 온도계 ② 유량계 ③ 압력계

18년 2회 18년 3회 20년 1회 20년 4회 21년 1회 21년 2회 21년 3회 22년 1회 22년 2회

## 143

**다음 영상을 보고 이동식 비계에 대한 각 물음에 답하시오.**

[동영상 설명]
건설현장에서 마스크를 착용하지 않은 작업자가 안전난간이 양 옆으로만(앞 뒤 미설치) 설치된 3층에서 천정 작업을 하고 있고, 포장 박스를 칼로 뜯고 있는데, 바퀴 고정이 안되어서 이동식 비계가 조금씩 움직이는 모습을 보여주고 있다. 작업발판이 삐딱하게 걸쳐져 있으며 작업자가 움직일 때 마다 작업발판이 흔들리는 모습을 보여주고 있다.

(1) 설치 준수사항 3가지
(2) 위험요인 2가지

(1) 설치 준수사항
① 승강용사다리는 견고하게 설치
② 비계의 최상부에서 작업하는 경우 안전난간 설치
③ 작업발판의 최대적재하중은 250kg을 초과하지 않도록 할 것
④ 작업발판은 항상 수평을 유지하고 작업발판 위에서 안전난간을 딛고 작업하거나 받침대 또는 사다리를 사용하여 작업하지 않도록 할 것
⑤ 이동식비계의 바퀴에는 뜻밖의 갑작스러운 이동 또는 전도를 방지하기 위하여 브레이크·쐐기 등으로 바퀴를 고정시킨 다음 비계의 일부를 견고한 시설물에 고정하거나 아웃트리거를 설치하는 등 필요한 조치를 할 것

(2) 위험요인
① 승강용사다리 견고하게 설치하지 않음
② 안전난간 미설치
③ 작업발판을 수평으로 유지 안함

18년 2회

## 144

**다음 영상을 보고 터널 굴착공사에서 사용되는 터널 지보공 점검사항 3가지를 쓰시오.**

[동영상 설명]
화면에서 터널 굴착공사에서 사용되는 터널 지보공을 확대하여 보여주고 있다.

① 부재의 손상·변형·부식·변위 및 탈락의 유무
② 부재의 접속부 및 교차부의 상태
③ 부재의 긴압의 정도
④ 기둥침하의 유무와 상태

18년 2회

## 145

**다음 영상을 보고 콘크리트 타설작업 시 안전 수칙 3가지를 쓰시오.**

[동영상 설명]
화면에서 작업자들이 콘크리트 타설작업을 하고있는 모습을 보여주고 있다.

① 콘크리트를 타설하는 경우에는 편심이 발생하지 않도록 골고루 분산하여 타설할 것
② 콘크리트 타설작업 시 거푸집 붕괴의 위험이 발생할 우려가 있으면 충분한 보강조치를 할 것
③ 설계도서상의 콘크리트 양생기간을 준수하여 거푸집 동바리등을 해체할 것
④ 당일의 작업을 시작하기 전에 해당 작업에 관한 거푸집동바리등의 변형·변위 및 지반의 침하 유무 등을 점검하고 이상이 있으면 보수할 것
⑤ 작업 중에는 거푸집동바리등의 변형·변위 및 침하 유무 등을 감시할 수 있는 감시자를 배치하여 이상이 있으면 작업을 중지하고 근로자를 대피시킬 것

18년 2회

## 146

**다음 영상을 보고 보안면의 채색 투시부의 차광도를 구분하여 그 투과율[%]을 쓰시오.**

[동영상 설명]
화면에서 보안면을 확대하여 보여주고 있다.

① 밝음 : 50±7%
② 중간밝기 : 23±4%
③ 어두움 : 14±4%

18년 2회 19년 1회 19년 3회 20년 2회 20년 3회 20년 4회

## 147

**다음 영상을 보고 위험요인 2가지를 쓰시오.**

[동영상 설명]
작업자가 별도의 표지판이 없는 배전반에서 맨손으로 휴대용 연삭기로 연삭 작업을 하던 도중에 감전사고가 발생하였다.

① 절연용 보호구 미착용
② "통전중" 표지판 미설치
③ 누전차단기 미작동

18년 2회 20년 2회

## 148

**다음 영상을 보고 거푸집 해체작업 시 준수사항 3가지를 쓰시오.**

[동영상 설명]
작업자가 거푸집 해체 작업을 하던 도중에 재해가 발생한 모습을 보여주고 있다.

① 해당 작업을 하는 구역에는 관계 근로자가 아닌 사람의 출입 금지
② 비·눈 그 밖의 기상상태의 불안정으로 날씨가 몹시 나쁜 경우에는 그 작업을 중지
③ 재료·기구 또는 공구 등을 올리거나 내리는 경우에는 근로자로 하여금 달줄·달포대 등을 사용
④ 버팀목을 설치하고 거푸집동바리등을 인양장비에 매단 후에 작업

18년 3회

## 149

**다음 영상을 보고 통풍이 불충분한 장소에서 가스를 공급하는 배관을 해체하거나 부착하는 작업을 하는 경우, 사업주의 조치 2가지를 쓰시오.**

[동영상 설명]
작업자가 맨홀의 내부와 같은 통풍이 불충분한 장소에서 가스를 공급하는 배관을 부착하는 작업을 하고 있다.

① 배관을 해체하거나 부착하는 작업장소에 해당 가스가 들어오지 않도록 차단
② 해당 작업을 하는 장소는 적정공기 상태가 유지되도록 환기
③ 근로자에게 공기호흡기 또는 송기마스크를 지급하여 착용하도록 함

18년 3회 20년 1회

## 150

**다음 영상을 보고 그림에 맞는 장치의 명칭을 각각 쓰시오.**

| [동영상 설명] |
|---|
| 건설용 리프트 방호장치를 ①부터 ⑥까지 하나하나 천천히 보여주고 있다. |

| 방호장치 그림 | 명칭 |
|---|---|
| 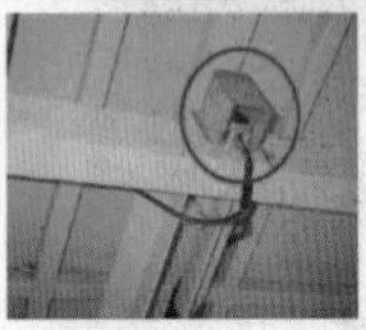 | ① |
|  | ② |
|  | ③ |
|  | ④ |
| 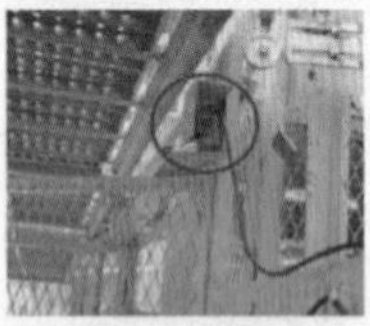 | ⑤ |
|  | ⑥ |

① 과부하방지장치
② 완충스프링
③ 비상정지장치
④ 출입문 연동장치
⑤ 방호울 출입문 연동장치
⑥ 3상 전원차단장치

18년 3회 21년 1회 21년 2회 22년 3회

## 151

**다음 영상을 보고 보기의 가설통로 설치기준에 대한 빈칸을 채우시오.**

| [동영상 설명] |
|---|
| 화면에서 가설통로를 쭉 보여주고 있다. |

| [보기] |
|---|
| - 경사는 ( ① )도 이하일 것<br>- 경사가 ( ② )도를 초과하는 경우에는 미끄러지지 아니하는 구조로 할 것 |

① 30 ② 15

18년 3회 21년 3회

## 152

**다음 영상을 보고 보기는 타워크레인의 작업 중지에 대한 내용일 때 빈칸을 채우시오.**

| [동영상 설명] |
|---|
| 타워크레인을 이용하여 철제 비계를 운반하는 작업을 보여주고 있다. |

| [보기] |
|---|
| - 설치·수리·점검 또는 해체 작업 중지 하여야 하는 순간풍속 : ( ① )$m/s$<br>- 운전작업을 중지하여야 하는 순간풍속 : ( ② )$m/s$ |

① 10 ② 15

18년 3회

## 153

**다음 영상을 보고 위험요소 3가지를 쓰시오.**

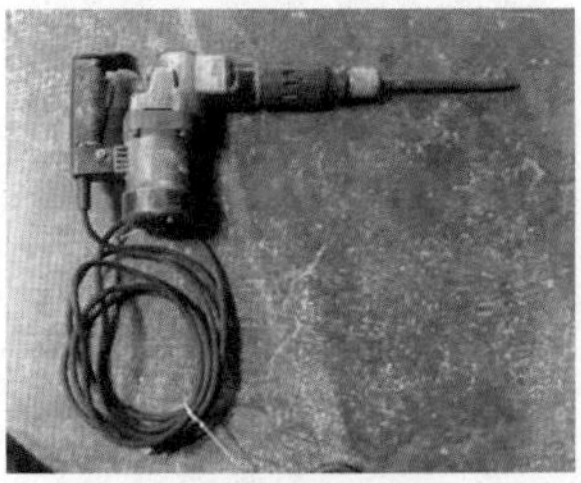

| [동영상 설명] |
|---|
| 안전모, 안전화, 목장갑을 착용하고 있는 작업자가 파괴해머를 이용하여 보도블럭 옆 인도에서 작업을 하고 있다. 주변에 방책과 같은 방호구는 쳐있지 않으며, 별도의 감시자도 따로 없다. 전원은 리드선에서 따왔고, 전기줄이 파괴해머를 휘감고 있는 장면을 보여주고 있다. 마지막 영상에서는 작업하는 작업자의 얼굴을 강조하는데 귀마개, 보안경, 방진마스크는 착용하지 않았다. |

① 방진마스크 미착용(호흡용 보호구 미착용)
② 보안경 미착용(눈 보호구 미착용)
③ 귀마개 미착용(차음용 보호구 미착용)

19년 1회

## 154

**다음 영상을 보고 교류아크용접기 자동전격방지기 종류 4가지를 쓰시오.**

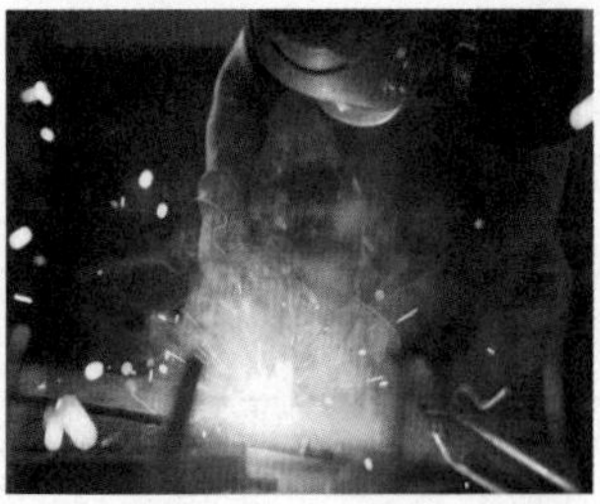

| [동영상 설명] |
|---|
| 다음은 작업자들이 교류아크용접기로 용접작업하는 모습을 보여주고 있다. |

① 외장형
② 내장형
③ L형(저저항 시동형)
④ H형(고저항 시동형)

19년 1회

## 155

**다음 영상을 보고 보기는 안전모의 시험성능기준에 대한 설명일 때 빈칸을 채우시오.**

[보기]
- AE형 및 ABE형의 관통거리 ( ① )$mm$ 이하
- AB형의 관통거리 ( ② )$mm$ 이하
- 충격흡수성 : 최고전달충격력이 ( ③ )$N$을 초과해서는 안된다.

① 9.5 ② 11.1 ③ 4450

*안전모의 시험성능기준

| 항목 | 시험성능기준 |
|---|---|
| 내관통성 | AE, ABE종 안전모는 관통거리가 $9.5mm$ 이하이고, AB종 안전모는 관통거리가 $11.1mm$ 이하이어야 한다. |
| 충격흡수성 | 최고전달충격력이 $4450N$을 초과해서는 안되며, 모체와 착장체의 기능이 상실되지 않아야 한다. |
| 내전압성 | AE, ABE종 안전모는 교류 $20kV$에서 1분간 절연파괴 없이 견뎌야하고, 이때 누설되는 충전전류는 $10mA$ 이하 이어야 한다. |
| 내수성 | AE, ABE종 안전모는 질량증가율이 $1\%$ 미만 이어야 한다. |
| 난연성 | 모체가 불꽃을 내며 5초 이상 연소되지 않아야 한다. |
| 턱끈풀림 | $150N$ 이상 $250N$ 이하에서 턱끈이 풀려야 한다. |

19년 1회

## 156

**다음 영상을 보고 보기의 안전인증대상 방음용 귀덮개(EM)의 차음성능 기준에 대한 빈칸을 채우시오.**

[동영상 설명]
작업자가 착용하는 방음용 귀덮개를 확대하여 보여주고 있다.

| 중심 주파수$[Hz]$ | EM의 차음치$[dB]$ |
|---|---|
| 1,000 | ( ① ) 이상 |
| 2,000 | ( ② ) 이상 |
| 4,000 | ( ③ ) 이상 |

① $25dB$ ② $30dB$ ③ $35dB$

19년 2회 20년 2회 22년 1회

## 157

**다음 영상을 보고 터널 굴착공사에서 사용되는 흙막이 지보공 점검사항 3가지를 쓰시오.**

[동영상 설명]
화면에서 터널 굴착공사에서 사용되는 흙막이 지보공을 확대하여 보여주고 있다.

① 부재의 손상 • 변형 • 부식 • 변위 및 탈락의 유무와 상태
② 부재의 접속부 • 부착부 및 교차부의 상태
③ 침하의 정도
④ 버팀대의 긴압의 정도

19년 2회

## 158

**다음 영상을 보고 변압기가 활선인지 아닌지 확인이 가능한 방법 3가지를 쓰시오.**

[동영상 설명]
작업자가 변압기가 활선인지 아닌지 확인 작업을 하려 한다.

① 검전기로 확인
② 활선경보기로 확인
③ 테스터기로 확인

19년 2회 20년 1회 22년 3회

## 159

**다음 영상을 보고 위험요인 3가지를 쓰시오.**

[동영상 설명]
목장갑을 착용한 작업자가 이동식 사다리 위에서 고온 배관의 플랜지 볼트를 조이는 작업을 하던 도중 중심을 못잡고 추락하였다. (작업자는 안전대 및 보안경을 착용하지 않았다.)

① 안전대 미착용
② 보안경 미착용
③ 방열장갑 미착용
④ 불안정한 작업발판

19년 3회

## 160

**다음 영상을 보고 방독마스크의 성능시험 종류 3가지를 쓰시오.**

[동영상 설명]
작업자가 착용한 방독마스크를 확대하여 보여주고 있다.

① 안면부 흡기저항시험
② 안면부 배기저항시험
③ 시야시험
④ 안면부 누설률시험
⑤ 불연성시험

19년 3회

## 161

**다음 영상을 보고 동력식 수동대패기에 대한 각 물음에 답하시오.**

[동영상 설명]
화면에서 작업자가 동력식 수동대패기로 작업을 하고 있다.

(1) 방호장치명
(2) 방호장치의 종류 2가지

(1) 방호장치 : 날접촉예방장치
(2) 종류 : 고정식, 가동식

19년 3회

## 162

**다음 영상을 보고 안전대책 3가지를 쓰시오.**

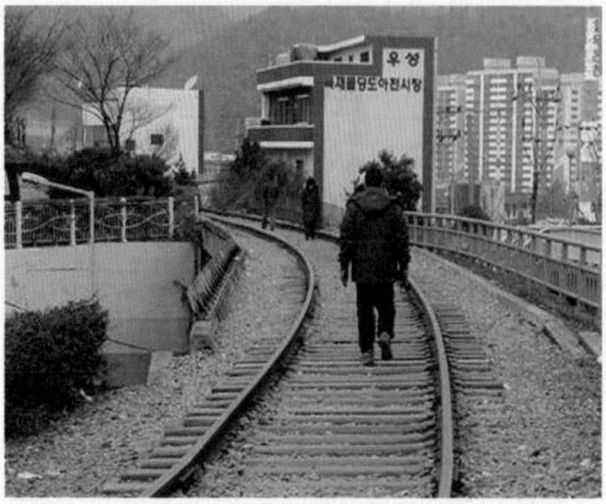


[동영상 설명]
철길 가운데 기름통 등 놓여있고 안전모를 쓰지 않은 작업자들이 철길에서 서로 잡담하느라 기차가 접근하는지 모르다가 재해가 발생하였다.

① 작업 중 잡담금지
② 감시인 배치
③ 경보장치 설치
④ 주변 정리정돈
⑤ 작업자들에게 사전교육 실시

19년 3회 21년 2회

## 163

**다음 영상을 보고 각 장치의 방호장치를 1가지씩 쓰시오.**

[동영상 설명]
화면에서 컨베이어와 선반과 휴대용 연삭기를 확대하여 한 번씩 보여주었다.

| | |
|---|---|
|  | (1) |
|  | (2) |
|  | (3) |

(1) 컨베이어 : 비상정지장치, 건널다리, 덮개, 울, 역전방지장치, 이탈방지장치

(2) 선반 : 덮개, 울, 가드, 칩 비산 방지판

(3) 휴대용 연삭기 : 덮개

19년 3회

## 164

**다음 영상을 보고 각 물음에 답하시오.**

[동영상 설명]
인화성 물질 취급 및 저장소에서 작업자가 옷을 벗는 도중 폭발 사고가 발생하였다.

(1) 발화원의 형태
(2) (1)의 종류 2가지

(1) 발화원의 형태 : 정전기

(2) 종류
① 마찰대전(신발과 바닥 사이)
② 박리대전(옷을 벗을 때)

19년 3회 21년 2회 22년 1회

## 165

**다음 영상을 보고 사업주가 근로자의 위험을 방지하기 위하여 차량계 하역운반기계 등을 사용하는 작업 시 작성하고 그에 따라 작업을 하도록 하여야 하는 작업계획서의 내용 2가지를 쓰시오.**

[동영상 설명]
작업자가 지게차를 운행하면서 포크 위에 기다란 철봉 3개를 백레스트에 상차하여 지게차 폭보다 더 튀어나온 상태로 운행하는 과정에서 옆에 다른 작업자를 치는 재해가 발생하였다.

① 해당 작업에 따른 추락・낙하・전도・협착 및 붕괴 등의 위험 예방대책
② 차량계 하역운반기계 등의 운행경로 및 작업방법

20년 2회 20년 3회 21년 2회

## 166

**다음 영상을 보고 프레스 작업시작 전 점검사항 3가지를 쓰시오.**

[동영상 설명]
작업자가 프레스 작업을 하던 도중 이물질에 의해 갑자기 프레스기가 정지되었다. 작업자는 몸을 기울인 채 이물질을 손으로 제거하는 작업을 하다가 실수로 페달을 밟아 손이 다치는 재해가 발생하였다.

① 클러치 및 브레이크의 기능
② 방호장치의 기능
③ 프레스의 금형 및 고정볼트 상태
④ 전단기의 칼날 및 테이블의 상태
⑤ 1행정 1정지기구・급정지장치 및 비상정지장치의 기능
⑥ 슬라이드 또는 칼날에 의한 위험방지 기구의 기능
⑦ 크랭크축・플라이휠・슬라이드・연결봉 및 연결 나사의 풀림여부

20년 2회 22년 3회

## 167

**다음 영상을 보고 위험요인 3가지를 쓰시오.**

[동영상 설명]
맨얼굴로 목장갑을 끼고 있는 작업자가 주변이 매우 산만한 야외 용접 현장에서 가스 용접 및 절단 작업을 하고 있다. 작업을 하던 도중 눕혀있는 산소통 줄을 당겨서 호스가 뽑혀 산소가 새어 나오고 불꽃이 튀었다.

① 산소통을 눕혀 위험
② 용접용 보안면 미착용
③ 용접용 장갑 미착용
④ 산소 호스를 잡아당겨 위험

20년 2회

## 168

**다음 영상을 보고 각 물음에 답하시오.**

[동영상 설명]
교량 위에서 작업자들이 작업하는 모습을 비춰주다가 화면 아래에 있는 그물을 비추더니 작업자가 추락하는 모습을 보여준다.

(1) 해당 상황에서 필요한 안전용품 명칭
(2) (1)의 설치 높이 기준

(1) 추락방호망
(2) $10m$ 이내

20년 3회

## 169

**다음 영상을 보고 각 물음에 답하시오.**

[동영상 설명]
작업자가 건설장비를 이용하여 해체작업 하는 모습을 보여주고 있다.

(1) 영상에서 보여주는 해체 장비 명칭
(2) 재해예방대책 2가지

(1) 명칭 : 압쇄기(크러셔)

(2) 재해예방대책
① 작업반경 내 관계근로자 외 출입금지
② 해체작업에 대한 안전교육 실시
③ 울타리 설치
④ 감시인 배치

20년 3회

## 170

**다음 영상을 보고 위험요인 3가지를 쓰시오.**

[동영상 설명]
파지를 압축하는 작업장에서 안전모를 착용하지 않은 작업자 두 명이 작동되는 컨베이어 위에서 작업하고 있다. 집게암으로 파지를 들어서 작업자들의 머리 위를 통과한 후 흔들어서 파지를 떨어뜨리는 작업을 하고 있다.

① 안전모 미착용
② 컨베이어 위에서 작업
③ 화물을 작업자 머리위로 통과

20년 3회 22년 2회

## 171

**다음 영상을 보고 습윤장소에서 교류아크용접기에 부착하여야 하는 안전장치 2가지를 쓰시오.**

[동영상 설명]
다음 습윤한 작업장에서 사용하는 교류아크용접기를 보여주고 있다.

① 자동전격방지기
② 누전차단기

20년 3회

## 172

**다음 영상을 보고 이동식 사다리의 설치 사용 기준 3가지를 쓰시오.**

[동영상 설명]
작업자가 이동식 사다리를 올라가던 도중에 추락하였다.

① 길이가 $6m$를 초과해서는 안된다.
② 다리의 벌림은 벽 높이의 $\frac{1}{4}$정도가 적당하다.
③ 벽면 상부로부터 최소한 $60cm$ 이상의 연장길이가 있어야 한다.

20년 3회

## 173

**다음 영상을 보고 수소의 특성 2가지를 쓰시오.**

[동영상 설명]
작업자가 주황색 수소통이 있는 저장창고로 들어가는 모습을 보여주고 있다.

① 공기보다 가벼움
② 가연성 기체

20년 3회

## 174

**다음 영상을 보고 가스집합용접장치의 배관 작업을 하는 경우 사업주가 준수하여야 할 사항 2가지를 쓰시오.**

| [동영상 설명] |
|---|
| 작업자가 액화탄산가스 용기와 가스집합용접장치를 가지고 배관 작업을 하고 있다. |

① 플랜지·밸브·콕 등의 접합부에는 개스킷을 사용하고 접합면을 상호 밀착시키는 등의 조치를 할 것
② 주관 및 분기관에는 안전기를 설치할 것. 이 경우 하나의 취관에 2개 이상의 안전기를 설치하여야 한다.

20년 3회 21년 3회

## 175

**다음 영상을 보고 보기는 낙하물 방지망 또는 방호선반 설치 시의 준수사항에 대한 설명일 때 빈칸을 채우시오.**

| [동영상 설명] |
|---|
| 작업자가 아파트 창틀에서 작업하던 도중 공구를 아래로 떨어뜨리는데 낙하물 방지망 위에 공구가 떨어졌다. |

| [보기] |
|---|
| - 설치 높이 ( ① )$m$ 이내마다 설치하고, 내민 길이는 벽면으로부터 ( ② )$m$ 이상으로 할 것<br>- 수평면과의 각도는 ( ③ ) 이상 ( ④ ) 이하를 유지할 것 |

① 10 ② 2 ③ 20° ④ 30°

20년 4회 21년 1회 21년 2회 21년 3회

## 176

**다음 영상을 보고 보기는 충전전로에서의 전기작업 중 조치사항일 때 빈칸을 채우시오.**

| [동영상 설명] |
|---|
| 작업자가 보호구를 착용하지 않은 모습과 크레인이 전선에 근접하는 모습을 보여준다. |

| [보기] |
|---|
| - 충전전로를 취급하는 근로자에게 그 작업에 적합한 ( ① )를 착용시킬 것<br>- 충전전로에 근접한 장소에서 전기작업을 하는 경우에 해당 전압에 적합한 ( ② )를 설치할 것 |

① 절연용 보호구 ② 절연용 방호구

20년 4회

## 177

**다음 영상을 보고 터널 굴착 장약 작업 시 준수사항 3가지를 쓰시오.**

[동영상 설명]
다음 작업자들은 NATM공법으로 터널 굴착 작업을 하고 있다.

① 장진물에는 종이, 솜 등을 사용하지 않을 것
② 약포를 발파공 내에서 강하게 압착하지 않을 것
③ 전기뇌관을 사용할 때에는 전선·모터 등에 접근하지 않도록 할 것
④ 포장이 없는 화약이나 폭약을 장진할 때에는 화기의 사용을 금하고 근접한 곳에서 흡연하는 일이 없도록 할 것

20년 4회

## 178

**다음 영상을 보고 작업자를 보호할 수 있는 신체 부위별 보호복 3가지를 쓰시오.**

[동영상 설명]
안전모, 면장갑을 착용한 작업자가 용광로 쇳물 탕도 내에 출렁이는 쇳물 표면을 젓고 당기면서 일부 굳은 찌꺼기를 긁어내어 작업자 바로 앞에 고무용기에 충격을 주며 덜어내는 작업을 하고 있다.

① 손 : 방열장갑
② 발 : 방열장화
③ 신체 : 방열복
④ 얼굴 : 방열두건 또는 보안면

21년 1회

## 179

**다음 영상을 보고 용융고열물을 취급하는 설비를 내부에 설치한 건축물에 대하여 수증기 폭발을 방지하기 위한 사업주의 조치사항 2가지를 쓰시오.**

[동영상 설명]
안전모, 면장갑을 착용한 작업자가 용광로 쇳물 탕도 내에 출렁이는 쇳물 표면을 젓고 당기면서 일부 굳은 찌꺼기를 긁어내어 작업자 바로 앞에 고무용기에 충격을 주며 덜어내는 작업을 하고 있다.

① 바닥은 물이 고이지 아니하는 구조로 할 것
② 지붕·벽·창 등은 빗물이 새어들지 아니하는 구조로 할 것

21년 1회

## 180

**다음 영상을 보고 크레인의 작업시작 전 점검사항 3가지를 쓰시오.**

[동영상 설명]
크레인을 이용하여 철제 비계를 운반하는 작업을 보여주고 있다.

① 권과방지장치 • 브레이크 • 클러치 및 운전장치의 기능
② 주행로의 상측 및 트롤 리가 횡행하는 레일의 상태
③ 와이어로프가 통하고 있는 곳의 상태

21년 2회 21년 3회 22년 1회

## 181

**다음 영상을 보고 감전사고 예방을 위한 안전 대책 3가지를 쓰시오.**

[동영상 설명]
방진마스크를 착용하지 않고 고무장갑을 착용한 작업자가 강재에 물을 뿌리면서 열을 식히며 연마 작업을 하고 있다. 전선의 접속부를 고무장갑 안 쪽에 넣어 물에 젖은 바닥에 두는 순간 푸른색 전류가 작업자 손 주변을 타고 나가는 장면과 물기가 많은 바닥에 방치된 접속부를 보여주었다.

① 누전차단기 설치
② 습윤장소에서 충분한 절연효과가 있는 이동전선 사용
③ 통로바닥에 전선을 설치하여 사용하지 않을 것

21년 2회

## 182

**다음 영상을 보고 안전을 위해 착용하여야 하는 보호구 3가지를 쓰시오.**

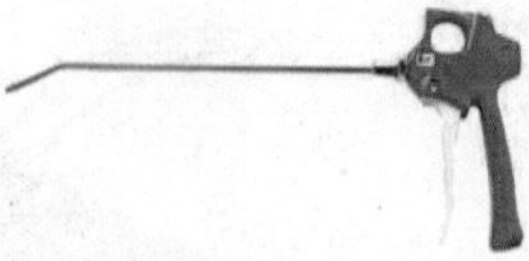

[동영상 설명]
캡모자를 착용한 작업자가 개폐기함에 전원을 올리고 기계장비 및 주변을 에어건으로 청소하고 있는 모습을 보여준다. 바닥에 엎드려서 기계 하단의 공장 바닥에 있는 먼지까지 청소하다가 눈을 감싸고 아파하는 장면을 보여준다.

① 보안경
② 방진마스크
③ 귀마개

21년 2회 21년 3회

## 183

**다음 영상을 보고 용접 작업 시 불안전한 요인 3가지를 쓰시오.**

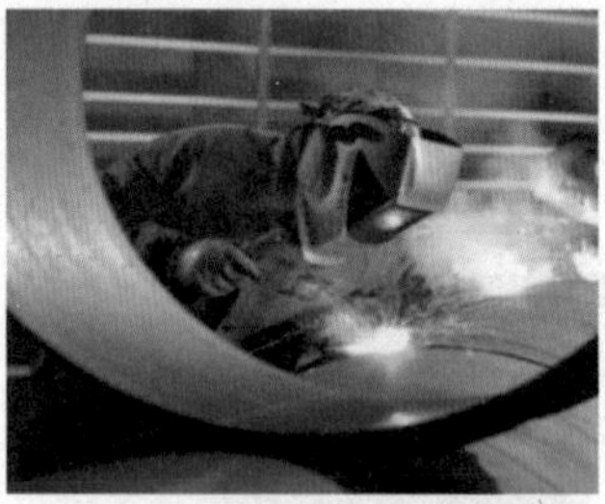

[동영상 설명]
어지러져 있는 작업장에서 용접용 보안면, 가죽장갑, 앞치마를 착용한 작업자 한 명이 모재를 집게에 물려놓고 한 손으로 용접기, 다른 한 손으로 작업봉을 받친 채 피복아크용접작업을 하고 있다. 모재 옆에 작업대 위 어질러진 잡다한 물건들에 불티가 튀는 모습을 보여주고 있다.

① 소화기구 비치 미흡
② 불티 등 비산방지조치 미흡
③ 환기 등 조치 미흡

21년 3회

## 184

**다음 영상을 보고 터널 작업 시 근로자에 대한 위험 요인 2가지를 쓰시오.**

[동영상 설명]
6명 가량의 작업자들이 터널 내부 굴착 작업을 하며 컨베이어로 굴착토를 운반하던 중에 분진이 날리는 모습을 보여주고 있다.

① 분진이 많음
② 배기장치 미설치
③ 살수장치 미설치
④ 방진마스크 미착용

21년 3회 22년 1회

## 185

**다음 영상을 보고 보기의 방열복 내열원단의 시험성능 기준에 대한 빈칸을 채우시오.**

[동영상 설명]
화면에서 작업자가 착용하고 있는 방열복을 보여주고 있다.

[보기]
- 난연성 : 잔염 및 잔진시간이 ( ① )초 미만이고 녹거나 떨어지지 말아야 하며, 탄화길이가 ( ② )$mm$ 이내일 것
- 절연저항 : 표면과 이면의 절연저항이 ( ③ )$M\Omega$ 이상일 것
- 인장강도 : 인장강도는 가로, 세로방향으로 각각 $25kg_f$ 이상일 것
- 내열성 : 균열 또는 부풀음이 없을 것
- 내한성 : 피복이 벗겨져 떨어지지 않을 것

① 2 ② 102 ③ 1

21년 3회

## 186

**다음 영상을 보고 밀폐공간에서 작업 시 특별 교육 내용 4가지를 쓰시오.**

[동영상 설명]
작업자들이 밀폐공간에서 용접작업하는 모습을 보여주고 있다.

① 산소농도 측정 및 작업환경에 관한 사항
② 사고 시의 응급처치 및 비상 시 구출에 관한 사항
③ 보호구 착용 및 사용방법에 관한 사항
④ 작업내용 • 안전작업방법 및 절차에 관한 사항
⑤ 장비 • 설비 및 시설 등의 안전점검에 관한 사항

22년 1회

## 187

**다음 영상을 보고 추락재해 방지시설과 낙하재해 방지시설을 각각 1가지씩 쓰시오.**

[동영상 설명]
교량 위에서 작업자들이 작업하는 모습을 비춰주다가 작업자 한명이 추락하는 모습을 보여준다.

(1) 추락재해 방지시설
① 추락방호망
② 안전난간
③ 작업발판

(2) 낙하재해 방지시설
① 낙하물방지망
② 수직보호망
③ 방호선반

22년 2회

## 188

**다음 영상을 보고 작업시작 전 공기압축실 점검사항 2가지를 쓰시오.**

[동영상 설명]
작업자가 공기압축실로 들어가 공기압축기를 점검하고 있다.

① 윤활유의 상태
② 언로드밸브의 기능
③ 압력방출장치의 기능
④ 회전부의 덮개 또는 울
⑤ 드레인밸브의 조작 및 배수
⑥ 공기저장 압력용기의 외관 상태

22년 2회

## 189

**다음 영상을 보고 와이어로프의 사용금지 기준 4가지를 쓰시오.**

[동영상 설명]
화면에서 권상용 와이어로프를 확대하여 보여준다.

① 이음매가 있는 것
② 꼬인 것
③ 심하게 변형되거나 부식된 것
④ 열과 전기충격에 의해 손상된 것
⑤ 지름의 감소가 공칭지름의 7%를 초과한 것
⑥ 와이어로프의 한 꼬임에서 끊어진 소선의 수가 10% 이상인 것

22년 2회

## 190

**다음 영상을 보고 고소작업대 위에서 용접작업을 하는 근로자의 준수사항 2가지를 쓰시오.**

[동영상 설명]
정리정돈이 안된 현장에서 고소작업대에 작업자를 태우고 붐을 내린 채 이동십니 후 다시 붐을 올린 후에 작업자가 용접을 하는 장면을 보여준다. 작업자는 안전모를 착용한 모습을 보여주고 있고 주변에 소화기가 보인다.

① 작업자를 태우고 고소작업대 이동하지 말 것
② 용접용 보안면 등 용접용 방호구 착용할 것

22년 2회

## 191

**다음 영상을 보고 다음 보기의 추락방호망 설치기준에 대한 내용의 빈칸을 채우시오.**

[동영상 설명]
교량 위에서 작업자들이 작업하는 모습을 비춰주다가 화면 아래에 있는 그물을 비추더니 작업자가 추락하는 모습을 보여준다.

[보기]
- 추락방호망의 설치위치는 가능하면 작업면으로부터 가까운 지점에 설치하여야 하며 작업면으로부터 망의 설치지점까지의 수직거리가 ( ① )$m$를 초과하지 아니할 것.
- 추락방호망은 ( ② )으로 설치하고, 망의 처짐은 짧은 변 길이의 ( ③ )% 이상이 되도록 할 것

① 10 ② 수평 ③ 12

22년 2회

## 192

**다음 영상을 보고 둥근톱 기계 작업의 위험요인과 방호장치 각각 2가지를 쓰시오.**

[동영상 설명]
작업자가 작업 중 잠시 한눈 판 사이에 둥근톱의 톱날에 손을 다치는 장면을 보여준다.

(1) 위험요인
① 작업에 집중하지 않음
② 방호장치 미설치

(2) 방호장치
① 톱날접촉방지장치
② 반발예방장치

22년 2회

## 193

**다음 영상을 보고 특수화학설비를 설치하는 경우 특수화학설비에 설치해야 할 장치 3가지를 쓰시오. (단, 계측장치 제외하고 쓰시오.)**

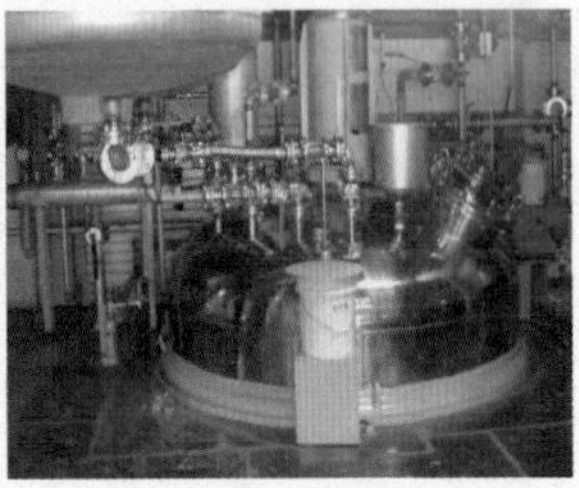

| [동영상 설명] |
| --- |
| 화면에는 특수화학설비 시설을 보여주고 있다. |

① 자동경보장치
② 긴급차단장치
③ 예비동력원

22년 2회

## 194

**다음 영상을 보고 보기의 보일러의 압력방출장치에 대한 내용에 빈칸을 채우시오.**

| [동영상 설명] |
| --- |
| 화면에는 보일러의 방호장치인 압력방출장치를 확대하여 보여주고 있다. |

| [보기] |
| --- |
| 사업주는 보일러의 안전한 가동을 위하여 보일러 규격에 맞는 압력방출장치를 1개 또는 2개 이상 설치하고 ( ① ) 이하에서 작동되도록 하여야 한다. 다만, 압력방출장치가 2개 이상 설치된 경우에는 ( ① ) 이하에서 1개가 작동되고, 다른 압력방출장치는 ( ① )의 ( ② ) 이하에서 작동되도록 부착하여야 한다. |

① 최고사용압력 ② 1.05배

22년 3회

## 195

**다음 영상을 보고 아크용접작업 시 착용하여야 하는 보호구 4가지 쓰시오.**

| [동영상 설명] |
| --- |
| 용접작업을 하는 도중에 작업자가 감전당한 모습을 보여준다. |

① 용접용 보안면
② 용접용 장갑
③ 용접용 두건
④ 용접용 앞치마
⑤ 용접용 자켓

22년 3회

## 196

**다음 영상을 보고 이동식크레인 방호장치에 설명에 대한 각 명칭을 쓰시오.**

| [동영상 설명] |
| --- |
| 화면에서 이동식크레인을 보여주고 있다. |

(1) 권과를 방지하기 위하여 인양용 와이어로프가 일정한계 이상 감기게 되면 자동적으로 동력을 차단하고 작동을 정지시키는 장치
(2) 훅에서 와이어로프가 이탈하는 것을 방지하는 장치
(3) 전도 사고를 방지하기 위하여 장비의 측면에 부착하여 전도 모멘트에 대하여 효과적으로 지탱할 수 있도록 한 장치

(1) 권과방지장치
(2) 훅 해지장치
(3) 아웃트리거

22년 3회

## 197

**다음 영상을 보고 지게차 작업계획서는 일반 작업 시 작업 하기 전에 작업계획서를 제출하여야 하고 이외의 작업계획서를 제출하여야 하는 경우 2지를 쓰시오.**

[동영상 설명]
지게차가 운행하던 도중 옆에 매달려 있는 작업자가 운전자에게 신호를 하다 추락하는 장면을 보여준다.

① 지게차 운전자가 변경되었을 때
② 일상작업은 최초 작업개시 전
③ 작업장 내 구조•설비•작업방법이 변경되었을 때
④ 작업장소 또는 화물의 상태가 변경되었을 때

22년 3회

## 198

**다음 영상을 보고 밀폐공간작업 프로그램의 내용 3가지를 쓰시오.**

[동영상 설명]
작업자가 지하에 설치된 폐수처리조에서 슬러지 처리 작업 중 의식을 잃고 갑자기 쓰러졌다.

① 안전보건교육 및 훈련
② 사업장 내 밀폐공간의 위치 파악 및 관리 방안
③ 밀폐공간 작업 시 사전 확인이 필요한 사항에 대한 확인 절차
④ 밀폐공간 내 질식•중독 등을 일으킬 수 있는 유해•위험 요인의 파악 및 관리 방안

22년 3회

## 199

**다음 영상을 보고 콘크리트 양생 시 열풍기 작업 전 안전수칙 3가지를 쓰시오.**

[동영상 설명]
화면에서 추운 날씨에 작업자들이 열풍기를 이용하여 콘크리트 양생작업을 하는 모습을 보여주고 있다.

① 전원연결 전 스위치 상태 확인
② 적정 온도 세팅 후 작동 여부 확인
③ 주변 불티방지포로 방호조치
④ 가동 중 화기감시자 작업구역 수시 확인
⑤ 화기 주변 인화물질 제거 확인

22년 3회

## 200

**다음 영상을 보고 전주 활선 작업 중 감전방지를 위해 착용하여야 할 절연보호구 3가지를 쓰시오.**

[동영상 설명]
작업자 2명에서 사다리차를 타고 전주의 고압선로에 절연방호구를 설치하는 활선작업을 하고 있다. 작업자 1명은 밑에서 절연방호구를 올리고 다른 작업자 1명은 사다리차 위에서 물건을 받아서 활선에 절연방호구 설치 작업을 하다 감전사고가 발생하였다.

① 절연장갑
② 절연화
③ 절연용 안전모

22년 3회

## 201

**다음 영상을 보고 중량물 취급 작업 시 ○○ 등을 고려하여 작업자의 작업시간과 휴식시간 제공하여야 할 때 ○○에 들어가는 내용 4가지를 쓰시오.**

[동영상 설명]
2명에서 회전하는 기계를 분해하여 닦고 다시 조립하고 있다. 작업자 한 명이 중량물이 무거워서 허리를 삐끗하는 순간 중량물을 놓치고 다른 작업자 발등에 중량물이 떨어지는 재해가 발생하였다.

① 운반거리
② 운반속도
③ 물품의 중량
④ 취급빈도

22년 3회

## 202

**다음 영상을 보고 적재함을 들어올릴 때 받쳐주는 방호장치 2가지를 쓰시오.**

[동영상 설명]
덤프트럭의 적재함을 올리고 실린더 유압장치 밸브를 수리하던 도중에 적재함 사이에 손이 끼는 사고가 발생하였다.

① 안전지지대　② 안전블록

22년 3회

## 203

**다음 영상을 보고 보기의 내용인 말비계 조립 시 사업주의 준수사항에 대한 빈칸을 채우시오.**

[동영상 설명]
화면에서 작업자가 말비계를 조립하는 모습을 보여준다.

[보기]
- 지주부재의 하단에는 미끄럼 방지장치를 하고, 근로자가 양측 끝 부분에 올라서서 작업하지 않도록 할 것
- 지주부재와 수평면의 기울기를 ( ① )도 이하로 하고, 지주부재와 지주부재 사이를 고정시키는 ( ② )를 설치할 것
- 말비계의 높이가 2m를 초과하는 경우에는 작업발판의 폭을 40cm 이상으로 할 것

① 75 ② 보조부재

22년 3회

## 204

**다음 영상을 보고 브레이크 라이닝 세척 작업 시 위험요인 3가지 쓰시오.**

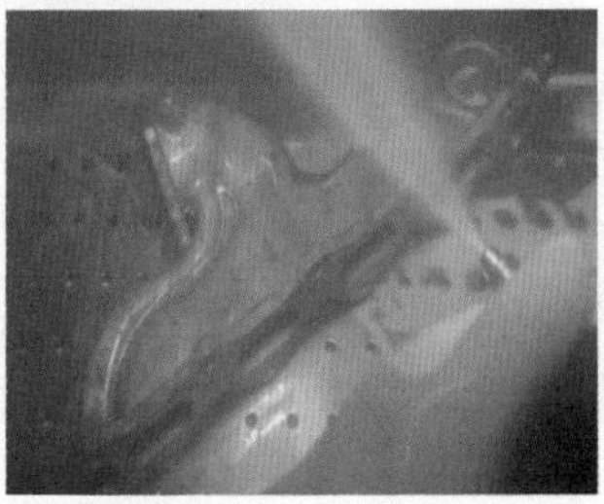

[동영상 설명]
작업자가 흡연하며 자동차부품인 브레이크 라이닝을 화학약품을 사용하여 세척하는 작업을 하고 있다. 브레이크라이닝을 메달아 작업하는데 훅 부분을 확대해보니 훅의 해지장치가 없었다.

① 보안경 미착용
② 방독마스크 미착용
③ 훅의 해지장치 미설치
④ 작업 중 흡연

22년 3회

## 205

**다음 영상을 보고 보기의 충전작업 시 작업기준에 대한 빈칸을 채우시오.**

[동영상 설명]
작업자는 $30kV$의 전압이 흐르는 고압선 옆에서 항타기•항발기로 땅파고 전주 세우기 작업을 하고 있다가 감전사고가 발생하였다.

[보기]
근로자에게 해당 충전작업에 적절한 ( ① ) 착용시키고, 충전전로의 전압에 적합한 ( ② )를 설치하고 충전부로부터 접근한계거리(이격거리)를 ( ③ )$cm$으로 한다.

① 절연용 보호구
② 절연용 방호구
③ 300

22년 3회

## 206

**다음 영상을 보고 건설용리프트 방호장치 3가지를 쓰시오.**

| [동영상 설명] |
|---|
| 건설현장에서 리프트가 움직이는 것을 보여주고 있다. |

① 권과방지장치
② 과부하방지장치
③ 제동장치
④ 비상정지장치
⑤ 완충스프링
⑥ 파이널 리미트 스위치
⑦ 3상 전원차단장치
⑧ 출입문 연동장치
⑨ 방호울 출입문 연동장치

23년 1회

## 207

**다음 영상을 보고 사업주가 분진등을 배출하기 위하여 설치하는 국소배기장치(이동식은 제외)의 덕트를 설치할 때 준수사항 3가지를 쓰시오.**

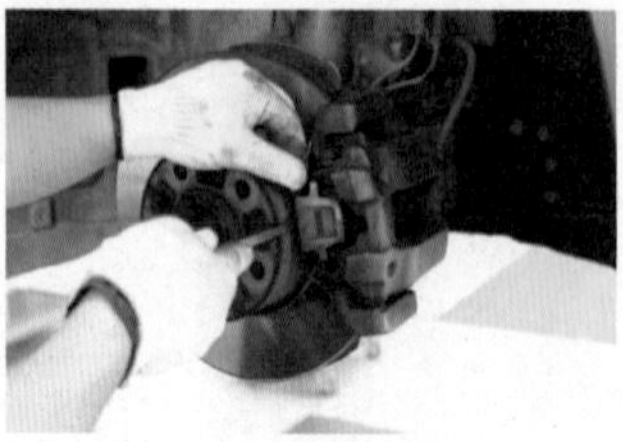

| [동영상 설명] |
|---|
| 화면에서 브레이크 라이닝 제조 공정을 전체적으로 보여주고 있다. |

① 가능하면 길이는 짧게하고 굴곡부의 수는 적게할 것
② 접속부의 안쪽은 돌출된 부분이 없도록 할 것
③ 청소구를 설치하는 등 청소하기 쉬운 구조로 할 것
④ 연결부위 등은 외부 공기가 들어오지 않도록 할 것
⑤ 덕트 내부에 오염물질이 쌓이지 않도록 이송속도를 유지할 것

23년 1회

## 208

**다음 영상을 보고 사업주는 가솔린이 남아 있는 화학설비(위험물을 저장하는 것으로 한정), 탱크로리, 드럼 등에 등유나 경유를 주입하는 작업을 하는 경우에는 미리 그 내부를 깨끗하게 씻어내고 가솔린의 증기를 불활성가스로 바꾸는 등 안전한 상태로 되어 있는지 확인한 후에 그 작업을 하여야 한다. 다만 다음 보기의 각 호의 조치를 하는 경우에는 그러하지 아니할 때 빈칸을 채우시오.**

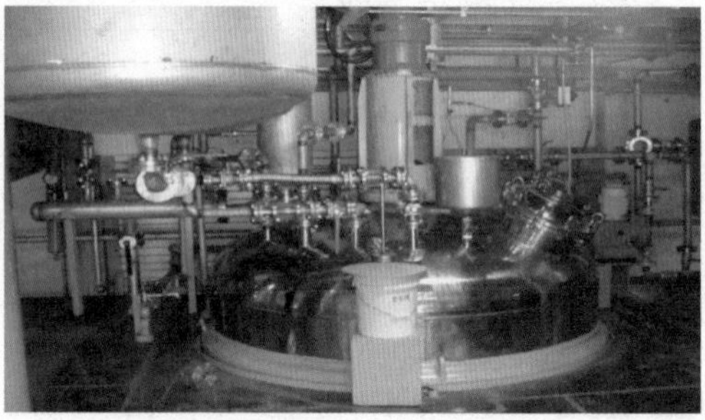

| [동영상 설명] |
|---|
| 가솔린이 남아있는 설비에 등유를 주입하는 모습을 확대하여 보여주고 있다. |

| [보기] |
|---|
| - 등유나 경유를 주입하기 전에 탱크·드럼 등과 주입설비 사이에 접속선이나 접지선을 연결하여 ( ① )를 줄이도록 할 것<br>- 등유나 경유를 주입하는 경우에는 그 액표면의 높이가 주입관의 선단의 높이를 넘을 때 까지 주입속도를 초당 ( ② )m 이하로 할 것 |

① 전위차 ② 1

23년 1회

## 209

**다음 영상을 보고 밀폐공간의 산소 및 유해가스 농도를 측정하여 적정공기가 유지되고 있는지를 평가할 수 있는 사람 또는 기관의 종류를 4가지 쓰시오.**

[동영상 설명]
화면에서 밀폐된 공간을 보여주고 있다.

① 관리감독자
② 안전관리자 또는 보건관리자
③ 안전관리전문기관 또는 보건관리전문기관
④ 건설재해예방전문지도기관
⑤ 작업환경측정기관
⑥ 산소 및 유해가스 농도의 측정·평가에 관한 교육을 이수한 사람

23년 1회

## 210

**다음 영상을 보고 선반 작업 시 근로자에게 발생할 수 있는 내재된 위험요인 3가지를 쓰시오.**

[동영상 설명]
장갑을 착용하지 않은 근로자가 선반 작업을 하는 모습을 보여준다. 선반에는 "비산 주의"라는 표지판이 부착되어 있고, 덮개 또는 울이 없고, 길이가 긴 원통형 공작물이 흔들리고 있다. 칩 브레이커가 설치되어 있지 않아 칩이 끊어지지 않고 길게 나오는 모습도 보여주고 있으며, 근로자는 장비 조작부에 손을 올려 놓은 채 선반에서 칩이 나오는 모습을 보고 있다.

① 선반에 작업자가 말려들어갈 위험
② 선반의 가공물이 작업자를 칠 위험
③ 칩이 작업자에게 날아올 위험

23년 1회

## 211

**다음 영상을 보고 플레어 시스템은 화학설비 및 그 부속설비 중 안전밸브 등으로부터 방출된 기체 및 액체 물질을 안전하게 처리하며, 플레어헤드, 녹아웃드럼, 액체 밀봉드럼 및 이 설비를 포함하고, 이 설비는 스택지지대, 플레어팁, 파이롯버너 및 점화장치 등으로 구성된 설비 일체를 말할 때 다음을 구하시오.**

[동영상 설명]
화면에서 플레어 시스템의 전체적은 설비를 보여주고 있다.

(1) 플레어 시스템 설치 목적
(2) 이 설비의 명칭

(1) 설치 목적
: 안전 밸브 등에서 배출되는 위험물질을 안전하게 연소 처리하기 위해

(2) 명칭 : 플레어 스택(=플레어 타워)

23년 1회

## 212

**다음 영상을 보고 보기의 아세틸렌 용접장치에 대한 설명을 보고 빈칸에 알맞은 답을 쓰시오.**

[동영상 설명]
화면에서 아세틸렌 용접장치를 보여주고 있다.

[보기]
- 사업주는 아세틸렌 용접장치를 사용하여 금속의 용접·용단 또는 가열작업을 하는 경우에는 게이지 압력이 ( ① )kPa을 초과하는 압력의 아세틸렌을 발생시켜 사용해서는 아니 된다.
- 플랜지·밸브·콕 등의 접합부에는 개스킷을 사용하고 접합면을 상호 밀착시키는 등의 조치를 할 것
- 주관 및 분기관에는 ( ② )를 설치할 것. 이 경우 하나의 취관에 2개 이상의 ( ② )를 설치하여야 한다.
- 사업주는 아세틸렌 용접장치의 아세틸렌 발생기를 설치하는 경우에는 전용의 발생기실에 설치하여야 한다. 발생기실은 건물의 최상층에 위치하여야 하며, 화기를 사용하는 설비로부터 ( ③ )m를 초과하는 장소에 설치하여야 한다. 발생기실을 옥외에 설치한 경우에는 그 개구부를 다른 건축물로부터 1.5m 이상 떨어지도록 하여야 한다.
- 사업주는 용해아세틸렌의 가스집합용접장치의 배관 및 부속기구는 구리나 구리 함유량이 ( ④ )% 이상인 합금을 사용해서는 아니 된다.

① 127 ② 안전기 ③ 3 ④ 70

23년 1회

## 213

**다음 영상을 보고 입구 측의 압력이 설정압력에 도달하면 판이 파열하면서 유체가 분출하도록 용기 등에 설치된 얇은 판으로 다시 닫히지 않는 압력방출 안전장치 관련하여 다음 물음에 답하시오.**

[동영상 설명]
화면에서 화학설비를 전체적으로 보여주고 있다.

(1) 장치명
(2) 이 장치를 설치하여야 하는 경우 2가지를 쓰시오.

(1) 장치명 : 파열판

(2) 설치하는 경우
① 반응 폭주 등 급격한 압력 상승 우려가 있는 경우
② 급성 독성물질의 누출로 인하여 주위의 작업환경을 오염시킬 우려가 있는 경우
③ 운전 중 안전밸브에 이상 물질이 누적되어 안전밸브가 작동되지 아니할 우려가 있는 경우

23년 1회

## 214

**다음 영상을 보고 보기는 계단 설치 기준에 대한 내용일 때 빈칸을 채우시오.**

[동영상 설명]
화면에서 건설공사장에 설치된 계단을 보여주고 있다.

[보기]
- 사업주는 계단 및 계단참을 설치하는 경우 매제곱미터당 ( ① )kg 이상의 하중에 견딜 수 있는 강도를 가진 구조로 설치하여야 하며, 안전율은 ( ② ) 이상으로 하여야 한다.
- 사업주는 계단을 설치하는 경우 그 폭을 ( ③ )m 이상으로 하여야 한다. (다만, 급유용·보수용·비상용 계단 및 나선형 계단이거나 높이 ( ④ )m 미만의 이동식 계단인 경우 그러하지 아니하다.)
- 사업주는 높이가 ( ⑤ )m를 초과하는 계단에 높이 3m 이내마다 너비 ( ⑥ )m 이상의 계단참을 설치하여야 한다.

① 500 ② 4 ③ 1 ④ 1 ⑤ 3 ⑥ 1.2

23년 1회

## 215

**다음 영상을 보고 보기는 강관비계의 구조에 대한 내용일 때 빈칸을 채우시오.**

[동영상 설명]
화면에서 강관비계를 보여주고 있다.

[보기]
비계기둥의 간격은 띠장 방향에서 ( ① )m 이하, 장선 방향에서는 ( ② )m 이하로 할 것.

① 1.85 ② 1.5

*강관비계의 구조
① 비계기둥의 간격은 띠장 방향에서는 1.85m 이하 장선 방향에서는 1.5m 이하로 할 것
② 띠장간격은 2m 이하로 할 것
③ 비계기둥의 제일 윗부분으로부터 31m되는 지점 밑부분의 비계기둥은 2개의 강관으로 묶어 세울 것
④ 비계기둥 간의 적재하중은 400kg를 초과하지 않도록할 것

23년 1회

## 216

**다음 영상을 보고 거푸집 동바리에 대한에 대한 각 물음에 답하시오.**

| [동영상 설명] |
| --- |
| 화면에서 거푸집 동바리를 보여주고 있다. |

(1) 규격화·부품화된 수직재, 수평재 및 가새재 등의 부재를 현장에서 조립하여 거푸집으로 지지하는 동바리 형식의 명칭을 쓰시오.

(2) 다음 보기의 거푸집 동바리에 대한 빈칸을 채우시오.

| [보기] |
| --- |
| 동바리 최상단과 최하단의 수직재와 받침철물은 서로 밀착되도록 설치하고 수직재와 받침철물의 연결부의 겹침길이는 받침철물 전체길이의 (    ) 이상 되도록 할 것 |

(1) 시스템 동바리 (2) $\frac{1}{3}$

*시스템 동바리의 설치 기준

① 수평재는 수직재와 직각으로 설치하여야 하며, 흔들리지 않도록 견고하게 설치할 것
② 연결철물을 사용하여 수직재를 견고하게 연결하고, 연결 부위가 탈락 또는 꺾어지지 않도록 할 것
③ 수직 및 수평하중에 의한 동바리 본체의 변위로부터 구조적 안전성이 확보되도록 조립도에 따라 수직재 및 수평재에는 가새재를 견고하게 설치하도록 할 것
④ 동바리 최상단과 최하단의 수직재와 받침철물은 서로 밀착되도록 설치하고 수직재와 받침철물의 연결부의 겹침길이는 받침철물 전체길이의 $\frac{1}{3}$ 이상 되도록 할 것

23년 1회

## 217

**다음 영상을 보고 사업주는 근로자가 노출된 충전부 또는 그 부근에서 작업함으로써 감전될 우려가 있는 경우에는 작업에 들어가기 전에 해당 전로를 차단하여야 한다. 그러나, 전로를 차단하지 않아도 되는 경우를 3가지 쓰시오.**

| [동영상 설명] |
| --- |
| 절연 고소작업차에 탑승한 작업자가 충전전로에 절연용 방호구를 설치하고 있다. 작업자는 절연장갑 및 절연용 안전모 등 절연용보호구를 착용하였으나, 안전대는 착용하지 않았다. 차량 밑에서 다른 작업자가 절연용 방호구를 달줄로 메달고, 형강 쪽의 봉에 와이어로프를 걸 수 있는 도르래로 와이어로프를 연결 후 잡아 당기면서 올려 보낸다. 해당 장면에서 와이어로프 훅을 확대하였더니 훅이 전주 전선에 방호조치 없이 걸쳐 있고, 작업자 2명이 신호 없이 작업을 행하고 있다. |

① 생명유지장치, 비상경보설비, 폭발위험장소의 환기설비, 비상조명설비 등의 장치·설비의 가동이 중지되어 사고의 위험이 증가되는 경우
② 기기의 설계상 또는 작동상 제한으로 전로차단이 불가능한 경우
③ 감전, 아크 등으로 인한 화상, 화재·폭발의 위험이 없는 것으로 확인된 경우

23년 1회

## 218

**다음 영상을 보고 용융고열물을 취급하는 피트에 대하여 수증기 폭발을 방지하기 위하여 사업주가 해야하는 조치 1가지를 쓰시오.**

[동영상 설명]
작업자가 쇳물이 흐르는 좁은 통로를 도구로 긁다가 쇳물이 발에 튀어 아래를 보며 깜짝 놀라는 장면을 보여준다.

① 지하수가 내부로 새어드는 것을 방지할 수 있는 구조로 할 것. 다만, 내부에 고인 지하수를 배출할 수 있는 설비를 설치한 경우에는 그러하지 아니하다.
② 작업용수 또는 빗물 등이 내부로 새어드는 것을 방지할 수 있는 격벽 등의 설비를 주위에 설치할 것

23년 2회

## 219

**다음 영상을 보고 각 물음에 답하시오.**

[동영상 설명]
동영상에서는 전주와 작업자를 보여준다. 작업자를 보여주다가 영상에서 전주의 방호장치를 확대하여 해당 방호장치를 동그라미로 보여주고 있다.

(1) 방호장치의 명칭
(2) (1)의 장치가 갖추어야 할 구비조건 3가지

(1) 명칭 : 피뢰기
(2) 구비조건
① 제한전압이 낮을 것
② 방전개시전압이 낮을 것
③ 뇌전류 방전능력이 클 것
④ 속류차단을 확실하게 할 것
⑤ 반복동작이 가능할 것
⑥ 구조가 견고하고 특성이 변화하지 않을 것
⑦ 점검 및 보수가 간단할 것

23년 2회

## 220

**다음 영상을 보고 산업용로봇 안전매트에 관하여 각 물음에 답하시오.**

[동영상 설명]
동영상에서 산업용 로봇을 처음에 보여주다가 작업자가 울타리 문을 열어 산업용 로봇 아래에 있는 검정색 매트를 밟는 모습을 확대하여 보여주고 있다.

(1) 작동원리
(2) 안전인증의 표시 외 추가로 표시하여야 할 사항 2가지

(1) 작동원리
유효감지영역 내의 임의의 위치에 일정한 정도 이상의 압력이 주어졌을 때 이를 감지하여 신호를 발생시키는 장치

(2) 표시사항
① 작동하중
② 감응시간
③ 복귀신호의 자동 또는 수동여부
④ 대소인공용 여부

23년 2회

## 221

**다음 영상을 보고 컨베이어 안전장치 4가지를 쓰시오.**

[동영상 설명]
한 작업자가 포대를 컨베이어 벨트에 올리는 작업을 하고 있고 컨베이어 포대가 비대칭으로 놓여서 올라가던 도중 위쪽에서 작업하던 다른 작업자의 발에 부딪쳐 작업자가 무게중심을 잃고 쓰러지면서 오른쪽 팔이 기계 하단으로 들어가는 재해가 발생하였다.

① 비상정지장치
② 건널다리
③ 덮개
④ 울
⑤ 역전방지장치
⑥ 이탈방지장치

23년 2회

## 222

**다음 영상을 보고 컨베이어 시스템 설치 등으로 높이 1.8m 이상의 울타리를 설치할 수 없는 일부 구간에 대해서 설치하여야 하는 방호장치 2가지를 쓰시오.**

[동영상 설명]
동영상에서 산업용 로봇을 확대하여 보여주고 있다.

① 안전매트
② 광전자식 방호장치

23년 2회

## 223

**다음 영상을 보고 각 물음에 답하시오.**

[동영상 설명]
동영상에서 프레스를 보여주고 있다.

(1) 금형 프레스기에 발로 작동하는 조작장치에 설치하여야 하는 방호장치의 명칭
(2) 프레스의 상사점에 있어서 상형과 하형과의 간격, 가이드 포스트와 부쉬의 간격 틈새는 얼마 이하로 금형을 설치하여야 하는가?

(1) U자형 덮개
(2) 8mm

23년 2회

## 224

**다음 영상을 보고 각 물음에 답하시오.**

[동영상 설명]
작업자가 부적절한 자세(등이 굽은 상태)로 타이핑 작업하는 모습을 보여주고 있다.

(1) 반복적인 동작, 부적절한 작업자세, 무리한 힘의 사용, 날카로운 면과 신체접촉, 진동 및 온도 등의 요인에 의하여 발생하는 건강장해로서 목, 어깨 등에 나타나는 질환의 명칭

(2) 근로자가 컴퓨터 단말기의 조작업무를 하는 경우에 사업주의 조치사항 4가지를 쓰시오.

(1) 명칭 : 근골격계질환
(2) 조치사항
① 실내는 명암의 차이가 심하지 않도록 하고 직사광선이 들어오지 않는 구조로 할 것
② 저휘도형의 조명기구를 사용하고 창·벽면 등은 반사되지 않는 재질을 사용할 것
③ 컴퓨터 단말기와 키보드를 설치하는 책상과 의자는 작업에 종사하는 근로자에 따라 그 높낮이를 조절할 수 있는 구조로 할 것
④ 연속적으로 컴퓨터 단말기 작업에 종사하는 근로자에 대하여 작업시간 중에 적절한 휴식시간을 부여할 것

23년 2회

## 225

**다음 영상을 보고 연마 작업 시 착용하여야 하는 보호구 3가지를 쓰시오.**

[동영상 설명]
작업자가 연마 작업을 하는 모습을 보여주고 있다.

① 보안경
② 방진마스크
③ 귀마개
④ 안전모
⑤ 안전화
⑥ 안전장

23년 2회

## 226

**다음 영상을 보고 각 물음에 답하시오.**

| [동영상 설명] |
|---|
| 동영상에서 크레인을 보여주고 있다. |

(1) 아래의 보기를 보고 크레인의 명칭을 쓰시오.

| [보기] |
|---|
| 호이스트, 갠트리 크레인,<br>지브 크레인, 서스펜션 크레인 |

(2) 작업장 바닥에 고정된 레일을 따라 주행하는 크레인의 새들 돌출부와 주변 구조물 사이의 안전공간은 최소 얼마 이상으로 하여야 하는가?

(1) 갠트리 크레인
(2) 40cm

23년 2회

## 227

**다음 영상을 보고 각 물음에 답하시오.**

| [동영상 설명] |
|---|
| 작업자가 부적절한 자세(등이 굽은 상태)로 타이핑 작업하는 모습을 보여주고 있다. |

(1) 영상과 같은 근골격계부담작업 시 유해요인 조사 항목 2가지를 쓰시오.

(2) 신설되는 사업장인 경우, 신설일부터 얼마 기간 이내에 최초의 유해요인 조사를 하여야 하는가?

(1) 조사항목
① 설비·작업공정·작업량·작업속도 등 작업장 상황
② 작업시간·작업자세·작업방법 등 작업조건
③ 작업과 관련된 근골격계질환 징후와 증상 유무 등

(2) 1년 이내

23년 3회

## 228

**다음 영상의 장비의 이름과 해당 장비에 필요한 방호장치 4가지를 쓰시오.**

[동영상 설명]
작업자가 다음 장비를 운전하는 모습을 보여주고 있다.

(1) 이름 : 지게차
(2) 방호장치
① 헤드가드
② 백레스트
③ 전조등
④ 후미등
⑤ 안전벨트
⑥ 경광등
⑦ 후진경보기
⑧ 후진감지기

23년 3회

## 229

**다음 영상을 보고 보기의 「산업안전보건법」상 안전난간 설치 기준에 대한 설명일 때 빈칸을 채우시오.**

[동영상 설명]
작업자가 계단을 올라가고 안전난간이 확대된다.

[보기]
- 상부난간대 : 바닥면·발판 또는 경사로의 표면으로부터 ( ① )
- 발끝막이판 : 바닥면 등으로부터 ( ② )
- 난간대 : 지름 ( ③ ) 금속제 파이프

① 90cm 이상 ② 10cm 이상 ③ 2.7cm 이상

*안전난간 설치기준
① 상부 난간대, 중간 난간대, 발끝막이판 및 난간 기둥으로 구성할 것.
② 상부 난간대는 바닥면·발판 또는 경사로의 표면으로부터 90cm 이상 지점에 설치하고, 상부 난간대를 120cm 이하에 설치하는 경우에는 중간 난간대는 상부 난간대와 바닥면등의 중간에 설치하여야 하며, 120cm 이상 지점에 설치하는 경우에는 중간 난간대를 2단 이상으로 균등하게 설치하고 난간의 상하 간격은 60cm 이하가 되도록 할 것. 다만, 계단의 개방된 측면에 설치된 난간기둥 간의 간격이 25cm 이하인 경우에는 중간 난간대를 설치하지 아니할 수 있다.
③ 발끝막이판은 바닥면등으로부터 10cm 이상의 높이를 유지할 것. 다만, 물체가 떨어지거나 날아올 위험이 없거나 그 위험을 방지할 수 있는 망을 설치하는 등 필요한 예방 조치를 한 장소는 제외한다.
④ 난간기둥은 상부 난간대와 중간 난간대를 견고하게 떠받칠 수 있도록 적정한 간격을 유지할 것
⑤ 상부 난간대와 중간 난간대는 난간 길이 전체에 걸쳐 바닥면등과 평행을 유지할 것.
⑥ 난간대는 지름 2.7cm 이상의 금속제 파이프나 그 이상의 강도가 있는 재료일 것.
⑦ 안전난간은 구조적으로 가장 취약한 지점에서 가장 취약한 방향으로 작용하는 100kg 이상의 하중에 견딜 수 있는 튼튼한 구조일 것.

23년 3회

## 230

**다음 영상을 보고 위험요인 3가지를 쓰시오.**

[동영상 설명]
작업자가 지게차 포크 위에서 전등 교체작업을 하고 있다가 다른 작업자가 지게차를 움직여 작업자가 바닥에 떨어지는 사고가 발생하였다.

① 지게차 포크 위에서 작업함
② 작업자가 포크에 올라탄 채 지게차를 움직임
③ 기동장치에 잠금장치 하지 않고 열쇠를 별도 관리하지 않음

23년 3회

## 231

**다음 영상을 보고 사출성형기에 대한 각 물음에 답하시오.**

[동영상 설명]
작업자가 사출성형기를 작업하던 중 기계가 멈추자 안을 들여다보며 사출성형기에 끼인 이물질을 제거하려다 손이 눌리는 사고가 발생한다.

(1) 재해발생형태
(2) 기인물

(1) 재해발생형태 : 끼임
(2) 기인물 : 사출성형기

23년 3회

## 232

**다음 영상을 보고 「산업안전보건법령」상 고정식 사다리식 통로를 설치하는 경우 준수 사항을 3가지 쓰시오.**
**(단, 견고한 구조 관련 내용은 제외하고, 범위나 치수를 포함한 내용만 쓰시오.)**

[동영상 설명]
고정식 사다리식 통로를 확대하여 보여주고 있다.

① 발판과 벽과의 사이는 15*cm* 이상의 간격을 유지
② 폭은 30*cm* 이상으로 할 것
③ 사다리의 상단은 걸쳐놓은 지점으로부터 60*cm* 이상 올라가도록 할 것
④ 사다리식 통로의 길이가 10*m* 이상인 경우에는 5*m* 이내마다 계단참을 설치할 것
⑤ 사다리식 통로의 기울기는 75° 이하로 할 것 다만, 고정식 사다리식 통로의 기울기는 90° 이하로 하고, 그 높이가 7*m* 이상인 경우에는 바닥으로부터 높이가 2.5*m* 되는 지점부터 등받이울을 설치할 것

*사다리식 통로
① 견고한 구조로 할 것
② 심한 손상·부식 등이 없는 재료를 사용할 것
③ 발판의 간격은 일정하게 할 것
④ 발판과 벽과의 사이는 15cm 이상의 간격을 유지할 것
⑤ 폭은 30cm 이상으로 할 것
⑥ 사다리가 넘어지거나 미끄러지는 것을 방지하기 위한 조치를 할 것
⑦ 사다리의 상단은 걸쳐놓은 지점으로부터 60cm 이상 올라가도록 할 것
⑧ 사다리식 통로의 길이가 10m 이상인 경우에는 5m 이내마다 계단참을 설치할 것
⑨ 사다리식 통로의 기울기는 75° 이하로 할 것 다만, 고정식 사다리식 통로의 기울기는 90° 이하로 하고, 그 높이가 7m 이상인 경우에는 바닥으로부터 높이가 2.5m 되는 지점부터 등받이울을 설치할 것
⑩ 접이식 사다리 기둥은 사용 시 접혀지거나 펼쳐지지 않도록 철물 등을 사용하여 견고하게 조치할 것

Memo

더 북(The book)
한권으로 끝내는 '산업안전기사 실기'

초판발행 | 2023년 02월 13일
편 저 자 | 이태랑, 허성준
발 행 처 | 오스틴북스
등록번호 | 제 396-2010-000009호
주 소 | 경기도 고양시 일산동구 백석동 1351번지
전 화 | 070-4123-5716
팩 스 | 031-902-5716
정 가 | 39,000원
I S B N | 979-11-93806-03-6 (13500)

# 01. 기초화학

Chapter 1

# 기초화학

## 1-1 원소 주기율표

| 족 / 주기 | 1 | 2 | 13 | 14 | 15 | 16 | 17 | 18 |
|---|---|---|---|---|---|---|---|---|
| 1 | *H* (수소) | | | | | | | *He* (헬륨) |
| 2 | *Li* (리튬) | *Be* (베릴륨) | *B* (붕소) | *C* (탄소) | *N* (질소) | *O* (산소) | *F* (플루오린) | *Ne* (네온) |
| 3 | *Na* (나트륨) | *Mg* (마그네슘) | *Al* (알루미늄) | *Si* (규소) | *P* (인) | *S* (황) | *Cl* (염소) | *Ar* (아르곤) |
| 4 | *K* (칼륨) | *Ca* (칼슘) | | | | | *Br* (브롬) | |
| 5 | | | | | | | *I* (요오드) | |
| 최외각 전자수 | 1 | 2 | 3 | 4 | 5 | 6 | 7 | 8 |
| 산화수 | +1 | +2 | +3 | +4, −4 | +5, −3 | +6, −2 | +7, −1 | 0 |

(1) **주기(가로줄)** : 전자껍질의 수

(2) **족(세로줄)** : 원자가 전자 – 비슷한 화학적 성질을 가짐

① 1족 : 알칼리금속(수소는 알칼리금속이 아니다.) – 물과 반응하여 수산화금속과 수소를 발생한다.

② 2족 : 알칼리토금속 - 물과 반응하여 수산화금속과 수소를 발생한다.

③ 17족 : 할로겐원소 - 반응성이 가장 크다.

④ 18족 : 불활성기체 - 가장 안정적인 상태이며, 다른 물질과 반응하지 않는다.

(3) **원자가 결정**

: 일반적으로 주기율표 기준 왼쪽에 있는 원소들은 +원자가를 사용하며, 오른쪽에 있는 원소들은 -원자가를 사용한다.

**(4) 원자량**

① 원자번호 짝수의 원자량 : 원자번호×2

② 원자번호 홀수의 원자량 : 원자번호×2+1

ex) 나트륨($Na$)은 원자번호 11번이니 11×2+1 = 23

황($S$)은 원자번호 16번이니 16×2 = 32

★예외 5가지

| 원소 | 수소($H$) | 베릴륨($Be$) | 질소($N$) | 염소($Cl$) | 아르곤($Ar$) |
|---|---|---|---|---|---|
| 원자량 | 1 | 9 | 14 | 35.5 | 40 |

**(5) 분자량**

① 분자 : 화합물의 최소 단위

② 분자량 : 분자의 질량을 나타내는 양

ex) $NaCl$(염화나트륨)은 $Na^+ + Cl^-$이므로, $23 + 35.5 = 58.5$이다.

**(6) 몰수($mol$)**

: 원자 또는 분자의 개수를 의미한다.

ex) 산소($O_2$) $3mol$의 화학식 : $3O_2$

탄소 $2mol$의 화학식 : $2C$

## 1-2 원소 반응

: 서로 원자가를 주어 분자수로 받아들이는 것.

**(1) 나트륨과 염소의 반응** : $Na^+ + Cl^- = Na_1Cl_1 = NaCl$ (분자수 1은 생략이 가능하다.)

**(2) 알루미늄과 산소의 반응** : $Al^{+3} + O^{-2} = Al_2O_3$

**(3) 마그네슘과 산소의 반응** : $Mg^{+2} + O^{-2} = MgO$

## 1-3 원자단

: 화합물의 분자 내에 원자들이 공유결합으로 결합되어 있는 것이며, 강한 결합으로 되어 있어 반응할 때 원자단 전체가 같이 반응한다.

**(1) 수산기($OH$)** : −1가 원자단($OH^-$)

**(2) 암모늄기($NH_4$)** : +1가 원자단($NH_4^+$)

**(3) 황산기($SO_4$)** : −2가 원자단($SO_4^{-2}$)

ex) $Al$과 수산기($OH$)의 반응 : $Al^{+3} + OH^- = Al(OH)_3$

$H$와 황산기($SO_4$)의 반응 : $H^{+1} + SO_4^{-2} = H_2SO_4$

## 1-4 이상기체 방정식

(1) **이상기체** : 분자의 부피가 0이고 구성분자들이 모두 동일하고, 상호작용 없는 가상의 기체

(2) **화학반응이 없는 이상기체 방정식** : $PV=nRT=\frac{W}{M}RT$

$$\begin{cases} P: 압력[atm,\ 기압] \\ V: 부피[L] \\ n: 몰수[mol] = \frac{W(질량)}{M(분자량)} \\ R: 이상기체상수\left(=0.082\left[\frac{atm \cdot L}{K \cdot mol}\right]\right) \\ T: 절대온도(섭씨온도+273)[K] \end{cases}$$

★ $1atm = 760mmHg$

(3) **화학반응이 있는 이상기체 방정식** : $V=\frac{WRT}{PM}\times\frac{구해야\ 하는\ 물질의\ 몰수}{반응물의\ 몰수}$

$$\begin{cases} P: 압력[atm,\ 기압] \\ V: 부피[L] \\ n: 몰수[mol] = \frac{W(질량)}{M(분자량)} \\ R: 이상기체상수\left(=0.082\left[\frac{atm \cdot L}{K \cdot mol}\right]\right) \\ T: 절대온도(섭씨온도+273)[K] \end{cases}$$

★ $1atm = 760mmHg$

(4) **기체의 부피** : 표준상태($1atm$, 0℃)에서, 모든 기체 $1mol$의 부피는 $22.4L$이다.

## 1-5 밀도와 비중

(1) **밀도, 비중(고체 or 액체)**

① 밀도($\rho$) : $\rho=\frac{질량}{부피}[g/L]$

② 비중($S$) : $S=\frac{해당\ 물질의\ 밀도}{물의\ 밀도}=\frac{해당\ 물질의\ 밀도}{1}$

(2) 증기밀도, 증기비중(기체)

① 증기밀도 : 증기밀도 $= \frac{PM}{RT}$

표준상태($1atm$, 0℃)에서의 증기밀도 : 증기밀도 $= \frac{\text{분자량}}{22.4}$

② 증기비중 : 증기비중 $= \frac{\text{분자량}}{28.84}$

## 1-6 유기물과 무기물

(1) **유기물** : 탄소를 포함하고 있는 물질

(2) **무기물** : 탄소를 포함하지 않은 물질

## 1-7 탄화수소 작용기

(1) **알칸**($C_nH_{2n+2}$) : 단일결합이 있는 포화탄화수소

(2) **알켄**($C_nH_{2n}$) : 이중결합이 하나라도 있는 불포화탄화수소

(3) **알킨**($C_nH_{2n-2}$) : 삼중결합이 하나라도 있는 불포화탄화수소

(4) **알킬**($C_nH_{2n+1}$) : 알칸에서 수소 하나가 빠진 형태

## 1-8 방향족과 지방족

(1) **방향족(벤젠족)** : 구조식으로 표현할 때 벤젠고리형으로 연결된 물질

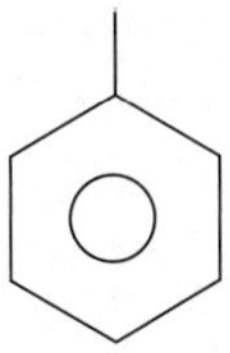

▎톨루엔

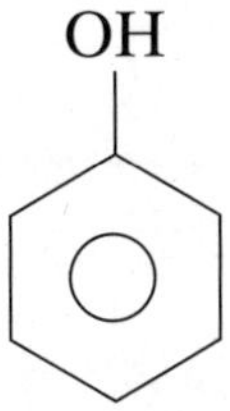


▎페놀

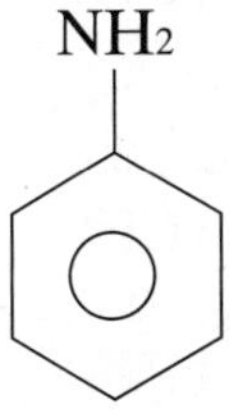


▎아닐린

(2) **지방족(사슬족)** : 구조식으로 표현할 때 직선형으로 연결된 물질

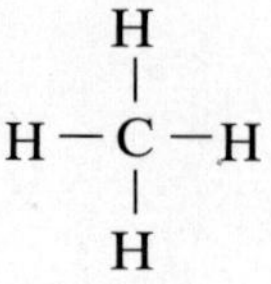


▌메탄

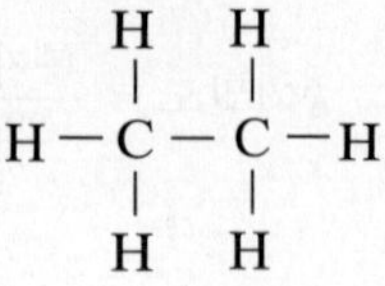


▌에탄

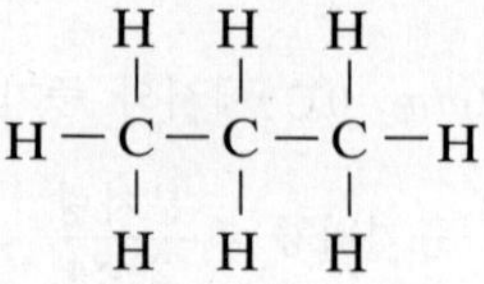


▌프로판

# Memo

# 02

# 화재예방과 소화방법

Chapter 1

# 연소이론

연소란, 물질이 빛, 열 또는 불꽃을 내며 빠르게 산소공급원과 결합하는 반응

## 1-1 연소

### (1) 연소의 3요소

① 산소공급원 : 산소를 공급할 수 있는 인자
② 가연물 : 불에 탈 수 있는 물질
③ 점화원 : 연소를 일으키기 위한 초기 필요한 에너지

**✔연소의 4요소는 연소의 3요소에 연쇄반응(반응이 지속될 수 있도록 하는 활성화 반응)을 추가하면 됩니다.**

### (2) 고체연소의 종류

① 표면연소 : 숯(목탄), 코크스, 금속분 등

② 증발연소 : 제4류 위험물(에테르, 휘발유, 아세톤, 등유, 경유 등), 황, 나프탈렌, 파라핀(양초) 등

③ 자기연소 : 제5류 위험물(TNT, 니트로글리세린 등) 등

④ 분해연소 : 종이, 나무, 목재, 석탄, 중유, 플라스틱 등

### (3) 연소범위(폭발범위)

① 연소범위 영향요소

- 온도 및 압력 상승 시 연소범위가 넓어진다.
- 산소농도 증가 시 연소범위가 넓어진다.
- 불활성기체가 첨가되면 연소범위가 좁아진다.
- 연소범위가 넓으면 폭발의 위험성이 증대된다.

② 가연성기체 연소범위

| 가연성기체 | 연소범위 |
|---|---|
| 아세톤( $CH_3COCH_3$ ) | 2.6 ~ 12.8 |
| 톨루엔( $C_6H_5CH_3$ ) | 1.4 ~ 6.7 |
| 에틸알코올( $C_2H_5OH$ ) | 4.3 ~ 19 |
| 디에틸에테르( $C_2H_5OC_2H_5$ ) | 1.9 ~ 48 |
| 벤젠( $C_6H_6$ ) | 1.4 ~ 7.1 |
| 메틸알코올( $CH_3OH$ ) | 6 ~ 36 |
| 아세틸렌( $C_2H_2$ ) | 2.5 ~ 81 |
| 수소( $H_2$ ) | 4 ~ 74.5 |
| 휘발유 | 1.4 ~ 7.6 |
| 산화프로필렌( $CH_3CHOCH_2$ ) | 2.5 ~ 38.5 |
| 일산화탄소( $CO$ ) | 12.5 ~ 74 |
| 에틸렌( $C_2H_4$ ) | 2.7 ~ 36 |
| 메탄( $CH_4$ ) | 5 ~ 15 |
| 에탄( $C_2H_6$ ) | 3 ~ 12.4 |
| 프로판( $C_3H_8$ ) | 2.1 ~ 9.5 |
| 부탄( $C_4H_{10}$ ) | 1.86 ~ 8.41 |

③ 위험도

$$H=\frac{U-L}{L}\quad\begin{cases}H: \text{위험도}\\ U: \text{연소상한계}[\%]\\ L: \text{연소하한계}[\%]\end{cases}$$

### (4) 가연물의 구비조건

① 발열량이 클 것
② 표면적이 클 것
③ 발열반응 일 것
④ 연쇄반응을 수반할 것
⑤ 활성화 에너지가 작을 것
⑥ 열전도도가 작을 것

### (5) 점화원의 종류

| 분류 | 화학적 에너지원 | 기계적 에너지원 | 전기적 에너지원 |
|---|---|---|---|
| 종류 | ① 연소열<br>② 자연발화<br>③ 분해열<br>④ 융해열 | ① 마찰열<br>② 단열압축<br>③ 충격 및 마찰 | ① 정전기<br>② 유도열<br>③ 유전열<br>④ 저항열<br>⑤ 아크열 |

## 1-2 온도관련 정의 및 관계

(1) 인화점, 연소점, 발화점, 융점, 비점의 정의

① 인화점 : 휘발성 물질에 불꽃을 접하여 발화될 수 있는 최저온도

② 연소점 : 점화원(외부에너지)를 제거해도 자력으로 연소를 지속할 수 있는 최저온도

③ 발화점(착화점) : 가연성 물질에 점화원을 접하지 않고 발화하는 최저온도

④ 융점(녹는점) : 물질이 고체에서 액체로 상태변화가 일어날 때의 온도

⑤ 비점(끓는점, 비등점) : 액체를 어떠한 압력으로 가열시킬 때 도달하는 최고온도

(2) 온도단위 환산

| 온도 | 단위 환산 |
|---|---|
| 섭씨온도(℃) | $℃ = \frac{5}{9}(°F - 32)$ |
| 절대온도(K) | $K = ℃ + 273$ |
| 화씨온도(°F) | $°F = \frac{9}{5}℃ + 32$ |

(3) 고온체의 색깔과 온도관계

| 색깔 | 온도 |
|---|---|
| 담암적색 | 522℃ |
| 암적색 | 700℃ |
| 진홍색 | 750℃ |
| 적색 | 850℃ |
| 휘적색(주황색) | 950℃ |
| 황색 | 1050℃ |
| 황적색 | 1100℃ |
| 백색(백적색) | 1300℃ |
| 휘백색 | 1500℃ 이상 |

# Memo

Chapter 2

# 소화이론

소화란, 가연성물질이 공기 중의 산소와 반응하여 열, 빛을 수반하며 급격히 산화하는 연소이다.

## 2-1 소화방법 및 화재등급의 분류

(1) 소화방법의 분류

| 소화방법 | 소화종류 | 내용 |
|---|---|---|
| 물리적소화 | 냉각소화 | 점화원 차단 |
| | 질식소화 | 산소공급원 차단 |
| | 제거소화 | 가연물 차단 |
| 화학적소화 | 억제소화 | 연쇄반응 차단 |

(2) 화재등급의 분류

| 등급 | 종류 | 색 | 소화방법 |
|---|---|---|---|
| A급 | 일반화재 | 백색 | 냉각소화 |
| B급 | 유류 및 가스화재 | 황색 | 질식소화 |
| C급 | 전기화재 | 청색 | 질식소화 |
| D급 | 금속화재 | 무색 | 피복소화 |

## 2-2 소화약제 및 소화기

(1) 물 소화약제의 장단점

| 구분 | 설명 |
|---|---|
| 장점 | ① 냉각 및 질식소화 효과가 매우 높다.<br>② 인체에 무해하다.<br>③ 비압축성유체로 쉽게 펌핑 및 이송이 가능하다.<br>④ 장기간 보관이 가능하다.<br>⑤ 구하기 쉽다. |
| 단점 | ① 영하에서는 얼 수 있어, 사용이 제한적이다.<br>② 금수성, C급 화재에 적응성이 떨어지는 편이다.<br>③ 소화 후 물에 의한 2차 피해가 발생한다. |

### (2) 물 소화약제 주수방법

| 주수방법 | 봉상 | 무상 | 적상 |
|---|---|---|---|
| 모양 | 긴봉 | 안개 | 물안개 |
| 적응화재 | A급 | A,B,C급 | A급 |
| 소화효과 | 냉각<br>타격<br>파괴 | 질식<br>냉각<br>유화 | 냉각<br>질식 |

### (3) 주수소화 시 위험한 물질

① 가연성 액체의 유류화재 : 연소면 확대
② $K$, $Na$, $Mg$, $Al$, 금속분 : 수소($H_2$) 발생
③ 무기과산화물 : 산소($O_2$) 발생

### (4) 포 소화약제의 주 소화효과

: 냉각효과, 질식효과

**-포 소화약제의 종류**

① 단백포 소화약제
② 합성계면활성제포 소화약제
③ 수성막포 소화약제
④ 불화단백포 소화약제
⑤ 내알코올포 소화약제

### (5) 이산화탄소($CO_2$) 소화약제 성질

① 전기부도체로 C급화재(전기화재)에 적응성이 있다.
② 무색, 무취의 부식성이 없는 기체이며, 공기보다 무겁다.
③ 액화가 용이한 불연성 가스이다.
④ 전기절연성은 공기보다 크다.
⑤ 질식, 냉각, 피복소화 효과를 가지고 있다.

### (6) 할로겐화합물 소화약제의 특징

① 전기음성도 및 안전성 : $F > Cl > Br > I$
② 부촉매소화효과, 독성 : $I > Br > Cl > F$

(7) Halon 소화약제

: Halon 소화약제의 Halon번호는 $C$, $F$, $Cl$, $Br$, $I$의 개수를 나타낸다.

① Halon 소화약제의 종류

| 명칭 | 분자식 |
|---|---|
| Halon 1001 | $CH_3Br$ |
| Halon 10001 | $CH_3I$ |
| Halon 1011 | $CH_2ClBr$ |
| Halon 1211 | $CF_2ClBr$ |
| Halon 1301 | $CF_3Br$ |
| Halon 104 | $CCl_4$ |
| Halon 2402 | $C_2F_4Br_2$ |

② 할로겐 소화약제 상온에서의 상태

| 종류 | 상태 |
|---|---|
| Halon 1301 | 기체 |
| Halon 1211 | |
| Halon 2402 | 액체 |

③ 할로겐화물 소화설비의 기준

| 약제 | 충전비 | |
|---|---|---|
| Halon 1211 | 0.7 이상 1.4 이하 | |
| Halon 1301 | 0.9 이상 1.6 이하 | |
| Halon 2402 | 가압식 | 0.51 이상 0.67 이하 |
| | 축압식 | 0.67 이상 2.75 이하 |

④ 이동식 할로겐화물 소화설비의 기준

: 하나의 노즐마다 온도 20℃에서 1분당 다음 표에 정한 소화약제의 종류에 따른 양 이상을 방사할 수 있도록 할 것

| 소화약제의 종별 | 소화약제의 양 |
|---|---|
| Halon 2402 | 45kg |
| Halon 1211 | 40kg |
| Halon 1301 | 35kg |

⑤ 할로겐화물 방사압력

| Halon의 종류 | 방사압력 |
|---|---|
| Halon 2402 | 0.1MPa 이상 |
| Halon 1211 | 0.2MPa 이상 |
| Halon 1301 | 0.9MPa 이상 |

⑥ 할로겐화물 소화약제의 소화효과
- 부촉매효과 : 주 소화효과
- 냉각효과
- 질식효과

⑦ 할로겐화합물 소화약제 구비조건
- 전기절연성이 우수할 것
- 공기보다 무거울 것
- 증발 잔유물이 없을 것
- 인화성이 없을 것
- 기화되기 쉬울 것
- 비점이 작을 것

**(8) 분말소화약제**

① 분말소화기의 종류

| 종별 | 소화약제 | 착색 | 화재종류 |
|---|---|---|---|
| 제1종 소화분말 | $NaHCO_3$<br>(탄산수소나트륨) | 백색 | BC<br>화재 |
| 제2종 소화분말 | $KHCO_3$<br>(탄산수소칼륨) | 담회색 | BC<br>화재 |
| 제3종 소화분말 | $NH_4H_2PO_4$<br>(인산암모늄) | 담홍색 | ABC<br>화재 |
| 제4종 소화분말 | $KHCO_3+(NH_2)_2CO$<br>(탄산수소칼륨 + 요소) | 회색 | BC<br>화재 |

② 분말 소화약제의 소화효과
- 질식소화 : 주 소화효과
- 냉각소화
- 억제소화

**(9) 불연성, 불활성기체혼합가스의 종류**

| 종류 | 구성 |
|---|---|
| IG-100 | $N_2(100\%)$ |
| IG-55 | $N_2(50\%)+Ar(50\%)$ |
| IG-541 | $N_2(52\%)+Ar(40\%)+CO_2(8\%)$ |

## 2-3 포소화설비의 약제 혼합방식

| 방식 | 그림 | 설명 |
|---|---|---|
| 라인 프로포셔너 방식 | 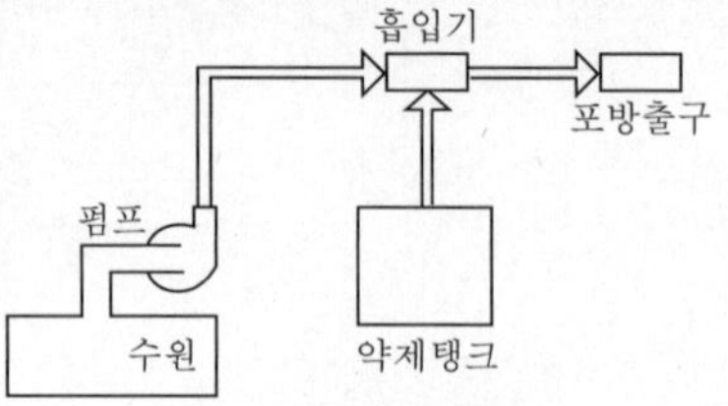<br>▌라인 프로포셔너 방식 | 펌프와 발포기의 중간에 설치된 벤추리관의 벤추리 작용에 따라 포 소화약제를 흡입 • 혼합하는 방식 |
| 프레셔 프로포셔너 방식 | 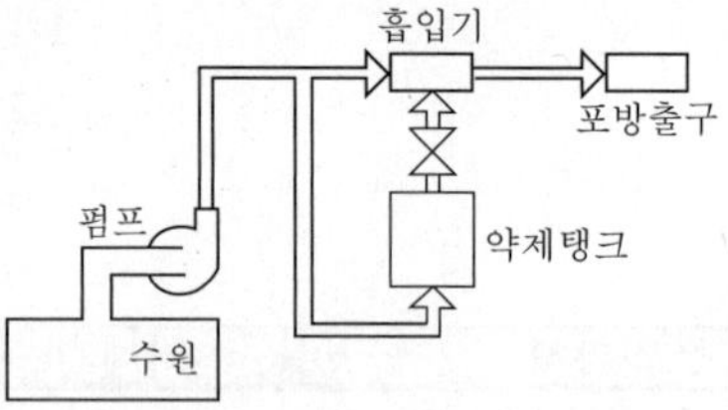<br>▌프레셔 프로포셔너 방식 | 펌프와 발포기의 중ㅁ간에 설치된 벤추리관의 벤추리작용과 펌프 가압수의 포 소화약제 저장탱크에 대한 압력에 의하여 포 소화약제를 흡입 • 혼합하는 방식 |
| 프레셔사이드 프로포셔너 방식 | 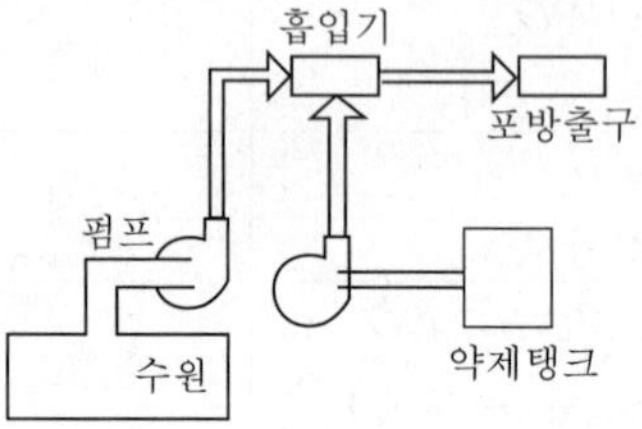<br>▌프레셔사이드 프로포셔너 방식 | 포원액을 수송관에 압입하기 위하여 포원액용 펌프를 별도로 설치하여 혼합하는 방식 |
| 펌프 프로포셔너 방식 | 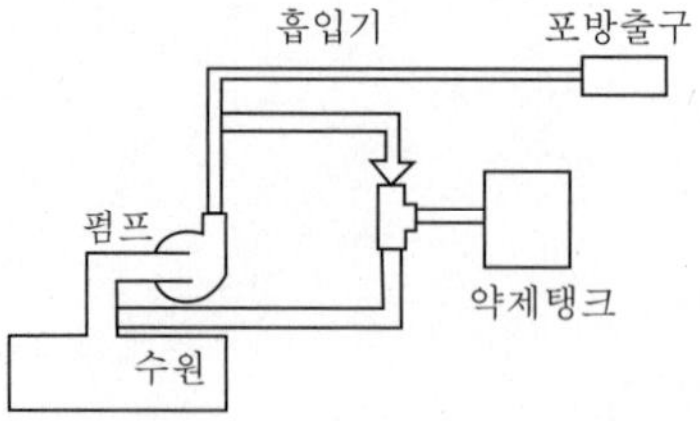<br>▌펌프 프로포셔너 방식 | 펌프의 토출관과 흡입관 사이의 배관 도중에 설치한 흡입기에 펌프에서 토출된 물의 일부를 보내고, 농도조정 밸브에서 조정된 포 소화약제의 필요량을 포 소화약제 탱크에서 펌프 흡입측으로 보내어 이를 혼합하는 방식 |

# Memo

02

Chapter 3

# 자연발화 · 폭발 및 기타 공식

## 3-1 자연발화

### (1) 자연발화의 종류

① 산화열에 의한 발화 : 건성유(아마인유 등), 석탄, 원면, 금속분, 고무분말, 기름걸레 등

② 분해열에 의한 발화: 셀룰로이드, 아세틸렌, 니트로화합물 등

③ 흡착열에 의한 발화: 목탄, 활성탄 등

④ 미생물에 의한 발화: 액화시안화수소 등

⑤ 중합열에 의한 발화 : 건초, 곡물, 먼지, 퇴비 등

### (2) 자연발화에 영향을 주는 인자

① 공기의 유동
② 열의 축적
③ 열전도율
④ 발열량
⑤ 수분(습도) 등

### (3) 자연발화의 조건

① 발열량이 클 것
② 열전도율이 적을 것
③ 주위의 온도가 높을 것
④ 표면적이 넓을 것

### (4) 자연발화 예방대책

① 저장실 온도 및 습도 낮게 유지할 것
② 저장실 통풍 및 환기 유지할 것
③ 가연성물질 제거할 것

## 3-2 폭발

### (1) 각 폭발의 정의

① 비등액체 팽창 증기폭발(BLEVE)
: 비등상태의 액화가스가 기화하여 팽창하고 폭발하는 현상

② 증기운폭발(UVCE)
: 대기 중 구름형태로 모여 바람, 대류 등 영향으로 움직이다가 점화원에 의하여 순간적으로 폭발하는 현상

③ 플래시 오버(Flash Over)
: 순간적으로 전기 불꽃을 내며 전류가 흐르는 현상

④ 보일 오버(Boil Over)
: 밀도와 끓는점이 다른 두 액체가 혼합되어 있을 때 용기가 가열되면 밀도가 높은 아래쪽의 액체가 증기화 되면서 위의 액체를 주변으로 비산시키는 현상

⑤ 슬롭 오버(Slop Over)
: 액체위험물 화재 시 연소면이 가열된 상태에서 물이 포함되어 있는 소화약제를 방사할 시 물이 비등 또는 기화 하면서 액체위험물을 탱크 밖으로 비산시키는 현상

### (2) 폭굉의 정의

: 연소속도가 음속보다 빠를 경우 발생하며 충격파가 있다.

### (3) 폭굉 유도 거리(DID)가 짧아지는 요건

① 압력이 높을수록
② 관경이 작을수록
③ 관속에 장애물이 있는 경우
④ 점화원의 에너지가 클 수록
⑤ 정상연소속도가 큰 혼합물 일수록

### (4) 정전기 폭발 방지대책

① 공기 중 상대습도를 70% 이상으로 하는 방법
② 도전성재료 사용
③ 대전방지제 사용
④ 제전기 사용
⑤ 접지에 의한 방법
⑥ 공기를 이온화하는 방법

## 3-3 기타 공식

(1) **펌프의 전양정** : $H = h_1 + h_2 + h_3 + 35m$

$$\begin{cases} H : \text{펌프의 전양정}[m] \\ h_1 : \text{소방용 호스의 마찰손실수두}[m] \\ h_2 : \text{배관의 마찰손실수두}[m] \\ h_3 : \text{낙차}[m] \end{cases}$$

(2) **필요한 압력** : $P = p_1 + p_2 + p_3 + 0.35MPa$

$$\begin{cases} P : \text{필요한 압력}[MPa] \\ p_1 : \text{소방용 호스의 마찰손실수두압}[MPa] \\ p_2 : \text{배관의 마찰손실수두압}[MPa] \\ p_3 : \text{낙차의 환산수두압}[MPa] \end{cases}$$

(3) **전기 에너지 공식**

$$E = \frac{1}{2}CV^2 = \frac{1}{2}QV \quad \begin{cases} E : \text{전기 에너지} \\ C : \text{전기용량} \\ V : \text{방전전압} \\ Q : \text{전기량} \end{cases}$$

(4) **물의 잠열과 스테판-볼츠만의 법칙**

① 물의 증발잠열 : 539cal/g

② 얼음의 융해잠열 : 80cal/g

③ 스테판-볼츠만의 법칙 : 총에너지($E$)는 절대온도($K$)의 4제곱에 비례한다.

(5) **수원의 수량**

① 옥외 : 13.5×n[개]　(단, n=4개 이상인 경우는 n=4)

② 옥내 : 7.8×n[개]　(단, n=5개 이상인 경우는 n=5)

✔문제풀 때 수원이 가장 많은 층의 수원의 수량만 고려합니다.

### (6) 탱크의 내용적 공식

| 모양 | 그림 | 공식 |
|---|---|---|
| 양쪽이 볼록한 모양 | 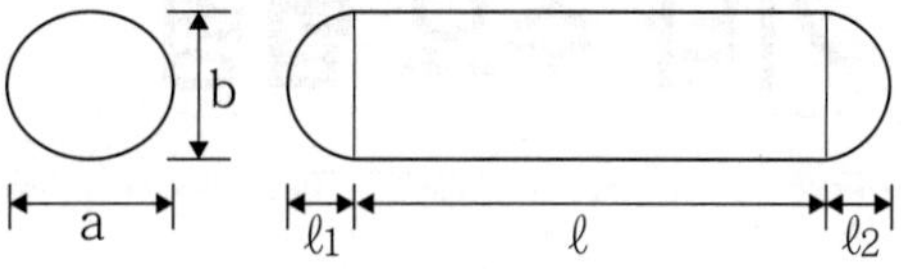 | $V=\frac{\pi ab}{4}\left(\ell+\frac{\ell_1+\ell_2}{3}\right)$ |
| 한쪽은 볼록하고 한쪽은 오목한 모양 | 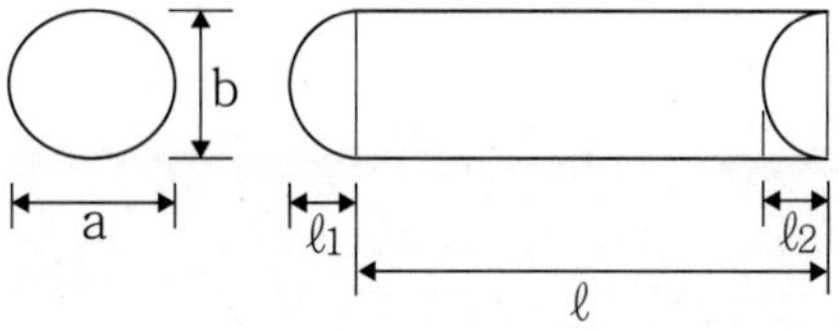 | $V=\frac{\pi ab}{4}\left(\ell+\frac{\ell_1-\ell_2}{3}\right)$ |
| 횡으로 설치한 원형 모양 | 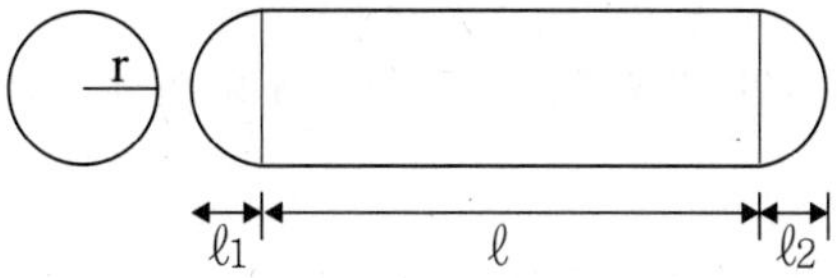 | $V=\pi r^2\left(\ell+\frac{\ell_1+\ell_2}{3}\right)$ |
| 종으로 설치한 원형 모양 | 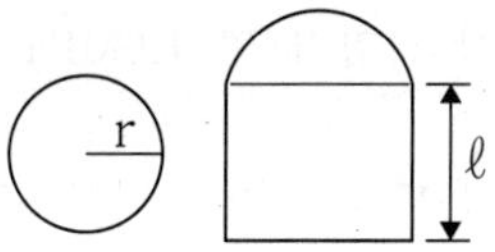 | $V=\pi r^2\ell$ |

Chapter 4

# 기타 주요 법령

## 4-1 법령

### (1) 이산화탄소소화설비의 기준

① 저장용기의 충전비는 고압식인 경우에는 1.5 이상 1.9 이하, 저압식인 경우에는 1.1 이상 1.4 이하일 것.

② 저압식 저장용기에는 다음에 정하는 것에 의할 것.
- 저압식 저장용기에는 액면계 및 압력계를 설치할 것.
- 저압식 저장용기에는 2.3MPa 이상의 압력 및 1.9MPa 이하의 압력에서 작동하는 압력경보장치를 설치할 것.
- 저압식 저장용기에는 용기내부의 온도를 −20℃ 이상 -18℃ 이하로 유지할 수 있는 자동냉동기를 설치할 것.
- 저압식 저장용기에는 파괴판을 설치할 것.
- 저압식 저장용기에는 방출밸브를 설치할 것.

③ 기동용 가스용기는 다음에 정한 것에 의할 것.
- 기동용 가스용기는 25MPa 이상의 압력에 견딜 수 있을 것.
- 기동용 가스용기의 내용적은 1L 이상으로 하고 당해 용기에 저장하는 이산화탄소의 양은 0.6kg 이상으로 하되 그 충전비는 1.5 이상일 것.
- 기동용 가스용기에는 안전장치 및 용기밸브를 설치할 것.

### (2) 제조소 등에서의 위험물의 저장 및 취급에 관한 기준

① 제1류 위험물은 가연물과의 접촉 • 혼합이나 분해를 촉진하는 물품과의 접근 또는 과열 • 충격 • 마찰 등을 피하는 한편, 알칼리금속의 과산화물 및 이를 함유한 것에 있어서는 물과의 접촉을 피하여야 한다.

② 제2류 위험물은 산화제와의 접촉 • 혼합이나 불티 • 불꽃 • 고온체와의 접근 또는 과열을 피하는 한편, 철분 • 금속분 • 마그네슘 및 이를 함유한 것에 있어서는 물이나 산과의 접촉을 피하고 인화성 고체에 있어서는 함부로 증기를 발생시키지 아니하여야 한다.

③ 제3류 위험물 중 자연발화성물질에 있어서는 불티 • 불꽃 또는 고온체와의 접근 • 과열 또는 공기와의 접촉을 피하고, 금수성물질에 있어서는 물과의 접촉을 피하여야 한다.

④ 제4류 위험물은 불티 • 불꽃 • 고온체와의 접근 또는 과열을 피하고, 함부로 증기를 발생시키지 아니하여야 한다.

⑤ 제5류 위험물은 불티 • 불꽃 • 고온체와의 접근이나 과열 • 충격 또는 마찰을 피하여야 한다.

⑥ 제6류 위험물은 가연물과의 접촉 • 혼합이나 분해를 촉진하는 물품과의 접근 또는 과열을 피하여야 한다.



### (3) 옥외탱크저장소의 위치, 구조 및 설비의 기준

| 종류 | 저장 또는 취급하는 액체 위험물의 최대수량 |
|---|---|
| 특정옥외저장탱크 | 100만L 이상 |
| 준특정옥외저장탱크 | 50만L 이상 100만L 이하 |

### (4) 분사헤드의 방사압력

: 고압식은 2.1MPa 이상, 저압식은 1.05MPa 이상의 것으로 할 것.

### (5) 물분무 소화설비의 제어밸브

: 바닥으로부터 0.8m 이상, 1.5m 이하로 설치할 것.

### (6) 각 설비의 1소요단위의 기준

| 건축물 | 외벽이 내화구조인 것 | 외벽이 내화구조가 아닌 것 |
|---|---|---|
| 제조소 및 취급소 | $100m^2$ | $50m^2$ |
| 저장소 | $150m^2$ | $75m^2$ |
| 위험물 | 지정수량의 10배 | |

(7) **화학소방자동차 및 자체소방대원수**

| 사업소의 구분 | 화학소방 자동차 | 자체소방대원 수 |
|---|---|---|
| ① 제조소 또는 일반취급소에서 취급하는 제4류 위험물의 최대수량의 합이 지정수량의 3천배 이상 12만배 미만인 사업소 | 1대 | 5인 |
| ② 제조소 또는 일반취급소에서 취급하는 제4류 위험물의 최대수량의 합이 지정수량의 12만배 이상 24만배 미만인 사업소 | 2대 | 10인 |
| ③ 제조소 또는 일반취급소에서 취급하는 제4류 위험물의 최대수량의 합이 지정수량의 24만배 이상 48만배 미만인 사업소 | 3대 | 15인 |
| ④ 제조소 또는 일반취급소에서 취급하는 제4류 위험물의 최대수량의 합이 지정수량의 48만배 이상인 사업소 | 4대 | 20인 |
| ⑤ 옥외탱크저장소에 저장하는 제4류 위험물의 최대수량이 지정수량의 50만배 이상인 사업소 | 2대 | 10인 |

① 화학소방자동차

: 자체소방대에 두어야 하는 화학소방자동차 중 포수용액을 방사하는 화학소방자동차는 전체 법정 화학소방자동차의 대수의 $\frac{2}{3}$이상으로 할 것.

② 자체소방대를 설치해야 하는 사업소

- "대통령령이 정하는 제조소등"이라 함은 제4류 위험물을 취급하는 제조소 또는 일반취급소를 말한다. 다만, 보일러로 위험물을 소비하는 일반취급소 등 총리령이 정하는 일반취급소를 제외한다.
- "대통령령이 정하는 수량"이라 함은 지정수량의 3천배를 말한다.

(8) **정기점검**

: 대통령령이 정하는 제조소등의 관계인은 그 제조소등에 대하여 총리령이 정하는 바에 따라 연 1회 이상 정기점검을 실시한다.

(9) **포헤드방식의 포헤드는 다음과 같이 설치할 것**

① 포헤드는 방호대상물의 모든 표면이 포헤드의 유효사정 내에 있도록 설치할 것

② 방호대상물의 표면적 $9m^2$당 1개 이상의 헤드를 방호대상물의 표면적 $1m^2$당의 방사량이 6.5$L$/min 이상의 비율로 계산한 양의 포수용액을 표준방사량으로 방사할 수 있도록 설치할 것.

③ 방사구역은 $100m^2$이상으로 할 것

02

(10) **축압식 저장용기**

: 축압식 저장용기등은 온도 20℃에서 할론1301을 저장하는 것은 2.5MPa 또는 4.2MPa, 할론1211을 저장하는 것은 1.1MPa 또는 2.5MPa이 되도록 질소가스($N_2$)로 축압할 것.

(11) **옥외소화전함**

: 옥외소화전함은 옥외소화전으로부터 보행거리 5m 이하의 장소에 설치할 것.

(12) **이산화탄소 소화설비의 소화약제 방출방식**

① 전역방출방식 : 일정 방호구역 전체에 방출하는 경우 해당 부분의 구획을 밀폐하여 불연성 가스를 방출하는 방식

② 국소방출방식 : 발화위험 및 연소위험이 적고 광대한 실내에서 특정장치나 기계만을 방호하는 방식

③ 호스릴방식 : 사람이 용이하게 소화활동을 할 수 있는 장소에는 호스를 연장하여 소화활동을 행하는 방식

(13) 위험물에 따른 소화설비의 적응성

| 소화설비의 구분 | | | 대상물 구분 | | | | | | | | | |
|---|---|---|---|---|---|---|---|---|---|---|---|---|
| | | | 제1류 위험물 | | 제2류 위험물 | | | 제3류 위험물 | | 제4류 위험물 | 제5류 위험물 | 제6류 위험물 |
| | | | 알칼리금속 과산화물 | 그 밖의 것 | 철분 금속분 마그네슘 | 인화성 고체 | 그 밖의 것 | 금수성 물질 | 그 밖의 것 | | | |
| 옥내소화전설비 또는 옥외소화전설비 | | | | ○ | | ○ | ○ | | ○ | | ○ | ○ |
| 물분무 등 소화설비 | 물분무 | | | ○ | | ○ | ○ | | ○ | ○ | ○ | ○ |
| | 포 | | | ○ | | ○ | ○ | | ○ | ○ | ○ | ○ |
| | 불활성가스 | | | | | ○ | | | | ○ | | |
| | 할로겐화합물 | | | | | ○ | | | | ○ | | |
| | 분말소화설비 | 인산염류 | | ○ | | ○ | ○ | | | ○ | | ○ |
| | | 탄산수소염류 | ○ | | ○ | ○ | | ○ | | ○ | | |
| | | 그 외 | ○ | | ○ | | | ○ | | | | |

(14) 스프링클러

① 스프링클러의 방사구역

: 방사구역은 $150m^2$이상으로 하되 방호대상물의 표면적이 $150m^2$ 미만인 경우 당해 표면적으로 한다.

② 스프링클러의 장단점

㉠ 장점

- 소화약제가 물이므로 경제적이다.
- 화재 시 사람의 조작 없이 작동이 가능하다.
- 초기 화재의 진화에 효과적이다.
- 조작이 쉽고 안전하다.
- 화재진화 후 복구가 용이하다.

㉡ 단점

- 초기 설치비용이 크다.
- 물로 인한 피해가 심하다.
- 다른 설비보다 시공이 복잡하다.

③ 스프링클러설비의 기준

| 부착장소의 최고 주위온도[℃] | 표시온도[℃] |
|---|---|
| 28℃ 미만 | 58℃ 미만 |
| 28℃ 이상<br>39℃ 미만 | 58℃ 이상<br>79℃ 미만 |
| 39℃ 이상<br>64℃ 미만 | 79℃ 이상<br>121℃ 미만 |
| 64℃ 이상<br>106℃ 미만 | 121℃ 이상<br>162℃ 미만 |
| 106℃ 초과 | 162℃ 이상 |



(15) **줄-톰슨효과**

: 액체 또는 기체가 소화기 내부의 가는 관을 통과할 때 온도의 압력이 급강하여 드라이아이스($CO_2$)가 생성되면서 관이 막히는 현상

(16) **가압식 분말소화설비**

: 가압식 분말소화설비에는 2.5MPa 이하의 압력으로 조정할 수 있는 압력조정기를 설치해야 한다.

(17) **강화액소화기**

: 물의 소화효과를 높이기 위해 염류(탄산칼륨)를 첨가한 소화기이다.

(18) **소화설비의 능력단위**

| 소화설비 | 용량 | 능력 단위 |
|---|---|---|
| 소화전용 물통 | 8L | 0.3 |
| 수조<br>(소화전용물통 3개 포함) | 80L | 1.5 |
| 수조<br>(소화전용물통 6개 포함) | 190L | 2.5 |
| 마른 모래(삽 1개 포함) | 50L | 0.5 |
| 팽창질석 또는 팽창진주암<br>(삽1개 포함) | 160L | 1.0 |

(19) 옥내 및 옥외소화전 설비 비교

| 비교 | 옥내소화전 설비 | 옥외소화전 설비 |
|---|---|---|
| 방수압력 | 350kPa 이상 | |
| 방수량 | 260L/min 이상 | 450L/min 이상 |
| 수평거리 | 25m 이하 | 40m 이하 |
| 비상전원의 용량 | 45분 이상 | |

(20) 경보설비

: 지정수량 10배 이상의 위험물을 저장 또는 취급하는 제조소 등(이동탱크저장소는 제외)에는 화재발생 시 이를 알릴 수 있는 경보설비를 설치할 것.

① 경보설비의 종류
- 자동화재탐지설비
- 비상경보설비
- 확성장치
- 비상방송장치
- 자동화재속보설비

② 자동화재탐지설비만을 설치해야 하는 위험물제조소등

㉠ 제조소 및 일반취급소
- 연면적 $500m^2$ 이상인 경우
- 옥내에서 지정수량의 100배 이상을 취급하는 경우

㉡ 옥내저장소
- 연면적 $150m^2$를 초과하는 경우
- 지정수량의 100배 이상을 저장하는 경우
- 처마높이가 $6m$ 이상인 단층 건물의 경우

㉢ 옥내탱크저장소
- 단층 건물 외의 건축물에 설치된 옥내탱크저장소로서 소화난이도등급 $I$에 해당하는 경우

㉣ 주유취급소
- 옥내주유취급소

③ 자동화재탐지설비 및 자동화재속보설비를 설치해야 하는 경우

: 특수인화물, 제1석유류 및 알코올류를 저장하는 탱크의 용량이 1000만$L$ 이상인 옥외탱크저장소

④ 경보설비(자동화재속보설비 제외) 중 1개 이상을 설치할 수 있는 경우

(21) **이동저장탱크 보냉장치 유무**

: 이동저장탱크에 저장하는 아세트알데히드 등 또는 디에틸에테르 등의 온도는 보냉장치가 없을 때 40℃ 이하로 유지하고 보냉장치가 있을 때 당해 위험물의 비점 이하로 유지할 것.



(22) **인화점 70℃ 이상인 제4류 위험물 저장 및 취급**

: 인화점이 70℃ 이상인 제4류 위험물을 저장 및 취급하는 소화난이도등급 I의 옥외탱크저장소(지중탱크 또는 해상탱크 외의 것)에 설치하는 소화설비로는 물분무 소화설비 또는 고정식 포소화설비를 사용한다.

(23) **안전카드**

: 위험물(제4류 위험물 중 특수인화물 및 제1석유류에 한함)을 운송하게 하는 자는 위험물 안전카드를 위험물 운송자로 하여금 휴대하게 할 것.

(24) **주유취급소의 위치 • 구조 및 설비의 기준**

| 기준 | 고정주유설비 | 고정급유설비 |
|---|---|---|
| 도로경계선 | 4m 이상 | 4m 이상 |
| 부지경계선 및 담 | 2m 이상 | 1m 이상 |
| 건축물의 벽 | 2m 이상 | 2m 이상 |
| 개구부가 없는 벽 | 1m 이상 | 1m 이상 |
| ※ 고정주유설비와 고정급유설비 사이에는 4m이상. | | |

# 03

# 위험물의 화학적 성질 및 취급

Chapter 1

# 위험물의 종류 및 성질

## 1-1 제1류 위험물(산화성고체)

| 등급 | 품명 | | 지정수량 |
|---|---|---|---|
| I | 아염소산염류 | $NaClO_2$ (아염소산나트륨), $KClO_2$ (아염소산칼륨) | 50kg |
| | 염소산염류 | $NaClO_3$ (염소산나트륨), $KClO_3$ (염소산칼륨), $NH_4ClO_3$ (염소산암모늄) | |
| | 과염소산염류 | $NaClO_4$ (과염소산나트륨), $KClO_4$ (과염소산칼륨), $NH_4ClO_4$ (과염소산암모늄) | |
| | 무기과산화물 | $Na_2O_2$ (과산화나트륨), $K_2O_2$ (과산화칼륨), $BaO_2$ (과산화바륨), $CaO_2$ (과산화칼슘), $MgO_2$ (과산화마그네슘) | |
| II | 브롬산염류 | $NaBrO_3$ (브롬산나트륨), $KBrO_3$ (브롬산칼륨) | 300kg |
| | 요오드산염류 | $NaIO_3$ (요오드산나트륨), $KIO_3$ (요오드산칼륨) | |
| | 질산염류 | $NaNO_3$ (질산나트륨), $KNO_3$ (질산칼륨), $NH_4NO_3$ (질산암모늄), $AgNO_3$ (질산은) | |
| III | 과망간산염류 | $NaMnO_4$ (과망간산나트륨), $KMnO_4$ (과망간산칼륨) | 1000kg |
| | 중크롬산염류 | $Na_2Cr_2O_7$ (중크롬산나트륨), $K_2Cr_2O_7$ (중크롬산칼륨) | |
| I | 그 밖에 행정안전부령으로 정하는 물질 | 차아염소산염류 | 50kg |
| II | | 과요오드산염류, 과요오드산, 크롬의 산화물, 납의 산화물, 요오드의 산화물, 아질산염류, 염소화이소시아눌산, 퍼옥소이황산염류, 퍼옥소붕산염류 | 300kg |

**1. 일반적인 성질**
① 무색의 결정 또는 백색 분말로 상온에서 고체상태이다.
② 무기화합물, 강산화제이다.
③ 일반적으로 불연성 물질이고, 비중이 1보다 크며, 물에 용해하는 것이 많은 편이다.

**2. 위험성**
① 가열, 마찰, 충격시 분해되어 산소가 발생한다.
② 가연물과 혼합하면 연소 or 폭발의 위험이 큰 편이다.
③ 알칼리금속 과산화물은 물과 격렬히 반응하여 산소를 발생하며 발열한다.

**3. 소화방법**
① 일반적으로 무기과산화물을 제외하고 다량의 물에 의한 냉각소화가 효과적이다.
② 화재 초기일 경우에는, 포, 이산화탄소, 분말, 할로겐화합물에 의한 질식소화가 가능하다.
③ 무기과산화물류(알칼리금속 과산화물)는 물에 의한 주수소화는 안되고, 건조사, 팽창질석, 팽창진주암 등에 의한 질식소화가 일반적이다.

**4. 저장 및 취급방법**
① 조해성 물질은 습기를 피하고, 용기를 밀폐하여 보관해야 한다.
② 가연물, 유기물 및 산화되기 쉬운 물질과 접촉 및 혼합을 피해야 한다.
③ 직사광선을 피하고, 환기가 잘되는 곳에 보관한다.

### (1) 아염소산염류(지정수량 $50kg$, 위험등급 $I$)

① 아염소산나트륨($NaClO_2$)
- 무색의 결정이다.
- 물에 잘 용해되며 산을 가하면 이산화염소를 발생시킨다.
- 인, 유황, 금속물 등과 혼합하면 충격에 의해 폭발한다.
- 직사광선을 피하고 환기가 잘되는 냉암소에 보관해야 한다.

② 아염소산칼륨($KClO_2$)
- 백색의 결정성 분말 또는 침상결정이다.
- 조해성과 부식성을 가지고 있다.
- 햇빛, 열, 충격 등에 의하여 폭발의 위험성이 존재한다.
- 고온에서 분해하여 이산화염소를 발생시킨다.

### (2) 염소산염류(지정수량 $50kg$, 위험등급 $I$)

① 염소산나트륨($NaClO_3$)
- 무색의 결정이다.
- 물, 알코올, 에테르에 잘 녹으며, 비중이 2.5이다.
- 열분해 시 산소가 발생한다.
- 산을 가하면 이산화염소를 발생시킨다.
- 조해성과 흡습성을 가지고 있다.
- 철제용기를 부식시키므로 철제용기 사용을 금지하여야 한다.

② 염소산칼륨($KClO_3$)

- 무색의 결정이다.
- 온수 및 글리세린에 잘 녹으며, 찬물과 알코올에는 잘 녹지 않으며, 비중이 2.32이다.
- 열분해 시 산소가 발생한다.
- 산을 가하면 이산화염소를 발생시킨다.

③ 염소산암모늄($NH_4ClO_3$)

- 무색의 결정이다.
- 비중이 1.87이다.
- 폭발성이 크며, 열분해 시 산소가 발생한다.
- 조해성과 부식성을 가지고 있다.

### (3) 과염소산염류(지정수량 50$kg$, 위험등급 Ⅰ)

① 과염소산나트륨($NaClO_4$)

- 무색의 결정이다.
- 물, 알코올, 아세톤에 잘 녹으며, 에테르에 잘 녹지 않으며, 비중이 2.5이다.
- 열분해 시 산소가 발생한다.
- 조해성과 흡습성을 가지고 있다.

② 과염소산칼륨($KClO_4$)

- 무색의 결정이다.
- 물, 알코올, 에테르에 잘 녹지 않으며, 비중이 2.5이다.
- 열분해 시 산소가 발생한다.

③ 과염소산암모늄($NH_4ClO_4$)

- 무색의 결정이다.
- 물, 알코올, 아세톤에 잘 녹으며, 에테르에 잘 녹지 않으며, 비중이 1.87이다.
- 열분해 시 산소가 발생하며, 강산과 반응하여 분해 및 폭발할 우려가 존재한다.

### (4) 무기과산화물(지정수량 50$kg$, 위험등급 Ⅰ)

① 과산화나트륨($Na_2O_2$)

- 백색 또는 황백색의 결정이다.
- 알코올에 녹지 않으며, 비중이 2.8다.
- 흡습성을 가지고 있다.
- 물과 반응하여 조연성의 산소기체를 발생하여, 주수소화가 불가능하다.
- 건조사(마른모래), 팽창질석, 팽창진주암, 탄산수소염류 분말소화약제 등으로 소화하여야 한다.

② 과산화칼륨( $K_2O_2$ )

- 백색 또는 오렌지색의 결정이다.
- 알코올 잘 녹으며, 비중이 2.9이다.
- 물과 반응하여 조연성의 산소기체를 발생하여, 주수소화가 불가능하다.
- 건조사(마른모래), 팽창질석, 팽창진주암, 탄산수소염류 분말소화약제 등으로 소화하여야 한다.

③ 과산화바륨( $BaO_2$ )

- 백색의 결정이다.
- 물에 녹지 않으며, 묽은 산에 잘 녹으며, 비중이 4.96이다.
- 산과 접촉하면 제6류 위험물인 과산화수소( $H_2O_2$ )가 발생하여 산과의 접촉을 피하여야 한다.

④ 과산화칼슘( $CaO_2$ )

- 백색의 결정이다.
- 물, 알코올, 에테르에 녹지 않으며, 비중이 3.34이다.
- 산과 접촉하면 제6류 위험물인 과산화수소( $H_2O_2$ )가 발생하여 산과의 접촉을 피하여야 한다.

⑤ 과산화마그네슘( $MgO_2$ )

- 백색의 결정이다.
- 물에 녹지 않는다.
- 산과 접촉하면 제6류 위험물인 과산화수소( $H_2O_2$ )가 발생하여 산과의 접촉을 피하여야 한다.

### (5) 브롬산염류(지정수량 300$kg$, 위험등급 $II$)

① 브롬산나트륨( $NaBrO_3$ )

- 백색의 결정이다.
- 물에 잘 녹으며, 알코올에는 잘 녹지 않으며, 비중이 3.3이다.
- 열분해 시 산소가 발생한다.

② 브롬산칼륨( $KBrO_3$ )

- 백색의 결정이다.
- 물에 잘 녹으며, 비중이 3.27이다.
- 열분해 시 산소가 발생한다.

### (6) 요오드산염류(지정수량 300$kg$, 위험등급 $II$)

① 요오드산칼륨( $KIO_3$ )

- 무색 결정, 분말이다.
- 물에 잘 녹으며, 비중이 3.98이다.

**(7) 질산염류(지정수량 300$kg$, 위험등급 $II$)**

① 질산나트륨($NaNO_3$, 칠레초석)

- 무색, 무취의 투명한 결정 또는 백색의 분말이다.
- 물, 글리세린에 잘 녹으며, 알코올에 잘 녹지 않으며, 비중이 2.25이다.
- 흡습성과 조해성이 있다.
- 열분해 시 산소가 발생한다.

② 질산칼륨($KNO_3$, 초석)

- 짠맛이 나는 무색, 백색의 결정 분말이다.
- 물, 글리세린에 잘 녹으며, 알코올에는 잘 녹지 않으며, 비중이 2.1이다.
- 불꽃놀이의 원료이다.
- 흑색화약(질산칼륨 + 황 + 숯)의 원료이다.
- 열분해 시 산소가 발생한다.

③ 질산암모늄($NH_4NO_3$, 초안, 질안)

- 무색, 무취의 고체 결정이다.
- 물, 알코올에 잘 녹으며, 비중이 1.73이다.
- 흡습성과 조해성이 있다.
- ANFO 폭약(질산암모늄 + 경유)의 원료이다.
- 단독으로 급격한 가열 및 충격으로 인해 분해 및 폭발할 수 있다.
- 열분해 시 산소가 발생한다.

**(8) 과망간산염류(지정수량 1000$kg$, 위험등급 $III$)**

① 과망간산칼륨($KMnO_4$)

- 흑자색의 결정이다.
- 물, 아세톤, 알코올에 잘 녹으며, 비중이 2.7이다.

**(9) 중크롬산염류(지정수량 1000$kg$, 위험등급 $III$)**

① 중크롬산칼륨($K_2Cr_2O_7$)

- 등적색의 결정이다.
- 물에 녹으며, 알코올에 녹지 않으며, 비중이 2.7이다.

**(10) 크롬의 산화물(지정수량 300$kg$, 위험등급 $II$)**

① 삼산화크롬($CrO_3$, 무수크롬산)

- 암적자색 결정이다.
- 물, 알코올에 잘 녹으며, 비중이 2.7이다.

## 1-2 제2류 위험물(가연성고체)

| 등급 | 품명 | | 지정수량 |
|---|---|---|---|
| II | 황화린 | $P_4S_3$ (삼황화린), $P_2S_5$ (오황화린), $P_4S_7$ (칠황화린) | 100kg |
| | 적린 | $P$ (적린) | |
| | 유황 | 단사황, 사방황, 고무상황 | |
| III | 마그네슘 | $Mg$ (마그네슘) | 500kg |
| | 철분 | $Fe$ (철) | |
| | 금속분 | $Al$ (알루미늄분), $Zn$ (아연분), $Ti$ (티탄분) | |
| | 인화성고체 | 메타알데히드, 제삼부틸알코올 | 1000kg |

**1. 일반적인 성질**

① 가연성물질이며, 낮은 온도에서 착화하기 쉬운 편이다.
② 비중이 1보다 크고 비수용성이며 강력한 환원성 물질이다.
③ 연소시 연소온도가 높고, 연소열이 크다.
④ 산소와 결합이 용이하고 산화되기 쉽고 연소속도가 빠르다.
⑤ 철분, 마그네슘, 금속분류는 물과 산의 접촉시 발열하고 유독가스가 발생한다.
⑥ 가열은 절대 금지이다.

**2. 위험성**

① 연소시 다량의 빛과 열을 발생한다.
② 저온에서 발화가 용이하다.
③ 산화제와 혼합한 것은 가열 • 마찰 • 충격에 의해 발화 및 폭발 위험이 있다.
④ 수분과 접촉하면 자연발화하고 금속분은 산, 황화수소, 할로겐원소와 접촉하면 발열 및 발화한다.

**3. 소화방법**

① 적린, 유황은 물에 의한 냉각소화가 효과적이다.
② 마그네슘, 철분, 금속분은 건조사, 팽창질석, 팽창진주암 등에 의한 질식소화가 효과적이다.

**4. 저장 및 취급방법**

① 산화제와의 혼합 또는 접촉을 피한다.
② 화기를 피하고, 불티, 불꽃, 고온체와 접촉을 피한다.
③ 통풍이 잘되는 곳에 보관한다.
④ 유황은 물에 의한 냉각소화가 적당하다.
⑤ 마그네슘, 철분, 금속분은 물, 산, 습기와의 접촉을 피하여 저장한다.

### (1) 황화린(지정수량 100$kg$, 위험등급 Ⅱ)

① 삼황화린($P_4S_3$)
- 황록색의 분말이다.
- 이황화탄소, 알칼리, 질산에 녹으며, 황산, 염산, 염소, 물에 녹지 않으며, 비중이 2.03이다.
- 조해성이 없다.
- 냉각소화가 일반적이다.

② 오황화린($P_2S_5$)
- 담황색의 결정이다.
- 알코올, 이황화탄소에 녹으며, 비중이 2.09이다.
- 조해성과 흡습성이 있다.
- 냉각소화가 일반적이다.

③ 칠황화린($P_4S_7$)
- 담황색의 결정이다.
- 이황화탄소에 약간 녹으며, 비중이 2.19이다.
- 조해성이 있다.
- 냉각소화가 일반적이다.

### (2) 적린($P$, 지정수량 100$kg$, 위험등급 Ⅱ)

- 암적색 무취의 분말이며, 황린($P_4$)의 동소체이다.
- 브롬화인에 녹으며, 물, 알코올, 이황화탄소, 에테르, 암모니아에 녹지 않으며, 비중이 2.2이다.
- 강알칼리와 반응하여 유독한 포스핀가스를 발생한다.
- 냉각소화가 일반적이다.

### (3) 유황($S$, 지정수량 100$kg$, 위험등급 Ⅱ)

- 황색 결정이다.
- 물, 산에 녹지 않으며, 알코올에 조금 녹으며, 고무상황을 제외한 나머지 황들은 이황화탄소에 잘 녹는다.
- 공기 중 연소할 때 푸른빛을 내며 아황산가스($SO_2$)를 방출한다.
- 유황은 순도가 60$wt$% 이상인 것을 위험물로 취급한다. 이 경우 순도측정에 있어서 불순물은 활석 등 불연성물질과 수분에 한한다.
- 냉각소화가 일반적이다.

| 비교 | 단사황 | 사방황 | 고무상황 |
|---|---|---|---|
| 결정형 | 바늘모양 | 팔면체 | 무정형 |
| 비중 | 1.96 | 2.07 | - |
| 용해도 | 불용해 | | |

(4) **마그네슘**($Mg$, **지정수량** $500kg$, **위험등급** $III$)

- 은백색의 광택을 지닌 분말이다.
- 비중이 1.74이다.
- 소화방법으로 건조사(마른모래), 팽창질석, 팽창진주암, 탄산수소염류 등이 있다.

(5) **철분**($Fe$, **지정수량** $500kg$, **위험등급** $III$)

- 은색 또는 회색 분말이다.
- 비중이 7.86이다.
- 「철분」이라 함은 철의 분말을 말하며 $53\mu m$의 표준체를 통과하는 것이 $50wt\%$ 이상인 것을 말한다.
- 소화방법으로 건조사(마른모래), 팽창질석, 팽창진주암, 탄산수소염류 등이 있다.

(6) **금속분(지정수량** $500kg$, **위험등급** $III$)

:「금속분」이라 함은 알칼리금속 • 알칼리토금속 • 철 및 마그네슘 외의 금속의 분말을 말하며, 구리분 • 니켈분 및 $150\mu m$의 체를 통과하는 것이 $50wt\%$ 이상인 것을 말한다.

① 알루미늄분($Al$)
- 은백색 광택을 지닌 무른 금속이며, 비중이 2.7이다.
- 연성과 전성이 풍부하다.
- 물, 산화제, 할로겐원소와 접촉하면 자연발화의 위험성이 존재한다.
- 진한 질산과는 부동태하므로 표면에 산화피막을 형성하여 내부를 보호한다.
- 소화방법으로 건조사(마른모래), 팽창질석, 팽창진주암, 탄산수소염류 등이 있다.

② 아연분($Zn$)
- 은백색 광택을 지닌 금속이며, 비중이 2.14이다.
- 공기 중에서 표면에 산화피막을 형성하여 내부를 보호한다.
- 소화방법으로 건조사(마른모래), 팽창질석, 팽창진주암, 탄산수소염류 등이 있다.

(7) **인화성고체(지정수량** $1000kg$, **위험등급** $III$)

:「인화성고체」이라 함은 고형 알코올, 그 밖에 $1atm$에서 인화점이 40℃ 미만인 고체를 의미한다.

## 1-3 제3류 위험물(금수성물질 및 자연발화성물질)

| 등급 | 품명 | | 지정수량 |
|---|---|---|---|
| I | 칼륨 | $K$ (칼륨) | 10kg |
| | 나트륨 | $Na$ (나트륨) | |
| | 알킬리튬 | $CH_3Li$ (메틸리튬) | |
| | 알킬알루미늄 | $(CH_3)_3Al$ (트리메틸알루미늄), $(C_2H_5)_3Al$ (트리에틸알루미늄) | |
| | 황린 | $P_4$ (황린) | 20kg |
| II | 알칼리금속 (칼륨, 나트륨 제외) | $Li$ (리튬), $Rb$ (루비듐), $Cs$ (세슘) | 50kg |
| | 알칼리토금속 | $Ca$ (칼슘), $Ba$ (바륨), $Be$ (베릴륨), $Sr$ (스트론튬) | |
| | 유기금속화합물 (알킬알루미늄, 알킬리튬 제외) | 사에틸납, 디메틸아연, 디에틸아연 | |
| III | 금속인화합물 | $Ca_3P_2$ (인화칼슘), $AlP$ (인화알루미늄), $Zn_3P_2$ (인화아연) | 300kg |
| | 금속수소화합물 | $NaH$ (수소화나트륨), $KH$ (수소화칼륨), $LiH$ (수소화리튬), $LiAlH_4$ (수소화알루미늄리튬) | |
| | 칼슘 탄화물 | $CaC_2$ (탄화칼슘) | |
| | 알루미늄 탄화물 | $Al_4C_3$ (탄화알루미늄) | |

**1. 일반적인 성질**

① 대부분 무기물 고체이다.
② 칼륨, 나트륨, 알킬알루미늄, 알킬리튬만 물보다 가볍다.
③ 칼륨, 나트륨, 알킬알루미늄, 황린만 연소한다.
④ 자연발화성물질은 공기와 접촉으로 연소하거나 가연성가스를 발생한다.
⑤ 금수성물질은 물과 접촉하여 가연성가스를 발생한다.
⑥ 보호액에 보관하는 물질은 액 표면에 노출되지 않도록 주의한다.

**2. 위험성**

① 황린을 제외하고 나머지는 전부 금수성 물질이다.
② 일부 물질들은 공기 중에 노출되면 자연발화 한다.

**3. 소화방법**

① 황린을 제외하고 주수소화 금지이다.
② 황린을 제외하고 나머지는 건조사, 팽창질석, 팽창진주암, 탄산수소염류 등이 효과적이다.

**4. 저장 및 취급방법**

① 칼륨, 나트륨 및 알칼리금속은 등유, 경유, 유동파라핀유, 벤젠 등에 저장한다.
② 산화성 물질과 강산류와의 혼합을 방지한다.
③ 다량을 저장할 경우 소분해서 저장한다.
④ 완전 밀폐하여 공기 접촉 방지 및 수분의 침투 및 접촉금지시킨다.

(1) **칼륨**($K$, **지정수량** $10kg$, **위험등급** Ⅰ)

- 은백색의 광택이 있는 무른 경금속이다.
- 연소 시 보라색 불꽃을 내며, 비중이 0.857이다.
- 이온화 경향이 큰 금속이다.
- 등유, 경유, 유동파라핀유, 벤젠 등의 보호액에 보관한다.
- 소화방법으로 건조사(마른모래), 팽창질석, 팽창진주암, 탄산수소염류 등이 있다.
- 금수성물질 및 자연발화성물질이다.



(2) **나트륨**($Na$, **지정수량** $10kg$, **위험등급** Ⅰ)

- 은백색의 광택이 있는 무른 경금속이다.
- 연소 시 노란색 불꽃을 내며, 비중이 0.97이다.
- 등유, 경유, 유동파라핀유, 벤젠 등의 보호액에 보관한다.
- 소화방법으로 건조사(마른모래), 팽창질석, 팽창진주암, 탄산수소염류 등이 있다.
- 금수성물질 및 자연발화성물질이다.

(3) **알킬알루미늄(지정수량** $10kg$, **위험등급** Ⅰ)

- 알킬기와 알루미늄의 화합물로 유기금속 화합물이다.
- 저장 용기 상부에 불연성 가스로 봉입하여야 한다.
- 소화방법으로 건조사(마른모래), 팽창질석, 팽창진주암, 탄산수소염류 등이 있다
- 금수성물질 및 자연발화성물질이다.

| 물질 | 상태 | 물과 반응할 때 발생하는 기체 |
|---|---|---|
| 트리메틸알루미늄<br>$(CH_3)_3Al$ | 무색 액체 | 메탄($CH_4$) |
| 트리에틸알루미늄<br>$(C_2H_5)_3Al$ | | 에탄($C_2H_6$) |
| 트리프로필알루미늄<br>$(C_3H_7)_3Al$ | | 프로판($C_3H_8$) |
| 트리부틸알루미늄<br>$(C_4H_9)_3Al$ | | 부탄($C_4H_{10}$) |

(4) **알킬리튬(지정수량** $10kg$, **위험등급** Ⅰ)

- 알킬기와 리튬의 화합물로 유기금속 화합물이다.
- 연백색의 연한 금속이며, 종류로는 메틸리튬($CH_3Li$), 에틸리튬($C_2H_5Li$), 부틸리튬($C_4H_9Li$) 등이 있다.
- 소화방법으로 건조사(마른모래), 팽창질석, 팽창진주암, 탄산수소염류 등이 있다.
- 금수성물질 및 자연발화성물질이다.

(5) **황린($P_4$, 지정수량 $20kg$, 위험등급 $I$)**

- 백색 또는 담황색의 자연발화성 고체이며, pH9 정도의 약 알칼리성 물에 저장한다.
- 이황화탄소, 삼염화린, 염화황에 잘 녹으며, 벤젠 알코올에는 일부만 녹으며, 비중은 1.83이다.
- 강알칼리 용액과 반응하여 유독한 포스핀($PH_3$)을 방출한다.
- 적린($P$)과 동소체 관계이다.
- 소화방법으로 물에 의한 주수소화 등이 있다.

(6) **알칼리금속($K$, $Na$ 제외, 지정수량 $50kg$, 위험등급 $II$)**

① 리튬($Li$)
- 은백색의 무른 경금속이다.
- 연소 시 빨간색의 불꽃을 내며, 비중이 0.53이다.
- 소화방법으로 건조사(마른모래), 팽창질석, 팽창진주암, 탄산수소염류 등이 있다.

② 칼슘($Ca$)
- 은백색의 무른 경금속이다.
- 연소 시 황적색의 불꽃을 내며, 비중이 1.55이다.

(7) **유기금속화합물(알킬알루미늄 및 알킬리튬 제외, 지정수량 $50kg$, 위험등급 $II$)**
: 종류로는 사에틸납, 디메틸아연, 디에틸아연 등이 있다.

(8) **금속인화합물(지정수량 $300kg$, 위험등급 $III$)**

① 인화칼슘($Ca_3P_2$, 인화석회)
- 적갈색의 고체이다.
- 융점이 1600℃ 이다.
- 물과 반응하여 포스핀($PH_3$)을 발생시킨다.

② 인화알루미늄($AlP$)
- 황색 또는 암회색의 결정이다.
- 융점이 1000℃ 이하이다.
- 물과 반응하여 포스핀($PH_3$)을 발생시킨다.

③ 인화아연($Zn_3P_2$)
- 암회색의 결정이다.
- 융점이 420℃ 이다.
- 물과 반응하여 포스핀($PH_3$)을 발생시킨다.

(9) **금속수소화합물**(지정수량 $300kg$, **위험등급** $III$)

① 수소화나트륨($NaH$)
- 은백색의 결정이다.
- 융점이 800℃이다.
- 물과 반응하여 수소($H_2$)를 발생시킨다.

② 수소화칼륨($KH$)
- 무색 결정이다.
- 융점이 815℃이다.
- 물과 반응하여 수소($H_2$)를 발생시킨다.

③ 수소화리튬($LiH$)
- 투명한 고체이다.
- 융점이 680℃이다.
- 물과 반응하여 수소($H_2$)를 발생시킨다.

④ 수소화알루미늄리튬($LiAlH_4$)
- 회백색 분말이다.
- 융점이 125℃이다.
- 물과 반응하여 수소($H_2$)를 발생시킨다.

(10) **칼슘 탄화물**(지정수량 $300kg$, **위험등급** $III$)

① 탄화칼슘($CaC_2$, 카바이드)
- 순수한 탄화칼슘은 무색투명하고, 일반적으로 회백색의 덩어리 상태로 존재한다.
- 습기가 없는 밀폐용기에 저장하여 용기에는 질소와 같은 불연성 가스를 봉입시켜야 한다.
- 물과 반응하여 아세틸렌($C_2H_2$)를 발생시킨다.
- 아세틸렌은 수은, 은, 구리(동), 마그네슘과 반응하여 금속아세틸라이트의 폭발성물질을 생성하기 때문에 위험하다.

(11) **알루미늄 탄화물**(지정수량 $300kg$, **위험등급** $III$)

① 탄화알루미늄($Al_4C_3$)
- 순수한 탄화알루미늄은 백색이고, 일반적으로 황색의 단단한 결정 또는 분말로 존재한다.
- 물과 반응하여 메탄($CH_4$)을 발생시킨다.

## 1-4 제4류 위험물(인화성액체)

| 등급 | 품명 | | | 지정수량 |
|---|---|---|---|---|
| I | 특수인화물 (비수용성) | $CS_2$ (이황화탄소), $C_2H_5OC_2H_5$ (디에틸에테르) | | 50L |
| | 특수인화물 (수용성) | $CH_3CHO$ (아세트알데히드), $CH_3CHOCH_2$ (산화프로필렌) | | |
| II | 제1석유류 (비수용성) | $C_6H_6$ (벤젠), $C_6H_5CH_3$ (톨루엔), $C_6H_{12}$ (시클로헥산), $CH_3COC_2H_5$ (메틸에틸케톤), 휘발유(가솔린),<br>초산에스테르류(초산메틸, 초산에틸, 초산프로필),<br>의산에스테르류(의산에틸, 의산프로필, 의산부틸),<br>콜로디온 | | 200L |
| | 제1석유류 (수용성) | $CH_3COCH_3$ (아세톤), $C_5H_5N$ (피리딘), $HCN$ (시안화수소) | | 400L |
| | 알코올류 | $CH_3OH$ (메틸알코올), $C_2H_5OH$ (에틸알코올), $C_3H_7OH$ (이소프로필알코올) | | 400L |
| III | 제2석유류 (비수용성) | 경유, 등유, 장뇌유, 송근유, 테레핀유,<br>$C_6H_4(CH_3)_2$ (크실렌), $C_6H_5CH_2CH$ (스티렌), $C_6H_5Cl$ (클로로벤젠) | | 1000L |
| | 제2석유류 (수용성) | $N_2H_4$ (히드라진), $HCOOH$ (포름산), $CH_3COOH$ (아세트산) | | 2000L |
| | 제3석유류 (비수용성) | 중유,크레오소트유, $C_6H_5NH_2$ (아닐린), $C_6H_5NO_2$ (니트로벤젠), $C_6H_4CH_3NO_2$ (니트로톨루엔) | | 2000L |
| | 제3석유류 (수용성) | $C_2H_4(OH)_2$ (에틸렌글리콜), $C_3H_5(OH)_3$ (글리세린), $C_6H_5COCl$ (염화벤조일) | | 4000L |
| | 제4석유류 | 윤활유, 기어유, 기계유, 실린더유, 가소제유 | | 6000L |
| | 동식물유류 - 건성유 | 요오드값 130 이상 | 아마인유, 들기름, 동유, 정어리유, 해바라기유 등 | 10000L |
| | 동식물유류 - 반건성유 | 요오드값 100 ~ 130 | 참기름, 옥수수유, 채종유, 쌀겨유, 청어유, 콩기름 등 | |
| | 동식물유류 - 불건성유 | 요오드값 100 이하 | 야자유, 땅콩유, 피마자유, 올리브유, 돼지기름 등 | |

1. 일반적인 성질
 ① 발생되는 증기는 공기보다 무겁다.
 ② 기화되기 쉬우므로 가연성 증기가 공기와 약간만 혼합하여도 연소하기 쉬워진다.

2. 위험성
 ① 증기는 인화성 또는 가연성이다.
 ② 정전기가 축적되기 쉽다.

3. 소화방법
 ① 주수소화하면 화재면을 확대시킬 수 있으므로 절대 금지해야 한다.
 ② 질식소화가 효과적이다.
 ③ 수용성 위험물은 알코올 포 또는 다량의 물로 희석시켜 가연성 증기의 발생을 억제시킨다.

4. 저장 및 취급방법
 ① 증기는 가급적 높은 곳으로 배출시키고, 정전기 발생에 주의해야 한다.
 ② 액체 및 증기의 누설을 방지한다.

(1) 특수인화물(지정수량 50$L$, 위험등급 $I$)
 : 이황화탄소, 디에틸에테르, 그 밖에 1기압에서 발화점이 100℃ 이하인 것 또는 인화점이
   −20℃ 이하이고 비점이 40℃ 이하인 것.

 ① 이황화탄소($CS_2$)

$$S = C = S$$

   − 순수한 이황화탄소는 무색, 투명한 액체이며, 시판용은 담황색이다.
   − 비중이 1.26, 인화점이 −30℃, 연소범위 1~44%, 비수용성이다.
   − 알코올, 에테르, 벤젠 등 유기용매에 잘 녹으며, 물에는 잘 녹지 않는다.
   − 가연성 기체 발생을 억제하기 위하여 물속에 저장한다.
   − 연소 시 푸른 불꽃을 낸다.

 ② 디에틸에테르($C_2H_5OC_2H_5$)

```
   H  H      H  H
   |  |      |  |
H−C−C−O −C−C−H
   |  |      |  |
   H  H      H  H
```

   − 휘발성이 강한 무색, 투명한 액체이며 특유의 향이 있다.
   − 비중이 0.72, 인화점이 −45℃, 연소범위 1.9~48%, 비수용성이다.
   − 전기불량도체이므로 정전기 발생에 주의해야 하며, 공기와 접촉하면 과산화물이 생성되므로
     갈색병에 저장해야 한다.

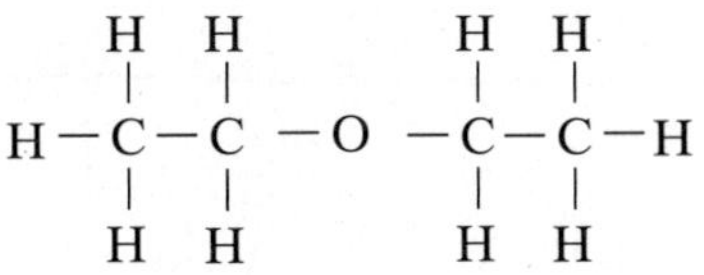

③ 아세트알데히드( $CH_3CHO$)

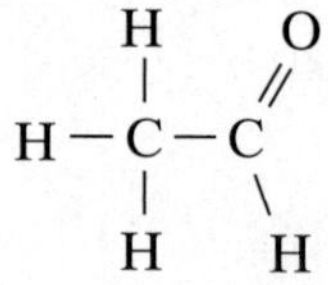

- 무색, 투명한 액체이며 자극적인 향이 난다.
- 비중이 0.78, 인화점이 −38℃, 연소범위 4.1~57%, 수용성이다.
- 에틸알코올( $C_2H_5OH$)를 산화하면 아세트알데히드가 된다.
- 은거울반응과 페엘링반응을 한다.
- 수은, 은, 구리, 마그네슘과 반응하여 아세틸라이드를 생성하므로 위험하다.
- 저장용기 내부에 불연성가스 또는 수증기 봉입장치를 해야한다.

④ 산화프로필렌( $CH_3CHOCH_2$)

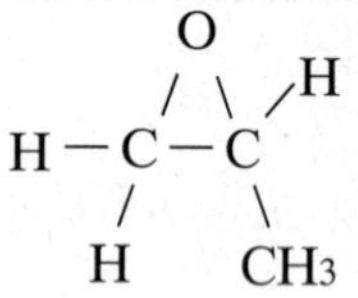

- 무색, 투명한 액체이며 자극적인 향이 난다.
- 비중이 0.83, 인화점이 −37℃, 연소범위 2.5~38.5%, 수용성이다.
- 수은, 은, 구리, 마그네슘과 반응하여 아세틸라이드를 생성하므로 위험하다.
- 저장용기 내부에 불연성가스 또는 수증기 봉입장치를 해야한다.

(2) **제1석유류**

: 아세톤, 휘발유, 그 밖에 1기압에서 인화점이 21℃ 미만인 것.

① 제1석유류 비수용성(지정수량 200$L$, 위험등급 $II$)

㉠ 벤젠( $C_6H_6$)

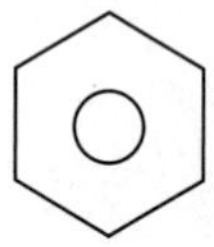

- 무색, 투명한 방향성을 가지고 있는 액체이다.
- 알코올, 아세톤, 에테르에 잘 녹으며, 물에 녹지 않는다.
- 비중이 0.95, 인화점이 −11℃, 연소범위 1.4~7.1%이다.

ⓛ 톨루엔( $C_6H_5CH_3$ )

CH3

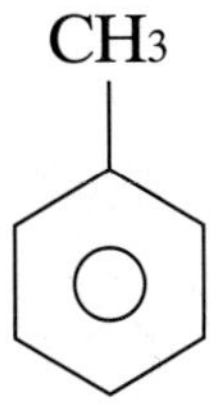

- 무색, 투명한 독성이 있는 액체이며, 벤젠( $C_6H_6$ )보다 독성은 약한 편이다.
- 아세톤, 알코올 등 유기용제에 잘 녹으며, 물에 녹지 않는다.
- 비중이 0.87, 인화점이 4℃, 연소범위 1.4~6.7%이다.
- 트리니트로톨루엔(TNT)의 원료로 사용된다.

ⓒ 시클로헥산( $C_6H_{12}$ , 사이클로헥산)

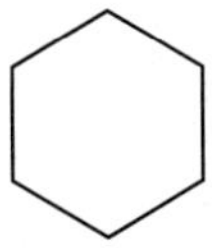

- 무색, 투명한 석유 냄새가 나는 액체이다.
- 벤젠을 니켈( $Ni$ ) 촉매하에 수소로 첨가반응하여 만든다.
- 비중이 0.78, 인화점이 −18℃이다.

ⓔ 메틸에틸케톤( $CH_3COC_2H_5$ )

$$
\begin{array}{c}
\text{H}\quad\text{O}\quad\text{H}\quad\text{H} \\
|\quad\ \ ||\quad\ |\quad\ | \\
\text{H}-\text{C}-\text{C}-\text{C}-\text{C}-\text{H} \\
|\qquad\quad\ |\quad\ | \\
\text{H}\qquad\ \ \text{H}\quad\text{H}
\end{array}
$$

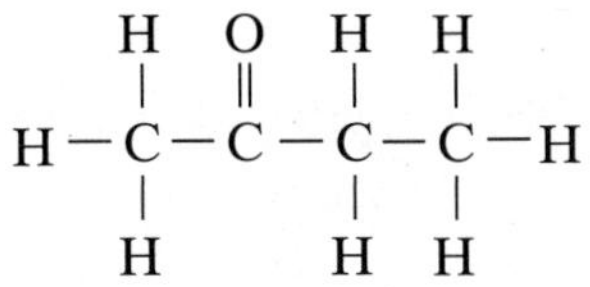

- 무색의 액체이며, 휘발성이 강하며, 아세톤 향과 비슷하다.
- 알코올, 에테르, 벤젠 등 유기용제에 잘 녹는다.
- 피부 접촉 시 탈지작용을 한다.
- 비중이 0.81, 인화점이 −7℃, 연소범위 1.8~11.5%이다.

ⓜ 휘발유(가솔린)
- 무색, 투명한 액체이며, 휘발성이 강하다.
- 포화 및 불포화탄화수소의 혼합물로 지방족 탄화수소이다.
- 비중이 0.7~0.8, 인화점이 −43℃~−20℃, 연소범위 1.4~7.6%이다.

㉥ 초산에스테르류

㉮ 초산메틸( $CH_3COOCH_3$ )

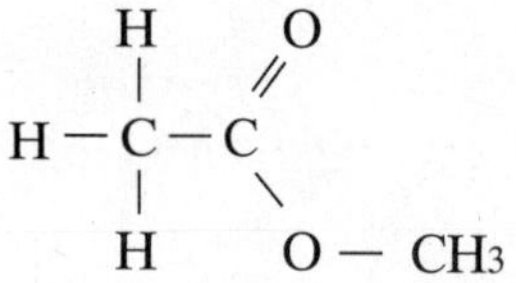

- 무색, 투명한 액체이며, 휘발성이 강하고 마취성과 향긋한 향이 난다.
- 알코올, 에테르에 잘 녹는다.
- 피부에 접촉하면 탈지작용을 한다.
- 초산과 메탄올을 황산촉매하에 반응하여 초산메틸을 만든다.
- 비중이 0.93, 인화점이 −10℃, 연소범위 3.1~16%이다.

㉯ 초산에틸( $CH_3COOC_2H_5$ )

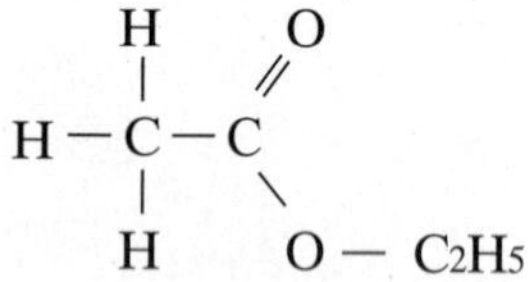

- 무색, 투명한 액체로 휘발성이 강하고 과일 냄새가 난다.
- 알코올, 에테르, 아세톤에 잘 녹는다.
- 초산과 에탄올을 황산촉매하에 반응하여 초산에틸을 만든다.
- 비중이 0.9, 인화점이 −4℃, 연소범위 2.5~9.6%이다.

㉦ 의산에스테르류

㉮ 의산메틸( $HCOOCH_3$ )

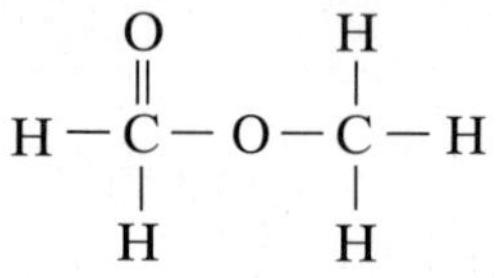

- 무색, 투명한 액체이며 향기를 가졌다.
- 증기는 독성은 없고 마취성이 존재한다.
- 벤젠, 에테르, 에스테르에 잘 녹는다.
- 의산( $HCOOH$ )과 메탄올을 황산촉매하에 반응하여 의산메틸을 만든다.
- 비중이 0.97, 인화점이 −19℃, 연소범위 5~20%이다.

㉯ 의산에틸( $HCOOC_2H_5$ )

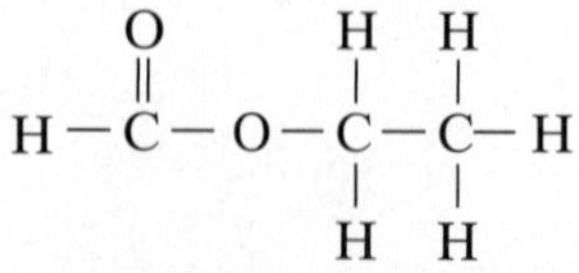

- 무색, 투명한 액체로 복숭아 향이 난다.
- 벤젠, 에테르, 에스테르에 잘 녹는다.
- 의산($HCOOH$)과 에탄올을 황산촉매하에 반응하여 의산메틸을 만든다.
- 비중이 0.9, 인화점이 −20℃, 연소범위 2.7~13.5%이다.

② 제1석유류 수용성(지정수량 400$L$, 위험등급 $II$)

㉠ 아세톤( $CH_3COCH_3$)

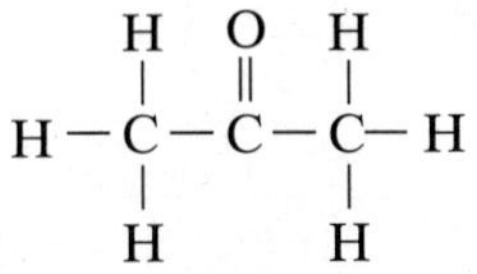

- 무색, 투명한 액체로 휘발성이 강하고 자극적이다.
- 피부에 닿으면 탈지작용을 한다.
- 아세톤은 공기와 접촉하면 과산화물이 생성이 되어 갈색병에 저장해야 한다.
- 비중이 0.79, 인화점이 −18℃, 연소범위 2.6~12.8%이다.

㉡ 피리딘( $C_5H_5N$)

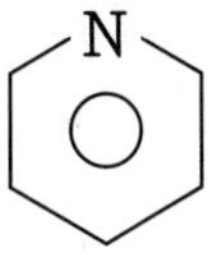

- 순수한 피리딘은 무색의 액체이며, 시판용은 불순물이 함유되어 담황색을 띈다.
- 약 알칼리성 및 독성을 나타낸다.
- 알코올, 에테르에 잘 녹는다.
- 비중이 0.98, 인화점이 20℃, 연소범위 1.8~12.4%이다.

㉢ 시안화수소( $HCN$)

H − C ≡ H

- 무색의 맹독성 액체이며 자극적인 향이 난다.
- 물, 알코올에 잘 녹는다.
- 비중이 0.69, 인화점 −17℃, 연소범위 5.6~40%

### (3) 알코올류(지정수량 400$L$, 위험등급 $II$)

: 1분자를 구성하는 탄소원자의 수가 1개부터 3개까지인 포화 1가 알코올(변성알코올을 포함한다.)을 말한다. 다만, 다음 각목에 해당하는 것은 제외한다.

- 1분자를 구성하는 탄소원자의 수가 1개 내지 3개의 포화 1가 알코올의 함유량이 60$wt$% 미만인 수용액
- 가연성액체량이 60$wt$% 미만이고 인화점 및 연소점(태그 개방식 인화점 측정기에 의한 연소점)이 60$wt$%의 인화점 및 연소점을 초과하는 것

① 메틸알코올( $CH_3OH$, 메탄올)

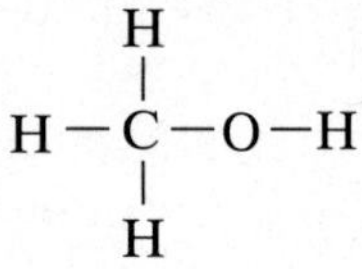

- 무색, 투명한 액체이며, 휘발성이 강하다.
- 마시면 시신경을 파괴하여 실명을 유발할 수 있으며, 사망까지 이르게 할 정도로 독성을 가졌다.
- 비중 0.791, 인화점 11℃, 연소범위 7.3~36%이다.
- 산화과정 : $\underset{\text{(메탄올)}}{CH_3OH} \xrightarrow[-H_2]{\text{산화}} \underset{\text{(포름알데히드)}}{HCHO} \xrightarrow[+O]{\text{산화}} \underset{\text{(포름산)}}{HCOOH}$

② 에틸알코올( $C_2H_5OH$, 에탄올)

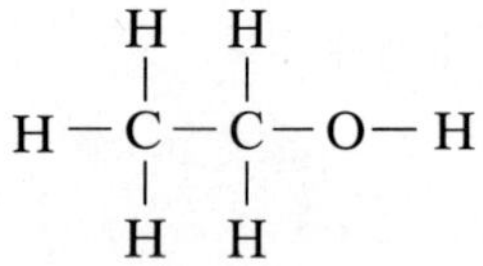

- 무색, 투명한 액체이며, 휘발성이 강하다.
- 요오드포름( $CHI_3$ )을 생성하는 요오드포름반응을 한다.
- 비중 0.789, 인화점 13℃, 연소범위 4.3~19%

**(4) 제2석유류**

: 등유, 경유, 그 밖에 1기압에서 인화점이 21℃ 이상 70℃ 미만인 것을 말한다. 단, 도료류, 그 밖의 물품에 있어서 가연성 액체량이 40$wt$% 이하이면서 인화점이 40℃ 이상인 동시에 연소점이 60℃ 이상인 것은 제외한다.

① 제2석유류 비수용성(지정수량 1000$L$, 위험등급 $III$)

㉠ 경유(디젤유)
- 담갈색 또는 담황색의 액체이며, 등유와 비슷한 성질을 가졌다.
- 탄소수가 15~20개까지의 포화 및 불포화 탄화수소의 혼합물이다.
- 비중 0.82~0.84, 인화점 50~70℃, 연소범위 1~6%

㉡ 등유(케로신)
- 무색 또는 담황색의 액체이며, 경유와 비슷한 성질을 가졌다.
- 탄소수가 10~17개까지의 포화 및 불포화 탄화수소의 혼합물이다.
- 비중 0.78~0.8, 인화점 40~70℃, 연소범위 1.1~6%

㉢ 크실렌( $C_6H_4(CH_3)_2$, 자일렌)
- 무색, 투명한 액체이며, 톨루엔과 비슷한 성질을 가졌다.
- 알코올, 에테르, 벤젠 등 유기용제에 잘 녹는다.
- 이성질체로는 o-크실렌, m-크실렌, p-크실렌 3가지가 있다.

| 명칭 | o-크실렌 | m-크실렌 | p-크실렌 |
|---|---|---|---|
| 구조식 | 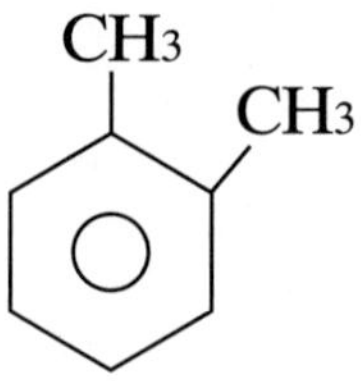 | 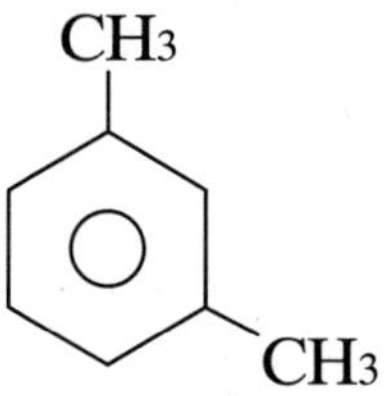 |  |

㉣ 스티렌( $C_6H_5CH_2CH$)

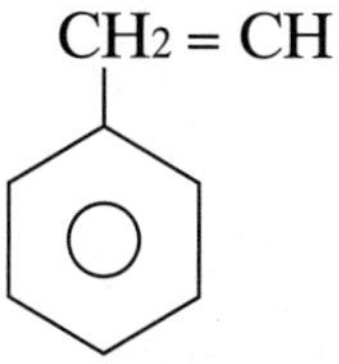


- 무색의 액체이며, 독특한 향이 난다.
- 알코올, 에테르, 이황화탄소에 잘 녹는다.
- 비중 0.8, 인화점 32℃, 연소범위 1.1~6.1%~이다.

㉤ 클로로벤젠( $C_6H_5Cl$ )

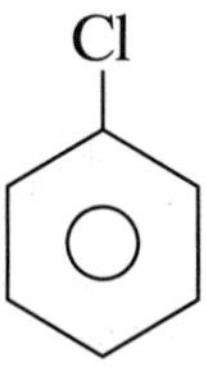


- 무색의 액체이며, 석유 비슷한 냄새가 나며, 마취성이 있다.
- 알코올, 에테르 등에 잘 녹는다.
- 비중 1.11, 인화점 32℃, 연소범위 1.3~7.1%이다.

② 제2석유류 수용성(지정수량 2000$L$, 위험등급 $III$)

㉠ 히드라진($N_2H_4$)

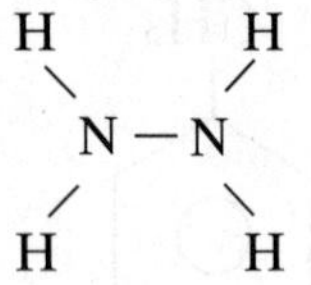

- 무색의 액체이며, 맹독성, 가연성이다.
- 비중 1, 인화점 38℃이다.

㉡ 포름산($HCOOH$, 의산, 개미산)

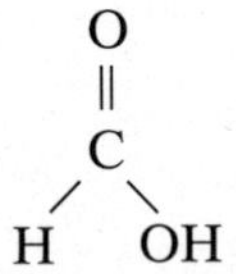

- 무색, 투명한 액체이다.
- 피부와 닿으면 수포상의 화상을 입는다.
- 비중 1.22, 인화점 69℃, 연소범위 18~57%이다.

㉢ 아세트산($CH_3COOH$, 초산, 빙초산)

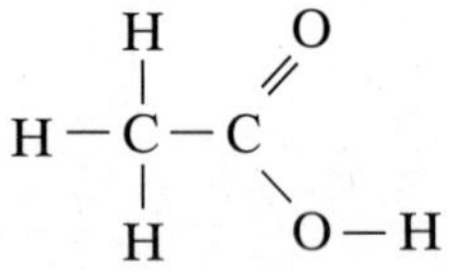

- 무색, 투명한 액체이다.
- 피부와 닿으면 수포상의 화상을 입는다.
- 비중 1.05, 인화점 40℃, 연소범위 5.4~16.9%

### (5) 제3석유류

: 중유, 클레오소트유, 그 밖에 1기압에서 인화점이 70℃ 이상 200℃ 미만인 것을 말한다. 단, 도료류, 그 밖의 물품에 있어서 가연성 액체량이 40$wt$% 이하인 것은 제외한다.

① 제3석유류 비수용성(지정수량 2000$L$, 위험등급 $III$)

㉠ 중유

- 직류 중유와 분해중유로 구분되는 물질이다.

㉡ 클레오소트유(타르유)

- 방부제, 살충제의 원료로 사용된다.

㉢ 아닐린( $C_6H_5NH_2$ )

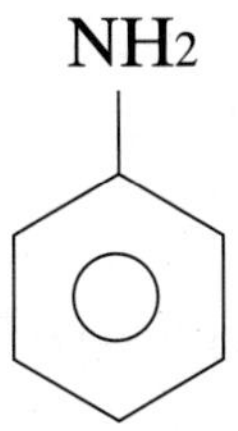

- 담황색의 액체이다.
- 아닐린은 니트로벤젠을 환원하여 만들 수 있다.

㉣ 니트로벤젠( $C_6H_5NO_2$ )

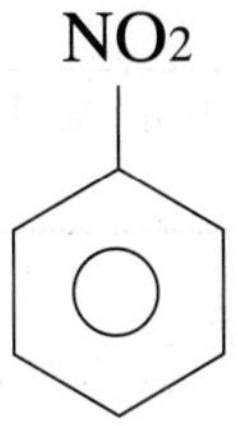

- 암갈색 또는 갈색의 액체이며, 특이한 냄새가 난다.
- 니트로벤젠은 아닐린을 산화시켜 만들 수 있다.

② 제3석유류 수용성(지정수량 4000$L$, 위험등급 $III$)

㉠ 에틸렌글리콜( $C_2H_4(OH)_2$ )

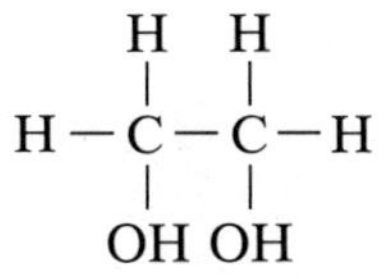

- 무색의 액체이며, 단맛이 난다.
- 물, 알코올, 글리세린, 아세톤, 초산, 피리딘에 잘 녹으며, 사염화탄소, 에테르, 벤젠, 이황화탄소에 녹지 않는다.
- 2가 알코올이며 독성이 존재한다.

㉡ 글리세린( $C_3H_5(OH)_3$ )

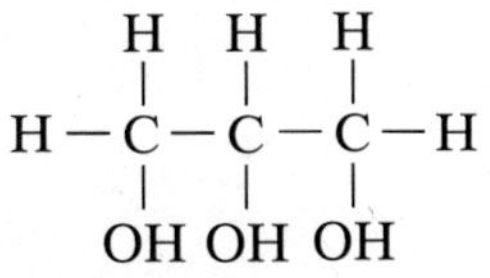

- 무색, 무취의 액체이며, 단맛이 나고, 흡수성이 있다.
- 3가 알코올이며 독성이 없다.

**(6) 제4석유류(지정수량 6000$L$, 위험등급 $III$)**

: 기어유, 실린더유, 그 밖에 1기압에서 인화점이 200℃ 이상 250℃ 미만인 것을 말한다. 단, 도료류, 그 밖의 물품은 가연성 액체량이 40$wt$% 이하인 것을 제외한다.

**(7) 동식물유류(지정수량 10000$L$, 위험등급 $III$)**

: 동물의 지육 등 또는 식물의 과육으로부터 추출한 것으로서 1기압에서 인화점이 섭씨 250℃ 미만인 것을 말한다.

| | 구분 | 요오드값 | 종류 |
|---|---|---|---|
| **동식물유류** | 건성유 | 130 이상 | 아마인유, 들기름, 동유, 정어리유, 해바라기유 등 |
| | 반건성유 | 100 초과 130 미만 | 참기름, 옥수수유, 채종유, 쌀겨유, 청어유, 콩기름 등 |
| | 불건성유 | 100 이하 | 야자유, 땅콩유, 피마자유, 올리브유, 돼지기름 등 |

※요오드가 - 유지 100$g$에 첨가되는 요오드의 $g$수

## 1-5 제5류 위험물(자기반응성물질)

| 등급 | 품명 | | 지정수량 |
|---|---|---|---|
| I | 질산에스테르류 | $C_3H_5(ONO_2)_3$ (니트로글리세린), $C_6H_7O_2(ONO_2)_3$ (니트로셀룰로오스), $CH_3ONO_2$ (질산메틸), $C_2H_5ONO_2$ (질산에틸) | 10kg |
| | 유기과산화물 | $(CH_3CO)_2O_2$ (아세틸퍼옥사이드), $(C_6H_5CO)_2O_2$ (과산화벤조일), $CH_3COOOH$ (과산화초산) | |
| II | 히드록실아민 | 히드록실아민 | 100kg |
| | 히드록실아민염류 | 황산히드록실아민 | |
| | 니트로화합물 | $C_6H_2OH(NO_2)_3$ (트리니트로페놀), $C_6H_2CH_3(NO_2)_3$ (트리니트로톨루엔), $C_6H_2(NO_2)_4NCH_3$ (테트릴) | 200kg |
| | 니트로소화합물 | 파라 디니트로소 벤젠, 디니트로소 레조르신 | |
| | 아조화합물 | 아조벤젠 | |
| | 디아조화합물 | 디아조 디니트로페놀, 디아조 아세토니트릴 | |
| | 히드라진유도체 | 염산 히드라진, 황산 히드라진, 메틸 히드라진 | |
| | 금속의 아지화합물 | 아지드화나트륨, 아지드화은, 아지드화납 | 10kg 또는 100kg 또는 200kg |
| | 질산구아니딘 | 질산구아니딘 | |

**1. 일반적인 성질**

① 산소를 함유한 물질로 자연발화의 위험성이 크다.
② 환원성 고체 및 액체이다.
③ 히드라진 유도체를 제외하고 전부 유기화합물이다.
④ 연소시 다량의 가스를 발생한다.

**2. 위험성**

① 외부의 산소공급이 없어도 자기연소하므로 연소속도가 빠르고 폭발적이다.
② 니트로화합물은 화기, 가열, 충격, 마찰에 민감하므로 폭발위험이 있다.

**3. 소화방법**

① 다량의 물로 냉각소화한다.

**4. 저장 및 취급방법**

① 점화원 및 분해를 촉진시키는 물질로부터 격리하여 저장한다.
② 강산화제, 강산류가 혼입되지 않도록 주의한다.
③ 화재 발생 시 소화가 곤란하므로 가급적 소분하여 저장한다.

### (1) 질산에스테르류(지정수량 10$kg$, 위험등급 $I$)

① 니트로글리세린( $C_3H_5(ONO_2)_3$ )

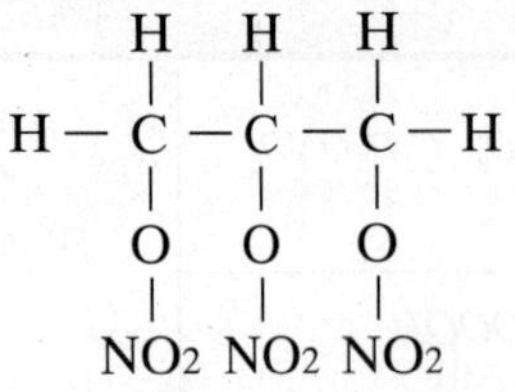

- 무색, 투명한 액체이며, 공업용은 담황색이다.
- 알코올, 에테르, 벤젠 등 유기용제에 잘 녹는다.
- 상온에서 액체이며 겨울에는 동결한다.
- 액체 상태엔 충격에 매우 민감하여 운반이 금지된다.
- 규조토에 흡수시켜 다이너마이트를 제조할 수 있다.
- 비중 1.6, 융점 14℃, 비점 160℃이다.

② 니트로셀룰로오스( $C_6H_7O_2(ONO_2)_3$ )

- 질화도가 클수록 폭발 위험성이 크다. (질화도 : 니트로셀룰로오스 속 함유된 질소의 함유량)
- 셀룰로오스에 진한 황산 및 진한 질산을 혼산으로 니트로화 반응하여 제조한다.
- 알코올, 에테르, 벤젠 등 유기용제에 잘 녹는다.

③ 질산메틸( $CH_3ONO_2$ )

- 무색, 투명한 액체이며 향긋한 향과 단맛이 난다.
- 알코올, 에테르에 잘 녹는다.
- 메탄올과 질산을 반응하여 제조한다.
- 폭발성이 거의 없으나, 인화 위험성은 존재한다.

④ 질산에틸( $C_2H_5ONO_2$ )

- 무색, 투명한 액체이며 향긋한 향과 단맛이 난다.
- 알코올, 에테르에 잘 녹는다.
- 에탄올과 질산을 반응하여 제조한다.

### (2) 유기과산화물(지정수량 10$kg$, 위험등급 $I$)

① 아세틸퍼옥사이드( $(CH_3CO)_2O_2$ )

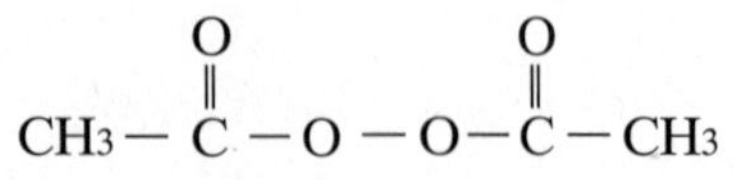

- 무색의 고체이며, 강한 자극적인 향을 가졌다.
- 알코올, 에테르, 벤젠 등 유기용제에 잘 녹는다.

② 과산화벤조일($(C_6H_5CO)_2O_2$, 벤조일퍼옥사이드, $BPO$)

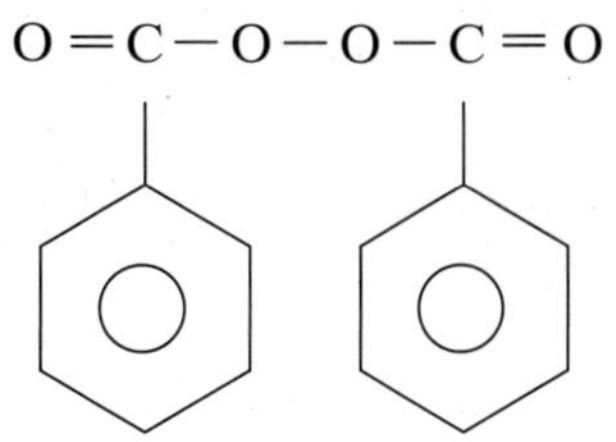

- 무색, 무취의 백색 결정이며 강산화성 물질이다.
- 알코올에 약간 녹는다.
- 건조상태에서 위험하다.

(3) **니트로화합물(지정수량** $200kg$**, 위험등급** $II$**)**

① 트리니트로톨루엔($C_6H_2CH_3(NO_2)_3$, TNT)

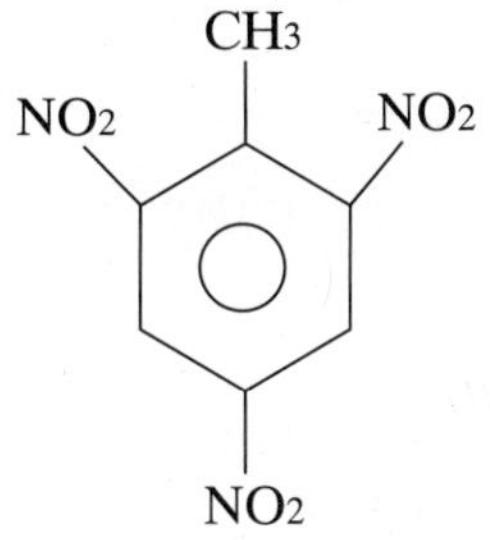

- 담황색의 침상결정으로 강력한 폭약이다.
- 충격에는 둔감하나 급격한 타격에 의하여 폭발한다.
- 아세톤, 벤젠, 에테르에 잘 녹는다.
- 햇빛에 의하여 갈색으로 변한다.
- 발화점 300℃, 융점 81℃, 비점 240℃, 비중 1.66이다.

② 트리니트로페놀($C_6H_2OH(NO_2)_3$, 피크린산, 피크르산, TNP)

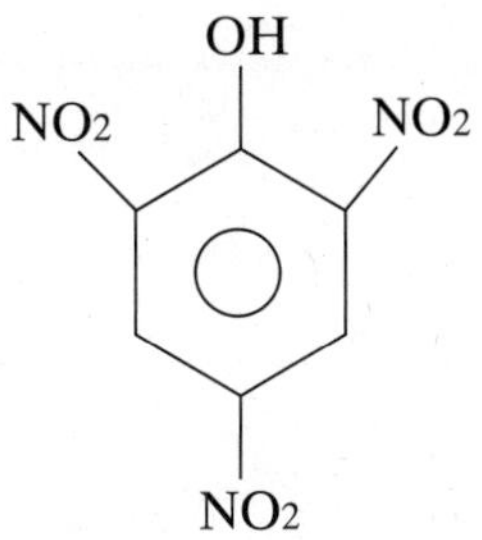

- 황색의 침상결정으로 독성이 존재하며 쓴맛이 난다.
- 알코올, 에테르, 벤젠, 온수에 잘 녹으며, 찬물에 약간 녹는다.

- 단독으로 가열, 마찰, 충격에 안정하다.
- 발화점 300℃, 융점 121℃, 비점 240℃, 비중 1.8이다.

(4) 니트로소화합물(지정수량 200*kg*, 위험등급 *II*)

(5) 아조화합물(지정수량 200*kg*, 위험등급 *II*)

(6) 디아조화합물(지정수량 200*kg*, 위험등급 *II*)

(7) 히드라진유도체(지정수량 200*kg*, 위험등급 *II*)

(8) 히드록실아민(지정수량 100*kg*, 위험등급 *II*)

(9) 히드록실아민염류(지정수량 100*kg*, 위험등급 *II*)

(10) 금속의 아지화합물(지정수량 10*kg* or 100*kg* or 200*kg*, 위험등급 *II*)

(11) 질산구아니딘(지정수량 10*kg* or 100*kg* or 200*kg*, 위험등급 *II*)

## 1-6 제6류 위험물(산화성액체)

| 등급 | 품명 | | 지정수량 |
|---|---|---|---|
| I | 질산 | $HNO_3$ (질산) | 300kg |
| | 과산화수소 | $H_2O_2$ (과산화수소) | |
| | 과염소산 | $HClO_4$ (과염소산) | |
| | 그 밖에 행정안전부로 정하는 것 (할로겐 간 화합물) | $BrF_3$ (삼불화브롬), $BrF_5$ (오불화브롬), $IF_5$ (오불화요오드) | |

**1. 일반적인 성질**

① 모두 불연성 물질이다.
② 과산화수소를 제외하고 강산성 물질이다.
③ 가연물, 유기물 등과의 혼합으로 발화한다.
④ 증기는 유독하며 피부와 접촉시 점막을 부식시킨다.
⑤ 강한 부식성, 산소를 모두 포함하고 있어 다른 물질을 산화시킨다.

**2. 위험성**

① 산화성이 커서 다른 물질의 연소를 돕는 조연성 물질이다.
② 과산화수소를 제외하고 물과 접촉하면 심하게 발열하고 연소하지 않는다.
③ 염기와 작용하여 염과 물을 만들 때 발열한다.
④ 제2, 3, 4, 5류 위험물, 강환원제 및 일반 가연물과 접촉하면 혼촉발화하거나 가열 등에 의해 위험성이 증대된다.

**3. 소화방법**

① 불연성이지만 연소를 돕는 조연성 물질이므로 화재시 가연물과 격리한다.
② 소화작업 후 많은 물로 씻어 내리고, 건조사로 위험물의 비산을 방지한다.
③ 소량 누출 시 다량의 물로 희석이 가능하나, 물과 반응하여 발열하므로 주수소화는 원칙적으로 금한다.

**4. 저장 및 취급방법**

① 내산성 용기를 사용한다.
② 물이나 염기성물질과의 접촉을 피한다.
③ 화기엄금, 강환원제, 직사광선, 유기물, 가연성위험물과 접촉을 피한다.

(1) **질산($HNO_3$, 지정수량 300$kg$, 위험등급 $I$)**

- 위험물안전관리법상 비중 1.49 이상인 것을 위험물로 간주한다.
- 무색의 무거운 액체이다.
- 피부에 접촉 시 크산토프로테인반응을 한다.
- 크산토프로테인반응 - 단백질의 발색반응의 하나로 시료에 소량의 질산을 가하여 몇 분간 가열하면 노란색이 되며, 다시 암모니아수를 가하여 알칼리성으로 하면 색이 진하게 되어 주황색에 가깝게 되는 반응
- 질한질산을 가열하면 적갈색의 갈색증기인 이산화질소($NO_2$)가 발생한다.
- 자극성, 부식성이 강하다.

(2) **과산화수소($H_2O_2$, 지정수량 300$kg$, 위험등급 $I$)**

- 위험물안전관리법상 농도가 36$wt\%$ 이상인 것을 위험물로 간주한다.
- 무색, 투명한 점성이 있는 액체이다.
- 물, 알코올, 에테르에 잘 녹으며, 벤젠에 녹지 않는다.
- 과산화수소 안정제로는 인산과 요산이 있다.
- 저장용기는 밀봉하지 않고 구멍이 있는 마개를 사용하여야 한다.

(3) **과염소산($HClO_4$, 지정수량 300$kg$, 위험등급 $I$)**

- 무색, 투명한 액체이다.
- 불연성 물질이나 자극성, 산화성이 매우 크다.
- 물과 반응하면 심하게 발열한다.

Memo

Chapter 2

# 필수 암기 118개 반응식

## 2-1 제1류 위험물(산화성고체)

| 반응물 | 반응식 |
|---|---|
| (1) 아염소산나트륨 분해반응식 | $NaClO_2$ (아염소산나트륨) → $NaCl$ (염화나트륨) + $O_2$ (산소) |
| (2) 아염소산나트륨 + 알루미늄 반응식 | $3NaClO_2$ (아염소산나트륨) + $4Al$ (알루미늄) → $2Al_2O_3$ (산화알루미늄) + $3NaCl$ (염화나트륨) |
| (3) 염소산나트륨 분해반응식 | $2NaClO_3$ (염소산나트륨) → $2NaCl$ (염화나트륨) + $3O_2$ (산소) |
| (4) 염소산칼륨 400℃ 분해반응식 | $2KClO_3$ (염소산칼륨) → $KClO_4$ (과염소산칼륨) + $KCl$ (염화칼륨) + $O_2$ (산소) |
| (5) 염소산칼륨 560℃ 분해반응식(완전 분해반응식) | $2KClO_3$ (염소산칼륨) → $2KCl$ (염화칼륨) + $3O_2$ (산소) |
| (6) 염소산칼륨 + 황산 반응식 | $6KClO_3$ (염소산칼륨) + $3H_2SO_4$ (황산) → $3K_2SO_4$ (황산칼륨) + $2HClO_4$ (과염소산) + $4ClO_2$ (이산화염소) + $2H_2O$ (물) |
| (7) 염소산암모늄 완전 분해반응식 | $2NH_4ClO_3$ (염소산암모늄) → $4H_2O$ (물) + $O_2$ (산소) + $N_2$ (질소) + $Cl_2$ (염소) |
| (8) 과염소산칼륨 610℃ 분해반응식 | $KClO_4$ (과염소산칼륨) → $KCl$ (염화칼륨) + $2O_2$ (산소) |
| (9) 과염소산나트륨 분해반응식 | $NaClO_4$ (과염소산나트륨) → $NaCl$ (염화나트륨) + $2O_2$ (산소) |
| (10) 과염소산나트륨 + 염화칼륨 반응식 | $NaClO_4$ (과염소산나트륨) + $KCl$ (염화칼륨) → $NaCl$ (염화나트륨) + $KClO_4$ (과염소산칼륨) |
| (11) 과염소산암모늄 완전 분해반응식 | $2NH_4ClO_4$ (과염소산암모늄) → $4H_2O$ (물) + $2O_2$ (산소) + $N_2$ (질소) + $Cl_2$ (염소) |
| (12) 과산화칼륨 + 물 반응식 | $2K_2O_2$ (과산화칼륨) + $2H_2O$ (물) → $4KOH$ (수산화칼륨) + $O_2$ (산소) |
| (13) 과산화나트륨 + 물 반응식 | $2Na_2O_2$ (과산화나트륨) + $2H_2O$ (물) → $4NaOH$ (수산화나트륨) + $O_2$ (산소) |
| (14) 과산화나트륨 + 이산화탄소 반응식 | $2Na_2O_2$ (과산화나트륨) + $2CO_2$ (이산화탄소) → $2Na_2CO_3$ (탄산나트륨) + $O_2$ (산소) |
| (15) 과산화나트륨 + 아세트산(초산) 반응식 | $Na_2O_2$ (과산화나트륨) + $2CH_3COOH$ (아세트산) → $2CH_3COONa$ (아세트산나트륨) + $H_2O_2$ (과산화수소) |
| (16) 과산화나트륨 + 염산 반응식 | $Na_2O_2$ (과산화나트륨) + $2HCl$ (염산) → $2NaCl$ (염화나트륨) + $H_2O_2$ (과산화수소) |
| (17) 과산화칼슘 + 염산 반응식 | $CaO_2$ (과산화칼슘) + $2HCl$ (염산) → $CaCl_2$ (염화칼슘) + $H_2O_2$ (과산화수소) |

| 반응물 | 반응식 |
| --- | --- |
| (18) 과산화바륨 + 물 반응식 | $2BaO_2 + 2H_2O \rightarrow 2Ba(OH)_2 + O_2$ (과산화바륨) (물) (수산화바륨) (산소) |
| (19) 과산화바륨 + 염산 반응식 | $BaO_2 + 2HCl \rightarrow BaCl_2 + H_2O_2$ (과산화바륨) (염산) (염화바륨) (과산화수소) |
| (20) 과산화바륨 + 황산 반응식 | $BaO_2 + H_2SO_4 \rightarrow BaSO_4 + H_2O_2$ (과산화바륨) (황산) (황산바륨) (과산화수소) |
| (21) 과산화마그네슘 + 물 반응식 | $2MgO_2 + 2H_2O \rightarrow 2Mg(OH)_2 + O_2$ (과산화마그네슘) (물) (수산화마그네슘) (산소) |
| (22) 질산칼륨 400℃ 분해반응식 | $2KNO_3 \rightarrow 2KNO_2 + O_2$ (질산칼륨) (아질산칼륨) (산소) |
| (23) 질산은 + 염산 반응식 | $AgNO_3 + HCl \rightarrow HNO_3 + AgCl$ (질산은) (염산) (질산) (염화은) |
| (24) 질산암모늄 분해(폭발)반응식 | $2NH_4NO_3 \rightarrow 4H_2O + 2N_2 + O_2$ (질산암모늄) (물) (질소) (산소) |
| (25) 질산암모늄 + 경유 반응식[ANFO 폭약] | $3NH_4NO_3 + CH_2 \rightarrow 7H_2O + 3N_2 + CO_2$ (질산암모늄) (경유) (물) (질소) (이산화탄소) |
| (26) 과망간산칼륨 240℃ 분해반응식 | $2KMnO_4 \rightarrow K_2MnO_4 + MnO_2 + O_2$ (과망간산칼륨) (망간산칼륨) (이산화망간) (산소) |
| (27) 과망간산칼륨 + 염산 반응식 | $2KMnO_4 + 16HCl \rightarrow 2KCl + 2MnCl_2 + 8H_2O + 5Cl_2$ (과망간산칼륨) (염산) (염화칼륨) (염화망간) (물) (염소) |
| (28) 과망간산칼륨 + 묽은 황산 반응식 | $4KMnO_4 + 6H_2SO_4 \rightarrow 2K_2SO_4 + 4MnSO_4 + 6H_2O + 5O_2$ (과망간산칼륨) (황산) (황산칼륨) (황산망간) (물) (산소) |
| (29) 과망간산칼륨 + 진한 황산 반응식 | $2KMnO_4 + H_2SO_4 \rightarrow K_2SO_4 + 2HMnO_4$ (과망간산칼륨) (황산) (황산칼륨) (과산화망간수소) |
| (30) 중크롬산칼륨 분해반응식 | $4K_2Cr_2O_7 \rightarrow 4K_2CrO_4 + 2Cr_2O_3 + 3O_2$ (중크롬산칼륨) (크롬산칼륨) (산화크롬) (산소) |
| (31) 삼산화크롬 열분해반응식 | $4CrO_3 \rightarrow 2Cr_2O_3 + 3O_2$ (삼산화크롬) (삼산화제이크롬) (산소) |

## 2-2 제2류 위험물(가연성고체)

| 반응물 | 반응식 |
|---|---|
| (32) 삼황화린 연소반응식 | $P_4S_3 + 8O_2 \rightarrow 2P_2O_5 + 3SO_2$ (삼황화린) (산소) (오산화린) (이산화황) |
| (33) 오황화린 연소반응식 | $2P_2S_5 + 15O_2 \rightarrow 2P_2O_5 + 10SO_2$ (오황화린) (산소) (오산화인) (이산화황) |
| (34) 오황화린 + 물 반응식 | $P_2S_5 + 8H_2O \rightarrow 5H_2S + 2H_3PO_4$ (오황화린) (물) (황화수소) (인산) |
| (35) 적린 연소반응식 | $4P + 5O_2 \rightarrow 2P_2O_5$ (적린) (산소) (오산화린) |
| (36) 적린 + 염소산칼륨 반응식 | $6P + 5KClO_3 \rightarrow 3P_2O_5 + 5KCl$ (적린) (염소산칼륨) (오산화인) (염화칼륨) |
| (37) 유황 연소반응식 | $S + O_2 \rightarrow SO_2$ (유황) (산소) (이산화황) |
| (38) 마그네슘 연소반응식 | $2Mg + O_2 \rightarrow 2MgO$ (마그네슘) (산소) (산화마그네슘) |
| (39) 마그네슘 + 물 반응식 | $Mg + 2H_2O \rightarrow Mg(OH)_2 + H_2$ (마그네슘) (물) (수산화마그네슘) (수소) |
| (40) 마그네슘 + 이산화탄소 반응식 | ① $2Mg + CO_2 \rightarrow 2MgO + C$ (마그네슘) (이산화탄소) (산화마그네슘) (탄소)<br>② $Mg + CO_2 \rightarrow MgO + CO$ (마그네슘) (이산화탄소) (산화마그네슘) (일산화탄소) |
| (41) 마그네슘 + 염산 반응식 | $Mg + 2HCl \rightarrow MgCl_2 + H_2$ (마그네슘) (염산) (염화마그네슘) (수소) |
| (42) 마그네슘 + 황산 반응식 | $Mg + H_2SO_4 \rightarrow MgSO_4 + H_2$ (마그네슘) (황산) (황산마그네슘) (수소) |
| (43) 철 + 염산 반응식 | $Fe + 2HCl \rightarrow FeCl_2 + H_2$ (철) (염산) (염화제일철) (수소) |
| (44) 알루미늄 연소반응식 | $4Al + 3O_2 \rightarrow 2Al_2O_3$ (알루미늄) (산소) (산화알루미늄) |
| (45) 알루미늄 + 물 반응식 | $2Al + 6H_2O \rightarrow 2Al(OH)_3 + 3H_2$ (알루미늄) (물) (수산화알루미늄) (수소) |
| (46) 알루미늄 + 염산 반응식 | $2Al + 6HCl \rightarrow 2AlCl_3 + 3H_2$ (알루미늄) (염산) (염화알루미늄) (수소) |
| (47) 아연 + 물 반응식 | $Zn + 2H_2O \rightarrow Zn(OH)_2 + H_2$ (아연) (물) (수산화아연) (수소) |
| (48) 아연 + 염산 반응식 | $Zn + 2HCl \rightarrow ZnCl_2 + H_2$ (아연) (염산) (염화아연) (수소) |
| (49) 아연 + 황산 반응식 | $Zn + H_2SO_4 \rightarrow ZnSO_4 + H_2$ (아연) (황산) (황산아연) (수소) |

## 2-3 제3류 위험물(금수성물질, 자연발화성물질)

| 반응물 | 반응식 |
|---|---|
| (50) 칼륨 + 물 반응식 | $2K + 2H_2O \rightarrow 2KOH + H_2$ (칼륨) (물) (수산화칼륨) (수소) |
| (51) 칼륨 + 이산화탄소 반응식 | $4K + 3CO_2 \rightarrow 2K_2CO_3 + C$ (칼륨) (이산화탄소) (탄산칼륨) (탄소) |
| (52) 칼륨 + 에틸알코올(에탄올) 반응식 | $2K + 2C_2H_5OH \rightarrow 2C_2H_5OK + H_2$ (칼륨) (에틸알코올) (칼륨에틸레이트) (수소) |
| (53) 나트륨 연소반응식 | $4Na + O_2 \rightarrow 2Na_2O$ (나트륨) (산소) (산화나트륨) |
| (54) 나트륨 + 물 반응식 | $2Na + 2H_2O \rightarrow 2NaOH + H_2$ (나트륨) (물) (수산화나트륨) (수소) |
| (55) 나트륨 + 이산화탄소 반응식 | $4Na + 3CO_2 \rightarrow 2Na_2CO_3 + C$ (나트륨) (이산화탄소) (탄산나트륨) (탄소) |
| (56) 나트륨 + 에틸알코올(에탄올) 반응식 | $2Na + 2C_2H_5OH \rightarrow 2C_2H_5ONa + H_2$ (나트륨) (에틸알코올) (나트륨에틸레이트) (수소) |
| (57) 트리메틸알루미늄(TMA) 연소 반응식 | $2(CH_3)_3Al + 12O_2 \rightarrow Al_2O_3 + 6CO_2 + 9H_2O$ (트리메틸알루미늄) (산소) (산화알루미늄) (이산화탄소) (물) |
| (58) 트리메틸알루미늄(TMA) + 물 반응식 | $(CH_3)_3Al + 3H_2O \rightarrow Al(OH)_3 + 3CH_4$ (트리메틸알루미늄) (물) (수산화알루미늄) (메탄) |
| (59) 트리에틸알루미늄(TEA) 연소 반응식 | $2(C_2H_5)_3Al + 21O_2 \rightarrow Al_2O_3 + 12CO_2 + 15H_2O$ (트리에틸알루미늄) (산소) (산화알루미늄) (이산화탄소) (물) |
| (60) 트리에틸알루미늄(TEA) + 물 반응식 | $(C_2H_5)_3Al + 3H_2O \rightarrow Al(OH)_3 + 3C_2H_6$ (트리에틸알루미늄) (물) (수산화알루미늄) (에탄) |
| (61) 트리에틸알루미늄(TEA) + 메틸알코올 반응식 | $(C_2H_5)_3Al + 3CH_3OH \rightarrow Al(CH_3O)_3 + 3C_2H_6$ (트리에틸알루미늄) (메틸알코올) (트리메톡시알루미늄) (에탄) |
| (62) 황린 연소반응식 | $P_4 + 5O_2 \rightarrow 2P_2O_5$ (황린) (산소) (오산화린) |
| (63) 황린 + 강알칼리 용액 반응식 | $P_4 + 3KOH + 3H_2O \rightarrow 3KH_2PO_2 + PH_3$ (황린) (수산화칼륨) (물) (차아인산칼륨) (포스핀) |
| (64) 메틸리튬 + 물 반응식 | $CH_3Li + H_2O \rightarrow LiOH + CH_4$ (메틸리튬) (물) (수산화리튬) (메탄) |
| (65) 리튬 + 물 반응식 | $2Li + 2H_2O \rightarrow 2LiOH + H_2$ (리튬) (물) (수산화리튬) (수소) |
| (66) 칼슘 + 물 반응식 | $Ca + 2H_2O \rightarrow Ca(OH)_2 + H_2$ (칼슘) (물) (수산화칼슘) (수소) |
| (67) 인화칼슘(인화석회) + 물 반응식 | $Ca_3P_2 + 6H_2O \rightarrow 3Ca(OH)_2 + 2PH_3$ (인화칼슘) (물) (수산화칼슘) (포스핀) |
| (68) 인화알루미늄 + 물 반응식 | $AlP + 3H_2O \rightarrow Al(OH)_3 + PH_3$ (인화알루미늄) (물) (수산화알루미늄) (포스핀) |
| (69) 인화아연 + 물 반응식 | $Zn_3P_2 + 6H_2O \rightarrow 3Zn(OH)_2 + 2PH_3$ (인화아연) (물) (수산화아연) (포스핀) |

| 반응물 | 반응식 |
|---|---|
| (70) 수소화나트륨 + 물 반응식 | $NaH + H_2O \rightarrow NaOH + H_2$<br>(수소화나트륨) (물) (수산화나트륨) (수소) |
| (71) 수소화칼륨 + 물 반응식 | $KH + H_2O \rightarrow KOH + H_2$<br>(수소화칼륨) (물) (수산화칼륨) (수소) |
| (72) 수소화칼슘 + 물 반응식 | $CaH_2 + 2H_2O \rightarrow Ca(OH)_2 + 2H_2$<br>(수소화칼슘) (물) (수산화칼슘) (수소) |
| (73) 수소화알루미늄리튬 + 물 반응식 | $LiAlH_4 + 4H_2O \rightarrow LiOH + Al(OH)_3 + 4H_2$<br>(수소화알루미늄리튬) (물) (수산화리튬) (수산화알루미늄) (수소) |
| (74) 탄화알루미늄 + 물 반응식 | $Al_4C_3 + 12H_2O \rightarrow 4Al(OH)_3 + 3CH_4$<br>(탄화알루미늄) (물) (수산화알루미늄) (메탄) |
| (75) 탄화칼슘(카바이드) + 물 반응식 | $CaC_2 + 2H_2O \rightarrow Ca(OH)_2 + C_2H_2$<br>(탄화칼슘) (물) (수산화칼슘) (아세틸렌) |
| (76) 탄화칼슘(카바이드) + 질소 반응식 | $CaC_2 + N_2 \rightarrow CaCN_2 + C$<br>(탄화칼슘) (질소) (석회질소) (탄소) |
| (77) 탄화리튬 + 물 반응식 | $Li_2C_2 + 2H_2O \rightarrow 2LiOH + C_2H_2$<br>(탄화리튬) (물) (수산화리튬) (아세틸렌) |

## 2-4 제4류 위험물(인화성액체)

| 반응물 | 반응식 |
|---|---|
| (78) 이황화탄소 연소반응식 | $CS_2 + 3O_2 \rightarrow CO_2 + 2SO_2$ (이황화탄소) (산소) (이산화탄소) (이산화황) |
| (79) 이황화탄소 + 물 반응식 | $CS_2 + 2H_2O \rightarrow CO_2 + 2H_2S$ (이황화탄소) (물) (이산화탄소) (황화수소) |
| (80) 아세트알데히드 산화반응식 | $2CH_3CHO + O_2 \rightarrow 2CH_3COOH$ (아세트알데히드) (산소) (아세트산) |
| (81) 아세트알데히드 연소반응식 | $2CH_3CHO + 5O_2 \rightarrow 4CO_2 + 4H_2O$ (아세트알데히드) (산소) (이산화탄소) (물) |
| (82) 디에틸에테르(에틸에테르) 제조식 | $2C_2H_5OH \xrightarrow[\text{축합반응}]{C-H_2SO_4} C_2H_5OC_2H_5 + H_2O$ (에틸알코올) (디에틸에테르) (물) |
| (83) 디에틸에테르 연소식 | $C_2H_5OC_2H_5 + 6O_2 \rightarrow 4CO_2 + 5H_2O$ (디에틸에테르) (산소) (이산화탄소) (물) |
| (84) 클로로벤젠 제조식 | $2C_6H_6 + 2HCl + O_2 \rightarrow 2C_6H_5Cl + 2H_2O$ (벤젠) (염산) (산소) (클로로벤젠) (물) |
| (85) 벤젠의 연소식 | $2C_6H_6 + 15O_2 \rightarrow 12CO_2 + 6H_2O$ (벤젠) (산소) (이산화탄소) (물) |
| (86) 톨루엔 연소식 | $C_6H_5CH_3 + 9O_2 \rightarrow 7CO_2 + 4H_2O$ (톨루엔) (산소) (이산화탄소) (물) |
| (87) 초산에틸 제조식 | $CH_3COOH + C_2H_5OH \xrightarrow[\text{에스테르화}]{C-H_2SO_4} CH_3COOC_2H_5 + H_2O$ (아세트산) (에틸알코올) (초산에틸) (물) |
| (88) 메틸에틸케톤 연소식 | $2CH_3COC_2H_5 + 11O_2 \rightarrow 8CO_2 + 8H_2O$ (메틸에틸케톤) (산소) (이산화탄소) (물) |
| (89) 아세톤 연소반응식 | $CH_3COCH_3 + 4O_2 \rightarrow 3CO_2 + 3H_2O$ (아세톤) (산소) (이산화탄소) (물) |
| (90) 메틸알코올 연소반응식 | $2CH_3OH + 3O_2 \rightarrow 2CO_2 + 4H_2O$ (메틸알코올) (산소) (이산화탄소) (물) |
| (91) 메틸알코올 산화식(포름알데히드 생성) | $2CH_3OH + O_2 \rightarrow 2HCHO + 2H_2O$ (메틸알코올) (산소) (포름알데히드) (물) |
| (92) 에틸알코올 연소반응식 | $C_2H_5OH + 3O_2 \rightarrow 2CO_2 + 3H_2O$ (에틸알코올) (산소) (이산화탄소) (물) |
| (93) 아세트산(초산) 연소반응식 | $CH_3COOH + 2O_2 \rightarrow 2CO_2 + 2H_2O$ (아세트산) (산소) (이산화탄소) (물) |
| (94) 아세트산 + 아연 반응식 | $2CH_3COOH + Zn \rightarrow (CH_3COO)_2Zn + H_2$ (아세트산) (아연) (초산아연) (수소) |
| (95) 니트로-벤젠 제조식 | $C_6H_6 + HNO_3 \xrightarrow[\text{니트로화}]{C-H_2SO_4} C_6H_5NO_2 + H_2O$ (벤젠) (질산) (니트로벤젠) (물) |
| (96) 메탄 연소식 | $CH_4 + 2O_2 \rightarrow CO_2 + 2H_2O$ (메탄) (산소) (이산화탄소) (물) |
| (97) 에탄 연소식 | $2C_2H_6 + 7O_2 \rightarrow 4CO_2 + 6H_2O$ (에탄) (산소) (이산화탄소) (물) |

| 반응물 | 반응식 |
|---|---|
| (98) 프로판 연소식 | $C_3H_8 + 5O_2 \rightarrow 3CO_2 + 4H_2O$ (프로판) (산소) (이산화탄소) (물) |
| (99) 부탄 연소식 | $2C_4H_{10} + 13O_2 \rightarrow 8CO_2 + 10H_2O$ (부탄) (산소) (이산화탄소) (물) |
| (100) 에틸렌 산화식 | $C_2H_4 + PdCl_2 + H_2O \rightarrow CH_3CHO + Pd + 2HCl$ (에틸렌) (염화팔라듐) (물) (아세트알데히드) (팔라듐) (염산) |

## 2-5 제5류 위험물(자기반응성물질)

| 반응물 | 반응식 |
|---|---|
| (101) 니트로글리세린 분해식 | $4C_3H_5(ONO_2)_3 \rightarrow 12CO_2 + 10H_2O + 6N_2 + O_2$ (니트로글리세린) (이산화탄소) (물) (질소) (산소) |
| (102) 니트로글리세린 제조식 | $C_3H_5(OH)_3 + 3HNO_3 \xrightarrow{C-H_2SO_4} C_3H_5(ONO_2)_3 + 3H_2O$ (글리세린) (질산) (니트로글리세린) (물) |
| (103) 트리니트로톨루엔(TNT) 분해식 | $2C_6H_2CH_3(NO_2)_3 \rightarrow 12CO + 5H_2 + 3N_2 + 2C$ (트리니트로톨루엔) (일산화탄소) (수소) (질소) (탄소) |
| (104) 트리니트로톨루엔(TNT) 제조식 | $C_6H_5CH_3 + 3HNO_3 \xrightarrow[\text{니트로화}]{C-H_2SO_4} C_6H_2CH_3(NO_2)_3 + 3H_2O$ (톨루엔) (질산) (트리니트로톨루엔) (물) |

## 2-6 제6류 위험물(산화성액체)

| 반응물 | 반응식 |
|---|---|
| (105) 질산 분해식 | $4HNO_3 \rightarrow 4NO_2 + 2H_2O + O_2$ (질산) (이산화질소) (물) (산소) |
| (106) 과산화수소 분해식 | $2H_2O_2 \rightarrow 2H_2O + O_2$ (과산화수소) (물) (산소) |
| (107) 과산화수소 + 이산화망간 반응식 | $2H_2O_2 + MnO_2 \rightarrow 2H_2O + O_2 + MnO_2$ (과산화수소) (이산화망간) (물) (산소) (이산화망간)<br>✔이산화망간은 촉매 역할만 하고 반응하고난 후 바닥에 그대로 남아있다. |
| (108) 과산화수소 + 히드라진 반응식 | $2H_2O_2 + N_2H_4 \rightarrow 4H_2O + N_2$ (과산화수소) (히드라진) (물) (질소) |
| (109) 과염소산 분해식 | $HClO_4 \rightarrow HCl + 2O_2$ (과염소산) (염산) (산소) |

## 2-7 분말 소화약제 반응식

| 반응물 | | 반응식 |
|---|---|---|
| (118) 분말 소화약제 반응식 | 제1종 분말 소화약제 270℃ 열분해식 | $2NaHCO_3 \rightarrow Na_2CO_3 + CO_2 + H_2O$<br>(탄산수소나트륨) (탄산나트륨) (이산화탄소) (물) |
| | 제1종 분말 소화약제 850℃ 이상 열분해식 | $2NaHCO_3 \rightarrow Na_2O + 2CO_2 + H_2O$<br>(탄산수소나트륨) (산화나트륨) (이산화탄소) (물) |
| | 제2종 분말 소화약제 열분해식 | $2KHCO_3 \rightarrow K_2CO_3 + CO_2 + H_2O$<br>(탄산수소칼륨) (탄산칼륨) (이산화탄소) (물) |
| | 제3종 분말 소화약제 166℃ 열분해식 | $NH_4H_2PO_4 \rightarrow NH_3 + H_3PO_4$<br>(인산암모늄) (암모니아) (인산) |
| | 제3종 분말 소화약제 완전 열분해식 | $NH_4H_2PO_4 \rightarrow NH_3 + HPO_3 + H_2O$<br>(인산암모늄) (암모니아) (메타인산) (물) |
| | 제4종 분말 소화약제 열분해식 | $2KHCO_3 + (NH_2)_2CO \rightarrow K_2CO_3 + 2NH_3 + 2CO_2$<br>(탄산수소칼륨) (요소) (탄산칼륨) (암모니아) (이산화탄소) |

## 2-8 기타 반응식

| 반응물 | 반응식 |
|---|---|
| (110) 황화수소 완전연소식 | $2H_2S + 3O_2 \rightarrow 2SO_2 + 2H_2O$<br>(황화수소) (산소) (이산화황) (물) |
| (111) 구리 + 진한질산 반응식 | $Cu + 4HNO_3 \rightarrow Cu(NO_3)_2 + 2NO_2 + 2H_2O$<br>(구리) (진한질산) (질산구리) (이산화질소) (물) |
| (112) 아세틸렌 연소반응식 | $2C_2H_2 + 5O_2 \rightarrow 4CO_2 + 2H_2O$<br>(아세틸렌) (산소) (이산화탄소) (물) |
| (113) 아세틸렌 + 구리 반응식 | $C_2H_2 + 2Cu \rightarrow Cu_2C_2 + H_2$<br>(아세틸렌) (구리) (구리아세틸리드) (수소) |
| (114) 탄산마그네슘 분해식 | $MgCO_3 \rightarrow MgO + CO_2$<br>(탄산마그네슘) (산화마그네슘) (이산화탄소) |
| (115) 산, 알칼리 소화기 | $H_2SO_4 + 2NaHCO_3 \rightarrow Na_2SO_4 + 2CO_2 + 2H_2O$<br>(황산) (탄산수소나트륨) (황산나트륨) (이산화탄소) (물) |
| (116) 강화액 소화기 | $H_2SO_4 + K_2CO_3 + H_2O \rightarrow K_2SO_4 + CO_2 + 2H_2O$<br>(황산) (탄산칼륨) (물) (황산칼륨) (이산화탄소) (물) |
| (117) 포소화약제 | $6NaHCO_3 + Al_2(SO_4)_3 \cdot 18H_2O$<br>(탄산수소나트륨) (황산알루미늄 수화물)<br>$\rightarrow 3Na_2SO_4 + 2Al(OH)_3 + 6CO_2 + 18H_2O$<br>(황산나트륨) (수산화알루미늄) (이산화탄소) (물) |

Chapter 3

# 기타 주요 법령

## 3-1 기타 주요 법령

(1) 위험물의 운반용기 외부에 수납하는 위험물에 따른 주의사항

| 유별 | 성질 | 표시 |
|---|---|---|
| 제1류 위험물 | 산화성고체 | 알칼리금속의 과산화물 또는 이를 함유한 것<br>: 화기주의, 충격주의, 물기엄금, 가연물접촉주의 |
| | | 그 외<br>: 화기주의, 충격주의, 가연물접촉주의 |
| 제2류 위험물 | 가연성고체 | 철분, 금속분, 마그네슘<br>: 화기주의, 물기엄금 |
| | | 인화성고체<br>: 화기엄금 |
| | | 그 외<br>: 화기주의 |
| 제3류 위험물 | 자연발화성 및<br>금수성물질 | 자연발화성물질<br>: 화기엄금, 공기접촉엄금 |
| | | 금수성물질<br>: 물기엄금 |
| 제4류 위험물 | 인화성액체 | 화기엄금 |
| 제5류 위험물 | 자기반응성 물질 | 화기엄금, 충격주의 |
| 제6류 위험물 | 산화성액체 | 가연물접촉주의 |

(2) 주의사항 표시

| 종류 | 주의사항표시 |
|---|---|
| *제1류 위험물 중 알칼리금속의 과산화물<br>*제3류 위험물 중 금수성물질 | 물기엄금<br>(청색바탕에 백색문자) |
| *제2류 위험물(인화성고체를 제외) | 화기주의<br>(적색바탕에 백색문자) |
| *제2류 위험물 중 인화성고체<br>*제3류 위험물 중 자연발화성물질<br>*제4류 위험물<br>*제5류 위험물 | 화기엄금<br>(적색바탕에 백색문자) |

(3) 운반 시 위험물의 혼재 가능 기준

| | 1류 | 2류 | 3류 | 4류 | 5류 | 6류 |
|---|---|---|---|---|---|---|
| 1류 | | × | × | × | × | ○ |
| 2류 | × | | × | ○ | ○ | × |
| 3류 | × | × | | ○ | × | × |
| 4류 | × | ○ | ○ | | ○ | × |
| 5류 | × | ○ | × | ○ | | × |
| 6류 | ○ | × | × | × | × | |

(단, 이 표는 지정수량의 1/10 이하의 위험물에 대해 적용하지 않는다.)

① 4:23 – 제4류와 제2류, 제4류와 제3류는 혼재 가능
② 5:24 – 제5류와 제2류, 제5류와 제4류는 혼재 가능
③ 6:1 – 제6류와 제1류는 혼재 가능

(4) 위험물의 저장기준

① 1m 이상의 간격을 두어 저장소에 함께 저장하는 위험물
- 제1류 위험물(알칼리금속의 과산화물 또는 이를 함유한 것을 제외한다.)과 제5류 위험물을 저장하는 경우
- 제1류 위험물과 제6류 위험물을 저장하는 경우
- 제1류 위험물과 제3류 위험물 중 자연발화성물질(황린 또는 이를 함유한 것에 한한다.)을 저장하는 경우
- 제2류 위험물 중 인화성고체와 제4류 위험물을 저장하는 경우
- 제3류 위험물 중 알킬알루미늄등과 제4류 위험물(알킬알루미늄 또는 알킬리튬을 함유한 것에 한한다.)을 저장하는 경우
- 제4류 위험물 중 유기과산화물 또는 이를 함유하는 것과 제5류 위험물 중 유기과산화물 또는 이를 함유한 것을 저장하는 경우

② 자연발화 할 우려가 있는 위험물의 저장기준
: 옥내 저장소에서 동일 품명의 위험물이더라도 자연발화 할 우려가 있는 위험물 또는 재해가 현저하게 증대할 우려가 있는 위험물을 다량 저장하는 경우에는 지정수량의 10배 이하마다 구분하여 상호간 0.3m 이상의 간격을 두어 저장하여야 한다.

③ 옥내 저장소에 저장 시 높이
: 아래 기준의 높이를 초과하지 않아야 한다.
- 기계에 의하여 하역하는 구조로 된 용기많은 겹쳐 쌓는 경우 : 6m
- 제4류 위험물 중 제3석유류, 제4석유류, 동식물유류를 수납하는 용기만을 겹쳐 쌓는 경우 : 4m
- 그 밖의 경우 : 3m

④ 기타 저장기준
㉠ 옥내 저장소에서 용기에 수납하여 저장하는 위험물의 온도 : 55℃ 이하
㉡ 이동저장탱크에는 당해 탱크에 저장 또는 취급하는 위험물의 유별, 품명, 최대수량, 적재중량을 표시하고 잘 보일 수 있도록 관리할 것

㉢ 이동탱크저장소에는 당해 이동탱크저장소의 완공검사합격확인증 및 정기점검기록부를 비치한다.
㉣ 옥외저장소에서 위험물을 수납한 용기를 선반에 저장하는 경우 : 6m를 초과하지 말 것
㉤ 이동저장탱크에 알킬알루미늄 등을 저장하는 경우에는 20kPa 이하의 압력으로 불활성 기체를 봉입하여 둘 것
㉥ 옥외저장탱크, 옥내저장탱크 또는 지하저장탱크 중 압력탱크 외의 탱크에 저장
- 산화프로필렌, 디에틸에테르 : 30℃ 이하
- 아세트알데히드 : 15℃ 이하
㉦ 옥외저장탱크, 옥내저장탱크 또는 지하저장탱크 중 압력탱크에 저장
- 아세트알데히드, 디에틸에테르 등 : 40℃ 이하
㉧ 아세트알데히드 등 또는 디에틸에테르 등을 이동저장탱크에 저장하는 경우
- 보냉장치 ○ : 비점 이하
- 보냉장치 × : 40℃ 이하

### (5) 위험물의 취급기준

① 이동탱크저장소의 취급기준
㉠ 이동저장탱크로부터 위험물을 저장 또는 취급하는 탱크에 인화점이 40℃ 미만인 위험물을 주입할 때에는 이동탱크저장소의 원동기를 정지할 것
㉡ 발유를 저장하던 이동저장탱크에 등유나 경유를 주입할 때 또는 등유나 경유를 저장하던 이동저장탱크에 휘발유를 주입할 때 정전기등의 방지 조치사항
ⓐ 이동저장탱크의 상부로부터 위험물을 주입할 때에는 위험물의 액 표면이 주입관의 선단을 넘는 높이가 될 때까지 주입관 내의 유속은 1m/s 이하로 할 것
ⓑ 이동저장탱크의 밑부분으로부터 위험물을 주입할 때에는 위험물의 액 표면이 주입관의 정상부분을 넘는 높이가 될 때까지 주입관 내의 유속은 1m/s 이하로 할 것

② 알킬알루미늄 등 및 아세트알데히드 등의 취급기준
㉠ 알킬알루미늄 등의 이동탱크저장소에 있어, 이동저장탱크로부터 알킬알루미늄 등을 꺼낼 때에는 동시에 200kPa 이하의 압력으로 불활성의 기체를 봉입할 것
㉡ 아세트알데히드 등의 이동탱크저장소에 있어, 이동저장탱크로부터 아세트알데히드 등을 꺼낼 때에는 동시에 100kPa 이하의 압력으로 불활성의 기체를 봉입할 것

### (6) 위험물의 운반기준

[수납률]
① 고체 위험물 : 운반용기 내용적의 95% 이하의 수납률로 수납할 것
② 액체 위험물 : 운반용기 내용적의 98% 이하의 수납률로 수납할 것
③ 자연발화성 물질 중 알킬알루미늄 등은 운반용기 내용적의 90% 이하의 수납물로 수납하되, 50℃의 온도에서 5% 이상의 공간용적을 유지하도록 할 것

[적재위험물에 따른 조치]

① 제1류 위험물, 제3류 위험물 중 자연발화성물질, 제4류 위험물 중 특수인화물, 제5류 위험물 또는 제6류 위험물은 차광성이 있는 피복으로 가릴 것

② 제1류 위험물 중 알칼리금속의 과산화물 또는 이를 함유한 것, 제2류 위험물 중 철분 • 금속분 • 마그네슘 또는 이들 중 어느 하나 이상을 함유한 것 또는 제3류 위험물 중 금수성물질은 방수성이 있는 피복으로 덮을 것

[운반용기의 외부 표시 사항]

① 위험물의 품명, 위험등급, 화학명 및 수용성(제4류 위험물의 수용성인 것에 한함)

② 위험물의 수량

③ 주의사항



### (7) 보유공지

① 제조소의 보유공지 너비의 기준

| 저장 또는 취급하는 위험물의 최대수량 | 공지의 너비 |
|---|---|
| 지정수량의 10배 이하 | 3m 이상 |
| 지정수량의 10배 초과 | 5m 이상 |

② 옥내저장소 보유공지 너비의 기준

| 저장 또는 취급하는 위험물의 최대수량 | 공지의 너비 | |
|---|---|---|
| | 벽 • 기둥 및 바닥이 내화구조로 된 건축물 | 그 밖의 건축물 |
| 지정수량의 5배 이하 | X | 0.5m 이상 |
| 지정수량의 5배 초과 10배 이하 | 1m 이상 | 1.5m 이상 |
| 지정수량의 10배 초과 20배 이하 | 2m 이상 | 3m 이상 |
| 지정수량의 20배 초과 50배 이하 | 3m 이상 | 5m 이상 |
| 지정수량의 50배 초과 200배 이하 | 5m 이상 | 10m 이상 |
| 지정수량의 200배 초과 | 10m 이상 | 15m 이상 |

③ 옥외저장소 보유공지 너비의 기준

| 저장 또는 취급하는 위험물의 최대수량 | 공지의 너비 |
|---|---|
| 지정수량의 10배 이하 | 3m 이상 |
| 지정수량의 10배 초과 20배 이하 | 5m 이상 |
| 지정수량의 20배 초과 50배 이하 | 9m 이상 |
| 지정수량의 50배 초과 200배 이하 | 12m 이상 |
| 지정수량의 200배 초과 | 15m 이상 |

- 제4류 위험물 중 제4석유류와 제6류 위험물을 저장 또는 취급하는 옥외저장소의 보유공지는 위의 표 에 의한 공지의 너비의 $\frac{1}{3}$ 이상의 너비로 할 수 있다.

④ 옥외탱크저장소 보유공지 너비의 기준

| 저장 또는 취급하는 위험물의 최대수량 | 공지의 너비 |
|---|---|
| 지정수량의 500배 이하 | 3m 이상 |
| 지정수량의 500배 초과 1000배 이하 | 5m 이상 |
| 지정수량의 1000배 초과 2000배 이하 | 9m 이상 |
| 지정수량의 2000배 초과 3000배 이하 | 12m 이상 |
| 지정수량의 3000배 초과 4000배 이하 | 15m 이상 |
| 지정수량의 4000배 초과 | 당해 탱크의 수평단면의 최대지름(횡형인 경우에는 긴 변)과 높이 중 큰 것과 같은 거리 이상. 다만, 30m 초과의 경우에는 30m 이상으로 할 수 있고, 15m 미만의 경우에는 15m 이상으로 하여야 한다. |

- 제6류 위험물 외의 위험물을 저장 또는 취급하는 옥외저장탱크(지정수량의 4000배를 초과하여 저장 또는 취급하는 옥외저장탱크를 제외한다.)를 동일한 방유제안에 2개 이상 인접하여 설치하는 경우 그 인접하는 방향의 보유공지는 제1호의 규정에 의한 보유공지의 1/3 이상의 너비로 할 수 있다. 이 경우 보유공지의 너비는 3m 이상이 되어야 한다.

- 제6류 위험물을 저장 또는 취급하는 옥외저장탱크는 제1호의 규정에 의한 보유공지의 1/3 이상의 너비로 할 수 있다. 이 경우 보유공지의 너비는 1.5m 이상이 되어야 한다.

- 제6류 위험물을 저장 또는 취급하는 옥외저장탱크를 동일구내에 2개 이상 인접하여 설치하는 방향의 보유공지는 제3호의 규정에 의하여 산출된 너비의 1/3 이상의 너비로 할 수 있다. 이 경우 보유공지의 너비는 1.5m 이상이 되어야 한다.

### (8) 건축물의 구조 등

① 건축물의 구조

- 지하층이 없도록 할 것
- 벽, 기둥, 바닥, 보, 서까래 및 계단은 불연재료(연소 우려가 있는 외벽은 개구부가 없는 내화구조의 벽으로 할 것)로 할 것
- 지붕은 폭발력이 위로 방출될 정도의 가벼운 불연재료로 덮어야 한다.
- 출입구와 비상구에는 갑종방화문 또는 을종방화문을 설치하되, 연소의 우려가 있는 외벽에 설치하는 출입구에는 수시로 열 수 있는 자동폐쇄식의 갑종방화문을 설치하여야 한다.
- 액체의 위험물을 취급하는 건축물의 바닥은 적당한 경사를 두고 최저부에 집유설비를 설치할 것

② 배출설비

- 설치장소 : 가연성 증기 또는 미분이 체류할 우려가 있는 건축물
- 배출설비 : 국소방식
- 배출설비는 배풍기, 후드, 배출덕트 등을 이용해 강제로 배출할 것
- 배출능력은 1시간당 배출장소 용적의 20배 이상인 것으로한다.
  (전역방식의 경우에는 바닥면적의 $1m^3$당 $18m^3$으로 할 수 있다.)
- 급기구는 높은 곳에 설치하고 가는 눈의 구리망으로 인화방지망을 설치할 것
- 배출구는 지상 2m 이상으로서 연소 우려가 없는 장소에 설치하고 화재시 자동으로 폐쇄되는 방화댐퍼를 설치할 것

③ 피뢰설비

: 지정수량의 10배 이상의 위험물을 제조소(제6류 위험물은 제외한다.)에는 설치할 것

④ 위험물 취급탱크(지정수량 1/5 미만은 제외)

㉠ 위험물 제조소 옥외에 있는 위험물 취급탱크

- 나의 취급 탱크 주위에 설치하는 방유제의 용량 : 당해 탱크용량의 50% 이상
- 2 이상의 취급 탱크 주위에 하나의 방유제를 설치하는 경우, 방유제의 용량
  : 당해 탱크 중 용량이 최대인 것의 50%에 나머지 탱크용량의 합계를 10%를 가산한 양 이상이 되게 할 것

㉡ 위험물 제조소 옥내에 있는 위험물 취급탱크

- 하나의 취급탱크 주위에 설치하는 방유턱의 용량 : 당해 탱크용량 이상
- 2 이상의 취급탱크 주위에 설치하는 방유턱의 용량 : 최대 탱크용량 이상

### (9) 옥내저장소에 안전거리를 두지 아니할 수 있는 경우

① 제4석유류 또는 동식물유류의 위험물을 저장 또는 취급하는 옥내저장소로서 그 최대수량이 지정수량의 20배 미만인 것
② 제6류 위험물을 저장 또는 취급하는 옥내저장소
③ 지정수량의 20배(하나의 저장창고의 바닥면적이 $150m^2$이하인 경우에는 50배) 이하의 위험물을 저장 또는 취급하는 옥내저장소로서 다음의 기준에 적합한 것

- 저장창고의 벽, 기둥, 바닥, 보 및 지붕이 내화구조인 것
- 저장창고의 출입구에 수시로 열 수 있는 자동폐쇄방식의 갑종방화문이 설치될 것
- 저장창고에 창을 설치하지 아니할 것

### (10) 저장창고의 기준면적

| 위험물을 저장하는 창고의 종류 | 기준면적 |
|---|---|
| 1. 제1류 위험물 중 아염소산염류, 염소산염류, 과염소산염류, 무기과산화물, 그 밖에 지정수량이 50kg인 위험물<br>2. 제3류 위험물 중 칼륨, 나트륨, 알킬알루미늄, 알킬리튬, 그 밖에 지정수량이 10kg인 위험물 및 황린<br>3. 제4류 위험물 중 특수 인화물, 제1석유류 및 알코올류<br>4. 제5류 위험물 중 유기과산화물, 질산에스테르류, 그 밖에 지정수량이 10kg인 위험물<br>5. 제6류 위험물 | $1000m^2$ 이하 |
| 위의 위험물들을 제외한 나머지 | $2000m^2$ 이하 |

### (11) 지정과산화물(제5류 위험물 중 유기과산화물)을 저장 또는 취급하는 옥내저장소

① 담 또는 토제는 저장창고의 외벽으로부터 2m 이상 떨어진 장소에 설치할 것

② 담은 두께 15cm 이상의 철근 콘크리트조나 철골 철근콘크리트조 또는 두께 20cm 이상의 보강콘크리트블록조로 할 것

③ 토제 경사면은 경사도의 60도 미만으로 할 것

④ 저장창고는 $150m^2$ 이내마다 격벽으로 완전하게 구획할 것. 이 경우 당해 격벽은 두께 30cm 이상의 철근콘크리트조 또는 철골철근콘크리트조로 하거나 두께 40cm 이상의 보강콘크리트블록조로 하고, 당해 저장창고의 양측의 외벽으로부터 1m 이상, 상부의 지붕으로부터 50cm 이상 돌출하게 할 것

⑤ 저장창고의 외벽은 두께 20cm 이상의 철근콘크리트조나 철골철근콘크리트조 또는 두께 30cm 이상의 보강콘크리트조로 할 것

### (12) 옥외탱크저장소의 위치·구조 및 설비의 기준

| 종류 | 저장 또는 취급하는 액체 위험물의 최대수량 |
|---|---|
| 특정옥외저장탱크 | 100만L 이상 |
| 준특정옥외저장탱크 | 50만L 이상<br>100만L 이하 |

### (13) 위험물의 취급

: 지정수량 이상을 저장하면 위험물안전관리법에 따른 규제에 따라야하고, 지정수량 미만을 저장하면 시 • 도의 조례에 의한 규제를 받는다. 지정수량 이상이면 위험물 안전관리법에 적용을 받아 제조소등을 설치하고 안전관리자를 선임해야 한다.



### (14) 위험물 안전관리자

① 위험물 안전관리자 선임권자 : 제조소등의 관계인
② 위험물 안전관리자 선임선고 : 소방본부장 또는 소방서장에게 신고
③ 해임 또는 퇴직 시 : 30일 이내에 재선임
④ 안전관리자 선임 선고 : 14일 이내
⑤ 안전관리자 여행, 질병 기타사유로 직무 수행 불가 시 대리자를 지정하여 대리자는 30일을 초과할 수 없다.

### (15) 제조소의 위치 • 구조 및 설비의 기준(제6류 위험물을 취급하는 제조소는 제외)

| 안전거리 | 해당 대상물 |
|---|---|
| 50m 이상 | 지정, 유형문화재 |
| 30m 이상 | 병원, 학교, 극장, 보호시설, 아동복지시설, 양로원 등 |
| 20m 이상 | 고압가스, 액화석유가스, 도시가스시설 |
| 10m 이상 | 주거용도 주택 |
| 5m 이상 | 35,000V 초과 고압 가공전선 |
| 3m 이상 | 7,000V 초과 35,000V 이하 특고압 가공전선 |

### (16) 관계인이 예방규정을 정하여야 하는 제조소등

① 지정수량의 10배 이상의 위험물을 취급하는 제조소
② 지정수량의 100배 이상의 위험물을 저장하는 옥외저장소
③ 지정수량의 150배 이상의 위험물을 저장하는 옥내저장소
④ 지정수량의 200배 이상의 위험물을 저장하는 옥외탱크저장소
⑤ 암반탱크저장소
⑥ 이송취급소
⑦ 지정수량의 10배 이상의 위험물을 취급하는 일반취급소. 다만, 제4류 위험물(특수인화물을 제외한다)만을 지정수량의 50배 이하로 취급하는 일반취급소(제1석유류 • 알코올류의 취급량이 지정수량의 10배 이하인 경우에 한한다)로서 다음 각목의 어느 하나에 해당하는 것을 제외한다.

- 보일러 • 버너 또는 이와 비슷한 것으로서 위험물을 소비하는 장치로 이루어진 일반취급소
- 위험물을 용기에 옮겨 담거나 차량에 고정된 탱크에 주입하는 일반취급소

### (17) 운송책임자의 감독·지원을 받아 운송하여야 하는 위험물

① 알킬알루미늄
② 알킬리튬
③ 제1호 또는 제2호의 물질을 함유하는 위험물

### (18) 탱크안전성능검사의 내용

| 구 분 | 검 사 내 용 |
|---|---|
| 기초·지반검사 | ① 제8조제1항제1호의 규정에 의한 탱크중 나목외의 탱크 : 탱크의 기초 및 지반에 관한 공사에 있어서 당해 탱크의 기초 및 지반이 행정안전부령으로 정하는 기준에 적합한지 여부를 확인함 |
| | ② 제8조제1항제1호의 규정에 의한 탱크중 행정안전부령으로 정하는 탱크 : 탱크의 기초 및 지반에 관한 공사에 상당한 것으로서 행정안전부령으로 정하는 공사에 있어서 당해 탱크의 기초 및 지반에 상당하는 부분이 행정안전부령으로 정하는 기준에 적합한지 여부를 확인함 |
| 충수·수압검사 | 탱크에 배관 그 밖의 부속설비를 부착하기 전에 당해 탱크 본체의 누설 및 변형에 대한 안전성이 행정안전부령으로 정하는 기준에 적합한지 여부를 확인함 |
| 용접부검사 | 탱크의 배관 그 밖의 부속설비를 부착하기 전에 행하는 당해 탱크의 본체에 관한 공사에 있어서 탱크의 용접부가 행정안전부령으로 정하는 기준에 적합한지 여부를 확인함 |
| 암반탱크검사 | 탱크의 본체에 관한 공사에 있어서 탱크의 구조가 행정안전부령으로 정하는 기준에 적합한지 여부를 확인함 |

(19) 위험물취급자격자의 자격

| 위험물취급자격자의 구분 | 취급할 수 있는 위험물 |
|---|---|
| 「국가기술자격법」에 따라 위험물기능장, 위험물산업기사, 위험물기능사의 자격을 취득한 사람 | 모든 위험물 |
| 안전관리자교육이수자(법 28조제1항에 따라 소방청장이 실시하는 안전관리자교육을 이수한 자를 말한다. 이하 별표 6에서 같다) | 제4류 위험물 |
| 소방공무원 경력자(소방공무원으로 근무한 경력이 3년 이상인 자를 말한다. 이하 별표 6에서 같다) | 제4류 위험물 |

(20) 탱크시험자의 기술능력 • 시설 및 장비

① 기술능력

㉠ 필수인력

- 위험물기능장·위험물산업기사 또는 위험물기능사 중 1명 이상
- 비파괴검사기술사 1명 이상 또는 초음파비파괴검사·자기비파괴검사 및 침투비파괴검사로 기사 또는 산업기사 각 1명 이상

㉡ 필요한 경우에 두는 인력

- 충·수압시험, 진공시험, 기밀시험 또는 내압시험의 경우: 누설비파괴검사 기사, 산업기사 또는 기능사
- 수직·수평도시험의 경우: 측량 및 지형공간정보 기술사, 기사, 산업기사 또는 측량기능사
- 방사선투과시험의 경우: 방사선비파괴검사 기사 또는 산업기사
- 필수 인력의 보조: 방사선비파괴검사·초음파비파괴검사·자기비파괴검사 또는 침투비파괴검사 기능사

② 시설: 전용사무실

③ 장비

㉠ 필수장비: 자기탐상시험기, 초음파두께측정기 및 다음 1) 또는 2) 중 어느 하나

- 영상초음파시험기
- 방사선투과시험기 및 초음파시험기

㉡ 필요한 경우에 두는 장비

- 충·수압시험, 진공시험, 기밀시험 또는 내압시험의 경우
  - 진공능력 53KPa 이상의 진공누설시험기
  - 기밀시험장치(안전장치가 부착된 것으로서 가압능력 200kPa 이상, 감압의 경우에는 감압능력 10kPa 이상·감도 10Pa 이하의 것으로서 각각의 압력 변화를 스스로 기록할 수 있는 것)
- 수직·수평도 시험의 경우: 수직·수평도 측정기

✔ 비고
둘 이상의 기능을 함께 가지고 있는 장비를 갖춘 경우에는 각각의 장비를 갖춘 것으로 본다.

### (21) 제조소의 표지 및 게시판

① 제조소에는 보기 쉬운 곳에 다음 각목의 기준에 따라 "위험물 제조소"라는 표시를 한 표지를 설치하여야 한다.
- 표지는 한변의 길이가 0.3m 이상, 다른 한변의 길이가 0.6m 이상인 직사각형으로 할 것
- 표지의 바탕은 백색으로, 문자는 흑색으로 할 것

② 제조소에는 보기 쉬운 곳에 다음 각목의 기준에 따라 방화에 관하여 필요한 사항을 게시한 게시판을 설치하여야 한다.
- 게시판은 한변의 길이가 0.3m 이상, 다른 한변의 길이가 0.6m 이상인 직사각형으로 할 것
- 게시판에는 저장 또는 취급하는 위험물의 유별·품명 및 저장최대수량 또는 취급최대수량, 지정수량의 배수 및 안전관리자의 성명 또는 직명을 기재할 것
- 게시판의 바탕은 백색으로, 문자는 흑색으로 할 것

### (22) 제조소 건축물의 구조

: 위험물을 취급하는 건축물의 구조는 다음 각호의 기준에 의하여야 한다.

① 지하층이 없도록 하여야 한다. 다만, 위험물을 취급하지 아니하는 지하층으로서 위험물의 취급장소에서 새어나온 위험물 또는 가연성의 증기가 흘러 들어갈 우려가 없는 구조로 된 경우에는 그러하지 아니하다.

② 벽·기둥·바닥·보·서까래 및 계단을 불연재료로 하고, 연소의 우려가 있는 외벽은 출입구 외의 개구부가 없는 내화구조의 벽으로 하여야 한다. 이 경우 제6류 위험물을 취급하는 건축물에 있어서 위험물이 스며들 우려가 있는 부분에 대하여는 아스팔트 그 밖에 부식되지 아니하는 재료로 피복하여야 한다.

③ 지붕은 폭발력이 위로 방출될 정도의 가벼운 불연재료로 덮어야 한다. 다만, 위험물을 취급하는 건축물이 다음 각목에 해당하는 경우에는 그 지붕을 내화구조로 할 수 있다.
㉠ 제2류 위험물(분말상태의 것과 인화성고체를 제외한다), 제4류 위험물 중 제4석유류·동식물유류 또는 제6류 위험물을 취급하는 건축물인 경우
㉡ 다음의 기준에 적합한 밀폐형 구조의 건축물인 경우
- 발생할 수 있는 내부의 과압 또는 부압에 견딜 수 있는 철근콘크리트조일 것
- 외부화재에 90분 이상 견딜 수 있는 구조일 것

④ 출입구와 「산업안전보건기준에 관한 규칙」 제17조에 따라 설치하여야 하는 비상구에는 갑종방화문 또는 을종방화문을 설치하되, 연소의 우려가 있는 외벽에 설치하는 출입구에는 수시로 열 수 있는 자동폐쇄식의 갑종방화문을 설치하여야 한다.

⑤ 위험물을 취급하는 건축물의 창 및 출입구에 유리를 이용하는 경우에는 망입유리(두꺼운 판유리에 철망을 넣은 것)로 하여야 한다.

⑥ 액체의 위험물을 취급하는 건축물의 바닥은 위험물이 스며들지 못하는 재료를 사용하고, 적당한 경사를 두어 그 최저부에 집유설비를 하여야 한다.



**(23) 제조소 채광·조명 및 환기설비**

① 위험물을 취급하는 건축물에는 다음 각목의 기준에 의하여 위험물을 취급하는데 필요한 채광·조명 및 환기의 설비를 설치하여야 한다.

㉠ 채광설비는 불연재료로 하고, 연소의 우려가 없는 장소에 설치하되 채광면적을 최소로 할 것

㉡ 조명설비는 다음의 기준에 적합하게 설치할 것

- 가연성가스 등이 체류할 우려가 있는 장소의 조명등은 방폭등(防爆燈)으로 할 것
- 전선은 내화·내열전선으로 할 것
- 점멸스위치는 출입구 바깥부분에 설치할 것. 다만, 스위치의 스파크로 인한 화재·폭발의 우려가 없을 경우에는 그러하지 아니하다.

㉢ 환기설비는 다음의 기준에 의할 것

- 환기는 자연배기방식으로 할 것
- 급기구는 당해 급기구가 설치된 실의 바닥면적 150㎡마다 1개 이상으로 하되, 급기구의 크기는 800㎠ 이상으로 할 것. 다만 바닥면적이 150㎡ 미만인 경우에는 다음의 크기로 하여야 한다.

| 바닥면적 | 급기구의 면적 |
|---|---|
| 60㎡ 미만 | 150㎠ 이상 |
| 60㎡ 이상 90㎡ 미만 | 300㎠ 이상 |
| 90㎡ 이상 120㎡ 미만 | 450㎠ 이상 |
| 120㎡ 이상 150㎡ 미만 | 600㎠ 이상 |

- 급기구는 낮은 곳에 설치하고 가는 눈의 구리망 등으로 인화방지망을 설치할 것
- 환기구는 지붕위 또는 지상 2m 이상의 높이에 회전식 고정벤티레이터 또는 루프팬 방식으로 설치할 것

② 배출설비가 설치되어 유효하게 환기가 되는 건축물에는 환기설비를 하지 아니 할 수 있고, 조명설비가 설치되어 유효하게 조도(밝기)가 확보되는 건축물에는 채광설비를 하지 아니할 수 있다.

### (24) 제조소 옥외설비의 바닥

: 옥외에서 액체위험물을 취급하는 설비의 바닥은 다음 각호의 기준에 의하여야 한다.

① 바닥의 둘레에 높이 0.15m 이상의 턱을 설치하는 등 위험물이 외부로 흘러나가지 아니하도록 하여야 한다.

② 바닥은 콘크리트 등 위험물이 스며들지 아니하는 재료로 하고, 제1호의 턱이 있는 쪽이 낮게 경사지게 하여야 한다.

③ 바닥의 최저부에 집유설비를 하여야 한다.

④ 위험물(온도 20℃의 물 100g에 용해되는 양이 1g 미만인 것에 한한다)을 취급하는 설비에 있어서는 당해 위험물이 직접 배수구에 흘러들어가지 아니하도록 집유설비에 유분리장치를 설치하여야 한다.

(25) 소화난이도등급 I의 제조소등 및 소화설비

| 제조소 등의 구분 | 제조소등의 규모, 저장 또는 취급하는 위험물의 품명 및 최대수량 등 |
|---|---|
| 제조소 일반취급소 | 연면적 1,000㎡ 이상인 것 |
| | 지정수량의 100배 이상인 것(고인화점위험물만을 100℃ 미만의 온도에서 취급하는 것 및 제48조의 위험물을 취급하는 것은 제외) |
| | 지반면으로부터 6m 이상의 높이에 위험물 취급설비가 있는 것(고인화점위험물만을 100℃ 미만의 온도에서 취급하는 것은 제외) |
| | 일반취급소로 사용되는 부분 외의 부분을 갖는 건축물에 설치된 것(내화구조로 개구부 없이 구획 된 것, 고인화점위험물만을 100℃ 미만의 온도에서 취급하는 것 및 화학 실험의 일반취급소는 제외) |
| 주유취급소 | 면적의 합이 500㎡를 초과하는 것 |
| 옥내 저장소 | 지정수량의 150배 이상인 것(고인화점위험물만을 저장하는 것 및 제48조의 위험물을 저장하는 것은 제외) |
| | 연면적 150㎡를 초과하는 것(150㎡ 이내마다 불연재료로 개구부없이 구획된 것 및 인화성고체 외의 제2류 위험물 또는 인화점 70℃ 이상의 제4류 위험물만을 저장하는 것은 제외) |
| | 처마높이가 6m 이상인 단층건물의 것 |
| | 옥내저장소로 사용되는 부분 외의 부분이 있는 건축물에 설치된 것(내화구조로 개구부 없이 구획된 것 및 인화성고체 외의 제2류 위험물 또는 인화점 70℃ 이상의 제4류 위험물만을 저장하는 것은 제외) |
| 옥외 탱크 저장소 | 액표면적이 40㎡ 이상인 것(제6류 위험물을 저장하는 것 및 고인화점위험물만을 100℃ 미만의 온도에서 저장하는 것은 제외) |
| | 지반면으로부터 탱크 옆판의 상단까지 높이가 6m 이상인 것(제6류 위험물을 저장하는 것 및 고인화점위험물만을 100℃ 미만의 온도에서 저장하는 것은 제외) |
| | 지중탱크 또는 해상탱크로서 지정수량의 100배 이상인 것(제6류 위험물을 저장하는 것 및 고인화점위험물만을 100℃ 미만의 온도에서 저장하는 것은 제외) |
| | 고체위험물을 저장하는 것으로서 지정수량의 100배 이상인 것 |
| 옥내 탱크 저장소 | 액표면적이 40㎡ 이상인 것(제6류 위험물을 저장하는 것 및 고인화점위험물만을 100℃ 미만의 온도에서 저장하는 것은 제외) |
| | 바닥면으로부터 탱크 옆판의 상단까지 높이가 6m 이상인 것(제6류 위험물을 저장하는 것 및 고인화점위험물만을 100℃ 미만의 온도에서 저장하는 것은 제외) |
| | 탱크전용실이 단층건물 외의 건축물에 있는 것으로서 인화점 38℃ 이상 70℃ 미만의 위험물을 지정수량의 5배 이상 저장하는 것(내화구조로 개구부없이 구획된 것은 제외한다) |
| 옥외 저장소 | 덩어리 상태의 유황을 저장하는 것으로서 경계표시 내부의 면적(2 이상의 경계표시가 있는 경우에는 각 경계표시의 내부의 면적을 합한 면적)이 100㎡ 이상인 것 |
| | 위험물을 저장하는 것으로서 지정수량의 100배 이상인 것 |
| 암반 탱크 저장소 | 액표면적이 40㎡ 이상인 것(제6류 위험물을 저장하는 것 및 고인화점위험물만을 100℃ 미만의 온도에서 저장하는 것은 제외) |
| | 고체위험물만을 저장하는 것으로서 지정수량의 100배 이상인 것 |
| 이송 취급소 | 모든 대상 |

(26) 소화설비의 적응성

| 소화설비의 구분 | | | 대상물 구분: 건축물 · 그 밖의 공작물 | 전기설비 | 제1류 위험물: 알칼리금속과산화물 등 | 제1류 위험물: 그 밖의 것 | 제2류 위험물: 철분 · 금속분 · 마그네슘등 | 제2류 위험물: 인화성고체 | 제2류 위험물: 그 밖의것 | 제3류 위험물: 금수성물품 | 제3류 위험물: 그 밖의 것 | 제4류 위험물 | 제5류 위험물 | 제6류 위험물 |
|---|---|---|---|---|---|---|---|---|---|---|---|---|---|---|
| 옥내소화전 또는 옥외소화전설비 | | | ○ | | | ○ | | ○ | ○ | | ○ | | ○ | ○ |
| 스프링클러설비 | | | ○ | | | ○ | | ○ | ○ | | ○ | △ | ○ | ○ |
| 물분무등소화설비 | 물분무소화설비 | | ○ | ○ | | ○ | | ○ | ○ | | ○ | ○ | ○ | ○ |
| 물분무등소화설비 | 포소화설비 | | ○ | | | ○ | | ○ | ○ | | ○ | ○ | ○ | ○ |
| 물분무등소화설비 | 불활성가스소화설비 | | | ○ | | | | ○ | | | | ○ | | |
| 물분무등소화설비 | 할로겐화합물소화설비 | | | ○ | | | | ○ | | | | ○ | | |
| 물분무등소화설비 | 분말소화설비 | 인산염류등 | ○ | ○ | | ○ | | ○ | ○ | | | ○ | | ○ |
| 물분무등소화설비 | 분말소화설비 | 탄산수소염류등 | | ○ | ○ | | ○ | ○ | | ○ | | ○ | | |
| 물분무등소화설비 | 분말소화설비 | 그 밖의 것 | | | ○ | | ○ | | | ○ | | | | |
| 대형 · 소형 수동식소화기 | 봉상수(棒狀水)소화기 | | ○ | | | ○ | | ○ | ○ | | ○ | | ○ | ○ |
| 대형 · 소형 수동식소화기 | 무상수(霧狀水)소화기 | | ○ | ○ | | ○ | | ○ | ○ | | ○ | | ○ | ○ |
| 대형 · 소형 수동식소화기 | 봉상강화액소화기 | | ○ | | | ○ | | ○ | ○ | | ○ | | ○ | ○ |
| 대형 · 소형 수동식소화기 | 무상강화액소화기 | | ○ | ○ | | ○ | | ○ | ○ | | ○ | ○ | ○ | ○ |
| 대형 · 소형 수동식소화기 | 포소화기 | | ○ | | | ○ | | ○ | ○ | | ○ | ○ | ○ | ○ |
| 대형 · 소형 수동식소화기 | 이산화탄소소화기 | | | ○ | | | | ○ | | | | ○ | | △ |
| 대형 · 소형 수동식소화기 | 할로겐화합물소화기 | | | ○ | | | | ○ | | | | ○ | | |
| 대형 · 소형 수동식소화기 | 분말소화기 | 인산염류소화기 | ○ | ○ | | ○ | | ○ | ○ | | | ○ | | ○ |
| 대형 · 소형 수동식소화기 | 분말소화기 | 탄산수소염류소화기 | | ○ | ○ | | ○ | ○ | | ○ | | ○ | | |
| 대형 · 소형 수동식소화기 | 분말소화기 | 그 밖의 것 | | | ○ | | ○ | | | ○ | | | | |
| 기타 | 물통 또는 수조 | | ○ | | | ○ | | ○ | ○ | | ○ | | ○ | ○ |
| 기타 | 건조사 | | | | ○ | ○ | ○ | ○ | ○ | ○ | ○ | ○ | ○ | ○ |
| 기타 | 팽창질석 또는 팽창진주암 | | | | ○ | ○ | ○ | ○ | ○ | ○ | ○ | ○ | ○ | ○ |

① "○"표시는 당해 소방대상물 및 위험물에 대하여 소화설비가 적응성이 있음을 표시하고, " △"표시는 제4류 위험물을 저장 또는 취급하는 장소의 살수기준면적에 따라 스프링클러설비의 살수밀도가 다음 표에 정하는 기준 이상인 경우에는 당해 스프링클러설비가 제4류 위험물에 대하여 적응성이 있음을, 제6류 위험물을 저장 또는 취급하는 장소로서 폭발의 위험이 없는 장소에 한하여 이산화탄소소화기가 제6류 위험물에 대하여 적응성이 있음을 각각 표시한다.

<table>
<tr><th rowspan="2">살수기준면적<br>$[m^2]$</th><th colspan="2">방사밀도$[L/m^2$분$]$</th><th rowspan="2">비고</th></tr>
<tr><th>인화점<br>38℃ 미만</th><th>인화점<br>38℃ 이상</th></tr>
<tr><td>279 미만</td><td>16.3 이상</td><td>12.2 이상</td><td rowspan="4">살수기준면적은 내화구조의 벽 및 바닥으로 구획된 하나의 실의 바닥면적을 말하고, 하나의 실의 바닥면적이 465㎡ 이상인 경우의 살수기준면적은 465㎡로 한다. 다만, 위험물의 취급을 주된 작업내용으로 하지 아니하고 소량의 위험물을 취급하는 설비 또는 부분이 넓게 분산되어 있는 경우에는 방사밀도는 8.2L/㎡분 이상, 살수기준 면적은 279㎡ 이상으로 할 수 있다.</td></tr>
<tr><td>279 이상<br>372 미만</td><td>15.5 이상</td><td>11.8 이상</td></tr>
<tr><td>372 이상<br>465 미만</td><td>13.9 이상</td><td>9.8 이상</td></tr>
<tr><td>465 이상</td><td>12.2 이상</td><td>8.1 이상</td></tr>
</table>

② 인산염류등은 인산염류, 황산염류 그 밖에 방염성이 있는 약제를 말한다.

③ 탄산수소염류등은 탄산수소염류 및 탄산수소염류와 요소의 반응생성물을 말한다.

④ 알칼리금속과산화물등은 알칼리금속의 과산화물 및 알칼리금속의 과산화물을 함유한 것을 말한다.

⑤ 철분·금속분·마그네슘등은 철분·금속분·마그네슘과 철분·금속분 또는 마그네슘을 함유한 것을 말한다.

## (27) 운반용기의 최대용적 또는 중량

① 고체위험물

| 운반 용기 | | | | 수납 위험물의 종류 | | | | | | | | | |
|---|---|---|---|---|---|---|---|---|---|---|---|---|---|
| 내장 용기 | | 외장 용기 | | 제1류 | | | 제2류 | | 제3류 | | | 제5류 | |
| 용기의 종류 | 최대용적 또는 중량 | 용기의 종류 | 최대용적 또는 중량 | I | II | III | II | III | I | II | III | I | II |
| 유리용기 또는 플라스틱 용기 | 10 L | 나무상자 또는 플라스틱상자(필요에 따라 불활성의 완충재를 채울 것) | 125kg | ○ | ○ | ○ | ○ | ○ | ○ | ○ | ○ | ○ | ○ |
| | | | 225kg | | ○ | ○ | | ○ | | ○ | ○ | | ○ |
| | | 파이버판상자(필요에 따라 불활성의 완충재를 채울 것) | 40kg | ○ | ○ | ○ | ○ | ○ | ○ | ○ | ○ | ○ | ○ |
| | | | 55kg | | ○ | ○ | | ○ | | ○ | ○ | | ○ |
| 금속제용기 | 30 L | 나무상자 또는 플라스틱상자 | 125kg | ○ | ○ | ○ | ○ | ○ | ○ | ○ | ○ | ○ | ○ |
| | | | 225kg | | ○ | ○ | | ○ | | ○ | ○ | | ○ |
| | | 파이버판상자 | 40kg | ○ | ○ | ○ | ○ | ○ | ○ | ○ | ○ | ○ | ○ |
| | | | 55kg | | ○ | ○ | | ○ | | ○ | ○ | | ○ |
| 플라스틱 필름포대 또는 종이포대 | 5kg | 나무상자 또는 플라스틱상자 | 50kg | ○ | ○ | ○ | ○ | ○ | | ○ | ○ | ○ | ○ |
| | 50kg | | 50kg | ○ | ○ | ○ | ○ | ○ | | | | | ○ |
| | 125kg | | 125kg | | ○ | ○ | ○ | ○ | | | | | |
| | 225kg | | 225kg | | | ○ | | ○ | | | | | |
| | 5kg | 파이버판상자 | 40kg | ○ | ○ | ○ | ○ | ○ | | ○ | ○ | ○ | ○ |
| | 40kg | | 40kg | ○ | ○ | ○ | ○ | ○ | | | | | ○ |
| | 55kg | | 55kg | | | ○ | | ○ | | | | | |
| | | 금속제용기(드럼 제외) | 60 L | ○ | ○ | ○ | ○ | ○ | ○ | ○ | ○ | ○ | ○ |
| | | 플라스틱용기(드럼 제외) | 10 L | | ○ | ○ | ○ | ○ | | ○ | ○ | | ○ |
| | | | 30 L | | | ○ | | ○ | | | | | ○ |
| | | 금속제드럼 | 250 L | ○ | ○ | ○ | ○ | ○ | ○ | ○ | ○ | ○ | ○ |
| | | 플라스틱드럼 또는 파이버드럼(방수성이 있는 것) | 60 L | ○ | ○ | ○ | ○ | ○ | ○ | ○ | ○ | ○ | ○ |
| | | | 250 L | | ○ | ○ | | ○ | | ○ | ○ | | ○ |
| | | 합성수지포대(방수성이 있는 것), 플라스틱필름포대, 섬유포대(방수성이 있는 것) 또는 종이포대(여러겹으로서 방수성이 있는 것) | 50kg | | ○ | ○ | ○ | ○ | | ○ | ○ | | ○ |

Memo

# 04

# 과년도 기출문제

# 2008 1회차

위험물산업기사
## 실기 기출문제

### 01

**크레졸($C_6H_4CH_3OH$)의 3가지 이성질체 명칭 및 구조식을 쓰시오.**

해설

| 명칭 | 구조식 |
|---|---|
| o-크레졸 | 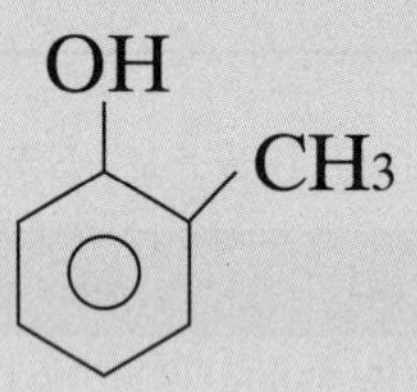 |
| m-크레졸 | 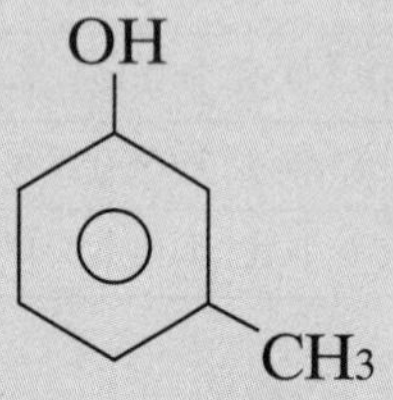 |
| p-크레졸 | 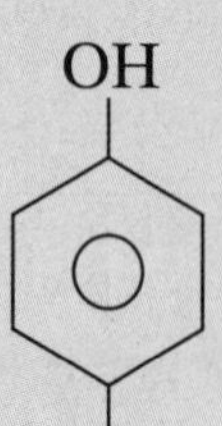 |

### 02

**탄화칼슘에 대한 각 물음에 답하시오.**

(1) 물과의 반응식
(2) 생성 기체의 명칭
(3) 생성 기체의 연소범위
(4) 생성기체의 연소반응식

해설

(1) $CaC_2 + 2H_2O \rightarrow Ca(OH)_2 + C_2H_2$
(탄화칼슘) (물) (수산화칼슘) (아세틸렌)

(2) 아세틸렌

(3) 2.5 ~ 81%

(4) $2C_2H_2 + 5O_2 \rightarrow 4CO_2 + 2H_2O$
(아세틸렌) (산소) (이산화탄소) (물)

### 03

**피크르산의 구조식을 쓰시오.**

해설

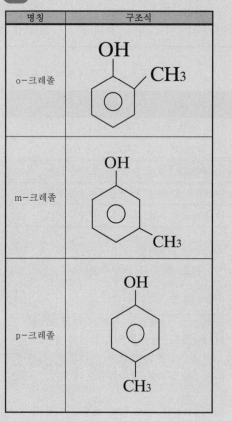

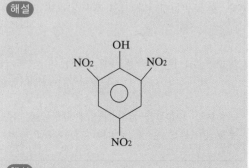

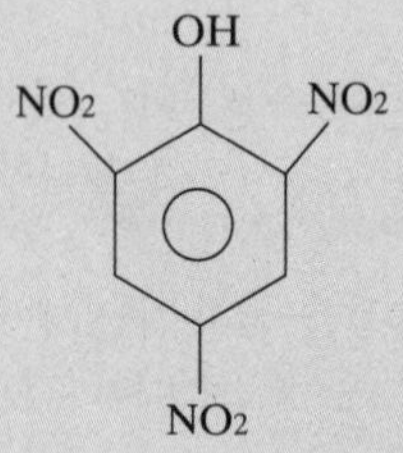

해설

트리니트로페놀(=피크린산, =피크르산)의 시성식
: $C_6H_2OH(NO_2)_3$

## 04

**인화점 $11℃$, 발화점 $464℃$인 제4류 위험물 중 흡입 시 시신경을 마비시키는 물질에 대하여 각 물음에 답하시오.**

(1) 명칭
(2) 지정수량

해설
(1) 메틸알코올($CH_3OH$)
(2) $400L$

## 05

**산, 알칼리 소화기에 대한 각 물음에 답하시오.**

(1) 반응식
(2) 탄산가스 $44g$이 발생될 때 필요한 황산 몰수
(단, 표준상태이다.)

해설
(1) $\underset{(황산)}{H_2SO_4} + \underset{(탄산수소나트륨)}{2NaHCO_3} \rightarrow \underset{(황산나트륨)}{Na_2SO_4} + \underset{(이산화탄소)}{2CO_2} + \underset{(물)}{2H_2O}$
(2) 탄산가스($CO_2$)의 분자량 : $12 + 16\times2 = 44$
탄산가스가 $44g(1mol)$이 발생될 때 황산은 $0.5mol$ 반응한다.

$\therefore 0.5mol$

## 06

**$1$기압, $350℃$에서 과산화나트륨 $1kg$이 물과 반응할 때 생성되는 기체의 부피$[L]$를 구하시오.**

해설
과산화나트륨($Na_2O_2$)의 분자량 $= 23\times2+16\times2 = 78$

$$\underset{(과산화나트륨)}{2Na_2O_2} + \underset{(물)}{2H_2O} \rightarrow \underset{(수산화나트륨)}{4NaOH} + \underset{(산소)}{O_2}$$

$PV=nRT=\frac{W}{M}RT$에서,

$$\therefore V=\frac{WRT}{PM}\times\frac{생성물의\ 몰수}{반응물의\ 몰수}$$

$$=\frac{1000\times0.082\times(350+273)}{1\times78}\times\frac{1}{2}=327.47L$$

## 07

**제2종 분말소화약제의 $1$차 열분해 반응식을 쓰시오.**

해설

$$\underset{(탄산수소칼륨)}{2KHCO_3} \rightarrow \underset{(탄산칼륨)}{K_2CO_3} + \underset{(이산화탄소)}{CO_2} + \underset{(물)}{H_2O}$$

## 08

**제6류 위험물의 품명 $3$가지를 쓰시오.**

해설
① 질산($HNO_3$)
② 과산화수소($H_2O_2$)
③ 과염소산($HClO_4$)

## 09

**다음 위험물에 대한 주의사항 게시판에 대한 빈칸을 채우시오.**

| 유별 | 품명 | 주의사항 |
|---|---|---|
| 제1류 위험물 | 과산화나트륨 | ( ① ) |
| 제2류 위험물 | 유황 | ( ② ) |
| 제5류 위험물 | 트리니트로톨루엔 | ( ③ ) |

해설

① 물기엄금
② 화기주의
③ 화기엄금

참고

*게시판의 주의사항 표시

| 종류 | 주의사항표시 |
|---|---|
| *제1류 위험물 중 알칼리금속의 과산화물<br>*제3류 위험물 중 금수성물질 | 물기엄금<br>(청색바탕에 백색문자) |
| *제2류 위험물<br>(인화성고체를 제외) | 화기주의<br>(적색바탕에 백색문자) |
| *제2류 위험물 중 인화성고체<br>*제3류 위험물 중 자연발화성물질<br>*제4류 위험물<br>*제5류 위험물 | 화기엄금<br>(적색바탕에 백색문자) |

## 10

**다음 보기의 빈칸에 대한 알맞은 답을 쓰시오.**

[보기]

(1) 「인화성고체」라 함은 고형알코올, 그 밖에 $1atm$에서 인화점이 섭씨 ( ① )℃ 미만인 고체를 말한다.

(2) 「철분」이라 함은 철의 분말로서 ( ② )$\mu m$의 표준체를 통과하는 것이 ( ③ )$wt\%$ 이상인 것을 말한다.

(3)「특수인화물」이라 함은 이황화탄소, 디에틸에테르, 그 밖에 $1atm$에서 발화점이 섭씨 ( ④ )℃이하인 것 또는 인화점이 섭씨 영하 ( ⑤ )℃ 이하이고 비점이 섭씨 ( ⑥ )℃ 이하인 것을 말한다.

해설

① 40 ② 53 ③ 50 ④ 100 ⑤ 20 ⑥ 40

## 11

**$1atm$, 70℃의 벤젠 $16g$이 증발할 때의 부피$[L]$를 구하시오.**

해설

벤젠($C_6H_6$)의 분자량 = $12\times6+1\times6=78$

$PV=nRT=\frac{W}{M}RT$에서,

$\therefore V=\frac{WRT}{PM}=\frac{16\times0.082\times(70+273)}{1\times78}=5.77L$

## 12

**다음 보기는 이동저장탱크의 구조에 대한 내용일 때 빈칸을 채우시오.**

[보기]

위험물을 저장 및 취급하는 이동저장탱크는 두께 ( ① ) $mm$ 이상의 ( ② )으로 위험물이 새지 아니하게 제작하고, 압력탱크에 있어서는 ( ③ )의 ( ④ )배의 압력으로, 압력탱크를 제외한 탱크에 있어서는 ( ⑤ )$kPa$ 압력으로 각각 ( ⑥ )분간 행하는 ( ⑦ )에서 새거나 변형되지 아니하여야 한다.

해설

① 3.2
② 강철판
③ 최대상용압력
④ 1.5
⑤ 70
⑥ 10
⑦ 수압시험

# 2008 2회차

위험물산업기사

# 실기 기출문제

## 01

**이동저장탱크에 대한 각 물음에 답하시오.**

(1) 이동저장탱크의 뒷면 중 보기 쉬운 곳에 당해 탱크에 저장 또는 취급하는 위험물을 게시한 게시판의 기재사항을 쓰시오.
(2) 게시판에 표시한 문자의 규격을 쓰시오.

해설

(1) ① 위험물의 유별 및 품명
② 위험물의 최대수량
③ 위험물의 적재중량

(2) 가로 : $40mm$ 이상
세로 : $45mm$ 이상

## 02

**특수인화물인 디에틸에테르가 $2000L$ 있을 때 소요단위를 계산하시오.**

해설

$$\text{지정수량의 배수} = \frac{\text{저장수량}}{\text{지정수량}} = \frac{2000}{50} = 40\text{배}$$

$$\therefore \text{소요단위} = \frac{\text{지정수량의 배수}}{10} = \frac{40}{10} = 4\text{소요단위}$$

참고

특수인화물의 지정수량은 $50L$이다.

## 03

**옥외소화전설비의 개폐밸브 및 호스접속구는 지반면으로부터 몇 $m$ 이하의 높이에 설치해야 하는가?**

해설

$1.5m$ 이하

## 04

**다음 보기 중 인화점이 낮은 순대로 배치하시오.**

[보기]
① 초산에틸 ② 메틸알코올
③ 니트로벤젠 ④ 에틸렌글리콜

해설

① - ② - ③ - ④

참고

| 물질 | 인화점 |
|---|---|
| 초산에틸 | −4℃ |
| 메틸알코올 | 11℃ |
| 니트로벤젠 | 88℃ |
| 에틸렌글리콜 | 111℃ |

## 05

**제3류 위험물인 인화칼슘(인화석회)에 대한 설명일 때 다음 각 물음에 답하시오.**

(1) 인화칼슘의 지정수량을 쓰시오.
(2) 물과의 반응식을 쓰고, 생성 기체의 화학식을 쓰시오.

해설

(1) $300kg$

(2) $Ca_3P_2$(인화칼슘) $+ 6H_2O$(물) $\rightarrow 3Ca(OH)_2$(수산화칼슘) $+ 2PH_3$(포스핀)

$\therefore PH_3$(포스핀)

## 06

**다음 위험물이 동일한 장소에 저장되어 있을 때 아닐린을 몇 $L$로 저장하여야 지정수량 이하로 되는지 계산하시오.**

[보기]
① 트리니트로톨루엔 : $120kg$
② 마그네슘분 : $160kg$
③ 중유 : $140L$
④ 아닐린 : $xL$

해설

$$\text{지정수량의 배수} = \frac{\text{저장수량}}{\text{지정수량}} = \frac{120}{200} + \frac{160}{500} + \frac{140}{2000} + \frac{x}{2000} = 1\text{배}$$

$\therefore x = 20L$

참고

*지정수량 이하
: 지정수량의 배수의 합이 1 이하인 경우

| 물질 | 유별 및 품명 | 지정수량 |
|---|---|---|
| 트리니트로톨루엔 | 제5류 위험물 중 니트로화합물 | $200kg$ |
| 마그네슘분 | 제2류 위험물 중 마그네슘분 | $500kg$ |
| 중유 | 제4류 위험물 중 제3석유류 (비수용성) | $2000L$ |
| 아닐린 | 제4류 위험물 중 제3석유류 (비수용성) | $2000L$ |

## 07

**다음 아세트알데히드에 대한 각 물음에 답하시오.**

(1) 시성식
(2) 품명
(3) 지정수량
(4) 에틸렌을 산화시켜 제조할 때의 반응식을 쓰시오.

해설

(1) $CH_3CHO$
(2) 특수인화물
(3) $50L$
(4) $C_2H_4$(에틸렌) $+ PdCl_2$(염화팔라듐) $+ H_2O$(물)
$\rightarrow CH_3CHO$(아세트알데히드) $+ Pd$(팔라듐) $+ 2HCl$(염산)

## 08

***TNT* 제조식을 쓰시오.**

해설

$C_6H_5CH_3$(톨루엔) $+ 3HNO_3$(질산) $\xrightarrow[\text{니트로화}]{C-H_2SO_4}$ $C_6H_2CH_3(NO_2)_3$(트리니트로톨루엔) $+ 3H_2O$(물)

## 09

**표준상태에서, 아세톤 $200g$을 완전연소할 때 다음을 구하시오.**
**(공기 중 산소의 부피는 $21\%$이다.)**

(1) 연소반응식
(2) 연소할 때 필요한 이론 공기량$[L]$
(3) 연소할 때 발생하는 탄산가스의 부피$[L]$

해설

(1) $\underset{(아세톤)}{CH_3COCH_3} + \underset{(산소)}{4O_2} \rightarrow \underset{(탄산가스)}{3CO_2} + \underset{(물)}{3H_2O}$

(2) 아세톤($CH_3COCH_3$)의 분자량

: $12+1\times3+12+16+12+1\times3=58$

표준상태는 $1atm$, $0℃$이니,

$PV=nRT=\frac{W}{M}RT$에서,

$$\therefore V=\frac{WRT}{PM}\times\frac{\text{산소의 몰수}}{\text{반응물의 몰수}}\times\frac{100}{\text{산소의 부피}}$$

$$=\frac{200\times0.082\times(0+273)}{1\times58}\times\frac{4}{1}\times\frac{100}{21}=1470.34L$$

(3) $V=\frac{WRT}{PM}\times\frac{\text{생성물의 몰수}}{\text{반응물의 몰수}}$

$$=\frac{200\times0.082\times(0+273)}{1\times58}\times\frac{3}{1}=231.58L$$

## 10

**제5류 위험물인 과산화벤조일(=벤조일퍼옥사이드)의 사용 및 취급상 주의사항을 3가지 쓰시오.**

해설

① 가열, 마찰 및 충격을 피한다.
② 화기 및 점화원의 접근을 피한다.
③ 저장 시 소량씩 저장한다.
④ 운반용기 및 저장용기에 "화기엄금 및 충격주의" 등 표시를 한다.

## 11

**금속 니켈을 촉매 하에 $300℃$로 가열 시 수소첨가 반응을 하여 시클로헥산이 생성되는 분자량 $78$인 물질에 대하여 각 물음에 답하시오.**

(1) 명칭
(2) 구조식

해설

(1) 벤젠($C_6H_6$)

(2) 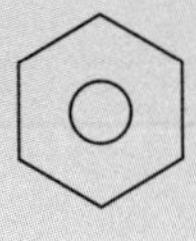

## 12

**이황화탄소에 대한 각 물음에 답하시오.**

(1) 물과의 반응식
(2) (1)의 반응식에서 생성된 기체 2가지 쓰시오.

해설

(1) $\underset{(이황화탄소)}{CS_2} + \underset{(물)}{2H_2O} \rightarrow \underset{(이산화탄소)}{CO_2} + \underset{(황화수소)}{2H_2S}$

(2) 이산화탄소, 황화수소

## 13

**다음 Halon 표에 화학식을 쓰시오.**

| 하론 소화약제의 종류 | 화학식 |
|---|---|
| Halon 1301 | ( ① ) |
| Halon 2402 | ( ② ) |
| Halon 1211 | ( ③ ) |

해설

① $CF_3Br$

② $C_2F_4Br_2$

③ $CF_2ClBr$

참고

Halon 소화약제의 Halon번호는 $C$, $F$, $Cl$, $Br$, $I$의 개수를 나타낸다.

*Halon 소화약제의 종류

| 명칭 | 분자식 |
|---|---|
| Halon 1001 | $CH_3Br$ |
| Halon 10001 | $CH_3I$ |
| Halon 1011 | $CH_2ClBr$ |
| Halon 1211 | $CF_2ClBr$ |
| Halon 1301 | $CF_3Br$ |
| Halon 104 | $CCl_4$ |
| Halon 2402 | $C_2F_4Br_2$ |

**2008 4회차**

위험물산업기사

# 실기 기출문제

## 01

**표준상태에서 탄화칼슘 $32g$과 물이 반응하여 생성되는 기체를 완전연소 하기 위해 필요한 산소의 부피 $[L]$를 구하시오.**

해설

탄화칼슘($CaC_2$)의 분자량 : $40 + 12 \times 2 = 64g/mol$

$CaC_2$ (탄화칼슘) $+ 2H_2O$ (물) $\rightarrow$ $Ca(OH)_2$ (수산화칼슘) $+$ $C_2H_2$ (아세틸렌)

탄화칼슘이 $32g$있고, 분자량은 $64g/mol$이니 $0.5mol$의 탄화칼슘이 반응하였고, 탄화칼슘과 아세틸렌기체는 몰수 1:1 반응을 하니 아세틸렌도 $0.5mol$이 생성되었다.

$2C_2H_2$ (아세틸렌) $+ 5O_2$ (산소) $\rightarrow$ $4CO_2$ (이산화탄소) $+ 2H_2O$ (물)

아세틸렌 $2mol$이 반응할 때 필요한 산소의 몰수는 $5mol$이고, 비례식으로 아세틸렌 $0.5mol$이 반응하면 $\frac{5}{4}mol$의 산소가 필요하다.

표준상태($1atm$, 0℃)에서 $1mol$의 부피는 $22.4L$이다.

$\therefore V = 22.4 \times mol수 = 22.4 \times \frac{5}{4} = 28L$

## 02

**다음 보기의 빈칸을 채우시오.**

| [보기] |
|---|
| 옥내저장소의 기준에서 제6류 위험물을 취급하는 위험물제조소를 제외한 지정수량 (　　)배 이상의 저장창고에는 피뢰침을 설치하여야 한다. |

해설

10

## 03

**표준상태에서 트리에틸알루미늄 $228g$과 물의 반응식에서 발생된 기체의 부피$[L]$를 구하시오.**

해설

트리에틸알루미늄[$(C_2H_5)_3Al$]의 분자량

: $(12 \times 2 + 1 \times 5) \times 3 + 27 = 114$

$(C_2H_5)_3Al$ (트리에틸알루미늄) $+ 3H_2O$ (물) $\rightarrow$ $Al(OH)_3$ (수산화알루미늄) $+ 3C_2H_6$ (에탄)

표준상태(1기압, 0℃)에서 기체 1mol의 부피는 $22.4L$이고, 트리에틸알루미늄 $1mol$($114g$)이 반응할 때 $3mol$의 에탄가스가 발생하니, $2mol$($228g$)이 반응할 때 $6mol$의 에탄가스가 발생하므로,

$\therefore V = 6 \times 22.4 = 134.4L$

## 04

**금속 칼륨을 주수소화 하면 안되는 이유를 쓰시오.**

해설

$2K$ (칼륨) $+ 2H_2O$ (물) $\rightarrow$ $2KOH$ (수산화칼륨) $+$ $H_2$ (수소)

폭발적으로 반응하여 가연성의 수소기체를 발생하여 위험성이 증대된다.

## 05

**다음 위험물의 지정수량을 각각 쓰시오.**

(1) 수소화나트륨
(2) 중크롬산나트륨
(3) 니트로글리세린

해설

(1) $300kg$
(2) $1000kg$
(3) $10kg$

해설

| 명칭 | 품명 | 지정수량 |
|---|---|---|
| 수소화나트륨 | 금속수소화합물 | $300kg$ |
| 중크롬산나트륨 | 중크롬산염류 | $1000kg$ |
| 니트로글리세린 | 질산에스테르류 | $10kg$ |

## 06

**과산화나트륨과 아세트산의 반응식을 쓰시오.**

해설

$Na_2O_2$ (과산화나트륨) $+ 2CH_3COOH$ (아세트산)

$\rightarrow 2CH_3COONa$ (아세트산나트륨) $+ H_2O_2$ (과산화수소)

## 07

**특수인화물 $200L$, 제1석유류 $400L$, 제2석유류 $4000L$, 제3석유류 $12000L$, 제4석유류 $24000L$ 에 대한 지정수량의 배수의 합을 쓰시오. (단, 전부 수용성이다.)**

해설

$$\text{지정수량의 배수} = \frac{\text{저장수량}}{\text{지정수량}}$$

$$= \frac{200}{50} + \frac{400}{400} + \frac{4000}{2000} + \frac{12000}{4000} + \frac{24000}{6000}$$

$= 14$배

참고

*제4류 위험물의 각 지정수량

| 품명 | 지정수량 |
|---|---|
| 특수인화물 | $50L$ |
| 제1석유류(비수용성) | $200L$ |
| 제1석유류(수용성) | $400L$ |
| 알코올류 | $400L$ |
| 제2석유류(비수용성) | $1000L$ |
| 제2석유류(수용성) | $2000L$ |
| 제3석유류(비수용성) | $2000L$ |
| 제3석유류(수용성) | $4000L$ |
| 제4석유류 | $6000L$ |
| 동식물유류 | $10000L$ |

## 08

**다음 탱크에 대한 각 물음에 답하시오. (단, 탱크의 공간용적은 $10\%$이다.)**

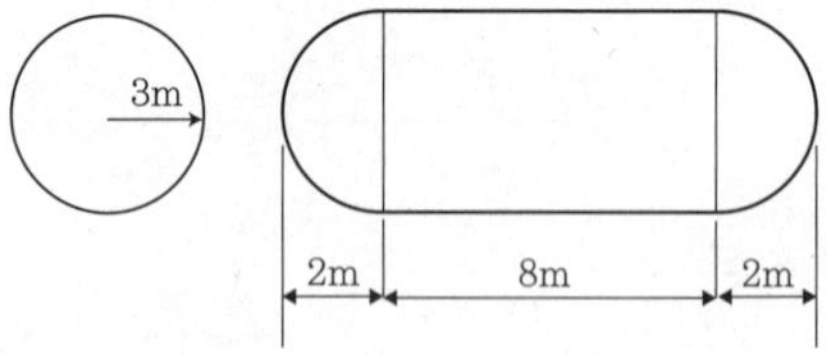


(1) 탱크의 내용적$[m^3]$
(2) 탱크의 용량$[m^3]$

해설

(1) $V = \pi r^2\left(\ell + \dfrac{\ell_1 + \ell_2}{3}\right)$

$= \pi \times 3^2 \times \left(8 + \dfrac{2+2}{3}\right) = 263.89m^3$

(2) $V_{용량} = V(1 - \text{공간용적})$

$= 263.89 \times (1 - 0.1) = 237.5m^3$

## 09

**연한 경금속이며, 2차 전지로 이용되며, 비중 0.53, 융점 180℃ 인 위험물의 명칭을 쓰시오.**

해설

리튬($Li$)

## 10

**제2류 위험물과 혼재 가능한 위험물을 모두 쓰시오.**

해설

제4류 위험물, 제5류 위험물

참고

*혼재 가능한 위험물

① 4:23
- 제4류와 제2류, 제4류와 제3류는 혼재 가능

② 5:24
- 제5류와 제2류, 제5류와 제4류는 혼재 가능

③ 6:1
- 제6류와 제1류는 혼재 가능

| | 1류 | 2류 | 3류 | 4류 | 5류 | 6류 |
|---|---|---|---|---|---|---|
| 1류 | | × | × | × | × | ○ |
| 2류 | × | | × | ○ | ○ | × |
| 3류 | × | × | | ○ | × | × |
| 4류 | × | ○ | ○ | | ○ | × |
| 5류 | × | ○ | × | ○ | | × |
| 6류 | ○ | × | × | × | × | |

## 11

**다음 보기의 이동저장탱크의 구조에 대하여 빈칸을 채우시오.**

[보기]

이동저장탱크는 각 내부에 ( ① )$L$ 이하마다 ( ② ) $mm$ 이상의 강철판 또는 이와 동등 이상의 경도·내열성 및 내식성이 있는 금속성의 것으로 칸막이를 설치할 것.

해설

① 4000 ② 3.2

## 12

**에틸알코올에 황산을 촉매로 첨가하면 발생하는 물질의 지정수량이 50$L$인 특수인화물의 화학식을 쓰시오.**

해설

$$\underset{\text{(에틸알코올)}}{2C_2H_5OH} \xrightarrow[\text{축합반응}]{C-H_2SO_4} \underset{\text{(디에틸에테르)}}{C_2H_5OC_2H_5} + \underset{\text{(물)}}{H_2O}$$

$\therefore C_2H_5OC_2H_5$

2009 1회차

위험물산업기사

# 실기 기출문제

## 01

**지정수량이 $100$배 초과하는 지하저장탱크를 $2$기 이상 인접하여 설치하는 경우에는 그 상호간에 몇 $m$ 이상의 간격을 유지하여야 하는가?**

해설

$1m$

해설

*지하탱크저장소의 위치, 구조 및 설비의 기준

| 지정수량의 배수 | 간격 |
|---|---|
| 100배 초과 | $1m$ 이상 |
| 100배 이하 | $0.5m$ 이상 |

## 02

**제5류 위험물로서 담황색의 주상결정이며 분자량이 $227$, 융점이 $81℃$, 물에 녹지 않고 벤젠, 아세톤, 알코올에 녹는 이 물질에 대한 다음 각 물음에 답하시오.**

(1) 이 물질의 명칭
(2) 이 물질의 품명
(3) 이 물질의 지정수량
(4) 이 물질의 제조과정을 설명하시오.

해설

(1) 트리니트로톨루엔(TNT)
(2) 니트로화합물
(3) $200kg$
(4) 톨루엔과 진한질산을 황산 촉매 하에 니트로화 반응하여 트리니트로톨루엔이 생성된다.

## 03

**표준상태에서 $20kg$의 황린을 완전연소할 때 필요한 공기의 부피$[m^3]$을 구하시오.**
**(단, 공기 중 산소의 양은 $21vol\%$, 황린의 분자량은 $124$이다.)**

해설

$$\underset{(\text{황린})}{P_4} + \underset{(\text{산소})}{5O_2} \rightarrow \underset{(\text{오산화린})}{2P_2O_5}$$

표준상태는 1기압 0℃을 나타내고,

$$PV = nRT = \frac{W}{M}RT\text{에서},$$

$$\therefore V = \frac{WRT}{PM} \times \frac{\text{산소의 몰수}}{\text{반응물의 몰수}} \times \frac{100}{\text{산소의 부피}}$$

$$= \frac{20 \times 0.082 \times (0+273)}{1 \times 124} \times \frac{5}{1} \times \frac{100}{21} = 85.97m^3$$

## 04

**옥외저장소에 제2류 위험물인 유황($S$)을 지정수량 150배 이상의 지정수량을 저장할 때의 보유공지는 얼마나 확보해야 하는가?**

해설

$12m$ 이상

참고

*옥외저장소의 보유공지 너비의 기준

| 저장 또는 취급하는 위험물의 최대수량 | 공지의 너비 |
|---|---|
| 지정수량의 10배 이하 | $3m$ 이상 |
| 지정수량의 10배 초과 20배 이하 | $5m$ 이상 |
| 지정수량의 20배 초과 50배 이하 | $9m$ 이상 |
| 지정수량의 50배 초과 200배 이하 | $12m$ 이상 |
| 지정수량의 200배 초과 | $15m$ 이상 |
| 제4류 위험물 중 제4석유류와 제6류 위험물을 저장 또는 취급하는 옥외저장소의 보유공지는 위의 표에 의한 공지의 너비의 $\frac{1}{3}$ 이상의 너비로 할 수 있다. | |

## 05

**황화린에 대한 각 물음에 답하시오.**

(1) 몇 류 위험물인가?

(2) 지정수량

(3) 황화린의 3가지 종류의 화학식을 쓰시오.

해설

(1) 제2류 위험물

(2) $100kg$

(3) $P_4S_3$, $P_2S_5$, $P_4S_7$

## 06

**오르소인산을 생성하는 ABC 분말 소화기의 1차 열분해 반응식을 쓰시오.**

해설

$NH_4H_2PO_4 \rightarrow NH_3 + H_3PO_4$
(인산암모늄) (암모니아) (인산)

참고

*제3종 분말 소화약제

① 166℃ 열분해식(1차 열분해식)

$NH_4H_2PO_4 \rightarrow NH_3 + H_3PO_4$
(인산암모늄) (암모니아) (인산)

② 완전 열분해식

$NH_4H_2PO_4 \rightarrow NH_3 + HPO_3 + H_2O$
(인산암모늄) (암모니아) (메타인산) (물)

## 07

**연한 경금속이며, 2차 전지로 이용되며, 비중 0.53, 융점 180℃인 위험물의 명칭을 쓰시오.**

해설

리튬($Li$)

## 08

**다음 보기는 이동저장탱크의 구조에 대한 내용일 때 빈칸을 채우시오.**

[보기]

- 탱크는 두께 ( ① )$mm$ 이상의 강철판으로 할 것.
- 압력탱크 외의 탱크는 ( ② )$kPa$의 압력으로, 압력탱크는 최대상용압력의 ( ③ )배의 압력으로 각각 ( ④ )분간 수압시험을 실시하여 새거나 변형되지 아니할 것.

해설

① 3.2

② 70

③ 1.5

④ 10

## 09

**에틸렌과 산소를 염화구리의 촉매하에 생성되며, 인화점 $-38℃$, 비점 $21℃$, 분자량 $44$, 연소범위 $4.1\sim57\%$인 특수인화물이 있을 때 다음을 구하시오.**

(1) 시성식
(2) 증기비중
(3) 증기밀도$[g/L]$

해설
(1) $CH_3CHO$(아세트알데히드)
(2) 분자량 : $12+1\times3+12+1+16=44$

$$\therefore 증기비중=\frac{분자량}{28.84}=\frac{44}{28.84}=1.53$$

(3) $$증기밀도=\frac{분자량}{22.4}=\frac{44}{22.4}=1.96g/L$$

## 10

**다음 보기는 제2류 위험물의 위험물이 되는 기준에 대한 설명일 때 빈칸을 채우시오.**

[보기]
- 유황은 순도 ( ① )$wt\%$ 이상인 것을 말한다. 이 경우 순도측정에 있어서 불순물은 활석 등 불연성 물질과 수분에 한한다.
- 철분이라 함은 철의 분말로서 ( ② )$\mu m$의 표준체를 통과하는 것이 ( ③ )$wt\%$ 이상인 것을 말한다.
- 금속분이라 함은 구리, 니켈을 제외한 금속의 분말로 ( ④ )$\mu m$의 표준체를 통과하는 것이 ( ⑤ )$wt\%$ 이상인 것을 말한다.

해설
① 60
② 53
③ 50
④ 150
⑤ 50

## 11

**지정수량이 $50kg$인 제1류 위험물의 품명 4가지를 쓰시오.**

해설
① 아염소산염류
② 염소산염류
③ 과염소산염류
④ 무기과산화물

## 12

**제6류 위험물인 질산의 열분해 반응식을 쓰시오.**

해설

$$\underset{(질산)}{4HNO_3} \rightarrow \underset{(이산화질소)}{4NO_2} + \underset{(물)}{2H_2O} + \underset{(산소)}{O_2}$$

## 13

**다음 빈칸을 채우시오.**

[보기]
제3석유류라 함은 중유, 클레오소트유 그 밖에 1기압에서 인화점이 섭씨 ( ① )도 이상 섭씨 ( ② )도 미만인 것을 말할 때 빈칸을 채우시오.

해설
① 70 ② 200

# 2009 2회차

위험물산업기사

# 실기 기출문제

## 01

**다음 빈칸에 알맞은 답을 쓰시오.**

[보기]
과산화수소의 농도가 ( ① )$wt\%$ 이상인 것에 한하여 위험물로 취급하고, 지정수량은 ( ② )이다.

해설

① 36 ② $300kg$

## 02

**다음 위험물들을 저장할 때 각각 사용되는 보호액 한가지씩 쓰시오.**

(1) 황린
(2) 칼륨
(3) 이황화탄소

해설

(1) pH9 정도의 약알칼리성 물
(2) 등유, 경유, 유동파라핀유, 벤젠 등
(3) 물

## 03

**탄화칼슘에 대한 각 물음에 답하시오.**

(1) 물과의 반응식
(2) 생성 기체의 명칭
(3) 생성 기체의 연소범위
(4) 생성기체의 연소반응식

해설

(1) $CaC_2 + 2H_2O \rightarrow Ca(OH)_2 + C_2H_2$
(탄화칼슘) (물) (수산화칼슘) (아세틸렌)
(2) 아세틸렌
(3) 2.5 ~ 81%
(4) $2C_2H_2 + 5O_2 \rightarrow 4CO_2 + 2H_2O$
(아세틸렌) (산소) (이산화탄소) (물)

## 04

**다음 보기의 연소 방식을 분류하시오.**

[보기]
나트륨, TNT, 에틸알코올, 금속분, 디에틸에테르, TNP

(1) 표면연소
(2) 증발연소
(3) 자기연소

해설

(1) 표면연소 : 나트륨, 금속분
(2) 증발연소 : 에틸알코올, 디에틸에테르
(3) 자기연소 : TNT, TNP

## 05

**황화린의 종류 3가지를 화학식으로 쓰시오.**

해설

$P_4S_3$, $P_2S_5$, $P_4S_7$

## 06

**제4류 위험물 옥내저장탱크의 밸브 없는 통기관에 대한 내용일 때 빈칸을 채우시오.**

[보기]

통기관의 선단은 건축물의 창·출입구 등의 개구부로부터 ( ① )$m$ 이상 떨어진 옥외의 장소에 지면으로부터 ( ② )$m$ 이상의 높이로 설치하되, 인화점이 40℃ 미만인 위험물의 탱크에 설치하는 통기관에 있어서는 부지경계선으로부터 ( ③ )$m$ 이상 이격할 것.

해설

① 1 ② 4 ③ 1.5

## 07

**제5류 위험물에 대한 표일 때 빈칸을 채우시오.**

| 품명 | 지정수량 |
|---|---|
| 유기과산화물 | ① |
| 질산에스테르류 | ② |
| 아조화합물 | ③ |
| 니트로화합물 | ④ |
| 히드라진유도체 | ⑤ |

해설

① 10$kg$
② 10$kg$
③ 200$kg$
④ 200$kg$
⑤ 200$kg$

## 08

**아염소산나트륨과 알루미늄의 반응식을 쓰시오.**

해설

$3NaClO_2$ (아염소산나트륨) + $4Al$ (알루미늄) → $2Al_2O_3$ (산화알루미늄) + $3NaCl$ (염화나트륨)

## 09

**제4류 위험물을 옥외저장탱크에 저장하고 주위에 방유제를 설치할 때 각 물음에 답하시오.**

(1) 방유제 높이의 기준
(2) 방유제 면적의 기준
(3) 방유제 내에 설치하는 옥외저장탱크는 몇 기 이하인가?

해설

(1) 0.5$m$ 이상 3$m$ 이하
(2) 80000$m^2$ 이하
(3) 10기 이하

## 10

**제4류 위험물 중 알코올류에 속하는 에틸알코올에 대한 각 물음에 답하시오.**

(1) 연소반응식을 쓰시오.
(2) 칼륨과의 반응에서 발생하는 기체의 화학식을 쓰시오.
(3) 에틸알코올의 구조이성질체로서 디메틸에테르의 시성식을 쓰시오.

해설

(1) $C_2H_5OH$ (에틸알코올) + $3O_2$ (산소) → $2CO_2$ (이산화탄소) + $3H_2O$ (물)
(2) $2K$ (칼륨) + $2C_2H_5OH$ (에틸알코올) → $2C_2H_5OK$ (칼륨에틸레이트) + $H_2$ (수소)

$\therefore H_2$

(3) $CH_3OCH_3$(디메틸에테르)

## 11

제4류 위험물 중 분자량이 27, 끓는점이 26℃이며 맹독성인 위험물이 있다. 이 위험물의 안정제로 무기산을 사용할 때 다음 각 물음에 답하시오.

(1) 화학식을 쓰시오.
(2) 증기비중을 구하시오.

**해설**

(1) $HCN$(시안화수소)
(2) 시안화수소의 분자량 : $1 + 12 + 14 = 27$

$$\therefore 증기비중 = \frac{분자량}{28.84} = \frac{27}{28.84} = 0.94$$

## 12

제1류 위험물인 과산화나트륨의 운반용기 외부에 부착해야 하는 주의사항을 모두 쓰시오.

**해설**

화기주의, 충격주의, 물기엄금, 가연물접촉주의

**참고**

*위험물의 운반용기 외부에 수납하는 위험물에 따른 주의사항

| 유별 | 성질 | 표시 |
|---|---|---|
| 제1류 위험물 | 산화성고체 | 알칼리금속의 과산화물 또는 이를 함유한 것 : 화기주의, 충격주의, 물기엄금, 가연물접촉주의 |
| | | 그 외 : 화기주의, 충격주의, 가연물접촉주의 |
| 제2류 위험물 | 가연성고체 | 철분, 금속분, 마그네슘 : 화기주의, 물기엄금 |
| | | 인화성고체 : 화기엄금 |
| | | 그 외 : 화기주의 |
| 제3류 위험물 | 자연발화성 및 금수성물질 | 자연발화성물질 : 화기엄금, 공기접촉엄금 |
| | | 금수성물질 : 물기엄금 |
| 제4류 위험물 | 인화성액체 | 화기엄금 |
| 제5류 위험물 | 자기반응성 물질 | 화기엄금, 충격주의 |
| 제6류 위험물 | 산화성액체 | 가연물접촉주의 |

## 13

마그네슘에 (1)물로 냉각소화할 때의 반응식과 (2)주수소화가 안되는 이유를 쓰시오.

**해설**

(1) $\underset{(마그네슘)}{Mg} + \underset{(물)}{2H_2O} \rightarrow \underset{(수산화마그네슘)}{Mg(OH)_2} + \underset{(수소)}{H_2}$

(2) 가연성의 수소가스가 발생하여 위험성이 증대된다.

**2009**
**4회차**

위험물산업기사
# 실기 기출문제

## 01

**다음 위험물들을 저장할 때 각각 사용되는 보호액 한 가지씩 쓰시오.**

(1) 황린
(2) 칼륨
(3) 이황화탄소

해설
(1) pH9 정도의 약알칼리성 물
(2) 등유, 경유, 유동파라핀유, 벤젠 등
(3) 물

## 02

**다음 보기 위험물의 지정수량의 배수의 합을 계산하시오.**

[보기]
클로로벤젠 $1500L$, 메틸알코올 $1000L$,
메틸에틸케톤 $1000L$

해설

$$지정수량의\ 배수 = \frac{저장수량}{지정수량} = \frac{1500}{1000} + \frac{1000}{400} + \frac{1000}{200} = 9배$$

| 물질 | 품명 | 지정수량 |
|---|---|---|
| 클로로벤젠 | 제2석유류 (비수용성) | $1000L$ |
| 메틸알코올 | 알코올류 | $400L$ |
| 메틸에틸케톤 | 제1석유류 (비수용성) | $200L$ |

## 03

**제3류 위험물 중 지정수량이 $10kg$인 위험물의 품명을 모두 쓰시오.**

해설
칼륨, 나트륨, 알킬알루미늄, 알킬리튬

참고
*제3류 위험물의 지정수량

| 품명 | 지정수량 |
|---|---|
| 칼륨 | $10kg$ |
| 나트륨 | $10kg$ |
| 알킬알루미늄 | $10kg$ |
| 알킬리튬 | $10kg$ |
| 황린 | $20kg$ |
| 알칼리금속 | $50kg$ |
| 알칼리토금속 | $50kg$ |
| 유기금속화합물 | $50kg$ |

## 04

**황화린의 종류 3가지를 조해성의 유무에 따른 분류를 하시오.**

해설
조해성이 없는 황화린 : 삼황화린($P_4S_3$)
조해성이 있는 황화린 : 오황화린($P_2S_5$), 칠황화린($P_4S_7$)

## 05

**벤조일퍼옥사이드에 대한 내용일 때 빈칸을 채우시오.**

[보기]
벤조일퍼옥사이드는 상온에서 ( ① )상태이며 가열하면 약 100℃ 부근에서 ( ② )색 연기를 내며 분해한다.

해설
① 고체 ② 흰(백)

## 06

**위험물제조소에 국소방식의 배출설비를 제조소에 설치하는 경우 배출능력은 시간당 배출장소 용적의 몇 배 이상으로 하여야 하는가?**

해설
20배

참고
*국소방식의 배출설비
배출능력은 1시간당 배출장소 용적의 20배 이상인 것으로한다. (전역방식의 경우에는 바닥면적의 $1m^3$당 $18m^3$으로 할 수 있다.)

## 07

**다음 보기의 위험물들을 인화점이 낮은 순대로 배치하시오.**

[보기]
디에틸에테르, 아세톤, 이황화탄소, 산화프로필렌

해설
디에틸에테르 < 산화프로필렌 < 이황화탄소 < 아세톤

참고

| 명칭 | 품명 | 인화점 |
|---|---|---|
| 디에틸에테르 | 특수인화물 | -45℃ |
| 아세톤 | 제1석유류 (수용성) | -18℃ |
| 이황화탄소 | 특수인화물 | -30℃ |
| 산화프로필렌 | 특수인화물 | -37℃ |

## 08

**옥내 저장소에 저장 시 높이에 대한 각 물 음에 답하시오.**

[보기]
(1) 기계에 의하여 하역하는 구조로 된 용기만을 겹쳐 쌓는 경우 저장 높이는 ( ① )$m$를 초과해서는 안된다.
(2) 옥외저장소에서 위험물을 수납한 용기를 선반에 저장하는 경우 저장 높이는 ( ② )$m$를 초과해서는 안된다.
(3) 중유만을 저장하는 경우 저장 높이는 ( ③ )$m$를 초과해서는 안된다.

해설
① 6 ② 6 ③ 4

참고
*옥내 저장소에 저장 시 높이
아래 기준의 높이를 초과하지 않아야 한다.
① 기계에 의하여 하역하는 구조로 된 용기만을 겹쳐 쌓는 경우 : $6m$
② 제4류 위험물 중 제3석유류, 제4석유류, 동식물유류를 수납하는 용기만을 겹쳐 쌓는 경우 : $4m$
③ 그 밖의 경우 : $3m$

## 09

**제4류 위험물 중 알코올류에 속한 메틸알코올에 대한 각 물음에 답하시오.**

(1) 완전연소 반응식
(2) 메탄올 $1mol$에 대한 생성물질의 몰 수의 총합을 구하시오.

**해설**

(1) $2CH_3OH + 3O_2 \rightarrow 2CO_2 + 4H_2O$
(메틸알코올) (산소) (이산화탄소) (물)

(2) $CH_3OH + 1.5O_2 \rightarrow CO_2 + 2H_2O$
(메틸알코올) (산소) (이산화탄소) (물)

$\therefore 3mol$

## 10

**제1류 위험물인 과염소산칼륨의 610℃의 분해반응식을 쓰시오.**

**해설**

$KClO_4 \rightarrow KCl + 2O_2$
(과염소산칼륨) (염화칼륨) (산소)

## 11

**제1류 위험물 중 알칼리금속의 과산화물의 운반용기 외부에 부착해야 하는 주의사항을 모두 쓰시오.**

**해설**

화기주의, 충격주의, 물기엄금, 가연물접촉주의

**해설**

*위험물의 운반용기 외부에 수납하는 위험물에 따른 주의사항

| 유별 | 성질 | 표시 |
|---|---|---|
| 제1류 위험물 | 산화성고체 | 알칼리금속의 과산화물 또는 이를 함유한 것 : 화기주의, 충격주의, 물기엄금, 가연물접촉주의 |
| | | 그 외 : 화기주의, 충격주의, 가연물접촉주의 |
| 제2류 위험물 | 가연성고체 | 철분, 금속분, 마그네슘 : 화기주의, 물기엄금 |
| | | 인화성고체 : 화기엄금 |
| | | 그 외 : 화기주의 |
| 제3류 위험물 | 자연발화성 및 금수성물질 | 자연발화성물질 : 화기엄금, 공기접촉엄금 |
| | | 금수성물질 : 물기엄금 |
| 제4류 위험물 | 인화성액체 | 화기엄금 |
| 제5류 위험물 | 자기반응성 물질 | 화기엄금, 충격주의 |
| 제6류 위험물 | 산화성액체 | 가연물접촉주의 |

## 12

**제5류 위험물 중 휘황색의 침상결정이며, 착화점 300℃, 융점 122.5℃, 비점 255℃, 비중 1.8인 위험물에 대한 각 물음에 답하시오.**

(1) 명칭
(2) 구조식

**해설**

(1) 트리니트로페놀($C_6H_2OH(NO_2)_3$)

(2)

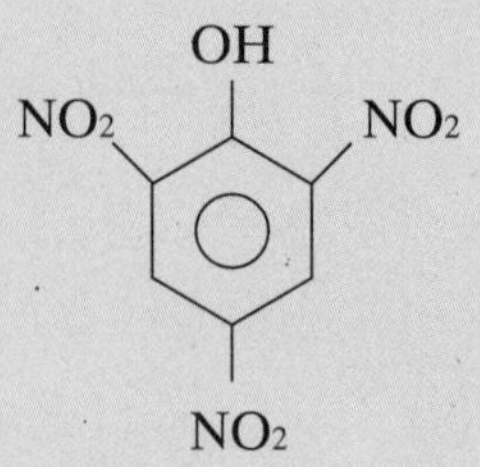

## 13

**트리에틸알루미늄(TEA)과 물의 반응식을 쓰시오.**

해설

$$(C_2H_5)_3Al + 3H_2O \rightarrow Al(OH)_3 + 3C_2H_6$$

(트리에틸알루미늄) (물) (수산화알루미늄) (에탄)

# 2010 1회차

위험물산업기사
# 실기 기출문제

## 01

**다음 표는 제3류 위험물에 대한 내용일 때 빈칸을 채우시오.**

| 품명 | 지정수량 |
|---|---|
| 칼륨 | ( ① ) |
| 나트륨 | ( ② ) |
| 알킬알루미늄 | ( ③ ) |
| 알킬리튬 | ( ④ ) |
| 황린 | ( ⑤ ) |
| 알칼리금속 | ( ⑥ ) |
| 유기금속화합물 | ( ⑦ ) |

해설

① $10kg$
② $10kg$
③ $10kg$
④ $10kg$
⑤ $20kg$
⑥ $50kg$
⑦ 50kg

## 02

**제5류 위험물 중 유기과산화물에 속하는 벤조일퍼옥사이드의 구조식을 그리시오.**

해설

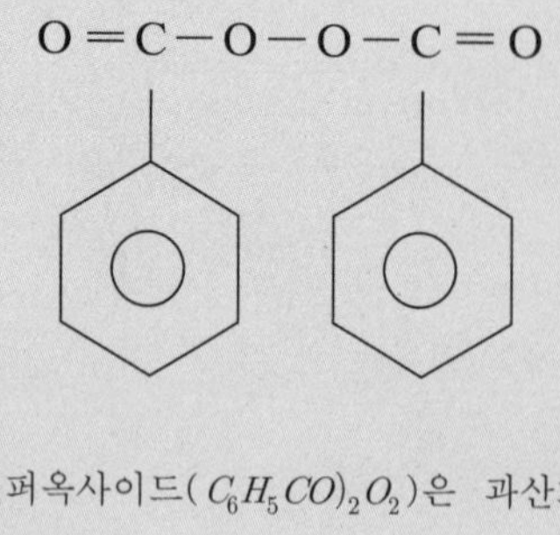


참고

벤조일퍼옥사이드($(C_6H_5CO)_2O_2$)은 과산화벤조일이라고도 부른다.

## 03

**다음은 염소산칼륨에 대한 내용일 때 각 물음에 답을 쓰시오.**

(1) 완전분해 반응식을 쓰시오.
(2) 염소산칼륨 $1kg$이 표준상태에서 완전분해 시 생성되는 산소의 부피$[m^3]$를 구하시오.

해설

(1) $\underset{(\text{염소산칼륨})}{2KClO_3} \rightarrow \underset{(\text{염화칼륨})}{2KCl} + \underset{(\text{산소})}{3O_2}$

(2) 염소산칼륨의 분자량 : $39 + 35.5 + 16 \times 3 = 122.5g$
표준상태는 1기압 0℃을 나타내고,

$PV = nRT = \dfrac{W}{M}RT$에서,

$$\therefore V = \frac{WRT}{PM} \times \frac{\text{생성물의 몰수}}{\text{반응물의 몰수}}$$

$$= \frac{1 \times 0.082 \times (0+273)}{1 \times 122.5} \times \frac{3}{2} = 0.27m^3$$

## 04

**다음 표에 혼재가 가능한 위험물 $O$, 불가능한 위험물 $X$로 표시하시오.**

| | 1류 | 2류 | 3류 | 4류 | 5류 | 6류 |
|---|---|---|---|---|---|---|
| 1류 | | | | | | |
| 2류 | | | | | | |
| 3류 | | | | | | |
| 4류 | | | | | | |
| 5류 | | | | | | |
| 6류 | | | | | | |

해설

| | 1류 | 2류 | 3류 | 4류 | 5류 | 6류 |
|---|---|---|---|---|---|---|
| 1류 | | × | × | × | × | ○ |
| 2류 | × | | × | ○ | ○ | × |
| 3류 | × | × | | ○ | × | × |
| 4류 | × | ○ | ○ | | ○ | × |
| 5류 | × | ○ | × | ○ | | × |
| 6류 | ○ | × | × | × | × | |

참고

*혼재 가능한 위험물

① 4:23
- 제4류와 제2류, 제4류와 제3류는 혼재 가능

② 5:24
- 제5류와 제2류, 제5류와 제4류는 혼재 가능

③ 6:1
- 제6류와 제1류는 혼재 가능

## 05

**다음 보기는 제2류 위험물들일 때 운반용기 외부에 표시해야 하는 주의사항을 각각 쓰시오.**

[보기]
① 금수성물질 ② 인화성고체 ③ 그 외

해설

① 금수성물질 : 화기주의, 물기엄금
② 인화성고체 : 화기엄금
③ 그 외 : 화기주의

참고

*위험물의 운반용기 외부에 수납하는 위험물에 따른 주의사항

| 유별 | 성질 | 표시 |
|---|---|---|
| 제1류 위험물 | 산화성고체 | 알칼리금속의 과산화물 또는 이를 함유한 것 : 화기주의, 충격주의, 물기엄금, 가연물접촉주의 |
| | | 그 외 : 화기주의, 충격주의, 가연물접촉주의 |
| 제2류 위험물 | 가연성고체 | 철분, 금속분, 마그네슘 : 화기주의, 물기엄금 |
| | | 인화성고체 : 화기엄금 |
| | | 그 외 : 화기주의 |
| 제3류 위험물 | 자연발화성 및 금수성물질 | 자연발화성물질 : 화기엄금, 공기접촉엄금 |
| | | 금수성물질 : 물기엄금 |
| 제4류 위험물 | 인화성액체 | 화기엄금 |
| 제5류 위험물 | 자기반응성 물질 | 화기엄금, 충격주의 |
| 제6류 위험물 | 산화성액체 | 가연물접촉주의 |

## 06

**조해성이 없는 황화린을 연소할 때 생성되는 물질 2가지를 화학식으로 쓰시오.**

해설

조해성이 없는 황화린 : 삼황화린($P_4S_3$)
조해성이 있는 황화린 : 오황화린($P_2S_5$), 칠황화린($P_4S_7$)

$$\underset{(\text{삼황화린})}{P_4S_3} + \underset{(\text{산소})}{8O_2} \rightarrow \underset{(\text{오산화린})}{2P_2O_5} + \underset{(\text{이산화황})}{3SO_2}$$

$\therefore P_2O_5,\ SO_2$

## 07

**자연발화성물질인 황린은 강알칼리 용액과 반응할 때 생성되는 기체가 무엇인지 쓰시오.**

해설

$$\underset{(\text{황린})}{P_4} + \underset{(\text{수산화칼륨})}{3KOH} + \underset{(\text{물})}{3H_2O} \rightarrow \underset{(\text{차아인산칼륨})}{3KH_2PO_2} + \underset{(\text{포스핀})}{PH_3}$$

$\therefore$포스핀($PH_3$)

## 08

**금수성물질인 탄화칼슘과 물의 반응식을 쓰시오.**

해설

$$\underset{(탄화칼슘)}{CaC_2} + \underset{(물)}{2H_2O} \rightarrow \underset{(수산화칼슘)}{Ca(OH)_2} + \underset{(아세틸렌)}{C_2H_2}$$

## 09

**제6류 위험물로 염산과 반응하여 백금을 용해시키며, 분자량이 63인 위험물을 쓰시오.**

해설

질산($HNO_3$)

참고

질산의 분자량 : $1 + 14 + 16 \times 3 = 63$

## 10

**제4류 위험물 중 제1석유류 ~ 동식물유류의 인화점의 기준을 쓰시오.**

[보기]

① 제1석유류 : 인화점이 (　)℃ 미만
② 제2석유류 : 인화점이 (　)℃ 이상 (　)℃ 미만
③ 제3석유류 : 인화점이 (　)℃ 이상 (　)℃ 미만
④ 제4석유류 : 인화점이 (　)℃ 이상 (　)℃ 미만
⑤ 동식물유류 : 인화점이 (　)℃ 미만

해설

① 21
② 21, 70
③ 70, 200
④ 200, 250
⑤ 250

## 11

**다음 보기는 제조소 등에서 위험물의 저장 및 취급에 관한 기준에 대한 내용일 때 빈칸을 채우시오.**

[보기]

(1) 위험물을 저장 또는 취급하는 건축물 그 밖의 공작물 또는 설비는 당해 위험물의 성질에 따라 차광 또는 ( ① )를 실시하여야 한다.

(2) 위험물은 온도계, 습도계, 압력계 그 밖의 계기를 감시하여 당해 위험물의 성질에 맞는 적정한 ( ② ), ( ③ ) 또는 압력을 유지하도록 저장 또는 취급하여야 한다.

해설

① 환기
② 온도
③ 습도

## 12

**다음 보기는 제4류 위험물을 나열한 것이다. 수용성인 위험물을 고르시오.**

[보기]

| | | |
|---|---|---|
| ① 이황화탄소 | ② 아세트알데히드 | ③ 아세톤 |
| ④ 크실렌 | ⑤ 클로로벤젠 | ⑥ 에틸알코올 |

해설

②, ③, ⑥

참고

| 명칭 | 품명 |
|---|---|
| 이황화탄소 | 특수인화물 (비수용성) |
| 아세트알데히드 | 특수인화물 (수용성) |
| 아세톤 | 제1석유류 (수용성) |
| 크실렌 | 제2석유류 (비수용성) |
| 클로로벤젠 | 제2석유류 (비수용성) |
| 에틸알코올 | 알코올류 (수용성) |

## 13

**옥외탱크저장소 방유제 안에 30만, 20만, 50만리터 3개의 인화성 탱크가 설치되어 있을 때 방유제의 저장용량은 몇 $m^3$ 이상으로 하여야 하는가?**

해설

저장용량 = $500000 \times 1.1 = 550000L = 550m^3$ 이상

참고

*옥외탱크저장소의 방유제 설치 기준

① 방유제의 용량은 설치된 탱크가 하나일 때
　: 그 탱크 용량의 110% 이상

② 방유제의 용량은 설치된 탱크가 2기 이상일 때
　: 그 탱크 중 용량이 최대인 용량의 110%이상

**2010**
**2회차**

위험물산업기사
# 실기 기출문제

## 01

**제3류 위험물인 탄화칼슘에 대해 각 물음에 답하시오.**

(1) 탄화칼슘과 물의 반응식을 쓰시오.
(2) 생성 기체와 구리와의 반응식을 쓰시오.
(3) (2)에서 구리와 반응하면 위험한 이유를 쓰시오.

해설

(1) $\underset{(탄화칼슘)}{CaC_2} + \underset{(물)}{2H_2O} \rightarrow \underset{(수산화칼슘)}{Ca(OH)_2} + \underset{(아세틸렌)}{C_2H_2}$

(2) $\underset{(아세틸렌)}{C_2H_2} + \underset{(구리)}{2Cu} \rightarrow \underset{(구리아세틸리드)}{Cu_2C_2} + \underset{(수소)}{H_2}$

(3) 폭발성 물질인 구리아세틸리드와 가연성의 수소를 발생하여 위험성이 증대된다.

## 02

**다음 표는 주유취급소의 위치 · 구조 및 설비의 기준에 대한 내용일 때 알맞은 답을 쓰시오.**

| 기준 | 고정주유설비 | 고정급유설비 |
|---|---|---|
| 도로경계선 | ( ① ) 이상 | ( ② ) 이상 |
| 부지경계선 및 담 | ( ③ ) 이상 | ( ④ ) 이상 |
| 건축물의 벽 | ( ⑤ ) 이상 | ( ⑥ ) 이상 |
| 개구부가 없는 벽 | ( ⑦ ) 이상 | ( ⑧ ) 이상 |
| ※ 고정주유설비와 고정급유설비 사이에는 $4m$ 이상. | | |

해설

① $4m$　② $4m$
③ $2m$　④ $1m$
⑤ $2m$　⑥ $2m$
⑦ $1m$　⑧ $1m$

## 03

**알루미늄분과 물의 반응식을 쓰시오.**

해설

$\underset{(알루미늄)}{2Al} + \underset{(물)}{6H_2O} \rightarrow \underset{(수산화알루미늄)}{2Al(OH)_3} + \underset{(수소)}{3H_2}$

## 04

**산화성액체에 산화력의 잠재력인 위험성을 판단하기 위한 시험인 연소시간 측정 시험에 사용되는 물질 2가지를 쓰시오.**

해설

① 질산　② 목분

## 05

**제4류 위험물 중 특수인화물에 속하는 산화프로필렌의 (1)화학식 및 (2)지정수량을 쓰시오.**

해설

(1) $CH_3CH_2CHO$
(2) $50L$

## 06

**다음 보기 중 인화점이 낮은 순대로 배치하시오.**

[보기]

① 초산에틸 ② 메틸알코올
③ 니트로벤젠 ④ 에틸렌글리콜

해설

① - ② - ③ - ④

참고

| 물질 | 인화점 |
| --- | --- |
| 초산에틸 | −4℃ |
| 메틸알코올 | 11℃ |
| 니트로벤젠 | 88℃ |
| 에틸렌글리콜 | 111℃ |

## 07

**표준상태에서 질산암모늄 $800g$이 열분해 되는 경우 발생하는 모든 기체의 부피$[L]$를 구하시오.**

해설

$$\underset{(질산암모늄)}{2NH_4NO_3} \rightarrow \underset{(물)}{4H_2O} + \underset{(질소)}{2N_2} + \underset{(산소)}{O_2}$$

질산암모늄의 분자량 : $14+1\times4+14+16\times3=80$

표준상태는 1기압 0℃을 나타내고,

$PV=nRT=\frac{W}{M}RT$에서,

$$\therefore V=\frac{WRT}{PM}\times\frac{생성물의\ 몰수}{반응물의\ 몰수}$$

$$=\frac{800\times0.082\times(0+273)}{1\times80}\times\frac{7}{2}=783.51L$$

## 08

**제5류 위험물 중 트리니트로페놀의 (1)구조식과 (2)지정수량을 쓰시오.**

해설

(1)

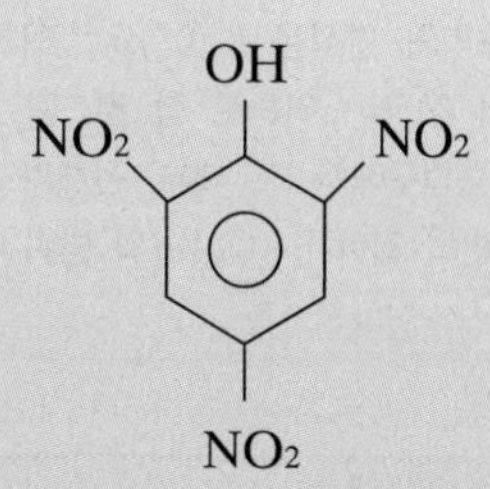


(2) 200$kg$

## 09

**제2류 위험물인 마그네슘에 대한 각 물음에 답하시오.**

(1) 마그네슘 완전연소 시 생성되는 물질을 쓰시오.
(2) 마그네슘과 황산이 반응할 때 생성되는 기체를 쓰시오.

해설

(1) $\underset{(마그네슘)}{2Mg} + \underset{(산소)}{O_2} \rightarrow \underset{(산화마그네슘)}{2MgO}$

∴산화마그네슘

(2) $\underset{(마그네슘)}{Mg} + \underset{(황산)}{H_2SO_4} \rightarrow \underset{(황산마그네슘)}{MgSO_4} + \underset{(수소)}{H_2}$

∴수소

## 10

**다음 보기는 자동화재탐지설비의 경계구역 설정기준에 대한 내용일 때 빈칸을 채우시오.**

[보기]

하나의 경계구역의 면적은 ( ① )$m^2$ 이하로 하고 한 변의 길이는 ( ② )$m$ 이하로 할 것. 단, 해당 소방대상물의 주된 출입구에서 그 내부 전체가 보이는 것에 있어서는 한 변의 길이가 ( ② )$m$의 범위 내에서 ( ③ ) $m^2$ 이하로 할 수 있다.

해설

① 600

② 50

③ 1000

## 11

**다음 보기에서 제3류 위험물 중 금수성물질을 제외한 나머지에 적응성이 있는 소화설비를 모두 고르시오.**

[보기]

① 옥내소화전설비
② 옥외소화전설비
③ 스프링클러설비
④ 물분무소화설비
⑤ 할로겐화합물소화설비
⑥ 이산화탄소소화설비

해설

①, ②, ③, ④

참고

*제3류 위험물 중 금수성물질을 제외한 나머에 적응성이 있는 소화설비

① 옥내소화전 또는 옥외소화전설비
② 스프링클러설비
③ 물분무소화설비
④ 포소화설비

## 12

**다음 보기의 지정수량을 쓰시오.**

[보기]

① 아염소산염류 ② 브롬산염류 ③ 중크롬산염류

해설

① $50kg$

② $300kg$

③ $1000kg$

## 13

**다음 보기에서 제2석유류에 대한 설명으로 옳은 것을 모두 고르시오.**

[보기]

① 등유, 경유
② 아세톤, 휘발유
③ 기어유, 실린더유
④ $1atm$에서 인화점이 21℃ 미만인 것
⑤ $1atm$에서 인화점이 21℃ 이상 70℃ 미만인 것
⑥ $1atm$에서 인화점이 70℃ 이상 200℃ 미만인 것

해설

①, ⑤

# 2010 4회차

위험물산업기사
# 실기 기출문제

## 01

**TNT의 분해시 생성되는 물질을 모두 쓰시오.**

해설

$2C_6H_2CH_3(NO_2)_3$ (트리니트로톨루엔) → $12CO$ (일산화탄소) + $5H_2$ (수소) + $3N_2$ (질소) + $2C$ (탄소)

∴ 일산화탄소, 수소, 질소, 탄소

## 02

**제1류 위험물 중 과망간산염류에 속하는 $KMnO_4$에 대하여 각 물음에 답하시오.**

(1) 지정수량을 쓰시오.
(2) 열분해식을 쓰시오.
(3) 묽은황산과의 반응식을 쓰시오.
(4) (2), (3)에 공통으로 생성된 물질을 쓰시오.

해설

(1) $1000kg$
(2) $2KMnO_4$ (과망간산칼륨) → $K_2MnO_4$ (망간산칼륨) + $MnO_2$ (이산화망간) + $O_2$ (산소)
(3) $4KMnO_4$ (과망간산칼륨) + $6H_2SO_4$ (황산)
→ $2K_2SO_4$ (황산칼륨) + $4MnSO_4$ (황산망간) + $6H_2O$ (물) + $5O_2$ (산소)
(4) 산소($O_2$)

## 03

**다음 보기 중 위험물 운반용기 외부에 표시하는 주의사항을 각각 쓰시오.**

[보기]
① 제3류 위험물 중 금수성 물질
② 제4류 위험물
③ 제6류 위험물

해설

① 물기엄금
② 화기엄금
③ 가연물접촉주의

## 04

**다음 보기는 이동저장탱크의 구조에 대한 내용일 때 빈칸을 채우시오.**

[보기]
(1) 탱크는 두께 ( ① )$mm$ 이상의 강철판으로 할 것.
(2) 압력탱크 외의 탱크는 ( ② )$kPa$의 압력으로, 압력탱크는 최대상용압력의 ( ③ )배의 압력으로 각각 ( ④ )분간 수압시험을 실시하여 새거나 변형되지 아니할 것.
(3) 방파판은 두께 ( ⑤ )$mm$ 이상의 강철판 또는 이와 동등 이상의 강도·내열성 및 내식성이 있는 금속성의 것으로 할 것.

해설

① 3.2
② 70
③ 1.5
④ 10
⑤ 1.6

## 05

**다음 보기에서 제4류 위험물 중 비수용성인 위험물을 모두 고르시오.**

| [보기] |
|---|
| ① 이황화탄소 ② 아세트알데히드 ③ 아세톤 ④ 스티렌 ⑤ 클로로벤젠 |

해설

①, ④, ⑤

## 06

**소화난이도등급 I에 해당하는 제조소에 관한 내용일 때 빈칸을 채우시오.**

[보기]

(1) 연면적 ( ① )$m^2$ 이상인 것

(2) 지반면으로부터 ( ② )$m$ 이상의 높이에 위험물 취급설비가 있는 것

(3) 지정수량의 ( ③ )배 이상인 것

해설

① 1000

② 6

③ 100

## 07

**다음을 구하시오.**

(1) 트리에틸알루미늄의 연소 반응식

(2) 트리에틸알루미늄과 물의 반응식

(3) 트리에틸알루미늄과 메틸알코올의 반응식

해설

(1)

$2(C_2H_5)_3Al + 21O_2 \rightarrow Al_2O_3 + 12CO_2 + 15H_2O$

(트리에틸알루미늄) (산소) (산화알루미늄) (이산화탄소) (물)

(2) $(C_2H_5)_3Al + 3H_2O \rightarrow Al(OH)_3 + 3C_2H_6$

(트리에틸알루미늄) (물) (수산화알루미늄) (에탄)

(3) $(C_2H_5)_3Al + 3CH_3OH \rightarrow Al(CH_3O)_3 + 3C_2H_6$

(트리에틸알루미늄) (메틸알코올) (트리메톡시알루미늄) (에탄)

## 08

**과산화칼륨 화재 시 주수소화가 부적합한 이유를 쓰시오.**

해설

$2K_2O_2 + 2H_2O \rightarrow 4KOH + O_2$

(과산화칼륨) (물) (수산화칼륨) (산소)

물과 격렬히 반응하여 폭발적으로 조연성의 산소를 방출하여 위험성이 증대된다.

## 09

**위험물 제조소에 $200m^3$ 및 $100m^3$의 탱크가 각각 1개씩 있으며, 탱크 주위로 방유제를 만들 때 방유제의 용량$[m^3]$을 구하시오.**

해설

방유제의 용량 $= 200\times0.5+100\times0.1 = 110m^3$ 이상

참고

*위험물 제조소에 있는 위험물 취급탱크

① 하나의 취급 탱크 주위에 설치하는 방유제의 용량
: 당해 탱크용량의 50% 이상

② 2 이상의 취급 탱크 주위에 하나의 방유제를 설치하는 경우, 방유제의 용량
: 당해 탱크 중 용량이 최대인 것의 50%에 나머지 탱크용량의 합계를 10%를 가산한 양 이상이 되게 할 것

## 10

**과산화수소와 이산화망간의 반응식을 쓰시오.**

해설

$2H_2O_2$ (과산화수소) + $MnO_2$ (이산화망간) → $2H_2O$ (물) + $O_2$ (산소) + $MnO_2$ (이산화망간)

참고

이산화망간은 촉매 역할만 하고 반응하고 난 후 바닥에 그대로 남아있다.

## 11

**이소프로필알코올을 산화시켜 만든 것으로 요오드포름 반응을 하는 제1석유류에 대한 각 물음에 답하시오.**

(1) 제1석유류 중 요오드포름반응을 하는 것의 명칭을 쓰시오.
(2) 요오드포름의 화학식을 쓰시오.
(3) 요오드포름의 색깔을 쓰시오.

해설

(1) 아세톤
(2) $CHI_3$
(3) 노란색

참고

아세톤, 아세트알데히드, 에틸알코올에 수산화칼륨과 요오드를 반응시키면 노란색의 요오드포름($CHI_3$)의 침전물이 생긴다.

## 12

**이황화탄소($CS_2$)에 녹지 않는 황의 명칭을 쓰시오.**

해설

고무상황

참고

이황화탄소($CS_2$)에 녹는 황 : 사방황, 단사황
이황화탄소($CS_2$)에 녹지 않는 황 : 고무상황

**2011 1회차**

위험물산업기사

# 실기 기출문제

## 01

**제5류 위험물(자기반응성 물질)의 운반용기 외부에 표시해야 하는 주의사항을 쓰시오.**

해설

화기엄금, 충격주의

참고

*위험물의 운반용기 외부에 수납하는 위험물에 따른 주의사항

| 유별 | 성질 | 표시 |
|---|---|---|
| 제1류 위험물 | 산화성고체 | 알칼리금속의 과산화물 또는 이를 함유한 것 : 화기주의, 충격주의, 물기엄금, 가연물접촉주의 |
| | | 그 외 : 화기주의, 충격주의, 가연물접촉주의 |
| 제2류 위험물 | 가연성고체 | 철분, 금속분, 마그네슘 : 화기주의, 물기엄금 |
| | | 인화성고체 : 화기엄금 |
| | | 그 외 : 화기주의 |
| 제3류 위험물 | 자연발화성 및 금수성물질 | 자연발화성물질 : 화기엄금, 공기접촉엄금 |
| | | 금수성물질 : 물기엄금 |
| 제4류 위험물 | 인화성액체 | 화기엄금 |
| 제5류 위험물 | 자기반응성 물질 | 화기엄금, 충격주의 |
| 제6류 위험물 | 산화성액체 | 가연물접촉주의 |

## 02

**다음 보기 위험물의 지정수량의 배수의 합을 계산하시오.**

[보기]
클로로벤젠 $1500L$, 메틸알코올 $1000L$, 메틸에틸케톤 $1000L$

해설

$$\text{지정수량의 배수} = \frac{\text{저장수량}}{\text{지정수량}} = \frac{1500}{1000} + \frac{1000}{400} + \frac{1000}{200} = 9\text{배}$$

| 물질 | 품명 | 지정수량 |
|---|---|---|
| 클로로벤젠 | 제2석유류 (비수용성) | $1000L$ |
| 메틸알코올 | 알코올류 | $400L$ |
| 메틸에틸케톤 | 제1석유류 (비수용성) | $200L$ |

## 03

**증기는 마취성이 있고 요오드포름 반응을 하며 화장품 원료로 사용되는 물질에 대하여 다음을 구하시오.**

(1) 해당하는 위험물을 쓰시오.
(2) 이 위험물의 지정수량을 쓰시오.
(3) 이 위험물이 진한 황산과의 축합반응 후에 생성되는 특수인화물을 쓰시오.

해설

(1) 에틸알코올($C_2H_5OH$)
(2) 400L (제4류 위험물 중 알코올류)
(3) $$\underset{(\text{에틸알코올})}{2C_2H_5OH} \xrightarrow[\text{축합반응}]{C-H_2SO_4} \underset{(\text{디에틸에테르})}{C_2H_5OC_2H_5} + \underset{(\text{물})}{H_2O}$$

∴디에틸에테르($C_2H_5OC_2H_5$)

## 04

**다음 보기의 빈칸에 대한 알맞은 답을 쓰시오.**

[보기]

(1) 「인화성고체」라 함은 고형알코올, 그 밖에 $1atm$에서 인화점이 섭씨 ( ① )℃ 미만인 고체를 말한다.

(2) 「철분」이라 함은 철의 분말로서 ( ② )$\mu m$의 표준체를 통과하는 것이 ( ③ )$wt\%$ 이상인 것을 말한다.

(3) 「특수인화물」이라 함은 이황화탄소, 디에틸에테르, 그 밖에 $1atm$에서 발화점이 섭씨 ( ④ )℃ 이하인 것 또는 인화점이 섭씨 영하 ( ⑤ )℃ 이하이고 비점이 섭씨 ( ⑥ )℃ 이하인 것을 말한다.

해설

① 40 ② 53 ③ 50 ④ 100 ⑤ 20 ⑥ 40

## 05

**다음 보기의 위험물 등급을 분류하시오.**

[보기]

칼륨, 나트륨, 알킬알루미늄, 알킬리튬,
황린, 알칼리토금속

해설

I 등급 : 칼륨, 나트륨, 알킬알루미늄, 알킬리튬, 황린
II 등급 : 알칼리토금속

참고

| 등급 | 품명 | 지정수량 |
|---|---|---|
| I | 칼륨 | 10kg |
| | 나트륨 | |
| | 알킬리튬 | |
| | 알킬알루미늄 | |
| | 황린 | 20kg |
| II | 알칼리금속 (칼륨, 나트륨 제외) | 50kg |
| | 알칼리토금속 | |
| | 유기금속화합물 (알킬알루미늄, 알킬리튬 제외) | |
| III | 금속인화합물 | 300kg |
| | 금속수소화합물 | |
| | 칼슘 탄화물 | |
| | 알루미늄 탄화물 | |

## 06

**톨루엔에 질산과 진한황산을 혼합하여 생성되는 위험물을 쓰시오.**

해설

$$\underset{(톨루엔)}{C_6H_5CH_3} + \underset{(질산)}{3HNO_3} \xrightarrow[\text{니트로화}]{C-H_2SO_4} \underset{(트리니트로톨루엔)}{C_6H_2CH_3(NO_2)_3} + \underset{(물)}{3H_2O}$$

∴ 트리니트로톨루엔($TNT$)

## 07

**다음 보기에서 제3류 위험물인 나트륨의 화재 시 사용하는 소화방법으로 맞는 것을 모두 고르시오.**

[보기]

팽창질석, 건조사, 포소화설비,
이산화탄소소화설비, 인산염류분말소화설비

해설

팽창질석, 건조사

참고

나트륨은 제3류 위험물 중 금수성물질로 화재 시 건조사(마른모래), 팽창질석, 팽창진주암, 탄산수소염류 분말 소화설비 등으로 질식소화를 하여야 한다.

## 08

**다음 보기를 참고하여 제2류 위험물(가연성고체)에 대한 설명 중 알맞은 답을 모두 고르시오.**

| [보기] |
|---|
| ① 황화린, 유황, 적린은 위험등급 Ⅱ이다. |
| ② 고형알코올의 지정수량은 $1000kg$이다. |
| ③ 물에 대부분 잘 녹는다. |
| ④ 비중은 1보다 작다. |
| ⑤ 산화제이다. |

해설

①, ②

참고

③ 제2류 위험물은 물에 녹지 않는다.
④ 제2류 위험물은 일반적으로 비중이 1보다 크다.
⑤ 제2류 위험물은 환원제이다.

## 09

**제1류 위험물 중 염소산염류에 해당하는 위험물로 분자량이 106.5이고, 철제 용기를 부식시키는 것은 무엇인지 쓰시오.**

해설

염소산나트륨($NaClO_3$)

참고

염소산나트륨($NaClO_3$)의 분자량

: $23 + 35.5 + 16 \times 3 = 106.5$

## 10

**트리에틸알루미늄과 메틸알코올의 반응식을 쓰시오.**

해설

$$\underset{\text{(트리에틸알루미늄)}}{(C_2H_5)_3Al} + \underset{\text{(메틸알코올)}}{3CH_3OH} \rightarrow \underset{\text{(트리메톡시알루미늄)}}{Al(CH_3O)_3} + \underset{\text{(에탄)}}{3C_2H_6}$$

## 11

**인화점 측정방법 3가지를 쓰시오.**

해설

① 신속평형법
② 태그밀폐식
③ 클리브랜드 개방컵

## 12

**20℃의 물 $10kg$으로 주수소화를 할 경우 100℃의 수증기로 흡수하는 열량$[kcal]$을 구하시오.**

해설

① 물의 비열을 생각하여,
$Q_A = m\triangle T = 10 \times (100-20) = 800kcal$

② 물의 증발잠열을 고려하여,
$Q_B = 539m = 539 \times 10 = 5390kcal$

③ ①과 ②를 더한다.
$\therefore Q = Q_A + Q_B = 800 + 5390 = 6190kcal$

Memo

04

2011 2회차

위험물산업기사

# 실기 기출문제

## 01

**다음 보기에서 위험물탱크 시험자의 필수 기술인력을 모두 고르시오.**

[보기]
① 위험물기능장
② 누설비파괴검사 기사 • 산업기사
③ 초음파비파괴검사 기사 • 산업기사
④ 비파괴검사기능사
⑤ 토목분야 측량 관련 기술사
⑥ 위험물산업기사

해설

①, ③, ⑥

참고

*위험물탱크 시험장의 필수 기술인력

① 위험물기능장 • 위험물산업기사 또는 위험물기능사 중 1명 이상

② 비 파괴검사기술사 1명 이상 또는 초음파비파괴검사 • 자기비파괴검사 및 침투비파괴검사별로 기사 또는 산업기사 각 1명 이상

## 02

**압력 $800mmHg$, 온도 $30℃$에서, 이황화탄소 $100kg$이 연소할 때 발생하는 이산화황의 부피 $[m^3]$를 구하시오.**

해설

*이황화탄소 연소반응식

$CS_2$ (이황화탄소) + $3O_2$ (산소) → $CO_2$ (이산화탄소) + $2SO_2$ (이산화황)

이황화탄소($CS_2$)의 분자량 : $12+32\times2=76$

$PV=nRT=\frac{W}{M}RT$에서,

$$\therefore V=\frac{WRT}{PM}\times\frac{\text{생성물의 몰수}}{\text{반응물의 몰수}}$$

$$=\frac{100\times0.082\times(30+273)}{\frac{800}{760}\times76}\times\frac{2}{1}=62.12m^3$$

## 03

**아세트산(초산)의 완전 연소반응식을 쓰시오.**

해설

$CH_3COOH$ (아세트산) + $2O_2$ (산소) → $2CO_2$ (이산화탄소) + $2H_2O$ (물)

## 04

**적린을 완전 연소할 때 발생하는 기체의 화학식과 색상을 쓰시오.**

해설

$P_2O_5$, 백색

참고

*적린 연소반응식

$4P$ (적린) + $5O_2$ (산소) → $2P_2O_5$ (오산화린)

## 05

**다음 보기는 과산화물이 생성 여부를 확인하는 방법일 때 빈칸에 알맞은 답을 쓰시오.**

> [보기]
> 과산화물을 검출할 때 ( ① ) 10% 용액을 반응시켜, ( ② )색이 나타나는 것으로 검출이 가능하다.

해설

① 요오드화칼륨($KI$)　② 황

## 06

**제4류 위험물 중 위험등급 II에 해당하는 품명 2가지를 쓰시오.**

해설

제1석유류, 알코올류

참고

| 등급 | 품명 | | 지정수량 |
|---|---|---|---|
| I | 특수인화물(비수용성) | | 50L |
| | 특수인화물(수용성) | | |
| II | 제1석유류(비수용성) | | 200L |
| | 제1석유류(수용성) | | 400L |
| | 알코올류 | | 400L |
| III | 제2석유류(비수용성) | | 1000L |
| | 제2석유류(수용성) | | 2000L |
| | 제3석유류(비수용성) | | 2000L |
| | 제3석유류(수용성) | | 4000L |
| | 제4석유류 | | 6000L |
| | 동식물유류 | 건성유 | 10000L |
| | | 반건성유 | |
| | | 불건성유 | |

## 07

**$TNT$ 제조식을 쓰시오.**

해설

$$\underset{(\text{톨루엔})}{C_6H_5CH_3} + \underset{(\text{질산})}{3HNO_3} \xrightarrow[\text{니트로화}]{C-H_2SO_4} \underset{(\text{트리니트로톨루엔})}{C_6H_2CH_3(NO_2)_3} + \underset{(\text{물})}{3H_2O}$$

## 08

**다음 보기에 있는 위험물의 화학식 및 지정수량을 쓰시오.**

> [보기]
> 아세틸퍼옥사이드, 과망간산암모늄, 칠황화린

해설

① 아세틸퍼옥사이드 : $(CH_3CO)_2O_2$, 10kg

② 과망간산암모늄 : $NH_4MnO_4$, 1000kg

③ 칠황화린 : $P_4S_7$, 100kg

참고

| 구분 | 유별 및 품명 | 화학식 | 지정 수량 |
|---|---|---|---|
| 아세틸 퍼옥사이드 | 제5류 위험물 중 유기과산화물 | $(CH_3CO)_2O_2$ | 10kg |
| 과망간산 암모늄 | 제1류 위험물 중 과망간산염류 | $NH_4MnO_4$ | 1000kg |
| 칠황화린 | 제2류 위험물 중 황화린 | $P_4S_7$ | 100kg |

## 09

**주유취급소에 설치하는 탱크의 용량을 몇 $L$이하로 해야하는지 쓰시오.**

| [보기] |
|---|
| ① 비고속도로 주유취급소 ② 고속도로 주유취급소 |

해설

① 50000$L$이하

② 60000$L$ 이하

참고

*주유취급소 탱크의 용량

① 자동차 등에 주유학 위한 고정주유설비에 직접 접속하는 전용태크로서 50000$L$ 이하의 것

② 고정급유설비에 직접 접속하는 전용탱크로서 50000$L$ 이하의 것

③ 보일러 등에 직접 접속하는 전용탱크로서 10000$L$ 이하의 것

④ 자동차 등을 점검 • 정비하는 작업장 등에서 사용하는 폐유 • 윤활유 등의 위험물을 저장하는 탱크로서 용량이 2000$L$ 이하인 탱크

*고속국도주유취급소의 특례

고속국도의 도로변에 설치된 주유취급소에 있어서는 탱크의 용량을 60000$L$ 까지 할 수 있다.

## 10

**제2류 위험물과 혼재 가능한 위험물을 모두 쓰시오.**

해설

제4류 위험물, 제5류 위험물

참고

*혼재 가능한 위험물

① 4:23

- 제4류와 제2류, 제4류와 제3류는 혼재 가능

② 5:24

- 제5류와 제2류, 제5류와 제4류는 혼재 가능

③ 6:1

- 제6류와 제1류는 혼재 가능

| | 1류 | 2류 | 3류 | 4류 | 5류 | 6류 |
|---|---|---|---|---|---|---|
| 1류 | | × | × | × | × | ○ |
| 2류 | × | | × | ○ | ○ | × |
| 3류 | × | × | | ○ | × | × |
| 4류 | × | ○ | ○ | | ○ | × |
| 5류 | × | ○ | × | ○ | | × |
| 6류 | ○ | × | × | × | × | |

## 11

**다음 보기는 아세트알데히드 등의 옥외탱크저장소에 대한 내용일 때 빈칸을 채우시오.**

| [보기] |
|---|
| 아세트알데히드 또는 산화프로필렌의 옥외탱크 저장소는 ( ① ), ( ② ), ( ③ ), 수은 또는 이를 함유한 합금을 사용해서는 안된다. |

해설

① 동 ② 은 ③ 마그네슘

## 12

**제조소 또는 일반취급소에서 취급하는 제4류 위험물의 최대수량에 대한 자체소방대원 및 소방차의 수에 대한 다음 표를 완성하시오.**

| 사업소의 구분 | 화학소방 자동차 | 자체소방대원 수 |
|---|---|---|
| 3000배 이상 12만배 미만 | ( ① ) | ( ② ) |
| 12만배 이상 24만배 미만 | ( ③ ) | ( ④ ) |
| 24만배 이상 48만배 미만 | ( ⑤ ) | ( ⑥ ) |
| 48만배 이상 | ( ⑦ ) | ( ⑧ ) |

해설

① 1대 ② 5인

③ 2대 ④ 10인

⑤ 3대 ⑥ 15인

⑦ 4대 ⑧ 20인

## 13

**다음 보기 중 위험물에서 제외되는 물질을 모두 고르시오.**

| [보기] |
|---|
| 황산, 질산구아니딘, 금속의 아지화합물, 구리분, 과요오드산 |

해설

황산, 구리분

참고

질산구아니딘, 금속의 아지화합물 - 제5류 위험물
과요오드산 - 제1류 위험물

2011 4회차

위험물산업기사

# 실기 기출문제

## 01

**다음 보기의 빈칸을 채우시오.**

[보기]
아세트알데히드 등을 취급하는 탱크에는 ( ① ) 또는 ( ② ) 및 연소성 혼합기체의 생성에 의한 폭발을 방지하기 위한 불활성기체를 봉입하는 장치를 갖추어야 할 것

해설

① 냉각장치 ② 보냉장치

## 02

**질산메틸의 증기 비중을 구하시오.**

해설

질산메틸( $CH_3NO_3$ )의 분자량

: $12 + 1\times3 + 14 + 16\times3 = 77$

$$\therefore 증기비중 = \frac{분자량}{28.84} = \frac{77}{28.84} = 2.67$$

## 03

**트리에틸알루미늄(TEA)과 물의 반응식을 쓰시오.**

해설

$$\underset{(트리에틸알루미늄)}{(C_2H_5)_3Al} + \underset{(물)}{3H_2O} \rightarrow \underset{(수산화알루미늄)}{Al(OH)_3} + \underset{(에탄)}{3C_2H_6}$$

## 04

**유기과산화물과 혼재 불가능한 위험물을 모두 쓰시오.**

해설

유기과산화물은 제5류 위험물이니,

∴ 제1류 위험물, 제3류 위험물, 제6류 위험물

참고

*혼재 가능한 위험물

① 4:23
- 제4류와 제2류, 제4류와 제3류는 혼재 가능

② 5:24
- 제5류와 제2류, 제5류와 제4류는 혼재 가능

③ 6:1
- 제6류와 제1류는 혼재 가능

| | 1류 | 2류 | 3류 | 4류 | 5류 | 6류 |
|---|---|---|---|---|---|---|
| 1류 | | × | × | × | × | ○ |
| 2류 | × | | × | ○ | ○ | × |
| 3류 | × | × | | ○ | × | × |
| 4류 | × | ○ | ○ | | ○ | × |
| 5류 | × | ○ | × | ○ | | × |
| 6류 | ○ | × | × | × | × | |

## 05

**다음 보기의 빈칸을 채우시오.**

[보기]
알킬알루미늄 등을 저장 또는 취급하는 이동탱크저장소에 있어서는 건조사나 ( ① ) 또는 ( ② ) 등을 설치할 것.

해설

① 팽창질석 ② 팽창진주암

## 06

**다음 보기는 제4류 위험물들이며, 제2석유류(수용성)인 것을 모두 고르시오.**

[보기]
테라핀유, 등유, 클로로벤젠, 포름산, 경유, 아세트산

해설

포름산, 아세트산

참고

| 물질 | 품명 |
|---|---|
| 테라핀유 | 제2석유류(비수용성) |
| 등유 | 제2석유류(비수용성) |
| 클로로벤젠 | 제2석유류(비수용성) |
| 포름산(의산) | 제2석유류(수용성) |
| 경유 | 제2석유류(비수용성) |
| 아세트산(초산) | 제2석유류(수용성) |

## 07

**에틸알코올(에탄올)의 완전 연소반응식을 쓰시오.**

해설

$C_2H_5OH + 3O_2 \rightarrow 2CO_2 + 3H_2O$
(에틸알코올) (산소) (이산화탄소) (물)

## 08

**다음 물음에 각각 답하시오.**

(1) (  )라 함은 고형알코올, 그 밖에 1기압에서 인화점이 40℃ 미만인 고체를 말한다.
(2) 위의 위험물은 몇 류 위험물인가?
(3) 위의 위험물의 지정수량은?
(4) 위의 위험물의 위험등급은?

해설

(1) 인화성고체
(2) 제2류 위험물
(3) 1000$kg$
(4) 위험등급 III

## 09

**다음은 제4류 위험물에 관한 설명일 때 빈칸에 알맞은 답을 쓰시오.**

| 품명 | 지정수량 | 명칭 | 위험등급 |
|---|---|---|---|
| ( ① ) | 50$L$ | 이황화탄소 | I |
| 제3석유류 | ( ② ) | 중유 | ( ③ ) |
| 제4석유류 | ( ④ ) | 기어유 | III |

해설

① 특수인화물
② 2000$L$
③ III
④ 6000

## 10

**다음 방유제 설치에 대한 내용일 때 빈칸을 채우시오.**

높이가 (  )$m$를 넘는 방유제 및 간막이 둑의 안팎에는 방유제 내에 출입하기 위한 계단 또는 경사로를 약 50$m$ 마다 설치해야 한다.

해설

1

## 11

**질산암모늄의 구성성분 중 질소와 수소의 함량$[wt\%]$을 구하시오.**

해설

질산암모늄($NH_4NO_3$)의 분자량

: $14+1\times4+14+16\times3=80$

$$\therefore \text{질소}(N)\text{의 함량} = \frac{\text{질소 분자량}}{\text{전체 분자량}}\times100 = \frac{14\times2}{80}\times100 = 35wt\%$$

$$\therefore \text{수소}(H)\text{의 함량} = \frac{\text{수소 분자량}}{\text{전체 분자량}}\times100 = \frac{1\times4}{80}\times100 = 5wt\%$$

## 12

**다음 보기는 위험물의 운반기준일 때 빈칸을 채우시오.**

[보기]

(1) 고체 위험물은 운반용기 내용적의 ( ① )% 이하의 수납율로 수납할 것
(2) 액체 위험물은 운반용기 내용적의 ( ② )% 이하의 수납율로 수납할 것
(3) 자연발화성물질 중 알킬알루미늄 등은 운반용기의 내용적의 ( ③ )% 이하의 수납율로 수납할 것

해설

① 95
② 98
③ 90

Memo

04

# 2012 1회차

위험물산업기사

# 실기 기출문제

## 01

**다음은 이동저장탱크의 구조에 관한 내용일 때 빈칸에 알맞은 답을 쓰시오.**

[보기]
탱크(맨홀 및 주입관의 뚜껑을 포함)는 두께 ( )$mm$ 이상의 강철판 또는 이와 동등 이상의 강도 · 내식성 및 내열성이 있다고 인정하여 소방방재청장이 정하여 고시하는 재료 및 구조로 위험물이 새지 아니하게 제작할 것

해설
3.2

## 02

**다음 표의 빈칸을 채우시오.**

| 품명 | 유별 | 지정수량 |
|---|---|---|
| 칼륨 | ( ① ) | ( ② ) |
| 질산염류 | ( ③ ) | ( ④ ) |
| 니트로화합물 | ( ⑤ ) | ( ⑥ ) |
| 질산 | ( ⑦ ) | ( ⑧ ) |

해설
① 제3류 위험물 ② 10$kg$
③ 제1류 위험물 ④ 300$kg$
⑤ 제5류 위험물 ⑥ 200$kg$
⑦ 제6류 위험물 ⑧ 300$kg$

## 03

**위험물안전관리법에 따른 고인화점 위험물의 정의를 쓰시오.**

해설
인화점이 100℃ 이상인 제4류 위험물

## 04

**피크르산의 구조식을 쓰시오.**

해설

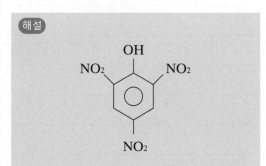

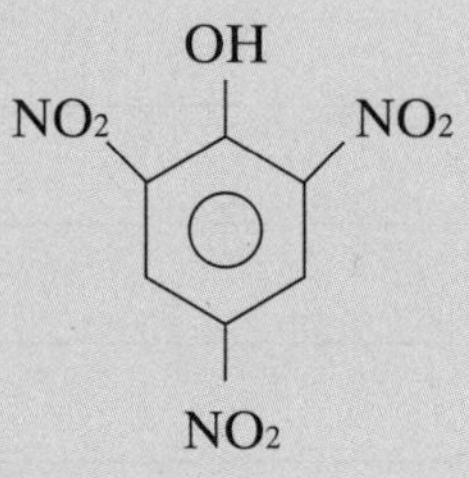


트리니트로페놀(=피크린산, =피크르산)의 시성식
: $C_6H_2OH(NO_2)_3$

## 05

**마그네슘에 (1)물로 냉각소화할 때의 반응식과 (2)주수소화가 안되는 이유를 쓰시오.**

해설
(1) $\underset{(마그네슘)}{Mg} + \underset{(물)}{2H_2O} \rightarrow \underset{(수산화마그네슘)}{Mg(OH)_2} + \underset{(수소)}{H_2}$
(2) 가연성의 수소가스가 발생하여 위험성이 증대된다.

## 06

**과산화나트륨과 이산화탄소의 화학반응식을 쓰시오.**

해설

$2Na_2O_2$ (과산화나트륨) + $2CO_2$ (이산화탄소) → $2Na_2CO_3$ (탄산나트륨) + $O_2$ (산소)

## 07

**표준상태에서 톨루엔의 증기밀도[$g/L$]를 계산하여 구하시오.**

해설

톨루엔($C_6H_5CH_3$)의 분자량

: $12\times6+1\times5+12+1\times3=92$

$$\therefore \text{증기밀도} = \frac{\text{톨루엔의 분자량}}{22.4} = \frac{92}{22.4} = 4.11g/L$$

## 08

**카바이드와 물이 접촉할 때의 반응식과 발생되는 기체의 완전 연소반응식을 쓰시오.**

해설

(1) $CaC_2$ (탄화칼슘) $+2H_2O$ (물) → $Ca(OH)_2$ (수산화칼슘) + $C_2H_2$ (아세틸렌)

(2) $2C_2H_2$ (아세틸렌) $+5O_2$ (산소) → $4CO_2$ (이산화탄소) $+2H_2O$ (물)

참고

탄화칼슘($CaC_2$)를 카바이드라고도 부른다.

## 09

**강화플라스틱제 이중벽 탱크의 성능시험 종류 3가지를 쓰시오.**

해설

① 비파괴시험
② 수압시험
③ 기밀시험

## 10

**다음 위험물들의 지정수량 배수의 합을 구하시오.**

아세톤 $20L$ - 100개, 경유 $200L$ - 5드럼

해설

$$\text{지정수량의 배수} = \frac{\text{저장수량}}{\text{지정수량}} = \frac{20\times100}{400} + \frac{200\times5}{1000}$$
$$= 6\text{배}$$

참고

| 명칭 | 품명 | 지정수량 |
|---|---|---|
| 아세톤 | 제1석유류 (수용성) | $400L$ |
| 경유 | 제2석유류 (비수용성) | $1000L$ |

## 11

**트리니트로톨루엔(TNT)을 분해 반응식을 쓰시오.**

해설

$2C_6H_2CH_3(NO_2)_3$ (트리니트로톨루엔)

→ $12CO$ (일산화탄소) $+5H_2$ (수소) $+3N_2$ (질소) $+2C$ (탄소)

## 12

다음 보기의 위험물들을 인화점이 낮은 순대로 배치하시오.

```
[보기]
디에틸에테르, 아세톤, 이황화탄소, 산화프로필렌
```

해설

디에틸에테르 < 산화프로필렌 < 이황화탄소 < 아세톤

참고

| 명칭 | 품명 | 인화점 |
|---|---|---|
| 디에틸에테르 | 특수인화물 | −45℃ |
| 아세톤 | 제1석유류 (수용성) | −18℃ |
| 이황화탄소 | 특수인화물 | −30℃ |
| 산화프로필렌 | 특수인화물 | −37℃ |

## 13

제1류 위험물 중 알칼리금속의 과산화물의 운반용기 외부에 부착해야 하는 주의사항을 모두 쓰시오.

해설

화기주의, 충격주의, 물기엄금, 가연물접촉주의

참고

*위험물의 운반용기 외부에 수납하는 위험물에 따른 주의사항

| 유별 | 성질 | 표시 |
|---|---|---|
| 제1류 위험물 | 산화성고체 | 알칼리금속의 과산화물 또는 이를 함유한 것 : 화기주의, 충격주의, 물기엄금, 가연물접촉주의 |
| | | 그 외 : 화기주의, 충격주의, 가연물접촉주의 |
| 제2류 위험물 | 가연성고체 | 철분, 금속분, 마그네슘 : 화기주의, 물기엄금 |
| | | 인화성고체 : 화기엄금 |
| | | 그 외 : 화기주의 |
| 제3류 위험물 | 자연발화성 및 금수성물질 | 자연발화성물질 : 화기엄금, 공기접촉엄금 |
| | | 금수성물질 : 물기엄금 |
| 제4류 위험물 | 인화성액체 | 화기엄금 |
| 제5류 위험물 | 자기반응성 물질 | 화기엄금, 충격주의 |
| 제6류 위험물 | 산화성액체 | 가연물접촉주의 |

## 14

"주유 중 엔진정지" 주의사항 게시판의 바탕색과 글자색을 쓰시오.

해설

① 바탕색 : 황색
② 글자색 : 흑색

# 2012 2회차

위험물산업기사
# 실기 기출문제

## 01

**제3류 위험물 중 위험등급 I에 해당되는 품명 5가지를 쓰시오.**

해설

① 칼륨
② 나트륨
③ 알킬알루미늄
④ 알킬리튬
⑤ 황린

참고

| 유별 | 품명 | 지정수량 | 위험등급 |
|---|---|---|---|
| 제3류 위험물 | 칼륨 | 10kg | I |
| | 나트륨 | | |
| | 알킬알루미늄 | | |
| | 알킬리튬 | | |
| | 황린 | 20kg | |

## 02

**다음은 철분의 정의일 때 빈칸을 채우시오.**

「철분」이라 함은 철의 분말로서 ( ① )$\mu m$의 표준체를 통과하는 것이 ( ② )$wt\%$ 이상인 것을 말한다.

해설

① 53　② 50

## 03

**다음 위험물 운반용기 외부의 주의사항을 쓰시오.**

| 유별 | 주의사항 |
|---|---|
| 제2류 위험물 중 인화성고체 | ( ① ) |
| 제3류 위험물 중 금수성물질 | ( ② ) |
| 제4류 위험물 | ( ③ ) |
| 제6류 위험물 | ( ④ ) |

해설

① 화기엄금
② 물기엄금
③ 화기엄금
④ 가연물 접촉주의

참고

*위험물의 운반용기 외부에 수납하는 위험물에 따른 주의사항

| 유별 | 성질 | 표시 |
|---|---|---|
| 제1류 위험물 | 산화성고체 | 알칼리금속의 과산화물 또는 이를 함유한 것 : 화기주의, 충격주의, 물기엄금, 가연물접촉주의 |
| | | 그 외 : 화기주의, 충격주의, 가연물접촉주의 |
| 제2류 위험물 | 가연성고체 | 철분, 금속분, 마그네슘 : 화기주의, 물기엄금 |
| | | 인화성고체 : 화기엄금 |
| | | 그 외 : 화기주의 |
| 제3류 위험물 | 자연발화성 및 금수성물질 | 자연발화성물질 : 화기엄금, 공기접촉엄금 |
| | | 금수성물질 : 물기엄금 |
| 제4류 위험물 | 인화성액체 | 화기엄금 |
| 제5류 위험물 | 자기반응성물질 | 화기엄금, 충격주의 |
| 제6류 위험물 | 산화성액체 | 가연물접촉주의 |

## 04

**다음 보기에서 이산화탄소 소화설비에 적응성이 있는 위험물을 모두 고르시오.**

[보기]
① 제1류 위험물 중 알칼리금속의 과산화물
② 제2류 위험물 중 인화성고체
③ 제3류 위험물
④ 제4류 위험물
⑤ 제5류 위험물
⑥ 제6류 위험물

해설

②, ④

참고

*이산화탄소 소화설비에 적응성이 있는 위험물
① 제2류 위험물 중 인화성고체
② 제4류 위험물
③ 전기설비

## 05

**옥외저장탱크 · 옥내저장탱크 또는 지하저장탱크 중 압력탱크 외의 탱크에 아래의 위험물을 저장할 경우에 유지하여야 하는 온도를 쓰시오.**

| 물질 | 온도 |
|---|---|
| 디에틸에테르 | ( ① ) |
| 산화프로필렌 | ( ② ) |
| 아세트알데히드 | ( ③ ) |

해설

① 30℃ 이하
② 30℃ 이하
③ 15℃ 이하

## 06

**트리에틸알루미늄(TEA)의 완전 연소반응식을 쓰시오.**

해설

$2(C_2H_5)_3Al + 21O_2 \rightarrow Al_2O_3 + 12CO_2 + 15H_2O$
(트리에틸알루미늄) (산소) (산화알루미늄) (이산화탄소) (물)

## 07

**옥외소화전설비의 개폐밸브 및 호스접속구는 지반면으로부터 몇 $m$ 이하의 높이에 설치해야 하는가?**

해설

$1.5m$ 이하

## 08

**외벽이 내화구조인 위험물 취급소의 건축물 면적이 $450m^2$인 경우 소요단위를 구하시오.**

해설

$$소요단위 = \frac{450}{100} = 4.5 ≒ 5소요단위$$

참고

*각 설비의 1소요단위의 기준

| 건축물 | 외벽이 내화구조인 것 | 외벽이 내화구조가 아닌 것 |
|---|---|---|
| 제조소 및 취급소 | $100m^2$ | $50m^2$ |
| 저장소 | $150m^2$ | $75m^2$ |

## 09

**제5류 위험물로서 담황색의 주상결정이며 분자량이 227, 융점이 81℃, 물에 녹지 않고 벤젠, 아세톤, 알코올에 녹는 이 물질에 대한 다음 각 물음에 답하시오.**

(1) 이 물질의 명칭
(2) 이 물질의 품명
(3) 이 물질의 지정수량
(4) 이 물질의 제조과정을 설명하시오.

해설

(1) 트리니트로톨루엔(TNT)
(2) 니트로화합물
(3) 200kg
(4) 톨루엔과 진한질산을 황산 촉매 하에 니트로화 반응하여 트리니트로톨루엔이 생성된다.

참고

*트리니트로톨루엔(TNT) 제조식

$$\underset{(톨루엔)}{C_6H_5CH_3} + \underset{(질산)}{3HNO_3} \xrightarrow[니트로화]{C-H_2SO_4} \underset{(트리니트로톨루엔)}{C_6H_2CH_3(NO_2)_3} + \underset{(물)}{3H_2O}$$

## 10

**황린의 연소반응식을 쓰시오.**

해설

$$\underset{(황린)}{P_4} + \underset{(산소)}{5O_2} \rightarrow \underset{(오산화린)}{2P_2O_5}$$

## 11

**$1mol$의 과산화나트륨과 물이 반응할 때 생성되는 산소의 몰수를 구하시오.**

해설

$$\underset{(과산화나트륨)}{2Na_2O_2} + \underset{(물)}{2H_2O} \rightarrow \underset{(수산화나트륨)}{4NaOH} + \underset{(산소)}{O_2}$$

$2mol$의 과산화나트륨이 반응하여 $1mol$의 산소를 생성하였으니, $1mol$의 과산화나트륨이 반응하면 $0.5mol$의 산소가 생성된다.

$\therefore 0.5mol$

## 12

**다음 보기는 지정과산화물 옥내저장소의 저장창고 격벽에 설치 기준일 때 빈칸을 채우시오.**

[보기]

저장창고는 ( ① )$m^2$ 이내마다 격벽으로 완전하게 구획할 것. 이 경우 당해 격벽은 두께 ( ② )$cm$ 이상의 철근콘크리트조 또는 철골철근콘크리트조로 하거나 두께 ( ③ )$cm$ 이상의 보강콘크리트블록조로 하고, 당해 저장창고의 양측의 외벽으로부터 ( ④ )$m$ 이상, 상부의 지붕으로부터 ( ⑤ )$cm$ 이상 돌출하게 하여야 한다.

해설

① 150
② 30
③ 40
④ 1
⑤ 50

## 13

**표준상태에서 $580g$의 인화알루미늄과 물이 반응하여 생성되는 기체의 부피[$L$]을 구하시오.**

해설

인화알루미늄($AlP$)의 분자량 : $27 + 31 = 58$

$$\underset{(인화알루미늄)}{AlP} + \underset{(물)}{3H_2O} \rightarrow \underset{(수산화알루미늄)}{Al(OH)_3} + \underset{(포스핀)}{PH_3}$$

표준상태(1기압, 0℃)에서 기체 $1mol$의 부피는 $22.4L$이고, 인화알루미늄 $1mol(58g)$이 반응할 때 $1mol$의 포스핀이 발생하니, $10mol(580g)$이 반응할 때 $10mol$의 포스핀이 발생하므로,

$\therefore V = 10 \times 22.4 = 224L$

## 14

**다음 그림을 참고하여 탱크의 내용적$[m^3]$을 구하시오.**

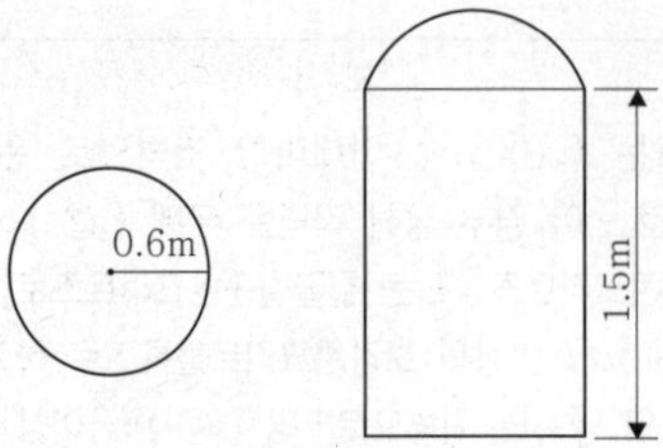


해설

$V = \pi r^2 \ell = \pi \times 0.6^2 \times 1.5 = 1.7m^3$

2012 4회차

위험물산업기사

# 실기 기출문제



## 01

**다음 보기를 참고하여 제1류 위험물의 성질로 옳은 것을 모두 고르시오.**

[보기]
① 무기화합물
② 유기화합물
③ 산화제
④ 인화점이 0℃ 이하
⑤ 인화점이 0℃ 이상
⑥ 고체

해설

①, ③, ⑥

## 02

**제2종 분말소화약제의 1차 열분해 반응식을 쓰시오.**

해설

$$\underset{(탄산수소칼륨)}{2KHCO_3} \rightarrow \underset{(탄산칼륨)}{K_2CO_3} + \underset{(이산화탄소)}{CO_2} + \underset{(물)}{H_2O}$$

## 03

**각 위험물의 위험등급 II에 해당되는 품명을 2가지씩 쓰시오.**

(1) 제1류 위험물
(2) 제2류 위험물
(3) 제4류 위험물

해설

(1) 제1류 위험물 : 브롬산염류, 요오드산염류, 질산염류
(2) 제2류 위험물 : 황화린, 적린, 유황
(3) 제4류 위험물 : 제1석유류, 알코올류

## 04

**다음 보기의 연소 방식을 분류하시오.**

[보기]
나트륨, TNT, 에틸알코올, 금속분,
디에틸에테르, TNP

(1) 표면연소
(2) 증발연소
(3) 자기연소

해설

(1) 표면연소 : 나트륨, 금속분
(2) 증발연소 : 에틸알코올, 디에틸에테르
(3) 자기연소 : TNT, TNP

참고

*고체연소의 종류
① 표면연소 : 숯(목탄), 코크스, 금속분 등
② 증발연소 : 제4류 위험물(에테르, 휘발유, 아세톤, 등유, 경유 등), 황, 나프탈렌, 파라핀(양초) 등
③ 자기연소 : 제5류 위험물(TNT, 니트로글리세린 등) 등
④ 분해연소 : 종이, 나무, 목재, 석탄, 중유, 플라스틱

## 05

**다음 보기는 제조소의 보유공지를 설치 안할 수 있는 격벽설치의 기준일 때 빈칸을 채우시오.**

[보기]
(1) 방화벽은 내화구조로 할 것. 다만, 제( ① )류 위험물인 경우 불연재료로 할 것
(2) 출입구 및 창에는 자동폐쇄식의 ( ② )을 설치할 것

해설
① 6　② 갑종방화문

## 06

**표준상태에서 트리에틸알루미늄 $228g$과 물의 반응식에서 발생된 기체의 부피[$L$]를 구하시오.**

해설
트리에틸알루미늄[$(C_2H_5)_3Al$]의 분자량
: $(12\times2+1\times5)\times3+27=114$

$$\underset{(\text{트리에틸알루미늄})}{(C_2H_5)_3Al} + \underset{(\text{물})}{3H_2O} \rightarrow \underset{(\text{수산화알루미늄})}{Al(OH)_3} + \underset{(\text{에탄})}{3C_2H_6}$$

표준상태(1기압, 0℃)에서 기체 $1mol$의 부피는 22.4L이고, 트리에틸알루미늄 $1mol(114g)$이 반응할 때 $3mol$의 에탄가스가 발생하니, $2mol(228g)$이 반응할 때 $6mol$의 에탄가스가 발생하므로,

$\therefore V=6\times22.4=134.4L$

## 07

**인화알루미늄과 물의 반응식을 쓰시오.**

해설

$$\underset{(\text{인화알루미늄})}{AlP} + \underset{(\text{물})}{3H_2O} \rightarrow \underset{(\text{수산화알루미늄})}{Al(OH)_3} + \underset{(\text{포스핀})}{PH_3}$$

## 08

**제1종 판매취급소의 시설기준에 관한 내용일 때 빈칸을 채우시오.**

(1) 위험물을 배합하는 실은 바닥면적 ( ① )$m^2$ 이상 ( ② )$m^2$ 이하로 한다.
(2) ( ③ ) 또는 ( ④ )의 벽으로 한다.
(3) 바닥은 위험물이 침투하지 아니하는 구조로 하여 적당한 경사를 두고 ( ⑤ )을(를) 설치하여야 한다.
(4) 출입구 문턱의 높이는 바닥면으로부터 ( ⑥ )$m$ 이상으로 하여야 한다.

해설
① 6
② 15
③ 내화구조
④ 불연재료
⑤ 집유설비
⑥ 0.1

## 09

**특수인화물인 디에틸에테르가 $2000L$ 있을 때 소요단위를 계산하시오.**

해설

$$\text{지정수량의 배수}=\frac{\text{저장수량}}{\text{지정수량}}=\frac{2000}{50}=40\text{배}$$

$$\therefore\text{소요단위}=\frac{\text{지정수량의 배수}}{10}=\frac{40}{10}=4\text{소요단위}$$

참고
특수인화물의 지정수량은 $50L$이다.

## 10

**나트륨에 관한 다음 각 물음에 답하시오.**

(1) 나트륨의 연소반응식을 쓰시오.
(2) 나트륨의 완전분해 시 불꽃 색상을 쓰시오.

해설

(1) $\underset{(나트륨)}{4Na} + \underset{(산소)}{O_2} \rightarrow \underset{(산화나트륨)}{2Na_2O}$

(2) 노란색

참고

*불꽃색상

| 명칭 | 색깔 |
|---|---|
| 리튬 | 빨간색 |
| 칼슘 | 주황색 |
| 나트륨 | 노란색 |
| 칼륨 | 보라색 |

## 11

**다음은 위험물의 운반기준일 때 빈칸을 채우시오.**

(1) 고체위험물은 운반용기 내용적의 ( ① )% 이하의 수납율로 수납할 것

(2) 액체위험물은 운반용기 내용적의 ( ② )% 이하의 수납율로 수납하되, ( ③ )℃의 온도에서 누설되지 않도록 충분한 공간용적을 유지하도록 할 것

해설

① 95
② 98
③ 55

## 12

**이산화탄소 소화설비에 관한 내용일 때 다음 빈칸을 채우시오.**

(1) 저압식 저장용기에는 액면계 및 압력계와 ( ① ) $MPa$ 이상 ( ② ) $MPa$ 이하의 압력에서 작동하는 압력경보장치를 설치할 것.

(2) 저압식 저장용기에는 용기내부의 온도를 영하 ( ① )℃ 이상 영하 ( ② )℃ 이하로 유지할 수 있는 자동냉동기를 설치할 것.

해설

① 2.3 ② 1.9 ③ 20 ④ 18

2013 1회차

위험물산업기사

# 실기 기출문제

## 01

**위험물안전관리법의 기준에 따른 흑색화약의 원료 중 위험물에 해당하는 물질이 있을 때 다음을 구하시오.**

(1) 해당하는 위험물 2가지를 쓰시오.
(2) 해당하는 위험물의 지정수량을 쓰시오.

해설

(1) 질산칼륨($KNO_3$), 유황($S$)
(2) 질산칼륨 : $300kg$, 유황 : $100kg$

참고

흑색화약의 원료 : 질산칼륨, 유황, 숯
(여기서 숯은 위험물이 아니다.)

## 02

**탄화알루미늄과 물의 화학반응식을 쓰시오.**

해설

$$\underset{\text{(탄화알루미늄)}}{Al_4C_3} + \underset{\text{(물)}}{12H_2O} \rightarrow \underset{\text{(수산화알루미늄)}}{4Al(OH)_3} + \underset{\text{(메탄)}}{3CH_4}$$

## 03

**제3종 분말 소화약제의 주성분의 화학식을 쓰시오.**

해설

$NH_4H_2PO_4$(인산암모늄)

## 04

**3층으로 된 옥내저장소에 옥내소화전설비를 각 층에 3개 설치를 할 경우 필요한 수원의 수량$[m^3]$을 구하시오.**

해설

수원의 수량 $= 7.8 \times 3 = 23.4m^3$ 이상

참고

*수원의 수량
① 옥외 : $13.5 \times n$[개]
  (단, $n=4$개 이상인 경우는 $n=4$)
② 옥내 : $7.8 \times n$n[개]
  (단, $n=5$개 이상인 경우는 $n=5$)

## 05

**어떠한 물질이 히드라진과 만나면 격렬하게 반응 및 폭발 현상을 보일 때 다음을 구하시오.**

(1) 이 물질의 위험물에 해당하는 기준을 쓰시오.
(2) 이 물질과 히드라진의 반응식을 쓰시오.

해설

(1) 과산화수소($H_2O_2$)의 농도가 $36wt\%$ 이상인 것
(2) $$\underset{\text{(과산화수소)}}{2H_2O_2} + \underset{\text{(히드라진)}}{N_2H_4} \rightarrow \underset{\text{(물)}}{4H_2O} + \underset{\text{(질소)}}{N_2}$$

## 06

**조해성이 없는 황화린이 완전연소할 때 생성되는 물질 2가지를 화학식으로 쓰시오.**

해설

① 오산화인($P_2O_5$) ② 이산화황($SO_2$)

## 07

**다음 보기는 셀프용 고정주유설비의 기준에 관한 내용일 때 아래의 빈칸을 채우시오.**

[보기]

1회의 연속주유량 및 주유시간의 상한을 미리 설정할 수 있는 구조일 것. 이 경우 주유량의 상한은 휘발유는 ( ① )$L$ 이하, 경유는 ( ② )$L$ 이하로 하며, 주유시간의 상한은 ( ③ )분 이하로 한다.

해설

① 100
② 200
③ 4

## 08

**위험물 제조소에 $200m^3$ 및 $100m^3$의 탱크가 각각 1개씩 있으며, 탱크 주위로 방유제를 만들 때 방유제의 용량$[m^3]$을 구하시오.**

해설

방유제의 용량 $= 200\times0.5 + 100\times0.1 = 110m^3$ 이상

참고

*위험물 제조소에 있는 위험물 취급탱크

① 하나의 취급 탱크 주위에 설치하는 방유제의 용량
: 당해 탱크용량의 50% 이상

② 2 이상의 취급 탱크 주위에 하나의 방유제를 설치하는 경우, 방유제의 용량
: 당해 탱크 중 용량이 최대인 것의 50%에 나머지 탱크용량의 합계를 10%를 가산한 양 이상이 되게 할 것

## 09

**다음 보기는 알킬알루미늄 등 및 아세트알데히드 등의 취급기준에 관한 내용일 때 빈칸을 채우시오.**

[보기]

(1) 알킬알루미늄 등의 이동탱크저장소에 있어서 이동저장탱크로부터 알킬알루미늄 등을 꺼낼 때에는 동시에 ( ① )$kPa$ 이하의 압력으로 불활성 기체를 봉입할 것

(2) 아세트알데히드 등의 이동탱크저장소에 있어서 이동저장탱크로부터 아세트알데히드 등을 꺼낼 때에는 동시에 ( ② )$kPa$ 이하의 압력으로 불활성 기체를 봉입할 것

해설

① 200　　② 100

## 10

**다음은 옥내소화전설비의 압력수조를 이용한 가압수송장치의 설치기준에 관한 공식일 때 보기를 참고하여 빈칸에 알맞은 답을 쓰시오.**

$$P = (\ ①\ ) + (\ ②\ ) + (\ ③\ ) + 0.35MPa$$

[보기]

ⓐ 전양정$[MPa]$
ⓑ 필요한 압력$[MPa]$
ⓒ 소방용 호스의 마찬손실수두압$[MPa]$
ⓓ 배관의 마찰손실수두압$[MPa]$
ⓔ 낙차의 환산수두압$[MPa]$
ⓕ 방수압력 환산수두압$[MPa]$

해설

① : ⓒ
② : ⓓ
③ : ⓔ

참고

*필요한 압력

$$P = p_1 + p_2 + p_3 + 0.35MPa$$

$P$ : 필요한 압력$[MPa]$
$p_1$ : 소방용 호스의 마찰손실수두압$[MPa]$
$p_2$ : 배관의 마찰손실수두압$[MPa]$
$p_3$ : 낙차의 환산수두압$[MPa]$

## 11

**제1류 위험물 중 위험등급 I의 위험물을 품명 2가지를 쓰시오.**

해설

① 아염소산염류
② 염소산염류
③ 과염소산염류
④ 무기과산화물

## 12

**경유, 등유, 벤젠 각각 $1000L$를 저장할 시 지정수량의 배수의 합을 구하시오.**

해설

$$\text{지정수량의 배수} = \frac{\text{저장수량}}{\text{지정수량}} = \frac{1000}{1000} + \frac{1000}{1000} + \frac{1000}{200}$$

$$= 7\text{배}$$

참고

| 물질 | 품명 | 지정수량 |
|---|---|---|
| 경유 | 제2석유류 (비수용성) | $1000L$ |
| 등유 | 제2석유류 (비수용성) | $1000L$ |
| 벤젠 | 제1석유류 (비수용성) | $200L$ |

## 13

**제4류 위험물 중 제1석유류 ~ 동식물유류의 인화점의 기준을 쓰시오.**

[보기]

① 제1석유류 : 인화점이 (　)℃ 미만
② 제2석유류 : 인화점이 (　)℃ 이상 (　)℃ 미만
③ 제3석유류 : 인화점이 (　)℃ 이상 (　)℃ 미만
④ 제4석유류 : 인화점이 (　)℃ 이상 (　)℃ 미만
⑤ 동식물유류 : 인화점이 (　)℃ 미만

해설

① 21
② 21, 70
③ 70, 200
④ 200, 250
⑤ 250

# 2013 2회차

위험물산업기사
# 실기 기출문제

## 01

**제3류 위험물 중 자연발화성물질인 황린에 대하여 답하시오.**

(1) 화학식을 쓰시오.
(2) 완전연소 시에 발생하는 백색 연기의 화학식을 쓰시오.
(3) 보호액을 쓰시오.

해설

(1) $P_4$

(2) $\underset{(황린)}{P_4} + \underset{(산소)}{5O_2} \rightarrow \underset{(오산화린)}{2P_2O_5}$

$\therefore P_2O_5$ (오산화린)

(3) pH9 정도의 약알칼리성 물

## 02

**제1류 위험물 중 질산암모늄에 대하여 답하시오.**

(1) 화학식을 쓰시오.
(2) 질산암모늄의 분해반응식을 쓰시오.

해설

(1) $NH_4NO_3$

(2) $\underset{(질산암모늄)}{2NH_4NO_3} \rightarrow \underset{(물)}{4H_2O} + \underset{(질소)}{2N_2} + \underset{(산소)}{O_2}$

## 03

**경유 $15000L$, 휘발유 $8000L$를 지하탱크저장소에 인접하게 설치하는 경우 그 상호간에 몇 $m$ 이상의 간격을 유지해야 하는가?**

해설

지정수량의 배수 $= \frac{저장수량}{지정수량} = \frac{15000}{1000} + \frac{8000}{200} = 55$배

$\therefore$ 간격 : $0.5m$ 이상

참고

*각 물질의 지정수량

| 물질 | 품명 | 지정수량 |
|---|---|---|
| 경유 | 제2석유류<br>(비수용성) | $1000L$ |
| 휘발유 | 제1석유류<br>(비수용성) | $200L$ |

*지하탱크저장소의 위치, 구조 및 설비의 기준

| 지정수량의 배수 | 간격 |
|---|---|
| 100배 초과 | $1m$ 이상 |
| 100배 이하 | $0.5m$ 이상 |

## 04

**다음 보기는 알코올류에 관한 내용일 때 빈칸을 채우시오.**

[보기]

(1) 1분자를 구성하는 탄소원자의 수가 1개 내지 ( ① )개의 포화1가 알코올의 함유량이 ( ② )$wt\%$ 미만인 수용액

(2) 가연성액체량이 $60wt\%$ 미만이고 인화점 및 연소점이 에틸알코올 ( ③ )$wt\%$ 수용액의 인화점 및 연소점을 초과하는 것

해설

① 3　② 60　③ 60

## 05

**$2mL$의 시료를 사용하는 인화점 측정기는 무엇인지 쓰시오.**

해설

신속평형법 인화점측정기

참고

*신속평형법 인화점측정기에 의한 인화점 측정시험

① 시험장소는 1기압, 무풍의 장소로 할 것
② 신속평형법인화점측정기의 시료컵을 설정온도까지 가열 또는 냉각하여 시험물품(설정온도가 상온보다 낮은 온도인 경우에는 설정온도까지 냉각한 것) $2ml$를 시료컵에 넣고 즉시 뚜껑 및 개폐기를 닫을 것
③ 시료컵의 온도를 1분간 설정온도로 유지할 것
④ 시험불꽃을 점화하고 화염의 크기를 직경 $4mm$가 되도록 조정할 것
⑤ 1분 경과 후 개폐기를 작동하여 시험불꽃을 시료컵에 2.5초간 노출시키고 닫을 것. 이 경우 시험불꽃을 급격히 상하로 움직이지 아니하여야 한다.
⑥ ⑤의 방법에 의하여 인화한 경우에는 인화하지 않을 때까지 설정온도를 낮추고, 인화하지 않는 경우에는 인화할 때까지 설정온도를 높여 제2호 내지 제5호의 조작을 반복하여 인화점을 측정할 것

## 06

**제6류 위험물과 혼재할 수 있는 위험물은 무엇인지 쓰시오.**

해설

제1류 위험물

참고

*혼재 가능한 위험물

① 4:23
  - 제4류와 제2류, 제4류와 제3류는 혼재 가능
② 5:24
  - 제5류와 제2류, 제5류와 제4류는 혼재 가능
③ 6:1
  - 제6류와 제1류는 혼재 가능

| | 1류 | 2류 | 3류 | 4류 | 5류 | 6류 |
|---|---|---|---|---|---|---|
| 1류 | | × | × | × | × | ○ |
| 2류 | × | | × | ○ | ○ | × |
| 3류 | × | × | | ○ | × | × |
| 4류 | × | ○ | ○ | | ○ | × |
| 5류 | × | ○ | × | ○ | | × |
| 6류 | ○ | × | × | × | × | |

## 07

**다음 빈칸에 알맞은 답을 쓰시오.**

[보기]
건축물 등은 부표의 기준에 의하여 불연재료로 된 방화상 유효한 ( ① ) 또는 ( ② )을 설치하는 경우에는 동표의 기준에 의하여 안전거리를 단축할 수 있다.

해설

① 담 ② 벽

## 08

**다음 빈칸에 알맞은 답을 쓰시오.**

[보기]
과산화수소의 농도가 ( ① )$wt\%$ 이상인 것에 한하여 위험물로 취급하고, 지정수량은 ( ② )이다.

해설

① 36 ② $300kg$

## 09

**제5류 위험물인 트리니트로페놀의 구조식과 지정수량을 각각 쓰시오.**

해설

① 구조식

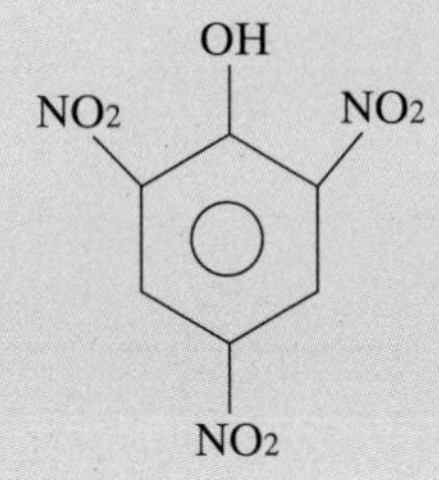


② 지정수량 : 200*kg*

## 10

**제1류 위험물 중 염소산염류에 속하는 염소산칼륨에 관한 내용일 때 다음을 구하시오.**

(1) 완전분해 반응식

(2) 표준상태에서 염소산칼륨 24.5*kg*이 완전분해할 때 생성되는 산소의 부피[$m^3$]

해설

(1) $\underset{(\text{염소산칼륨})}{2KClO_3} \rightarrow \underset{(\text{염화칼륨})}{2KCl} + \underset{(\text{산소})}{3O_2}$

(2) 염소산칼륨의 분자량 : 39 + 35.5 + 16 × 3 = 122.5*g*

표준상태는 1기압 0℃을 나타내고,

$PV = nRT = \frac{W}{M}RT$에서,

$\therefore V = \frac{WRT}{PM} \times \frac{\text{생성물의 몰수}}{\text{반응물의 몰수}}$

$= \frac{24.5 \times 0.082 \times (0+273)}{1 \times 122.5} \times \frac{3}{2} = 6.72m^3$

## 11

**옥외저장소에 저장할 수 있는 제4류 위험물의 품명 4가지를 쓰시오.**

해설

① 제1석유류(인화점이 0℃ 이상인 것에 한한다.)
② 알코올류
③ 제2석유류
④ 제3석유류
⑤ 제4석유류
⑥ 동식물유류

## 12

**다음 표는 제3류 위험물에 대한 내용일 때 빈칸을 채우시오.**

| 품명 | 지정수량 |
|---|---|
| 칼륨 | ( ① ) |
| 나트륨 | ( ② ) |
| 알킬알루미늄 | ( ③ ) |
| ( ④ ) | 10*kg* |
| ( ⑤ ) | 20*kg* |
| 알칼리금속 | ( ⑥ ) |
| 유기금속화합물 | ( ⑦ ) |

해설

① 10*kg*
② 10*kg*
③ 10*kg*
④ 알킬리튬
⑤ 황린
⑥ 50*kg*
⑦ 50*kg*

## 13

**소화난이도등급 I에 해당하는 제조소에 관한 내용일 때 빈칸을 채우시오.**

> [보기]
> (1) 연면적 ( ① )$m^2$ 이상인 것
> (2) 지반면으로부터 ( ② )$m$ 이상의 높이에 위험물 취급 설비가 있는 것
> (3) 지정수량의 ( ③ )배 이상인 것

해설

① 1000
② 6
③ 100

참고

*소화난이도등급 I에 해당하는 제조소 및 옥내저장소 비교

| 기준 | 제조소 | 옥내저장소 |
|---|---|---|
| 연면적 | $1000m^2$ 이상 | $150m^2$ 이상 |
| 지반면 높이 | $6m$ 이상 | $6m$ 이상 |
| 지정수량 | 100배 이상 | 150배 이상 |

| 2013 4회차 | 위험물산업기사 **실기 기출문제** |
|---|---|

## 01

**다음 보기의 제4류 위험물 중 동식물유류를 요오드값에 따라 건성유, 반건성유, 불건성유로 분류하시오.**

| [보기] |
|---|
| 아마인유, 야자유, 들기름, 쌀겨유, 목화씨유, 땅콩유 |

해설

① 건성유 : 아마인유, 들기름
② 반건성유 : 쌀겨유, 목화씨유
③ 불건성유 : 야자유, 땅콩유

참고

| | | | |
|---|---|---|---|
| 동식물유류 | 건성유 | 요오드값 130 이상 | 아마인유, 들기름, 동유, 정어리유, 해바라기유 등 |
| | 반건성유 | 요오드값 100~130 | 참기름, 옥수수유, 채종유, 쌀겨유, 청어유, 콩기름 등 |
| | 불건성유 | 요오드값 100 이하 | 야자유, 땅콩유, 피마자유, 올리브유, 돼지기름 등 |

## 02

**인화점 −38℃, 비점 21℃, 분자량 44, 연소범위 4.1~57%인 특수인화물이 있을 때 다음을 구하시오.**

(1) 시성식
(2) 증기비중
(3) 산화반응 시 생성되는 위험물

해설

(1) $CH_3CHO$(아세트알데히드)

(2) 분자량 : $12 + 1\times3 + 12 + 1 + 16 = 44$

$$\therefore \text{증기비중} = \frac{\text{분자량}}{28.84} = \frac{44}{28.84} = 1.53$$

(3) $\underset{(\text{아세트알데히드})}{2CH_3CHO} + \underset{(\text{산소})}{O_2} \rightarrow \underset{(\text{아세트산})}{2CH_3COOH}$

∴ 아세트산(초산)

## 03

**알루미늄 연소 시 생성되는 반응식을 쓰시오.**

해설

$\underset{(\text{알루미늄})}{4Al} + \underset{(\text{산소})}{3O_2} \rightarrow \underset{(\text{산화알루미늄})}{2Al_2O_3}$

## 04

**위험물안전관리법에서 정한 특수인화물의 조건 2가지를 쓰시오.**

해설

① 이황화탄소, 디에틸에테르 그 밖에 1$atm$에서 발화점이 100℃ 이하인 것
② 인화점이 섭씨 −20℃ 이하이고 비점이 40℃ 이하인 것

## 05

**염소산염류 중 분자량이 106.5이고, 철제 용기를 부식시키는 위험물의 화학식을 쓰시오.**

해설

$NaClO_3$(염소산나트륨)

## 06

**옥외저장소에 옥외소화전을 6개 설치하는 경우에 필요한 수원의 수량[$m^3$]을 구하시오.**

해설

수원의 수량 = $13.5\times4 = 54m^3$ 이상

참고

*수원의 수량
① 옥외 : $13.5\times n$[개]
(단, $n$=4개 이상인 경우는 $n$=4)

② 옥내 : $7.8\times n$[개]
(단, $n$=5개 이상인 경우는 $n$=5)

## 07

**트리에틸알루미늄과 메틸알코올의 (1)반응식과 (2)발생하는 가스를 쓰시오.**

해설

(1) $(C_2H_5)_3Al$ (트리에틸알루미늄) + $3CH_3OH$ (메틸알코올)
→ $Al(CH_3O)_3$ (트리메톡시알루미늄) + $3C_2H_6$ (에탄)

(2) 에탄($C_2H_6$)

## 08

**유별을 달리하는 위험물은 동일한 저장소에 저장하지 아니하여야 한다. 다만, 옥내 또는 옥외저장소에 위험물을 저장하는 경우로서 유별로 서로 $1m$ 이상의 간격을 두는 경우에는 그러지 아니하다. 다음 빈칸을 채우시오.**

[보기]

(1) 제1류 위험물(알칼리금속의 과산화물 또는 이를 함유한 것은 제외)과 ( ① )을 저장하는 경우

(2) 제1류 위험물과 ( ② )을 저장하는 경우

(3) 제2류 위험물 중 ( ③ )와 제4류 위험물을 저장하는 경우

해설

① 제5류 위험물
② 제6류 위험물
③ 인화성고체

참고

*제조소등에서의 위험물의 저장 및 취급에 관한 기준
- 유별을 달리하는 위험물은 동일한 저장소(내화구조의 격벽으로 완전히 구획된 실이 2 이상 있는 저장소에 있어서는 동일한 실)에 저장하지 아니하여야 한다. 다만, 옥내저장소 또는 옥외저장소에 있어서 다음의 각목의 규정에 의한 위험물을 저장하는 경우로서 위험물을 유별로 정리하여 저장하는 한편, 서로 1m 이상의 간격을 두는 경우에는 그러지 아니하다.

① 제1류 위험물(알칼리금속의 과산화물 또는 이를 함유한 것을 제외)과 제5류 위험물을 저장하는 경우
② 제1류 위험물과 제6류 위험물을 저장하는 경우
③ 제1류 위험물과 제3류 위험물 중 자연발화성물질(황린 또는 이를 함유한 것)을 저장하는 경우
④ 제2류 위험물 중 인화성고체와 제4류 위험물을 저장하는 경우
⑤ 제3류 위험물 중 알킬알루미늄등과 제4류 위험물(알킬알루미늄 또는 알칼리튬을 함유한 것)을 저장하는 경우
⑥ 제4류 위험물 중 유기과산화물 또는 이를 함유한 것과 제5류 위험물 중 유기과산화물 또는 이를 함유한 것을 저장하는 경우

## 09

**옥외저장탱크 · 옥내저장탱크 또는 지하저장탱크 중에서 압력탱크 외의 탱크 또는 압력탱크에 저장할 경우에 유지하여야 하는 온도를 쓰시오.**

(1) 압력탱크 외의 탱크에 저장하는 산화프로필렌
(2) 압력탱크 외의 탱크에 저장하는 아세트알데히드
(3) 압력탱크에 저장하는 디에틸에테르

해설

(1) 30℃ 이하
(2) 15℃ 이하
(3) 40℃ 이하

## 10

**이동저장탱크 및 이송취급소의 구조에 관한 내용일 때 빈칸을 구하시오.**

[보기]

(1) 상용압력이 $20kPa$를 초과하는 탱크에 있어서는 상용압력의 ( ① )배 이하의 압력에서 작동하는 것으로 할 것

(2) 배관계에는 배관내의 압력이 최대상용압력을 초과하거나 유격작용 등에 의하여 생긴 압력이 최대상용압력의 ( ② )배를 초과하지 아니하도록 제어하는 장치를 설치할 것

해설

① 1.1 ② 1.1

## 11

**다음을 구하시오.**

(1) 질산에스테르류의 종류 3가지
(2) 니트로화합물의 종류 3가지

해설

(1) 니트로글리세린, 니트로셀룰로오스, 질산메틸, 질산에틸

(2) 트리니트로페놀, 트리니트로톨루엔, 테트릴

## 12

**탄화칼슘과 물의 반응식을 쓰시오.**

해설

$$\underset{\text{(탄화칼슘)}}{CaC_2} + \underset{\text{(물)}}{2H_2O} \rightarrow \underset{\text{(수산화칼슘)}}{Ca(OH)_2} + \underset{\text{(아세틸렌)}}{C_2H_2}$$

# 2014 1회차

위험물산업기사

# 실기 기출문제

## 01

**다음 알루미늄에 대한 각 물음에 답하시오.**

(1) 완전 연소식을 쓰시오.
(2) 염산과의 반응할 때 생성하는 기체를 쓰시오.

해설

(1) $4Al$ (알루미늄) $+ 3O_2$ (산소) $\rightarrow 2Al_2O_3$ (산화알루미늄)

(2) $2Al$ (알루미늄) $+ 6HCl$ (염산) $\rightarrow 2AlCl_3$ (염화알루미늄) $+ 3H_2$ (수소)

$\therefore$ 수소

## 02

**다음 Halon 표에 화학식을 쓰시오.**

| 하론 소화약제의 종류 | 화학식 |
|---|---|
| Halon 1301 | ( ① ) |
| Halon 2402 | ( ② ) |
| Halon 1211 | ( ③ ) |

해설

① $CF_3Br$
② $C_2F_4Br_2$
③ $CF_2ClBr$

참고

Halon 소화약제의 Halon번호는 $C$, $F$, $Cl$, $Br$, $I$의 개수를 나타낸다.

*Halon 소화약제의 종류

| 명칭 | 분자식 |
|---|---|
| Halon 1001 | $CH_3Br$ |
| Halon 10001 | $CH_3I$ |
| Halon 1011 | $CH_2ClBr$ |
| Halon 1211 | $CF_2ClBr$ |
| Halon 1301 | $CF_3Br$ |
| Halon 104 | $CCl_4$ |
| Halon 2402 | $C_2F_4Br_2$ |

## 03

**제4류 위험물 중 알코올류에 속하는 에틸알코올에 대한 각 물음에 답하시오.**

(1) 연소반응식을 쓰시오.
(2) 칼륨과의 반응에서 발생하는 기체의 화학식을 쓰시오.
(3) 에틸알코올의 구조이성질체로서 디메틸에테르의 시성식을 쓰시오.

해설

(1) $C_2H_5OH$ (에틸알코올) $+ 3O_2$ (산소) $\rightarrow 2CO_2$ (이산화탄소) $+ 3H_2O$ (물)

(2) $2K$ (칼륨) $+ 2C_2H_5OH$ (에틸알코올) $\rightarrow 2C_2H_5OK$ (칼륨에틸레이트) $+ H_2$ (수소)

$\therefore H_2$

(3) $CH_3OCH_3$ (디메틸에테르)

## 04

**제3류 위험물인 인화칼슘(인화석회)에 대한 설명일 때 다음 각 물음에 답하시오.**

(1) 인화칼슘의 지정수량을 쓰시오.
(2) 물과의 반응식을 쓰고, 생성 기체의 화학식을 쓰시오.

**해설**

(1) $300kg$

(2) $Ca_3P_2$ (인화칼슘) $+ 6H_2O$ (물) $\rightarrow 3Ca(OH)_2$ (수산화칼슘) $+ 2PH_3$ (포스핀)

$\therefore PH_3$(포스핀)

## 05

**$1atm$, $25℃$에서 이황화탄소 $5kg$이 모두 증발할 때의 부피[$m^3$]를 구하시오.**

**해설**

이황화탄소($CS_2$)의 분자량 $= 12+32\times 2=76$

$PV=nRT=\frac{W}{M}RT$에서,

$$\therefore V=\frac{WRT}{PM}=\frac{5\times 0.082\times(25+273)}{1\times 76}=1.61m^3$$

## 06

**제6류 위험물로 염산과 반응하여 백금을 용해시키며, 분자량이 $63$인 위험물을 쓰시오.**

**해설**

질산($HNO_3$)

**참고**

질산의 분자량 : $1+14+16\times 3=63$

## 07

**$1$기압, $350℃$에서 과산화나트륨 $1kg$이 물과 반응할 때 생성되는 기체의 부피$[L]$를 구하시오.**

**해설**

과산화나트륨($Na_2O_2$)의 분자량 $= 23\times 2+16\times 2=78$

$2Na_2O_2$ (과산화나트륨) $+ 2H_2O$ (물) $\rightarrow 4NaOH$ (수산화나트륨) $+ O_2$ (산소)

$PV=nRT=\frac{W}{M}RT$에서,

$$\therefore V=\frac{WRT}{PM}\times\frac{\text{생성물의 몰수}}{\text{반응물의 몰수}}$$

$$=\frac{1000\times 0.082\times(350+273)}{1\times 78}\times\frac{1}{2}=327.47L$$

## 08

**제5류 위험물중 유기과산화물에 속하는 과산화벤조일의 구조식을 그리시오.**

**해설**

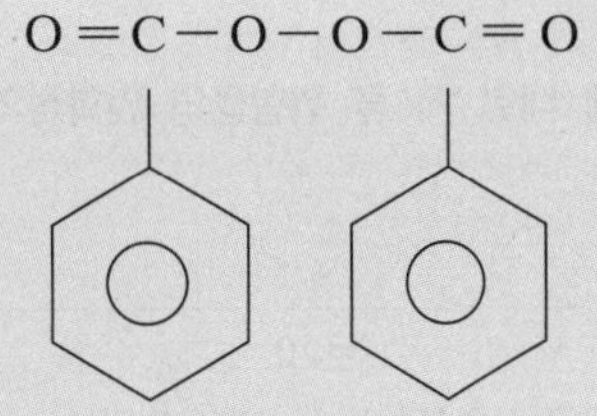


**참고**

과산화벤조일($(C_6H_5CO)_2O_2$)은 벤조일퍼옥사이드라고도 부른다.

## 09

**제1류 위험물과 혼재 불가능한 위험물들을 모두 쓰시오.**

해설

① 제2류 위험물
② 제3류 위험물
③ 제4류 위험물
④ 제5류 위험물

참고

*혼재 가능한 위험물
① 4:23
- 제4류와 제2류, 제4류와 제3류는 혼재 가능
② 5:24
- 제5류와 제2류, 제5류와 제4류는 혼재 가능
③ 6:1
- 제6류와 제1류는 혼재 가능

| | 1류 | 2류 | 3류 | 4류 | 5류 | 6류 |
|---|---|---|---|---|---|---|
| 1류 | | × | × | × | × | ○ |
| 2류 | × | | × | ○ | ○ | × |
| 3류 | × | × | | ○ | × | × |
| 4류 | × | ○ | ○ | | ○ | × |
| 5류 | × | ○ | × | ○ | | × |
| 6류 | ○ | × | × | × | × | |

## 10

**다음 보기에 대한 제4류 위험물의 인화점의 기준을 쓰시오.**

> [보기]
> ① 제1석유류 : 인화점이 (　)℃ 미만
> ② 제2석유류 : 인화점이 (　)℃ 이상 (　)℃ 미만

해설

① 21
② 21, 70

## 11

**$1atm$, 70℃의 벤젠 $16g$이 증발할 때의 부피$[L]$를 구하시오.**

해설

벤젠($C_6H_6$)의 분자량 = $12\times6+1\times6=78$

$PV=nRT=\frac{W}{M}RT$에서,

$$\therefore V=\frac{WRT}{PM}=\frac{16\times0.082\times(70+273)}{1\times78}=5.77L$$

## 12

**황린의 완전연소 반응식을 쓰시오.**

해설

$$\underset{(\text{황린})}{P_4}+\underset{(\text{산소})}{5O_2}\rightarrow\underset{(\text{오산화린})}{2P_2O_5}$$

2014
2회차

위험물산업기사
# 실기 기출문제



## 01

**일반취급소 또는 제조소에서 취급하는 제4류 위험물의 최대수량의 합이 지정수량의 48만배 이상인 사업소에 대해 다음을 구하시오.**

(1) 소방차의 대수
(2) 자체소방대의 인원

해설
(1) 4대
(2) 20인

참고

| 사업소의 구분 | 화학소방 자동차 | 자체소방대원 수 |
|---|---|---|
| 3000배 이상 12만배 미만 | 1대 | 5인 |
| 12만배 이상 24만배 미만 | 2대 | 10인 |
| 24만배 이상 48만배 미만 | 3대 | 15인 |
| 48만배 이상 | 4대 | 20인 |

## 02

**트리에틸알루미늄과 물의 반응식을 쓰시오.**

해설

$$(C_2H_5)_3Al + 3H_2O \rightarrow Al(OH)_3 + 3C_2H_6$$

(트리에틸알루미늄) (물) (수산화알루미늄) (에탄)

## 03

**크실렌(자일렌)의 이성질체 3가지에 대한 명칭과 구조식을 쓰시오.**

해설

| 명칭 | 구조식 |
|---|---|
| o-크실렌 | 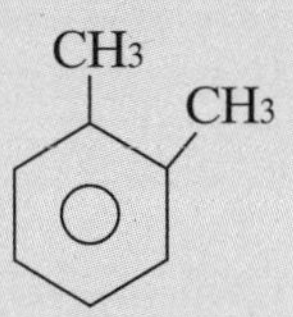 |
| m-크실렌 | 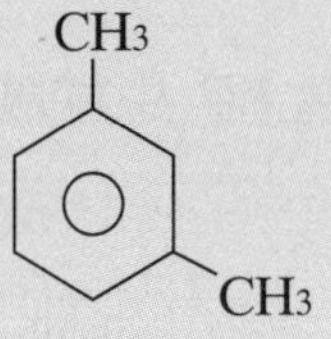 |
| p-크실렌 | 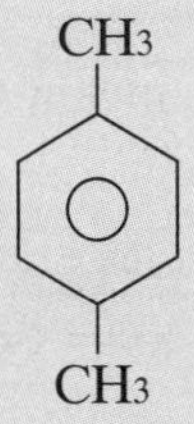 |

## 04

**소화난이도등급 I의 제조소 또는 일반취급소에 반드시 설치하여야 하는 소화설비의 종류 4가지를 쓰시오.**

해설
① 옥내소화전설비
② 옥외소화전설비
③ 스프링클러설비
④ 물분무 등 소화설비

## 05

**"주유 중 엔진정지" 주의사항 게시판에 대한 각 물음에 답하시오.**

(1) 바탕색 및 글자색
(2) 규격

해설

(1) 바탕색 : 황색, 글자색 : 흑색
(2) 규격 : 한 변의 길이가 $0.3m$ 이상, 다른 한 변의 길이가 $0.6m$ 이상인 직사각형

## 06

**옥내 저장소에 저장 시 높이에 대한 각 물음에 답하시오.**

[보기]
(1) 기계에 의하여 하역하는 구조로 된 용기만을 겹쳐 쌓는 경우 저장 높이는 ( ① )$m$를 초과해서는 안된다.

(2) 옥외저장소에서 위험물을 수납한 용기를 선반에 저장하는 경우 저장 높이는 ( ② )$m$를 초과해서는 안된다.

(3) 중유만을 저장하는 경우 저장 높이는 ( ③ )$m$를 초과해서는 안된다.

해설

① 6 ② 6 ③ 4

참고

*옥내 저장소에 저장 시 높이
아래 기준의 높이를 초과하지 않아야 한다.
① 기계에 의하여 하역하는 구조로 된 용기만을 겹쳐 쌓는 경우 : $6m$
② 제4류 위험물 중 제3석유류, 제4석유류, 동식물유류를 수납하는 용기만을 겹쳐 쌓는 경우 : $4m$
③ 그 밖의 경우 : $3m$

## 07

**다음 보기에 대한 빈칸을 채우시오.**

[보기]
"특수인화물"이라 함은 이황화탄소, 디에틸에테르, 그 밖에 $1atm$에서 발화점이 섭씨 ( ① )℃ 이하인 것 또는 인화점이 섭씨 영하 ( ② )℃ 이하이고 비점이 섭씨 ( ③ )℃ 이하인 것을 말한다.

해설

① 100 ② 20 ③ 40

## 08

**마그네슘에 대한 각 물음에 답하시오.**

(1) 물과의 반응식을 쓰시오.
(2) 주수소화가 안되는 이유를 쓰시오.

해설

(1) $\underset{(마그네슘)}{Mg} + \underset{(물)}{2H_2O} \rightarrow \underset{(수산화마그네슘)}{Mg(OH)_2} + \underset{(수소)}{H_2}$
(2) 가연성의 수소가 발생하여 위험성이 증대된다.

## 09

**표준상태에서 과산화나트륨 $1kg$의 완전분해할 때 산소의 부피$[L]$를 구하시오.**

해설

과산화나트륨($Na_2O_2$)의 분자량 $= 23\times2+16\times2 = 78$

$\underset{(과산화나트륨)}{2Na_2O_2} \rightarrow \underset{(산화나트륨)}{2Na_2O} + \underset{(산소)}{O_2}$

표준상태는 $1atm$, 0℃를 나타내고,

$PV=nRT=\frac{W}{M}RT$에서,

$\therefore V=\frac{WRT}{PM}\times\frac{생성물의\ 몰수}{반응물의\ 몰수}$

$=\frac{1000\times0.082\times(0+273)}{1\times78}\times\frac{1}{2}=143.5L$

## 10

**이황화탄소($CS_2$)가 들어 있는 드럼통은 화재가 발생할 시 물을 이용하여 소화가 가능하다. 이 물질의 비중과 소화효과를 관련지어 설명하시오.**

해설

이황화탄소($CS_2$)의 비중은 1.26으로 물보다 무겁고 비수용성으로 냉각소화효과와 질식소화효과를 볼 수 있다.

## 11

**제3류 위험물 중 물과 반응성이 없고 공기 중에 반응하여 백색 연기를 발생시키는 물질에 대한 각 물음에 답하시오.**

(1) 이 물질은 무엇인가?
(2) 지정수량을 쓰시오.

해설

(1) 황린($P_4$)
(2) 20$kg$

## 12

**나트륨과 에탄올의 반응식과 발생하는 가스의 명칭을 쓰시오.**

해설

$$\underset{\text{(나트륨)}}{2Na} + \underset{\text{(에틸알코올)}}{2C_2H_5OH} \rightarrow \underset{\text{(나트륨에틸레이트)}}{2C_2H_5ONa} + \underset{\text{(수소)}}{H_2}$$

∴수소

2014 4회차

위험물산업기사
# 실기 기출문제

## 01

**다음 보기는 제1석유류에 대한 설명일 때 빈칸을 채우시오.**

[보기]
제1석유류는 아세톤, 휘발유, 그 밖에 $1atm$에서 인화점이 (   )℃ 미만인 것을 말한다.

해설
21

## 02

**다음 표의 빈칸을 채우시오.**

| 품명 | 유별 | 지정수량 |
|---|---|---|
| 칼륨 | ( ① ) | ( ② ) |
| 질산염류 | ( ③ ) | ( ④ ) |
| 니트로화합물 | ( ⑤ ) | ( ⑥ ) |
| 질산 | ( ⑦ ) | ( ⑧ ) |

해설
① 제3류 위험물 ② $10kg$
③ 제1류 위험물 ④ $300kg$
⑤ 제5류 위험물 ⑥ $200kg$
⑦ 제6류 위험물 ⑧ $300kg$

## 03

**다음 표에 혼재가 가능한 위험물 $O$, 불가능한 위험물 $X$로 표시하시오.**

| | 1류 | 2류 | 3류 | 4류 | 5류 | 6류 |
|---|---|---|---|---|---|---|
| 1류 | | | | | | |
| 2류 | | | | | | |
| 3류 | | | | | | |
| 4류 | | | | | | |
| 5류 | | | | | | |
| 6류 | | | | | | |

해설

| | 1류 | 2류 | 3류 | 4류 | 5류 | 6류 |
|---|---|---|---|---|---|---|
| 1류 | | × | × | × | × | ○ |
| 2류 | × | | × | ○ | ○ | × |
| 3류 | × | × | | ○ | × | × |
| 4류 | × | ○ | ○ | | ○ | × |
| 5류 | × | ○ | × | ○ | | × |
| 6류 | ○ | × | × | × | × | |

참고
*혼재 가능한 위험물
① 4:23
- 제4류와 제2류, 제4류와 제3류는 혼재 가능
② 5:24
- 제5류와 제2류, 제5류와 제4류는 혼재 가능
③ 6:1
- 제6류와 제1류는 혼재 가능

## 04

**트리에틸알루미늄과 메틸알코올의 반응식을 쓰시오.**

해설

$$\underset{\text{(트리에틸알루미늄)}}{(C_2H_5)_3Al} + \underset{\text{(메틸알코올)}}{3CH_3OH} \rightarrow \underset{\text{(트리메톡시알루미늄)}}{Al(CH_3O)_3} + \underset{\text{(에탄)}}{3C_2H_6}$$

## 05

**제2류 위험물인 오황화린에 대한 다음 각 물음에 답하시오.**

(1) 물과의 반응식
(2) 발생 기체의 명칭

해설

(1) $\underset{(\text{오황화린})}{P_2S_5} + \underset{(\text{물})}{8H_2O} \rightarrow \underset{(\text{황화수소})}{5H_2S} + \underset{(\text{인산})}{2H_3PO_4}$

(2) 황화수소

## 06

**제1류 위험물 중 알칼리금속의 과산화물의 운반용기 외부에 부착해야 하는 주의사항을 모두 쓰시오.**

해설

화기주의, 충격주의, 물기엄금, 가연물접촉주의

## 07

**일반취급소 또는 제조소에서 취급하는 제4류 위험물의 최대수량의 합이 지정수량의 12만배 이상 24만배 미만인 사업소에 대해 다음을 구하시오.**

(1) 소방차의 대수
(2) 자체소방대의 인원

해설

(1) 2대
(2) 10인

## 08

**제3류 위험물인 칼슘과 물의 반응식을 쓰시오.**

해설

$\underset{(\text{칼슘})}{Ca} + \underset{(\text{물})}{2H_2O} \rightarrow \underset{(\text{수산화칼슘})}{Ca(OH)_2} + \underset{(\text{수소})}{H_2}$

## 09

**제1종 분말 소화약제 주성분의 화학식을 쓰시오.**

해설

$NaHCO_3$(탄산수소나트륨)

참고

*분말소화기의 종류

| 종별 | 소화약제 | 착색 | 화재 종류 |
|---|---|---|---|
| 제1종 소화분말 | $NaHCO_3$ (탄산수소나트륨) | 백색 | BC 화재 |
| 제2종 소화분말 | $KHCO_3$ (탄산수소칼륨) | 담회색 | BC 화재 |
| 제3종 소화분말 | $NH_4H_2PO_4$ (인산암모늄) | 담홍색 | ABC 화재 |
| 제4종 소화분말 | $KHCO_3+(NH_2)_2CO$ (탄산수소칼륨 + 요소) | 회색 | BC 화재 |

## 10

**다음 보기의 위험물들의 발화점 낮은 순으로 배치하시오.**

| [보기] |
|---|
| 이황화탄소, 산화프로필렌, 에탄올 |

해설

이황화탄소 < 에탄올 < 산화프로필렌

참고

| 명칭 | 품명 | 발화점 |
|---|---|---|
| 이황화탄소 | 특수인화물 | 100℃ |
| 산화프로필렌 | 특수인화물 | 465℃ |
| 에탄올 | 제1석유류 | 423℃ |

## 11

**다음 보기의 이동저장탱크의 구조에 대하여 빈칸을 채우시오.**

| [보기] |
|---|
| 이동저장탱크는 각 내부에 ( ① )$L$ 이하마다 ( ② ) $mm$ 이상의 강철판 또는 이와 동등 이상의 경도 • 내열성 및 내식성이 있는 금속성의 것으로 칸막이를 설치할 것. |

해설

① 4000 ② 3.2

## 12

**주유취급소에 설치하는 탱크의 용량에 대한 설명일 때 빈칸을 채우시오.**

| [보기] |
|---|
| (1) 고속도로의 도로변에 설치하지 않은 고정급유설비에 직접 접속하는 전용탱크로서 ( ① )$L$ 이하인 것 |
| (2) 고속도로의 도로변에 설치된 주유취급소에 있어서는 탱크의 용량 ( ② )$L$까지 할 수 있다. |

해설

① 50000 ② 60000

## 13

**비중이 0.97, 원자량 23이고 불꽃 반응 시 노란색을 나타내는 물질에 대하여 답하시오.**

(1) 명칭과 원소기호
(2) 지정수량

해설

(1) 나트륨($Na$)
(2) 10$kg$

참고

*불꽃색상

| 명칭 | 색깔 |
|---|---|
| 리튬 | 빨간색 |
| 칼슘 | 주황색 |
| 나트륨 | 노란색 |
| 칼륨 | 보라색 |

## 14

**에틸알코올의 완전연소반응식을 쓰시오.**

해설

$$\underset{(에틸알코올)}{C_2H_5OH} + \underset{(산소)}{3O_2} \rightarrow \underset{(이산화탄소)}{2CO_2} + \underset{(물)}{3H_2O}$$

# Memo

04

2015 1회차

위험물산업기사

# 실기 기출문제

## 01

**제4류 위험물을 저장하는 저장소의 주의사항 게시판에 대하여 각 물음에 답하시오.**

(1) 색상
(2) 게시판의 규격
(3) 주의사항

해설

(1) 바탕색 : 적색, 문자색 : 백색
(2) 한 변의 길이가 0.3$m$ 이상, 다른 한 변의 길이가 0.6$m$ 이상인 직사각형
(3) 화기엄금

## 02

**금속 칼륨을 주수소화 하면 안되는 이유를 쓰시오.**

해설

$2K$(칼륨) $+ 2H_2O$(물) $\rightarrow$ $2KOH$(수산화칼륨) $+ H_2$(수소)

폭발적으로 반응하여 가연성의 수소기체를 발생하여 위험성이 증대된다.

## 03

**인화칼슘에 대한 각 물음에 답하시오.**

(1) 몇 류 위험물인가?
(2) 지정수량은 얼마인가?
(3) 물과의 반응식을 쓰시오.
(4) 물과의 반응 후 생성되는 기체의 명칭을 쓰시오.

해설

(1) 제3류 위험물
(2) 300$kg$
(3) $Ca_3P_2$(인화칼슘) $+ 6H_2O$(물) $\rightarrow$ $3Ca(OH)_2$(수산화칼슘) $+ 2PH_3$(포스핀)
(4) 포스핀(인화수소)

## 04

**트리니트로톨루엔(TNT)의 구조식을 쓰시오.**

해설

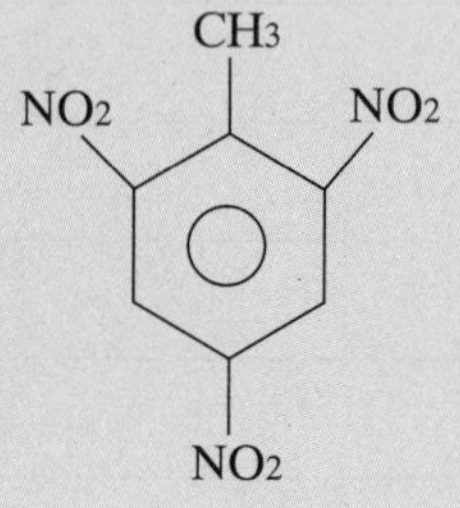


## 05

**보기의 위험물 중 비중이 1보다 큰 것을 모두 고르시오.**

| [보기] |
|---|
| 이황화탄소, 클로로벤젠, 피리딘, 산화프로필렌, 글리세린 |

해설

이황화탄소, 클로로벤젠, 글리세린

## 06

**이황화탄소의 연소반응식을 쓰시오.**

해설

$$\underset{(\text{이황화탄소})}{CS_2} + \underset{(\text{산소})}{3O_2} \rightarrow \underset{(\text{이산화탄소})}{CO_2} + \underset{(\text{이산화황})}{2SO_2}$$

## 07

**질산메틸의 증기 비중을 구하시오.**

해설

질산메틸( $CH_3NO_3$ )의 분자량

: $12 + 1 \times 3 + 14 + 16 \times 3 = 77$

$$\therefore \text{증기비중} = \frac{\text{분자량}}{28.84} = \frac{77}{28.84} = 2.67$$

## 08

**크실렌의 이성질체 3가지에 대한 명칭과 구조식을 쓰시오.**

해설

| 명칭 | 구조식 |
|---|---|
| o-크실렌 | 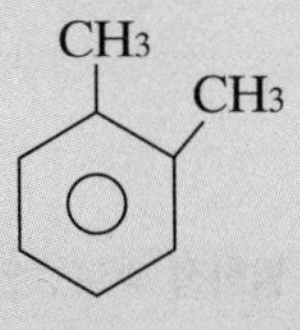 |
| m-크실렌 | 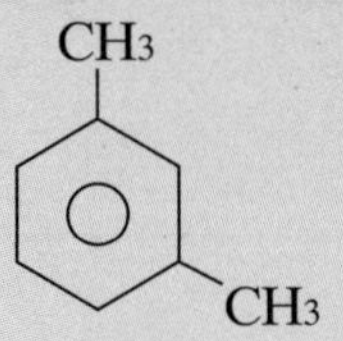 |
| p-크실렌 | 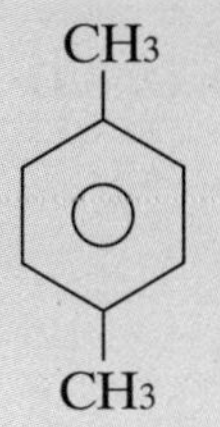 |

## 09

**다음은 위험물의 운반기준일 때 빈칸을 채우시오.**

(1) 고체위험물은 운반용기 내용적의 ( ① )% 이하의 수납율로 수납할 것
(2) 액체위험물은 운반용기 내용적의 ( ② )% 이하의 수납율로 수납하되, ( ③ )℃의 온도에서 누설되지 않도록 충분한 공간용적을 유지하도록 할 것

해설

① 95
② 98
③ 55

## 10

**다음 아세트알데히드에 대한 각 물음에 답하시오.**

(1) 시성식
(2) 품명
(3) 지정수량
(4) 에틸렌을 산화시켜 제조할 때의 반응식을 쓰시오.

해설

(1) $CH_3CHO$
(2) 특수인화물
(3) $50L$
(4)

$$\underset{(\text{에틸렌})}{C_2H_4} + \underset{(\text{염화팔라듐})}{PdCl_2} + \underset{(\text{물})}{H_2O} \rightarrow \underset{(\text{아세트알데히드})}{CH_3CHO} + \underset{(\text{팔라듐})}{Pd} + \underset{(\text{염산})}{2HCl}$$

## 11

**황화린에 대한 각 물음에 답하시오.**

(1) 몇 류 위험물인가?
(2) 지정수량
(3) 황화린의 3가지 종류의 화학식을 쓰시오.

해설
(1) 제2류 위험물
(2) 100*kg*
(3) $P_4S_3$, $P_2S_5$, $P_4S_7$

## 12

**다음 보기는 위험물안전관리법령에 따른 위험물의 저장 및 취급기준일 때 빈칸을 채우시오.**

[보기]
- 제( ① )류 위험물은 가연물과의 접촉 및 혼합이나 분해를 촉진하는 물품과의 접근 또는 과열, 충격, 마찰 등을 피하는 한편, 알칼리금속의 과산화물 및 이를 함유한 것에 있어서는 물과의 접촉을 피하여야 한다.
- 제( ② )류 위험물은 불티, 불꽃, 고온체와의 접근 또는 과열을 피하고, 함부로 증기를 발생시키지 아니하여야 한다.
- 제( ③ )류 위험물은 산화제와의 접촉, 혼합이나 불티, 불꽃, 고온체와의 접근 또는 과열을 피하는 한편, 철분, 금속분, 마그네슘 및 이를 함유한 것에 있어서는 물이나 산과의 접촉을 피하고 인화성 고체에 있어서는 함부로 증기를 발생시키지 아니하여야 한다.

해설
① 1 ② 4 ③ 2

참고
*제조소 등에서의 위험물의 저장 및 취급에 관한 기준
① 제1류 위험물은 가연물과의 접촉・혼합이나 분해를 촉진하는 물품과의 접근 또는 과열・충격・마찰 등을 피하는 한편, 알칼리금속의 과산화물 및 이를 함유한 것에 있어서는 물과의 접촉을 피하여야 한다.
② 제2류 위험물은 산화제와의 접촉・혼합이나 불티・불꽃・고온체와의 접근 또는 과열을 피하는 한편, 철분・금속분・마그네슘 및 이를 함유한 것에 있어서는 물이나 산과의 접촉을 피하고 인화성 고체에 있어서는 함부로 증기를 발생시키지 아니하여야 한다.
③ 제3류 위험물 중 자연발화성물질에 있어서는 불티・불꽃 또는 고온체와의 접근・과열 또는 공기와의 접촉을 피하고, 금수성물질에 있어서는 물과의 접촉을 피하여야 한다.
④ 제4류 위험물은 불티・불꽃・고온체와의 접근 또는 과열을 피하고, 함부로 증기를 발생시키지 아니하여야 한다.
⑤ 제5류 위험물은 불티・불꽃・고온체와의 접근이나 과열・충격 또는 마찰을 피하여야 한다.
⑥ 제6류 위험물은 가연물과의 접촉・혼합이나 분해를 촉진하는 물품과의 접근 또는 과열을 피하여야 한다.

## 13

**인화점 11℃, 발화점 464℃인 제4류 위험물 중 흡입 시 시신경을 마비시키는 물질에 대하여 각 물음에 답하시오.**

(1) 명칭
(2) 지정수량

해설
(1) 메틸알코올($CH_3OH$)
(2) 400*L*

2015
2회차

위험물산업기사
# 실기 기출문제

## 01

**지하저장탱크(탱크전용실을 설치하지 않아도 되는 경우)의 설치기준에 대하여 다음 물음에 답하시오.**

(1) 지하저장탱크와 지면과의 거리
(2) 지하철, 지하가 또는 지하터널로부터 수평거리
(3) 피트, 가스관 등의 시설물 및 대지경계선으로부터의 거리

해설
(1) 0.6$m$ 이상
(2) 10$m$ 이내
(3) 0.6$m$ 이상

참고
*지하탱크저장소(탱크전용실을 설치하지 않아도 되는 경우)의 설치기준
① 당해 탱크를 지하철, 지하가 또는 지하터널로부터 수평거리 10$m$이내의 장소 또는 지하건축물 내의 장소에 설치하지 아니할 것
② 당해 탱크를 수평투영의 세로 및 가로보다 각각 0.6$m$ 이상 크고 두께가 0.3$m$ 이상인 철근콘크리트조의 뚜껑으로 덮을 것
③ 당해 탱크를 지하의 가장 가까운 벽, 피트, 가스관 등의 시설물 및 대지경계선으로부터 0.6$m$ 이상 떨어진 곳에 매설할 것
④ 지하저장탱크의 윗부분은 지면으로부터 0.6$m$ 이상 아래에 있어야 한다.
⑤ 당해 탱크를 견고한 기초 위에 고정할 것
⑥ 뚜껑에 걸리는 중량이 직접 당해 탱크에 걸리지 아니하는 구조일 것

## 02

**표준상태에서 탄화칼슘 $32g$과 물이 반응하여 생성되는 기체를 완전연소 하기 위해 필요한 산소의 부피 $[L]$를 구하시오.**

해설
탄화칼슘($CaC_2$)의 분자량 : $40+12\times2=64g/mol$

$$\underset{(탄화칼슘)}{CaC_2} + \underset{(물)}{2H_2O} \rightarrow \underset{(수산화칼슘)}{Ca(OH)_2} + \underset{(아세틸렌)}{C_2H_2}$$

탄화칼슘이 $32g$ 있고, 분자량은 $64g/mol$이니 $0.5mol$의 탄화칼슘이 반응하였고, 탄화칼슘과 아세틸렌기체는 몰수 1:1 반응을 하니 아세틸렌도 $0.5mol$이 생성되었다.

$$\underset{(아세틸렌)}{2C_2H_2} + \underset{(산소)}{5O_2} \rightarrow \underset{(이산화탄소)}{4CO_2} + \underset{(물)}{2H_2O}$$

아세틸렌 $2mol$이 반응할 때 필요한 산소의 몰수는 $5mol$이고, 비례식으로 아세틸렌 $0.5mol$이 반응하면 $\frac{5}{4}mol$의 산소가 필요하다.

표준상태($1atm$, 0℃)에서 $1mol$의 부피는 $22.4L$이다.

$\therefore V=22.4\times mol수=22.4\times\frac{5}{4}=28L$

## 03

**다음 보기 중 인화점이 낮은 순서대로 배치하시오.**

[보기]
아세톤, 아닐린, 메틸알코올, 이황화탄소

해설
이황화탄소 < 아세톤 < 메틸알코올 < 아닐린

참고

| 물질 | 인화점 |
|---|---|
| 아세톤 | -18℃ |
| 아닐린 | 70℃ |
| 메틸알코올 | 11℃ |
| 이황화탄소 | -30℃ |

## 04

**위험물안전관리법령상 동식물유류에 대한 다음 물음에 답하시오.**

(1) 요오드가의 정의를 쓰시오.
(2) 동식물유류의 요오드값에 따른 분류와 범위를 쓰시오.

해설

(1) 유지 100$g$에 첨가되는 요오드의 $g$수
(2) 건성유 : 요오드값이 130 이상인 것
반건성유 : 요오드값이 100 초과 130 미만인 것
불건성유 : 요오드값이 100 이하인 것

참고

| | | | |
|---|---|---|---|
| 동식물유류 | 건성유 | 요오드값 130 이상 | 아마인유, 들기름, 동유, 정어리유, 해바라기유 등 |
| | 반건성유 | 요오드값 100~130 | 참기름, 옥수수유, 채종유, 쌀겨유, 청어유, 콩기름 등 |
| | 불건성유 | 요오드값 100 이하 | 야자유, 땅콩유, 피마자유, 올리브유, 돼지기름 등 |

## 05

**금속 니켈을 촉매 하에 300℃로 가열 시 수소첨가반응을 하여 시클로헥산이 생성되는 분자량 78인 물질에 대하여 각 물음에 답하시오.**

(1) 명칭
(2) 구조식

해설

(1) 벤젠($C_6H_6$)

(2) 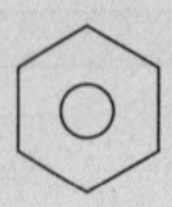

## 06

**제1종 분말소화약제의 열분해에 대해 각 물음에 답하시오.**

(1) 270℃에서의 열분해 반응식
(2) 850℃에서의 열분해 반응식

해설

(1) $2NaHCO_3$ (탄산수소나트륨) → $Na_2CO_3$ (탄산나트륨) + $CO_2$ (이산화탄소) + $H_2O$ (물)
(2) $2NaHCO_3$ (탄산수소나트륨) → $Na_2O$ (산화나트륨) + $2CO_2$ (이산화탄소) + $H_2O$ (물)

## 07

**유별을 달리하는 위험물은 동일한 저장소에 저장하지 아니하여야 한다. 다만, 옥내 또는 옥외저장소에 위험물을 저장하는 경우로서 유별로 서로 $1m$ 이상의 간격을 두는 경우에는 그러지 아니하다. 다음 빈칸을 채우시오.**

제1류 위험물[( ① ) 또는 이를 함유한 것은 제외과 ( ② )을 저장하는 경우

해설

① 알칼리금속의 과산화물
② 제5류 위험물

## 08

**유기과산화물(지정수량 10배 이상)과 혼재 가능한 위험물을 모두 쓰시오.**

해설

제2류 위험물, 제4류 위험물

참고

*혼재 가능한 위험물
① 4:23
- 제4류와 제2류, 제4류와 제3류는 혼재 가능
② 5:24
- 제5류와 제2류, 제5류와 제4류는 혼재 가능
③ 6:1
- 제6류와 제1류는 혼재 가능

| | 1류 | 2류 | 3류 | 4류 | 5류 | 6류 |
|---|---|---|---|---|---|---|
| 1류 | | × | × | × | × | ○ |
| 2류 | × | | × | ○ | ○ | × |
| 3류 | × | × | | ○ | × | × |
| 4류 | × | ○ | ○ | | ○ | × |
| 5류 | × | ○ | × | ○ | | × |
| 6류 | ○ | × | × | × | × | |

## 09

**지정수량 $200kg$인 제5류 위험물의 품명 5가지를 쓰시오.**

해설

① 니트로화합물
② 니트로소화합물
③ 아조화합물
④ 디아조화합물
⑤ 히드라진유도체

## 10

**제4류 위험물 중 알코올류에 속한 메탄올에 대한 각 물음에 답하시오.**

(1) 완전연소 반응식
(2) 메탄올 $1mol$에 대한 생성물질의 몰 수의 총합을 구하시오.

해설

(1) $2CH_3OH + 3O_2 \rightarrow 2CO_2 + 4H_2O$
(메틸알코올) (산소) (이산화탄소) (물)

(2) $CH_3OH + 1.5O_2 \rightarrow CO_2 + 2H_2O$
(메틸알코올) (산소) (이산화탄소) (물)

$\therefore 3mol$

## 11

**다음 보기는 위험물안전관리법에서 정한 제4류 위험물(수용성)일 때 각각 품명을 쓰시오.**

[보기]
에틸렌글리콜, 시안화수소, 글리세린

해설

① 에틸렌글리콜 : 제3석유류
② 시안화수소 : 제1석유류
③ 글리세린 : 제3석유류

## 12

**표준상태에서 질산암모늄 $800g$이 열분해 되는 경우 발생하는 모든 기체의 부피$[L]$를 구하시오.**

해설

$2NH_4NO_3 \rightarrow 4H_2O + 2N_2 + O_2$
(질산암모늄) (물) (질소) (산소)

질산암모늄의 분자량 : $14+1\times4+14+16\times3=80$
표준상태는 1기압 0℃을 나타내고,

$PV=nRT=\frac{W}{M}RT$에서,

$\therefore V=\frac{WRT}{PM}\times\frac{\text{생성물의 몰수}}{\text{반응물의 몰수}}$

$=\frac{800\times0.082\times(0+273)}{1\times80}\times\frac{7}{2}=783.51L$

2015 4회차

위험물산업기사

# 실기 기출문제

## 01

**다음 위험물의 지정수량을 각각 쓰시오.**

(1) 탄화알루미늄
(2) 황린
(3) 트리에틸알루미늄
(4) 리튬

해설

(1) 300$kg$
(2) 20$kg$
(3) 10$kg$
(4) 50$kg$

## 02

**제3류 위험물인 황린이 강알칼리성과 접촉하여 발생되는 유독한 기체의 시성식을 쓰시오.**

해설

$P_4$ (황린) + $3KOH$ (수산화칼륨) + $3H_2O$ (물) → $3KH_2PO_2$ (차아인산칼륨) + $PH_3$ (포스핀)

∴ 포스핀($PH_3$)

## 03

**과산화벤조일의 운반용기 외부에 표시해야 하는 주의사항을 모두 쓰시오.**

해설

화기엄금, 충격주의

참고

*위험물의 운반용기 외부에 수납하는 위험물에 따른 주의사항

| 유별 | 성질 | 표시 |
|---|---|---|
| 제1류 위험물 | 산화성고체 | 알칼리금속의 과산화물 또는 이를 함유한 것<br>: 화기주의, 충격주의, 물기엄금, 가연물접촉주의 |
| | | 그 외<br>: 화기주의, 충격주의, 가연물접촉주의 |
| 제2류 위험물 | 가연성고체 | 철분, 금속분, 마그네슘<br>: 화기주의, 물기엄금 |
| | | 인화성고체 : 화기엄금 |
| | | 그 외 : 화기주의 |
| 제3류 위험물 | 자연발화성 및 금수성물질 | 자연발화성물질<br>: 화기엄금, 공기접촉엄금 |
| | | 금수성물질 : 물기엄금 |
| 제4류 위험물 | 인화성액체 | 화기엄금 |
| 제5류 위험물 | 자기반응성 물질 | 화기엄금, 충격주의 |
| 제6류 위험물 | 산화성액체 | 가연물접촉주의 |

## 04

**다음 보기는 간이저장탱크에 대한 내용일 때 빈칸을 채우시오.**

[보기]

- 간이저장탱크의 두께는 ( ① )$mm$ 이상의 강판으로 흠이 없도록 제작하여야 한다.
- 간이저장탱크의 용량은 ( ② )$L$ 이하여야 한다.

해설

① 3.2 ② 600

## 05

**지정과산화물을 저장하는 옥내저장창고 지붕에 대한 설명일 때 빈칸을 채우시오.**

[보기]

- 중도리 또는 서까래의 간격은 ( ① )$cm$ 이하로 할 것
- 지붕의 아래쪽 면에는 한 변의 길이가 ( ② )$cm$ 이하의 환강, 경량형강 등으로 된 강제의 격자를 설치할 것
- 두께 ( ③ )$cm$ 이상, 너비 ( ④ )$cm$ 이상의 목재로 만든 받침대를 설치할 것

해설

① 30 ② 45 ③ 5 ④ 30

## 06

**위험물 저장량이 지정수량의 $\frac{1}{10}$을 초과하는 경우 혼재할 수 없는 위험물을 모두 쓰시오.**

(1) 제1류 위험물
(2) 제2류 위험물
(3) 제3류 위험물
(4) 제4류 위험물
(5) 제5류 위험물

해설

(1) 제2류, 제3류, 제4류, 제5류 위험물
(2) 제1류, 제3류, 제6류 위험물
(3) 제1류, 제2류, 제5류, 제6류 위험물
(4) 제1류, 제6류 위험물
(5) 제1류, 제3류, 제6류 위험물

참고

*혼재 가능한 위험물

① 4:23
- 제4류와 제2류, 제4류와 제3류는 혼재 가능

② 5:24
- 제5류와 제2류, 제5류와 제4류는 혼재 가능

③ 6:1
- 제6류와 제1류는 혼재 가능

| | 1류 | 2류 | 3류 | 4류 | 5류 | 6류 |
|---|---|---|---|---|---|---|
| 1류 | | × | × | × | × | ○ |
| 2류 | × | | × | ○ | ○ | × |
| 3류 | × | × | | ○ | × | × |
| 4류 | × | ○ | ○ | | ○ | × |
| 5류 | × | ○ | × | ○ | | × |
| 6류 | ○ | × | × | × | × | |

## 07

**트리니트로톨루엔, 트리니트로페놀의 시성식을 각각 쓰시오.**

해설

① 트리니트로톨루엔 : $C_6H_2CH_3(NO_2)_3$
② 트리니트로페놀 : $C_6H_2OH(NO_2)_3$

## 08

**표준상태에서, 아세톤 $200g$을 완전연소할 때 다음을 구하시오.**
**(공기 중 산소의 부피는 $21\%$이다.)**

(1) 연소반응식
(2) 연소할 때 필요한 이론 공기량$[L]$
(3) 연소할 때 발생하는 탄산가스의 부피$[L]$

해설

(1) $\underset{(아세톤)}{CH_3COCH_3} + \underset{(산소)}{4O_2} \rightarrow \underset{(탄산가스)}{3CO_2} + \underset{(물)}{3H_2O}$

(2) 아세톤($CH_3COCH_3$)의 분자량
: $12+1\times3+12+16+12+1\times3=58$

표준상태는 $1atm$, $0℃$이니,

$PV=nRT=\frac{W}{M}RT$에서,

$\therefore V=\frac{WRT}{PM}\times\frac{\text{산소의 몰수}}{\text{반응물의 몰수}}\times\frac{100}{\text{산소의 부피}}$

$=\frac{200\times0.082\times(0+273)}{1\times58}\times\frac{4}{1}\times\frac{100}{21}=1470.34L$

(3) $V=\frac{WRT}{PM}\times\frac{\text{생성물의 몰수}}{\text{반응물의 몰수}}$

$=\frac{200\times0.082\times(0+273)}{1\times58}\times\frac{3}{1}=231.58L$

## 09

**다음 특징을 가진 위험물의 시성식을 쓰시오.**

[보기]
- 증기비중은 1.5이다.
- 산화하여 아세트산이 된다.
- 환원력이 아주 크다.

해설

$CH_3CHO$(아세트알데히드)

참고

*아세트알데히드($CH_3CHO$)의 특징
① 제4류 위험물 중 특수인화물(지정수량 $50L$)
② 무색의 액체, 인화성이 강하다.
③ 증기비중은 약 1.5이다.
④ 환원력이 크고, 은거울 반응을 한다.
⑤ 아세트알데히드 산화식 :

$$\underset{(\text{아세트알데히드})}{2CH_3CHO} + \underset{(\text{산소})}{O_2} \rightarrow \underset{(\text{아세트산})}{2CH_3COOH}$$

## 10

**다음 탱크에 대한 각 물음에 답하시오.**
**(단, 탱크의 공간용적은 10%이다.)**

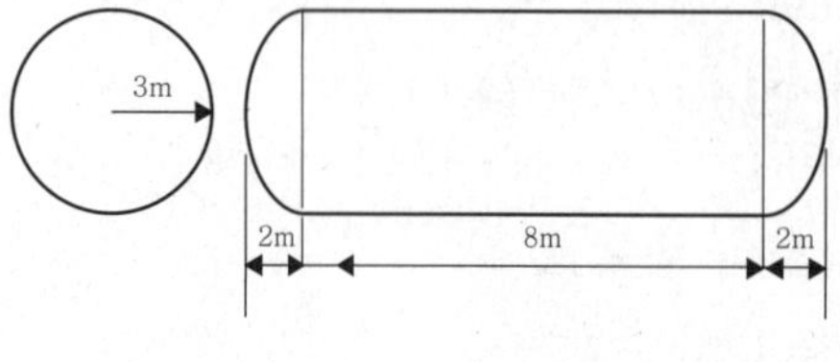


(1) 탱크의 내용적$[m^3]$
(2) 탱크의 용량$[m^3]$

해설

(1) $V = \pi r^2\left(\ell + \frac{\ell_1 + \ell_2}{3}\right)$
$= \pi \times 3^2 \times \left(8 + \frac{2+2}{3}\right) = 263.89m^3$

(2) $V_{용량} = V(1 - 공간용적)$
$= 263.89 \times (1-0.1) = 237.5m^3$

## 11

**최대용적이 $125kg$인 액체위험물을 플라스틱 운반용기에 수납하는 경우 금속제 내장용기의 최대용적을 쓰시오.**

해설

$30L$

참고

*위험물의 내장용기의 최대용적 또는 최대중량
① 유리용기, 플라스틱 용기 : $10L$
② 금속제 용기 : $30L$
③ 플라스틱필름포대, 종이포대 : $225kg$

## 12

**다음 보기는 제조소 중 옥외탱크저장소에 소화난이도 등급 I에 해당하는 항목을 모두 고르시오. (단, 답이 없으면 "없음"이라고 쓰시오.)**

[보기]

① 질산 60000$kg$을 저장하는 옥외탱크저장소
② 과산화수소 액표면적이 40$m^2$ 이상인 옥외탱크저장소
③ 이황화탄소 500$L$를 저장하는 옥외탱크저장소
④ 유황 14000$kg$을 저장하는 지중탱크
⑤ 휘발유 100000$L$를 저장하는 해상탱크

**해설**

① (질산), ②(과산화수소)는 제6류 위험물이라 해당되지 않는다.

③ (이황화탄소)는 액체이므로 해당되지 않는다.

④ 유황의 지정수량 : 100$kg$

지정수량의 배수 $= \dfrac{\text{저장수량}}{\text{지정수량}} = \dfrac{14000}{100} = 140$배
(100배 이상이므로 해당한다.)

⑤ 휘발유의 지정수량 : 200$L$

지정수량의 배수 $= \dfrac{\text{저장수량}}{\text{지정수량}} = \dfrac{100000}{200} = 500$배
(100배 이상이므로 해당한다.)

∴ ④, ⑤

**참고**

*소화난이도 등급I

| | |
|---|---|
| 옥외탱크저장소 | 액표면적이 40$m^2$ 이상인 것<br>(제6류 위험물을 저장하는 것 및 고인화점 위험물만을 100℃ 미만의 온도에서 저장하는 것은 제외) |
| | 지반면으로부터 탱크 옆판의 상단까지 높이가 6m 이상인 것<br>(제6류 위험물을 저장하는 것 및 고인화점 위험물만을 100℃ 미만의 온도에서 저장하는 것은 제외) |
| | 지중탱크 또는 해상탱크로서 지정수량의 100배 이상인 것<br>(제6류 위험물을 저장하는 것 및 고인화점 위험물만을 100℃ 미만의 온도에서 저장하는 것은 제외) |
| | 고체위험물을 저장하는 것으로서 지정수량의 100배 이상인 것 |

## 13

**제1종 분말소화설비에 대한 각 물음에 답하시오.**

(1) A~D등급 화재 중 적용 가능한 화재유형 모두 쓰시오.
(2) 제1종 분말소화설비의 주성분의 화학식을 쓰시오.

**해설**

(1) B, C
(2) $NaHCO_3$

**참고**

*분말소화기의 종류

| 종별 | 소화약제 | 착색 | 화재 종류 |
|---|---|---|---|
| 제1종 소화분말 | $NaHCO_3$ (탄산수소나트륨) | 백색 | BC 화재 |
| 제2종 소화분말 | $KHCO_3$ (탄산수소칼륨) | 담회색 | BC 화재 |
| 제3종 소화분말 | $NH_4H_2PO_4$ (인산암모늄) | 담홍색 | ABC 화재 |
| 제4종 소화분말 | $KHCO_3 + (NH_2)_2CO$ (탄산수소칼륨 + 요소) | 회색 | BC 화재 |

2016 1회차

위험물산업기사

# 실기 기출문제

## 01

**다음 표에 혼재가 가능한 위험물 $O$, 불가능한 위험물 $X$로 표시하시오.**

| | 1류 | 2류 | 3류 | 4류 | 5류 | 6류 |
|---|---|---|---|---|---|---|
| 1류 | | | | | | |
| 2류 | | | | | | |
| 3류 | | | | | | |
| 4류 | | | | | | |
| 5류 | | | | | | |
| 6류 | | | | | | |

해설

| | 1류 | 2류 | 3류 | 4류 | 5류 | 6류 |
|---|---|---|---|---|---|---|
| 1류 | | × | × | × | × | ○ |
| 2류 | × | | × | ○ | ○ | × |
| 3류 | × | × | | ○ | × | × |
| 4류 | × | ○ | ○ | | ○ | × |
| 5류 | × | ○ | × | ○ | | × |
| 6류 | ○ | × | × | × | × | |

참고

*혼재 가능한 위험물

① 4:23

- 제4류와 제2류, 제4류와 제3류는 혼재 가능

② 5:24

- 제5류와 제2류, 제5류와 제4류는 혼재 가능

③ 6:1

- 제6류와 제1류는 혼재 가능

## 02

**$TNT$가 열분해할 때 생성되는 기체물질 3가지를 화학식으로 적으시오.**

해설

$2C_6H_2CH_3(NO_2)_3 \rightarrow 12CO + 5H_2 + 3N_2 + 2C$

(트리니트로톨루엔) (일산화탄소) (수소) (질소) (탄소)

$\therefore CO,\ H_2,\ N_2$

## 03

**제1류 위험물인 염소산칼륨의 560℃에서의 완전분해 반응식을 쓰시오.**

해설

$2KClO_3 \rightarrow 2KCl + 3O_2$

(염소산칼륨) (염화칼륨) (산소)

## 04

**다음 그림의 원통형 탱크의 용적$[m^3]$을 구하시오.**

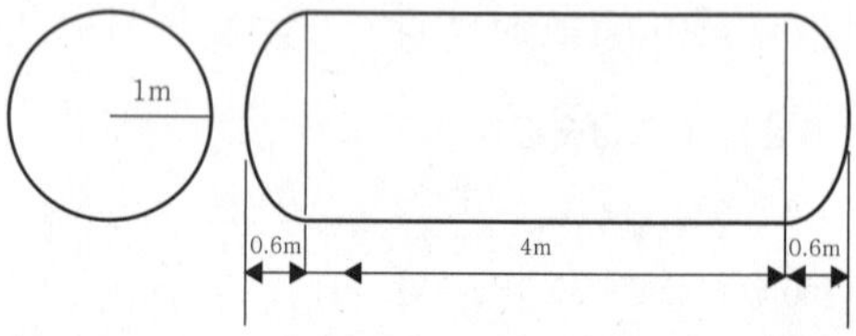


해설

$V=\pi r^2\left(\ell+\frac{\ell_1+\ell_2}{3}\right)=\pi\times 1^2\times\left(4+\frac{0.6+0.6}{3}\right)$

$=13.82m^3$

## 05

**다음 옥외탱크저장소의 방유제 설치에 대한 내용일 때 빈칸을 채우시오.**

옥외탱크저장소의 방유제가 높이 (     ) 이상일 때 계단을 설치해야 한다.

해설

$1m$

## 06

**가연물 표면에 유리상의 피막을 형성하여 연소에 필요한 산소의 유입을 차단하여 연소를 중단시키는 메타인산이 발생하는 분말소화약제에 대한 각 물음에 답하시오.**

(1) 분말소화약제의 종류
(2) (1)의 주성분을 화학식으로 쓰시오.

해설

(1) 제3종 분말소화약제
(2) $NH_4H_2PO_4$

참고

*제3종 분말소화약제의 완전 열분해식

$NH_4H_2PO_4$ (인산암모늄) → $NH_3$ (암모니아) + $HPO_3$ (메타인산) + $H_2O$ (물)

## 07

**오황화린과 물이 반응할 때 생성되는 물질을 화학식으로 모두 쓰시오.**

해설

$P_2S_5$ (오황화린) $+ 8H_2O$ (물) → $5H_2S$ (황화수소) $+ 2H_3PO_4$ (인산)

$\therefore H_2S,\ H_3PO_4$

## 08

**위험물제조소에 국소방식의 배출설비를 제조소에 설치하는 경우 배출능력은 시간당 배출장소 용적의 몇 배 이상으로 하여야 하는가?**

해설

20배

참고

*국소방식의 배출설비

배출능력은 1시간당 배출장소 용적의 20배 이상인 것으로한다. (전역방식의 경우에는 바닥면적의 $1m^3$당 $18m^3$으로 할 수 있다.)

## 09

**에틸알코올에 황산을 촉매로 첨가하면 발생하는 물질의 지정수량이 $50L$인 특수인화물의 화학식을 쓰시오.**

해설

$2C_2H_5OH$ (에틸알코올) $\xrightarrow[\text{축합반응}]{C-H_2SO_4}$ $C_2H_5OC_2H_5$ (디에틸에테르) $+ H_2O$ (물)

$\therefore C_2H_5OC_2H_5$

## 10

**제5류 위험물 중 피크린산에 대해 다음 각 물음에 답하시오.**

(1) 구조식
(2) 지정수량

해설

(1)

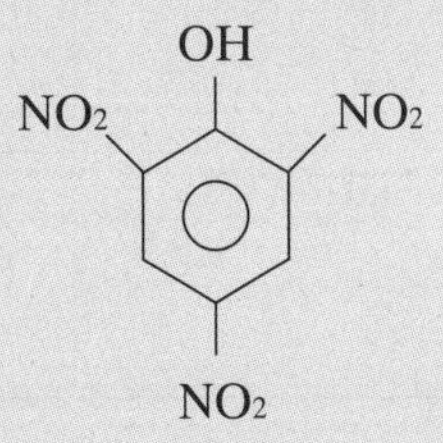


(2) $200kg$

## 11

**제4류 위험물 중 특수인화물에 속하는 이황화탄소에 대한 다음 각 물음에 답하시오.**

(1) 연소반응식
(2) 지정수량

해설

(1) $CS_2$ (이황화탄소) $+ 3O_2$ (산소) → $CO_2$ (이산화탄소) $+ 2SO_2$ (이산화황)
(2) $50L$

## 12

**다음 표의 위험물에 대한 제조소에 설치하여야 하는 주의사항 게시판의 내용을 쓰시오.**

| 물질 | 주의사항 |
|---|---|
| 과산화나트륨 | ① |
| 황 | ② |
| 트리니트로톨루엔 | ③ |

해설

① 물기엄금
② 화기주의
③ 화기엄금

참고

*주의사항 표시

| 종류 | 주의사항표시 |
|---|---|
| *제1류 위험물 중 알칼리금속의 과산화물<br>*제3류 위험물 중 금수성물질 | 물기엄금<br>(청색바탕에 백색문자) |
| *제2류 위험물<br>(인화성고체를 제외) | 화기주의<br>(적색바탕에 백색문자) |
| *제2류 위험물 중 인화성고체<br>*제3류 위험물 중 자연발화성물질<br>*제4류 위험물<br>*제5류 위험물 | 화기엄금<br>(적색바탕에 백색문자) |

-과산화나트륨 : 제1류 위험물 중 알칼리금속의 과산화물
-황 : 제2류 위험물(인화성고체를 제외)
-트리니트로톨루엔 : 제5류 위험물

## 13

**불활성가스 소화설비에 적응성이 있는 위험물을 모두 고르시오.**

[보기]
① 제1류 위험물 중 알칼리금속의 과산화물
② 제2류 위험물 중 인화성고체
③ 제3류 위험물
④ 제4류 위험물
⑤ 제5류 위험물
⑥ 제6류 위험물

해설

②, ④

참고

*불활성가스 소화설비에 적응성이 있는 위험물
① 제2류 위험물 중 인화성고체
② 제4류 위험물
③ 전기설비

## 14

**다음 보기의 빈칸을 채우시오.**

[보기]

- ( ① )은(는) 고형 알코올, 그 밖에 1기압에서 인화점이 40℃ 미만인 고체를 말한다.

- ( ② )은(는) 이황화탄소, 디에틸에테르 그 밖에 1기압에서발화점이 100℃ 이하이거나 인화점이 영하 20℃ 이하이고, 비점이 40℃ 이하인 것을 말한다.

- ( ③ )은(는) 아세톤, 휘발유 그 밖에 1기압에서 인화점이 21℃ 미만인 것을 말한다.

해설

① 인화성고체
② 특수인화물
③ 제1석유류

위험물산업기사

# 실기 기출문제



## 01

**아래의 위험물이 물과 반응하여 생성되는 가연성 기체의 화학식을 쓰시오.**

(1) 인화알루미늄
(2) 칼륨
(3) 트리에틸알루미늄

해설

(1) $AlP$ (인화알루미늄) $+ 3H_2O$ (물) $\rightarrow$ $Al(OH)_3$ (수산화알루미늄) $+$ $PH_3$ (포스핀)

$\therefore PH_3$

(2) $2K$ (칼륨) $+ 2H_2O$ (물) $\rightarrow$ $2KOH$ (수산화칼륨) $+$ $H_2$ (수소)

$\therefore H_2$

(3) $(C_2H_5)_3Al$ (트리에틸알루미늄) $+ 3H_2O$ (물) $\rightarrow$ $Al(OH)_3$ (수산화알루미늄) $+ 3C_2H_6$ (에탄)

$\therefore C_2H_6$

## 02

**탄화알루미늄과 물이 만나 반응할 때 생성되는 물질을 모두 쓰시오.**

해설

$Al_4C_3$ (탄화알루미늄) $+ 12H_2O$ (물) $\rightarrow$ $4Al(OH)_3$ (수산화알루미늄) $+ 3CH_4$ (메탄)

$\therefore$수산화알루미늄, 메탄

## 03

**인화칼슘에 대한 각 물음에 답하시오.**

(1) 물과의 반응식
(2) 물과 접촉할 때의 위험성에 대해 쓰시오.

해설

(1) $Ca_3P_2$ (인화칼슘) $+ 6H_2O$ (물) $\rightarrow$ $3Ca(OH)_2$ (수산화칼슘) $+$ $2PH_3$ (포스핀)

(2) 유독성 및 가연성의 포스핀을 발생하여 위험성이 증대된다.

## 04

**오르소인산을 생성하는 ABC 분말 소화기의 1차 열분해 반응식을 쓰시오.**

해설

$NH_4H_2PO_4$ (인산암모늄) $\rightarrow$ $NH_3$ (암모니아) $+ H_3PO_4$ (인산)

참고

*제3종 분말 소화약제

① 166℃ 열분해식(1차 열분해식)

$NH_4H_2PO_4$ (인산암모늄) $\rightarrow$ $NH_3$ (암모니아) $+ H_3PO_4$ (인산)

② 완전 열분해식

$NH_4H_2PO_4$ (인산암모늄) $\rightarrow$ $NH_3$ (암모니아) $+$ $HPO_3$ (메타인산) $+ H_2O$ (물)

## 05

**트리니트로페놀의 구조식을 쓰시오.**

해설

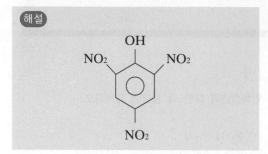

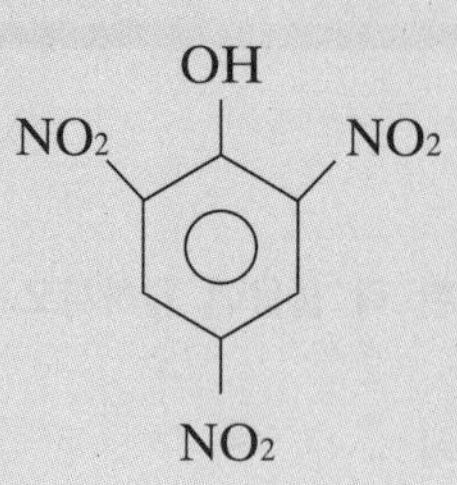


## 06

**다음 옥외저장소에서 저장하는 위험물의 최대수량에 대한 보유공지 너비의 기준을 쓰시오.**

[보기]
① 지정수량의 10배 이하
② 지정수량의 20배 초과 50\\50배 이하

해설

① 3$m$ 이상
② 9$m$ 이상

참고

*옥외저장소의 보유공지 너비의 기준

| 저장 또는 취급하는 위험물의 최대수량 | 공지의 너비 |
|---|---|
| 지정수량의 10배 이하 | 3m 이상 |
| 지정수량의 10배 초과 20배 이하 | 5m 이상 |
| 지정수량의 20배 초과 50배 이하 | 9m 이상 |
| 지정수량의 50배 초과 200배 이하 | 12m 이상 |
| 지정수량의 200배 초과 | 15m 이상 |
| 제4류 위험물 중 제4석유류와 제6류 위험물을 저장 또는 취급하는 옥외저장소의 보유공지는 위의 표에 의한 공지의 너비의 $\frac{1}{3}$ 이상의 너비로 할 수 있다. | |

## 07

**고형알코올, 그 밖에 1기압에서 인화점이 40℃ 미만인 고체의 위험물에 대해 각 물음에 답하시오.**

(1) 품명
(2) 몇 류 위험물인가?
(3) 지정수량
(4) 위험등급

해설

(1) 인화성고체
(2) 제2류 위험물
(3) 1000$kg$
(4) 위험등급 III

## 08

**옥외저장탱크·옥내저장탱크 또는 지하저장탱크 중 압력탱크 외의 탱크에 아래의 위험물을 저장할 경우에 유지하여야 하는 온도를 쓰시오.**

| 물질 | 온도 |
|---|---|
| 디에틸에테르 | ( ① ) |
| 산화프로필렌 | ( ② ) |
| 아세트알데히드 | ( ③ ) |

해설

① 30℃ 이하
② 30℃ 이하
③ 15℃ 이하

## 09

**다음 보기의 위험물들을 인화점이 낮은 순대로 배치하시오.**

| [보기] |
|---|
| 디에틸에테르, 아세톤, 이황화탄소, 산화프로필렌 |

해설

디에틸에테르 < 산화프로필렌 < 이황화탄소 < 아세톤

참고

| 명칭 | 품명 | 인화점 |
|---|---|---|
| 디에틸에테르 | 특수인화물 | −45℃ |
| 아세톤 | 제1석유류 (수용성) | −18℃ |
| 이황화탄소 | 특수인화물 | −30℃ |
| 산화프로필렌 | 특수인화물 | −37℃ |

## 10

**특수인화물** $200L$**, 제1석유류** $400L$**, 제2석유류** $4000L$**, 제3석유류** $12000L$**, 제4석유류** $24000L$**에 대한 지정수량의 배수의 합을 쓰시오.**
**(단, 전부 수용성이다.)**

해설

$$\text{지정수량의 배수} = \frac{\text{저장수량}}{\text{지정수량}}$$

$$= \frac{200}{50} + \frac{400}{400} + \frac{4000}{2000} + \frac{12000}{4000} + \frac{24000}{6000}$$

$$= 14\text{배}$$

참고

*제4류 위험물의 각 지정수량

| 품명 | 지정수량 |
|---|---|
| 특수인화물 | $50L$ |
| 제1석유류(비수용성) | $200L$ |
| 제1석유류(수용성) | $400L$ |
| 알코올류 | $400L$ |
| 제2석유류(비수용성) | $1000L$ |
| 제2석유류(수용성) | $2000L$ |
| 제3석유류(비수용성) | $2000L$ |
| 제3석유류(수용성) | $4000L$ |
| 제4석유류 | $6000L$ |
| 동식물유류 | $10000L$ |

## 11

**다음 보기에서 위험물탱크 시험자의 필수 기술인력을 모두 고르시오.**

[보기]

① 위험물기능장
② 누설비파괴검사기사 및 산업기사
③ 위험물산업기사
④ 비파괴검사기능사
⑤ 측량 및 지형공간정보기술사, 기사 또는 산업기사
⑥ 초음파비파괴기능사
⑦ 에너지관리기능사

해설

①, ③

참고

*위험물탱크 시험장의 필수 기술인력

① 위험물기능장 • 위험물산업기사 또는 위험물기능사 중 1명 이상
② 비파괴검사기술사 1명 이상 또는 초음파비파괴검사 • 자기비파괴검사 및 침투비파괴검사별로 기사 또는 산업기사 각 1명 이상

## 12

**에틸렌과 산소를 염화구리의 촉매하에 생성되며, 인화점 $-38℃$, 비점 $21℃$, 분자량 $44$, 연소범위 $4.1$~$57\%$인 특수인화물이 있을 때 다음을 구하시오.**

(1) 시성식
(2) 증기비중

해설

(1) $CH_3CHO$(아세트알데히드)

(2) 분자량 : $12+1\times3+12+1+16=44$

$$\therefore \text{증기비중} = \frac{\text{분자량}}{28.84} = \frac{44}{28.84} = 1.53$$

## 13

**"주유 중 엔진정지" 주의사항 게시판의 바탕색과 글자색을 쓰시오.**

해설

① 바탕색 : 황색
② 글자색 : 흑색

**2016 4회차**

위험물산업기사
# 실기 기출문제

## 01

**휘발유와 혼재할 수 있는 위험물을 모두 쓰시오.**

**(단, 위험물의 적재량은 지정수량의 $\frac{1}{5}$ 이다.)**

해설

제2류 위험물, 제3류 위험물, 제5류 위험물

참고

*혼재 가능한 위험물

① 4:23
- 제4류와 제2류, 제4류와 제3류는 혼재 가능

② 5:24
- 제5류와 제2류, 제5류와 제4류는 혼재 가능

③ 6:1
- 제6류와 제1류는 혼재 가능

| | 1류 | 2류 | 3류 | 4류 | 5류 | 6류 |
|---|---|---|---|---|---|---|
| 1류 | | × | × | × | × | ○ |
| 2류 | × | | × | ○ | ○ | × |
| 3류 | × | × | | ○ | × | × |
| 4류 | × | ○ | ○ | | ○ | × |
| 5류 | × | ○ | × | ○ | | × |
| 6류 | ○ | × | × | × | × | |

휘발유는 제4류 위험물이다.

## 02

**A급, B급, C급 화재에 모두 소화 적응성이 있는 분말 소화약제의 주성분의 화학식을 쓰시오.**

해설

$NH_4H_2PO_4$

참고

*분말소화기의 종류

| 종별 | 소화약제 | 착색 | 화재 종류 |
|---|---|---|---|
| 제1종 소화분말 | $NaHCO_3$ (탄산수소나트륨) | 백색 | BC 화재 |
| 제2종 소화분말 | $KHCO_3$ (탄산수소칼륨) | 담회색 | BC 화재 |
| 제3종 소화분말 | $NH_4H_2PO_4$ (인산암모늄) | 담홍색 | ABC 화재 |
| 제4종 소화분말 | $KHCO_3 + (NH_2)_2CO$ (탄산수소칼륨 + 요소) | 회색 | BC 화재 |

## 03

**다음 보기의 제4류 위험물 중 동식물유류를 요오드값에 따라 건성유, 반건성유, 불건성유로 분류하시오.**

| [보기] |
|---|
| 쌀겨유, 목화씨유, 피마자유, 아마인유, 야자유, 들기름 |

해설

① 건성유 : 아마인유, 들기름
② 반건성유 : 쌀겨유, 목화씨유
③ 불건성유 : 피마자유, 야자유

참고

| | | | |
|---|---|---|---|
| 동식물유류 | 건성유 | 요오드값 130 이상 | 아마인유, 들기름, 동유, 정어리유, 해바라기유 등 |
| | 반건성유 | 요오드값 100~130 | 참기름, 옥수수유, 채종유, 쌀겨유, 청어유, 콩기름 등 |
| | 불건성유 | 요오드값 100 이하 | 야자유, 땅콩유, 피마자유, 올리브유, 돼지기름 등 |

## 04

**은거울반응을 하고, 환원력이 매우 크며, 물, 에테르 그리고 알코올에 녹으며, 산화하면 아세트산이 되는 위험물에 대한 각 물음에 답하시오.**

(1) 명칭
(2) 화학식

해설

(1) 아세트알데히드
(2) $CH_3CHO$

참고

아세트알데히드($CH_3CHO$)의 특징

① 제4류 위험물 중 특수인화물(지정수량 $50L$)
② 무색의 액체, 인화성이 강하다.
③ 증기비중은 약 1.5이다.
④ 환원력이 크고, 은거울 반응을 한다.
⑤ 아세트알데히드 산화식 :

$$\underset{(\text{아세트알데히드})}{2CH_3CHO} + \underset{(\text{산소})}{O_2} \rightarrow \underset{(\text{아세트산})}{2CH_3COOH}$$

## 05

**다음은 위험물의 운반기준일 때 빈칸을 채우시오.**

| |
|---|
| (1) 고체위험물은 운반용기 내용적의 ( ① )% 이하의 수납율로 수납할 것 |
| (2) 액체위험물은 운반용기 내용적의 ( ② )% 이하의 수납율로 수납하되, ( ③ )℃의 온도에서 누설되지 않도록 충분한 공간용적을 유지하도록 할 것 |

해설

① 95
② 98
③ 55

## 06

**질산암모늄의 구성성분 중 질소와 수소의 함량을 각각 $wt\%$로 구하시오.**

해설

질산암모늄($NH_4NO_3$)의 분자량

: $14 + 1 \times 4 + 14 + 16 \times 3 = 80$

$$\therefore \text{질소}(N)\text{의 함량} = \frac{\text{질소 분자량}}{\text{전체 분자량}} \times 100 = \frac{14 \times 2}{80} \times 100 = 35wt\%$$

$$\therefore \text{수소}(H)\text{의 함량} = \frac{\text{수소 분자량}}{\text{전체 분자량}} \times 100 = \frac{1 \times 4}{80} \times 100 = 5wt\%$$

## 07

**다음 보기의 위험물 중 인화점이 21℃ 이상 70℃ 미만인 수용성 물질을 모두 고르시오.**

| [보기] |
|---|
| 아세트산, 글리세린, 니트로벤젠, 메틸알코올, 포름산, 아세톤 |

해설

아세트산, 포름산

참고

| 물질 | 품명 |
|---|---|
| 아세트산 | 제2석유류 (수용성) |
| 글리세린 | 제3석유류 (수용성) |
| 니트로벤젠 | 제3석유류 (비수용성) |
| 메틸알코올 | 알코올류 |
| 포름산 | 제2석유류 (수용성) |
| 아세톤 | 제1석유류 (수용성) |

## 08

**보기의 위험물들을 인화점이 낮은 순서대로 배치하시오.**

| [보기] |
|---|
| 이황화탄소, 초산에틸, 글리세린, 클로로벤젠 |

해설

이황화탄소 < 초산에틸 < 클로로벤젠 < 글리세린

참고

| 물질 | 인화점 |
|---|---|
| 이황화탄소 | −30℃ |
| 초산에틸 | −4℃ |
| 글리세린 | 160℃ |
| 클로로벤젠 | 27℃ |

## 09

**연한 경금속이며, 2차 전지로 이용되며, 비중 0.53, 융점 180℃인 위험물의 명칭을 쓰시오.**

해설

리튬($Li$)

## 10

**인화칼슘과 물의 반응식을 쓰시오.**

해설

$$\underset{(\text{인화칼슘})}{Ca_3P_2} + \underset{(\text{물})}{6H_2O} \rightarrow \underset{(\text{수산화칼슘})}{3Ca(OH)_2} + \underset{(\text{포스핀})}{2PH_3}$$

## 11

**다음 보기 중 지정수량이 같은 위험물의 품명 3가지를 쓰시오.**

| [보기] |
|---|
| 철분, 유황, 적린, 알칼리토금속, 히드록실아민, 히드라진유도체, 질산에스테르류 |

해설

유황, 적린, 히드록실아민

참고

| 물질 | 지정수량 |
|---|---|
| 철분 | 500$kg$ |
| 유황 | 100$kg$ |
| 적린 | 100$kg$ |
| 알칼리토금속 | 50$kg$ |
| 히드록실아민 | 100$kg$ |
| 히드라진유도체 | 200$kg$ |
| 질산에스테르류 | 10$kg$ |

## 12

**제2류 위험물인 마그네슘에 대한 각 물음에 답하시오.**

(1) 황산과의 반응식
(2) 완전연소 반응식

해설

(1) $$\underset{(\text{마그네슘})}{Mg} + \underset{(\text{황산})}{H_2SO_4} \rightarrow \underset{(\text{황산마그네슘})}{MgSO_4} + \underset{(\text{수소})}{H_2}$$

(2) $$\underset{(\text{마그네슘})}{2Mg} + \underset{(\text{산소})}{O_2} \rightarrow \underset{(\text{산화마그네슘})}{2MgO}$$

## 13

**표준상태에서 톨루엔의 증기밀도$[g/L]$을 구하시오.**

해설

톨루엔($C_6H_5CH_3$)의 분자량

: $12\times6+1\times5+12+1\times3=92$

표준상태($1atm$, 0℃)에서 $1mol$은 $22.4L$이니,

$\therefore$ 증기밀도 $= \frac{질량}{부피} = \frac{92}{22.4} = 4.11g/L$

## 14

**위험물 제조소에 $200m^3$ 및 $100m^3$의 탱크가 각각 1개씩 있으며, 탱크 주위로 방유제를 만들 때 방유제의 용량$[m^3]$을 구하시오.**

해설

방유제의 용량 $= 200\times0.5+100\times0.1=110m^3$ 이상

참고

*위험물 제조소에 있는 위험물 취급탱크

① 하나의 취급 탱크 주위에 설치하는 방유제의 용량
: 당해 탱크용량의 50% 이상

② 2 이상의 취급 탱크 주위에 하나의 방유제를 설치하는 경우, 방유제의 용량
: 당해 탱크 중 용량이 최대인 것의 50%에 나머지 탱크용량의 합계를 10%를 가산한 양 이상이 되게 할 것

Memo

# 2017 1회차

위험물산업기사

# 실기 기출문제

## 01

**제5류 위험물 중 니트로화합물에 속하는 트리니트로 페놀에 대한 각 물음에 답하시오.**

(1) 구조식

(2) 지정수량

**해설**

(1)

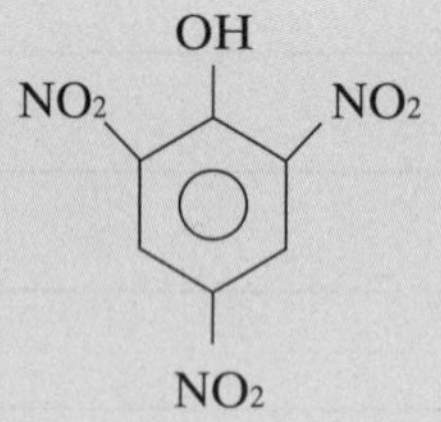

(2) $200kg$

## 02

**다음 보기 위험물의 지정수량의 배수의 합을 계산하시오.**

> [보기]
> 클로로벤젠 $1500L$, 메틸알코올 $1000L$,
> 메틸에틸케톤 $1000L$

**해설**

$$\text{지정수량의 배수} = \frac{\text{저장수량}}{\text{지정수량}} = \frac{1500}{1000} + \frac{1000}{400} + \frac{1000}{200} = 9\text{배}$$

**참고**

| 물질 | 품명 | 지정수량 |
|---|---|---|
| 클로로벤젠 | 제2석유류 (비수용성) | $1000L$ |
| 메틸알코올 | 알코올류 | $400L$ |
| 메틸에틸케톤 | 제1석유류 (비수용성) | $200L$ |

## 03

**다음 그림을 참고하여 탱크의 내용적$[m^3]$을 구하시오.**

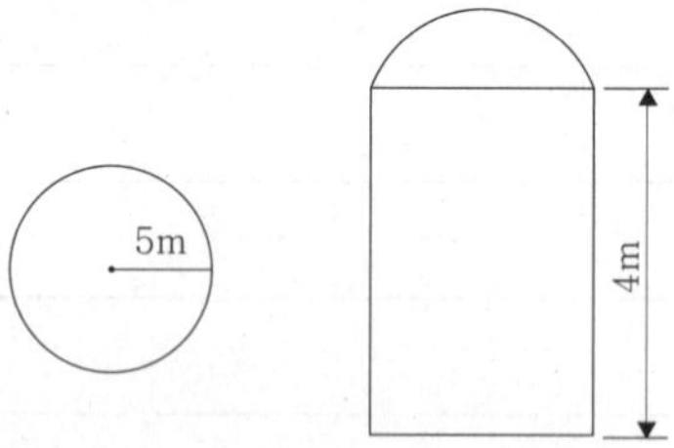


**해설**

$V = \pi r^2 \ell = \pi \times 5^2 \times 4 = 314.16m^3$

## 04

**제1류 위험물인 과산화나트륨에 대한 각 물음에 답하시오.**

(1) 분해될 때 생성되는 물질 2가지
(2) 이산화탄소와 반응식

해설

(1) $2Na_2O_2 \rightarrow 2Na_2O + O_2$
(과산화나트륨) (산화나트륨) (산소)

∴산화나트륨, 산소

(2) $2Na_2O_2 + 2CO_2 \rightarrow 2Na_2CO_3 + O_2$
(과산화나트륨) (이산화탄소) (탄산나트륨) (산소)

## 05

**오황화린에 대한 각 물음에 답하시오.**

(1) 연소 반응식을 쓰시오.
(2) 연소하여 생성된느 물질 중 산성비의 원인이 되는 물질은?

해설

(1) $2P_2S_5 + 15O_2 \rightarrow 2P_2O_5 + 10SO_2$
(오황화린) (산소) (오산화인) (이산화황)

(2) 이산화황

## 06

**다음 보기는 이동저장탱크의 구조에 대한 내용일 때 빈칸을 채우시오.**

[보기]
- 탱크는 두께 ( ① )$mm$ 이상의 강철판으로 할 것.
- 압력탱크 외의 탱크는 ( ② )$kPa$의 압력으로, 압력탱크는 최대상용압력의 ( ③ )배의 압력으로 각각 ( ④ )분간 수압시험을 실시하여 새거나 변형되지 아니할 것.

해설

① 3.2 ② 70 ③ 1.5 ④ 10

## 07

**옥외저장소에 저장할 수 있는 제4류 위험물의 품명 4가지를 쓰시오.**

해설

① 제1석유류(인화점이 0℃ 이상인 것에 한한다.)
② 알코올류
③ 제2석유류
④ 제3석유류
⑤ 제4석유류
⑥ 동식물유류

## 08

**제2종 분말소화약제의 1차 분해반응식을 쓰시오.**

해설

$2KHCO_3 \rightarrow K_2CO_3 + CO_2 + H_2O$
(탄산수소칼륨) (탄산칼륨) (이산화탄소) (물)

## 09

**탄화칼슘에 대한 각 물음에 답하시오.**

(1) 물과의 반응식
(2) 생성 기체의 명칭
(3) 생성 기체의 연소범위
(4) 생성기체의 연소반응식

해설

(1) $CaC_2 + 2H_2O \rightarrow Ca(OH)_2 + C_2H_2$
(탄화칼슘) (물) (수산화칼슘) (아세틸렌)

(2) 아세틸렌

(3) 2.5 ~ 81%

(4) $2C_2H_2 + 5O_2 \rightarrow 4CO_2 + 2H_2O$
(아세틸렌) (산소) (이산화탄소) (물)

## 10

**다음 보기 중 인화점이 낮은 순대로 배치하시오.**

[보기]
① 초산에틸 ② 메틸알코올
③ 니트로벤젠 ④ 에틸렌글리콜

해설

① - ② - ③ - ④

해설

| 물질 | 인화점 |
|---|---|
| 초산에틸 | −4℃ |
| 메틸알코올 | 11℃ |
| 니트로벤젠 | 88℃ |
| 에틸렌글리콜 | 111℃ |

## 11

**다음 보기 중 제2류 위험물에 속하는 물질의 품명 4가지와 각각 지정수량을 쓰시오.**

[보기]
아세톤, 황화린, 적린, 유황, 칼슘, 황린, 마그네슘

해설

① 황화린 : 100$kg$
② 적린 : 100$kg$
③ 유황 : 100$kg$
④ 마그네슘 : 500$kg$

## 12

**다음 보기 중 위험물 운반용기 외부에 표시하는 주의사항을 각각 쓰시오.**

[보기]
① 제2류 위험물 중 인화성고체
② 제3류 위험물 중 금수성 물질
③ 제4류 위험물
④ 제6류 위험물

해설

① 화기엄금
② 물기엄금
③ 화기엄금
④ 가연물접촉주의

참고

*위험물의 운반용기 외부에 수납하는 위험물에 따른 주의사항

| 유별 | 성질 | 표시 |
|---|---|---|
| 제1류 위험물 | 산화성고체 | 알칼리금속의 과산화물 또는 이를 함유한 것<br>: 화기주의, 충격주의, 물기엄금, 가연물접촉주의 |
| | | 그 외<br>: 화기주의, 충격주의, 가연물접촉주의 |
| 제2류 위험물 | 가연성고체 | 철분, 금속분, 마그네슘<br>: 화기주의, 물기엄금 |
| | | 인화성고체 : 화기엄금 |
| | | 그 외 : 화기주의 |
| 제3류 위험물 | 자연발화성 및 금수성물질 | 자연발화성물질<br>: 화기엄금, 공기접촉엄금 |
| | | 금수성물질 : 물기엄금 |
| 제4류 위험물 | 인화성액체 | 화기엄금 |
| 제5류 위험물 | 자기반응성 물질 | 화기엄금, 충격주의 |
| 제6류 위험물 | 산화성액체 | 가연물접촉주의 |

## 13

**위험물제조소등에 설치하는 옥내소화전설비의 각 물음에 답하시오.**

(1) 각 노즐선단의 방수압력
(2) 분당 방수량

해설

(1) 350$kPa$ 이상
(2) 260$L$/min 이상

참고

*옥내 및 옥외소화전설비의 비교

| 비교 | 옥내소화전 설비 | 옥외소화전 설비 |
|---|---|---|
| 방수압력 | 350$KPa$ 이상 | |
| 방수량 | 260$L$/min 이상 | 450$L$/min 이상 |
| 수평거리 | 25$m$ 이하 | 40$m$ 이하 |
| 비상전원의 용량 | 45분 이상 | |

**2017** 2회차

위험물산업기사

# 실기 기출문제

## 01

**다음 보기는 아세트알데히드 등의 옥외탱크저장소에 대한 내용일 때 빈칸을 채우시오.**

[보기]
아세트알데히드 등을 취급하는 탱크에는 ( ① ) 또는 ( ② ) 및 연소성 혼합기체의 생성에 의한 폭발을 방지하기 위한 불활성기체를 봉입하는 장치를 갖추어야 할 것.
탱크의 재질은 구리, 은, ( ③ ), ( ④ ) 또는 이를 함유한 합금을 사용해서는 안된다.

해설

① 냉각장치
② 보냉장치
③ 수은
④ 마그네슘

## 02

**다음 보기에 대한 빈칸을 채우시오.**

[보기]
"특수인화물"이라 함은 이황화탄소, 디에틸에테르, 그 밖에 $1atm$에서 발화점이 섭씨 ( ① )℃ 이하인 것 또는 인화점이 섭씨 영하 ( ② )℃ 이하이고 비점이 섭씨 ( ③ )℃ 이하인 것을 말한다.

해설

① 100　② 20　③ 40

## 03

**옥내저장소에 옥내소화전설비를 1층에 3개 설치를 할 경우 필요한 수원의 수량$[m^3]$을 구하시오.**

해설

수원의 수량 $= 7.8 \times 3 = 23.4m^3$ 이상

참고

*수원의 수량
① 옥외 : $13.5 \times n$[개]
(단, n=4개 이상인 경우는 n=4)

② 옥내 : $7.8 \times n$[개]
(단, n=5개 이상인 경우는 n=5)

## 04

**불활성가스 소화설비에 적응성이 있는 위험물 2가지를 쓰시오.**

해설

① 제2류 위험물 중 인화성고체
② 제4류 위험물

## 05

**압력 $800mmHg$, 온도 $30℃$에서, 이황화탄소 $100kg$이 연소할 때 발생하는 이산화황의 부피$[m^3]$를 구하시오.**

해설

*이황화탄소 연소반응식

$$\underset{(이황화탄소)}{CS_2} + \underset{(산소)}{3O_2} \rightarrow \underset{(이산화탄소)}{CO_2} + \underset{(이산화황)}{2SO_2}$$

이황화탄소($CS_2$)의 분자량 : $12 + 32 \times 2 = 76$

$PV = nRT = \frac{W}{M}RT$에서,

$$\therefore V = \frac{WRT}{PM} \times \frac{생성물의\ 몰수}{반응물의\ 몰수}$$

$$= \frac{100 \times 0.082 \times (30 + 273)}{\frac{800}{760} \times 76} \times \frac{2}{1} = 62.12m^3$$

## 06

**제5류 위험물 중 휘황색의 침상결정이며, 착화점 $300℃$, 융점 $122.5℃$, 비점 $255℃$, 비중 $1.8$인 위험물에 대한 각 물음에 답하시오.**

(1) 명칭

(2) 지정수량

해설

(1) 트리니트로페놀($C_6H_2OH(NO_2)_3$)

(2) $200kg$

## 07

**다음 보기에서 제4류 위험물 중 제2석유류에 대한 설명으로 옳은 것을 모두 고르시오.**

[보기]

① 등유, 경유
② 대부분 수용성 물질이다.
③ 비중이 1보다 크다.
④ 산화제이다.
⑤ 도료류 그 밖의 물품에 있어서는 가연성 액체량이 $40wt\%$ 이하이면서 인화점이 $40℃$ 이상인 동시에 연소점이 $60℃$ 이상인 것은 제외한다.

해설

①, ⑤

참고

*제2석유류

등유, 경유 그 밖에 $1atm$에서 인화점이 $21℃$ 이상 $70℃$ 미만인 것을 말한다. 다만 도료류, 그 밖의 물품에 있어서는 가연성 액체량이 $40wt\%$ 이하이면서 인화점이 $40℃$ 이상인 동시에 연소점이 $60℃$ 이상인 것은 제외한다.

## 08

**옥외저장소에 제2류 위험물인 유황($S$)을 지정수량 150배 이상의 지정수량을 저장할 때의 보유공지는 얼마나 확보해야 하는가?**

해설

$12m$ 이상

참고

*옥외저장소의 보유공지 너비의 기준

| 저장 또는 취급하는 위험물의 최대수량 | 공지의 너비 |
|---|---|
| 지정수량의 10배 이하 | $3m$ 이상 |
| 지정수량의 10배 초과 20배 이하 | $5m$ 이상 |
| 지정수량의 20배 초과 50배 이하 | $9m$ 이상 |
| 지정수량의 50배 초과 200배 이하 | $12m$ 이상 |
| 지정수량의 200배 초과 | $15m$ 이상 |
| 제4류 위험물 중 제4석유류와 제6류 위험물을 저장 또는 취급하는 옥외저장소의 보유공지는 위의 표에 의한 공지의 너비의 $\frac{1}{3}$ 이상의 너비로 할 수 있다. | |

## 09

**다음 보기는 지정과산화물 옥내저장소의 저장창고 격벽에 설치 기준일 때 빈칸을 채우시오.**

[보기]

저장창고는 ( ① )$m^2$ 이내마다 격벽으로 완전하게 구획할 것. 이 경우 당해 격벽은 두께 ( ② )$cm$ 이상의 철근콘크리트조 또는 철골철근콘크리트조로 하거나 두께 ( ③ )$cm$ 이상의 보강콘크리트블록조로 하고, 당해 저장창고의 양측의 외벽으로부터 ( ④ )$m$ 이상, 상부의 지붕으로부터 ( ⑤ )$cm$ 이상 돌출하게 하여야 한다.

해설

① 150　② 30　③ 40
④ 1　⑤ 50

## 10

**제3류 위험물인 칼륨에 대한 각 물음에 답하시오.**

(1) 이산화탄소와의 반응식
(2) 에탄올과의 반응식

해설

(1) $4K + 3CO_2 \rightarrow 2K_2CO_3 + C$
(칼륨) (이산화탄소) (탄산칼륨) (탄소)

(2) $2K + 2C_2H_5OH \rightarrow 2C_2H_5OK + H_2$
(칼륨) (에탄올) (칼륨에틸레이트) (수소)

## 11

**소화난이도등급 I에 해당하는 제조소에 관한 내용일 때 빈칸을 채우시오.**

[보기]

(1) 연면적 ( ① )$m^2$ 이상인 것
(2) 지반면으로부터 ( ② )$m$ 이상의 높이에 위험물 취급설비가 있는 것
(3) 지정수량의 ( ③ )배 이상인 것

해설

① 1000
② 6
③ 100

## 12

**제6류 위험물에 대하여 위험물로 성립되는 조건을 쓰시오.**
**(단, 없으면 "없음"이라고 쓰시오.)**

(1) 과산화수소
(2) 과염소산
(3) 질산

해설

(1) 농도가 $36wt\%$ 이상인 것
(2) 없음
(3) 비중이 1.49 이상인 것

## 13

**제1류 위험물인 과염소산칼륨의 610℃의 분해반응식을 쓰시오.**

해설

$$\underset{(과염소산칼륨)}{KClO_4} \rightarrow \underset{(염화칼륨)}{KCl} + \underset{(산소)}{2O_2}$$

2017
4회차

위험물산업기사
# 실기 기출문제

## 01

**제조소 등에서의 위험물 저장 및 취급에 관한 기준에 대한 설명일 때 빈칸을 채우시오.**

[보기]
- 제4류 위험물은 불티・불꽃・고온체와의 접근 또는 과열을 피하고 함부로 ( ① )를 발생시키지 아니할 것
- 제6류 위험물은 가연물과의 접촉・혼합이나 분해를 촉진하는 물품과의 접근 또는 ( ② )을 피할 것

해설

① 증기　② 과열

참고

*제조소 등에서의 위험물의 저장 및 취급에 관한 기준
① 제1류 위험물은 가연물과의 접촉・혼합이나 분해를 촉진하는 물품과의 접근 또는 과열・충격・마찰 등을 피하는 한편, 알칼리금속의 과산화물 및 이를 함유한 것에 있어서는 물과의 접촉을 피하여야 한다.
② 제2류 위험물은 산화제와의 접촉・혼합이나 불티・불꽃・고온체와의 접근 또는 과열을 피하는 한편, 철분・금속분・마그네슘 및 이를 함유한 것에 있어서는 물이나 산과의 접촉을 피하고 인화성 고체에 있어서는 함부로 증기를 발생시키지 아니하여야 한다.
③ 제3류 위험물 중 자연발화성물질에 있어서는 불티・불꽃 또는 고온체와의 접근・과열 또는 공기와의 접촉을 피하고, 금수성물질에 있어서는 물과의 접촉을 피하여야 한다.
④ 제4류 위험물은 불티・불꽃・고온체와의 접근 또는 과열을 피하고, 함부로 증기를 발생시키지 아니하여야 한다.
⑤ 제5류 위험물은 불티・불꽃・고온체와의 접근이나 과열・충격 또는 마찰을 피하여야 한다.
⑥ 제6류 위험물은 가연물과의 접촉・혼합이나 분해를 촉진하는 물품과의 접근 또는 과열을 피하여야 한다.

## 02

**다음 보기는 제1석유류에 대한 설명일 때 빈칸을 채우시오.**

[보기]
제1석유류는 아세톤, 휘발유, 그 밖에 $1atm$에서 인화점이 (　　)℃ 미만인 것을 말한다.

해설

21

## 03

**외벽이 내화구조인 위험물 취급소의 건축물 면적이 $450m^2$인 경우 소요단위를 구하시오.**

해설

$$소요단위 = \frac{450}{100} = 4.5 ≒ 5소요단위$$

## 04

**제1종 판매취급소의 시설기준에 관한 내용일 때 빈칸을 채우시오.**

(1) 위험물을 배합하는 실은 바닥면적 ( ① )$m^2$ 이상 ( ② )$m^2$ 이하로 한다.

(2) ( ③ ) 또는 ( ④ )의 벽으로 한다.

(3) 바닥은 위험물이 침투하지 아니하는 구조로 하여 적당한 경사를 두고 ( ⑤ )을(를) 설치하여야 한다.

(4) 출입구 문턱의 높이는 바닥면으로부터 ( ⑥ )$m$ 이상으로 하여야 한다.

해설

① 6
② 15
③ 내화구조
④ 불연재료
⑤ 집유설비
⑥ 0.1

## 05

**트리에틸알루미늄에 대한 각 물음에 답하시오.**

(1) 완전연소 반응식
(2) 물과의 반응식

해설

(1)

$$2(C_2H_5)_3Al + 21O_2 \rightarrow Al_2O_3 + 12CO_2 + 15H_2O$$

(트리에틸알루미늄) (산소) (산화알루미늄) (이산화탄소) (물)

(2)

$$(C_2H_5)_3Al + 3H_2O \rightarrow Al(OH)_3 + 3C_2H_6$$

(트리에틸알루미늄) (물) (수산화알루미늄) (에탄)

## 06

**다음 보기를 참고하여 제2류 위험물(가연성고체)에 대한 설명 중 알맞은 답을 모두 고르시오.**

[보기]

① 수용성이다.
② 비중이 1보다 작다.
③ 산화제이다.
④ 황화린, 적린, 유황의 위험등급은 II이다.
⑤ 고형알코올은 지정수량이 1000$kg$이다.

해설

④, ⑤

참고

① 제2류 위험물은 비수용성이다.
② 제2류 위험물은 일반적으로 비중이 1보다 크다.
③ 제2류 위험물은 환원제이다.

## 07

**다음 보기의 위험물들이 완전분해하여 생성되는 산소의 부피가 큰 값인 순서대로 나열하시오.**

[보기]
① 과염소산암모늄
② 염소산칼륨
③ 염소산암모늄
④ 과염소산나트륨

해설

① $\underset{\text{(과염소산암모늄)}}{2NH_4ClO_4} \rightarrow \underset{\text{(물)}}{4H_2O} + \underset{\text{(산소)}}{2O_2} + \underset{\text{(질소)}}{N_2} + \underset{\text{(염소)}}{Cl_2}$

$\underset{\text{(과염소신암모늄)}}{NH_4ClO_4} \rightarrow \underset{\text{(물)}}{2H_2O} + \underset{\text{(신소)}}{O_2} + \underset{\text{(질소)}}{\frac{1}{2}N_2} + \underset{\text{(염소)}}{\frac{1}{2}Cl_2}$

$\therefore O_2 : 1mol$

② $\underset{\text{(염소산칼륨)}}{2KClO_3} \rightarrow \underset{\text{(염화칼륨)}}{2KCl} + \underset{\text{(산소)}}{3O_2}$

$\underset{\text{(염소산칼륨)}}{KClO_3} \rightarrow \underset{\text{(염화칼륨)}}{KCl} + \underset{\text{(산소)}}{\frac{3}{2}O_2}$

$\therefore O_2 : \frac{3}{2}mol$

③ $\underset{\text{(염소산암모늄)}}{2NH_4ClO_3} \rightarrow \underset{\text{(물)}}{4H_2O} + \underset{\text{(산소)}}{O_2} + \underset{\text{(질소)}}{N_2} + \underset{\text{(염소)}}{Cl_2}$

$\underset{\text{(염소산암모늄)}}{NH_4ClO_3} \rightarrow \underset{\text{(물)}}{2H_2O} + \underset{\text{(산소)}}{\frac{1}{2}O_2} + \underset{\text{(질소)}}{\frac{1}{2}N_2} + \underset{\text{(염소)}}{\frac{1}{2}Cl_2}$

$\therefore O_2 : \frac{1}{2}mol$

④ $\underset{\text{(과염소산나트륨)}}{NaClO_4} \rightarrow \underset{\text{(염화나트륨)}}{NaCl} + \underset{\text{(산소)}}{2O_2}$

$\therefore O_2 : 2mol$

∴ ④ - ② - ① - ③

## 08

**위험물을 운반할 때 차광성이 있는 것으로 피복해야 하는 위험물 4가지를 쓰시오.**

해설

① 제1류 위험물
② 제3류 위험물 중 자연발화성물질
③ 제4류 위험물 중 특수인화물
④ 제5류 위험물
⑤ 제6류 위험물

참고

*위험물의 운반 기준

① 제1류 위험물, 제3류 위험물 중 자연발화성물질, 제4류 위험물 중 특수인화물, 제5류 위험물 또는 제6류 위험물은 차광성이 있는 피복으로 가릴 것

② 제1류 위험물 중 알칼리금속의 과산화물 또는 이를 함유한 것, 제2류 위험물 중 철분 • 금속분 • 마그네슘 또는 이들 중 어느 하나 이상을 함유한 것 또는 제3류 위험물 중 금수성물질은 방수성이 있는 피복으로 덮을 것

## 09

**제3류 위험물 중 위험등급 I인 위험물의 품명을 모두 쓰시오.**

해설

① 칼륨
② 나트륨
③ 알킬알루미늄
④ 알킬리튬
⑤ 황린

## 10

**다음 표에 혼재가 가능한 위험물 $O$, 불가능한 위험물 $X$로 표시하시오.**

| | 1류 | 2류 | 3류 | 4류 | 5류 | 6류 |
|---|---|---|---|---|---|---|
| 1류 | | | | | | |
| 2류 | | | | | | |
| 3류 | | | | | | |
| 4류 | | | | | | |
| 5류 | | | | | | |
| 6류 | | | | | | |

해설

| | 1류 | 2류 | 3류 | 4류 | 5류 | 6류 |
|---|---|---|---|---|---|---|
| 1류 | | × | × | × | × | ○ |
| 2류 | × | | × | ○ | ○ | × |
| 3류 | × | × | | ○ | × | × |
| 4류 | × | ○ | ○ | | ○ | × |
| 5류 | × | ○ | × | ○ | | × |
| 6류 | ○ | × | × | × | × | |

참고

*혼재 가능한 위험물

① 4:23
- 제4류와 제2류, 제4류와 제3류는 혼재 가능

② 5:24
- 제5류와 제2류, 제5류와 제4류는 혼재 가능

③ 6:1
- 제6류와 제1류는 혼재 가능

## 11

**제4류 위험물 중 특수인화물에 속하며 인화점 $-37$℃, 분자량 58이며, 용기는 구리(동), 은, 수은, 마그네슘 및 이를 함유하는 합금을 사용하지 아니하는 위험물의 각 물음에 답하시오.**

(1) 화학식
(2) 지정수량

해설

(1) $CH_3CH_2CHO$(산화프로필렌)
(2) $50L$

## 12

**제1류 위험물 중 염소산염류에 속하는 염소산칼륨에 관한 내용일 때 다음을 구하시오.**

(1) 완전분해 반응식
(2) 표준상태에서 염소산칼륨 $24.5kg$이 완전분해할 때 생성되는 산소의 부피$[m^3]$

해설

(1) $2KClO_3 \rightarrow 2KCl + 3O_2$
(염소산칼륨) (염화칼륨) (산소)

(2) 염소산칼륨의 분자량 : $39+35.5+16\times 3=122.5g$

표준상태는 1기압 0℃을 나타내고,

$PV=nRT=\frac{W}{M}RT$에서,

$$\therefore V=\frac{WRT}{PM}\times\frac{\text{생성물의 몰수}}{\text{반응물의 몰수}}$$

$$=\frac{24.5\times 0.082\times(0+273)}{1\times 122.5}\times\frac{3}{2}=6.72m^3$$

## 13

**과산화나트륨과 초산의 반응식을 쓰시오.**

해설

$Na_2O_2 + 2CH_3COOH \rightarrow 2CH_3COONa + H_2O_2$
(과산화나트륨) (아세트산) (아세트산나트륨) (과산화수소)

## Memo

2018 1회차

위험물산업기사
# 실기 기출문제

## 01

**에틸렌과 산소를 염화구리의 촉매하에 생성되며, 인화점 $-38℃$, 비점 $21℃$, 분자량 $44$, 연소범위 $4.1\sim57\%$인 특수인화물이 있을 때 다음을 구하시오.**

(1) 시성식
(2) 증기비중
(3) 산화할 때 생성되는 위험물의 명칭

해설

(1) $CH_3CHO$(아세트알데히드)

(2) 분자량 : $12+1\times3+12+1+16=44$

$$\therefore \text{증기비중} = \frac{\text{분자량}}{28.84} = \frac{44}{28.84} = 1.53$$

(3) $\underset{(\text{아세트알데히드})}{2CH_3CHO} + \underset{(\text{산소})}{O_2} \rightarrow \underset{(\text{아세트산})}{2CH_3COOH}$

∴아세트산(초산)

## 02

**다음 보기 중 위험물에서 제외되는 물질을 모두 고르시오.**

| [보기] |
|---|
| 황산, 질산구아니딘, 금속의 아지화합물,<br>구리분, 과요오드산 |

해설

황산, 구리분

참고

질산구아니딘, 금속의 아지화합물 - 제5류 위험물
과요오드산 - 제1류 위험물

## 03

**마그네슘의 운반용기에 부착해야 하는 주의사항을 모두 쓰시오.**

해설

화기주의, 물기엄금

참고

*위험물의 운반용기 외부에 수납하는 위험물에 따른 주의사항

| 유별 | 성질 | 표시 |
|---|---|---|
| 제1류 위험물 | 산화성고체 | 알칼리금속의 과산화물 또는 이를 함유한 것<br>: 화기주의, 충격주의, 물기엄금, 가연물접촉주의 |
| | | 그 외<br>: 화기주의, 충격주의, 가연물접촉주의 |
| 제2류 위험물 | 가연성고체 | 철분, 금속분, 마그네슘<br>: 화기주의, 물기엄금 |
| | | 인화성고체 : 화기엄금 |
| | | 그 외 : 화기주의 |
| 제3류 위험물 | 자연발화성 및 금수성물질 | 자연발화성물질<br>: 화기엄금, 공기접촉엄금 |
| | | 금수성물질 : 물기엄금 |
| 제4류 위험물 | 인화성액체 | 화기엄금 |
| 제5류 위험물 | 자기반응성 물질 | 화기엄금, 충격주의 |
| 제6류 위험물 | 산화성액체 | 가연물접촉주의 |

## 04

**다음 위험물의 물과의 화학 반응식을 쓰시오.**

(1) $K_2O_2$
(2) $Mg$
(3) $Na$

해설

(1) $2K_2O_2$ (과산화칼륨) $+ 2H_2O$ (물) $\rightarrow$ $4KOH$ (수산화칼륨) $+ O_2$ (산소)
(2) $Mg$ (마그네슘) $+ 2H_2O$ (물) $\rightarrow$ $Mg(OH)_2$ (수산화마그네슘) $+ H_2$ (수소)
(3) $2Na$ (나트륨) $+ 2H_2O$ (물) $\rightarrow$ $2NaOH$ (수산화나트륨) $+ H_2$ (수소)

## 05

**다음 각 물음에 답하시오.**

(1) 탄화칼슘과 물의 반응식
(2) 위의 반응식에서 생성되는 기체의 명칭

해설

(1) $CaC_2$ (탄화칼슘) $+ 2H_2O$ (물) $\rightarrow$ $Ca(OH)_2$ (수산화칼슘) $+ C_2H_2$ (아세틸렌)
(2) 아세틸렌

## 06

**다음 위험물의 지정수량을 각각 쓰시오.**

(1) 수소화나트륨
(2) 중크롬산나트륨
(3) 니트로글리세린

해설

(1) 300$kg$
(2) 1000$kg$
(3) 10$kg$

참고

| 명칭 | 품명 | 지정수량 |
|---|---|---|
| 수소화나트륨 | 금속수소화합물 | 300$kg$ |
| 중크롬산나트륨 | 중크롬산염류 | 1000$kg$ |
| 니트로글리세린 | 질산에스테르류 | 10$kg$ |

## 07

**제3류 위험물과 혼재 가능한 위험물을 쓰시오.**

**(단, 지정수량 $\frac{1}{10}$ 초과 한다.)**

해설

제4류 위험물

참고

*혼재 가능한 위험물
① 4:23
 - 제4류와 제2류, 제4류와 제3류는 혼재 가능
② 5:24
 - 제5류와 제2류, 제5류와 제4류는 혼재 가능
③ 6:1
 - 제6류와 제1류는 혼재 가능

| | 1류 | 2류 | 3류 | 4류 | 5류 | 6류 |
|---|---|---|---|---|---|---|
| 1류 | | × | × | × | × | ○ |
| 2류 | × | | × | ○ | ○ | × |
| 3류 | × | × | | ○ | × | × |
| 4류 | × | ○ | ○ | | ○ | × |
| 5류 | × | ○ | × | ○ | | × |
| 6류 | ○ | × | × | × | × | |

## 08

**경유 $15000L$, 휘발유 $8000L$를 지하탱크저장소에 인접하게 설치하는 경우 그 상호간에 몇 $m$ 이상의 간격을 유지해야 하는가?**

해설

$$\text{지정수량의 배수} = \frac{\text{저장수량}}{\text{지정수량}} = \frac{15000}{1000} + \frac{8000}{200} = 55\text{배}$$

$\therefore$ 간격 : $0.5m$ 이상

참고

*각 물질의 지정수량

| 물질 | 품명 | 지정수량 |
|---|---|---|
| 경유 | 제2석유류 (비수용성) | 1000L |
| 휘발유 | 제1석유류 (비수용성) | 200L |

*지하탱크저장소의 위치, 구조 및 설비의 기준

| 지정수량의 배수 | 간격 |
|---|---|
| 100배 초과 | $1m$ 이상 |
| 100배 이하 | $0.5m$ 이상 |

## 09

**종으로 설치한 원통형 탱크의 내용적$[m^3]$을 구하시오.**

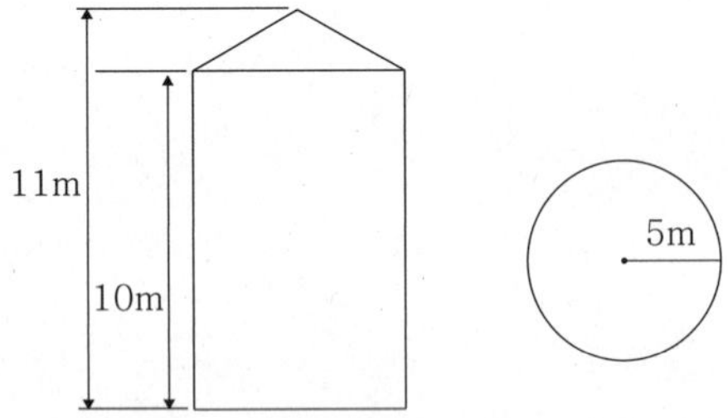


해설

$V = \pi r^2 \ell = \pi \times 5^2 \times 10 = 785.4m^3$

## 10

**제4류 위험물 중 알코올류에 속하는 에틸알코올의 연소식을 쓰시오.**

해설

$C_2H_5OH + 3O_2 \rightarrow 2CO_2 + 3H_2O$
(에틸알코올) (산소) (이산화탄소) (물)

## 11

**다음 보기의 이동저장탱크의 구조에 대하여 빈칸을 채우시오.**

[보기]

이동저장탱크는 각 내부에 ( ① )$L$ 이하마다 ( ② ) $mm$ 이상의 강철판 또는 이와 동등 이상의 경도 • 내열성 및 내식성이 있는 금속성의 것으로 칸막이를 설치할 것.

해설

① 4000 ② 3.2

## 12

**제2종 분말 소화약제의 화학식과 명칭을 쓰시오.**

해설

$KHCO_3$(탄산수소칼륨)

참고

*분말소화기의 종류

| 종별 | 소화약제 | 착색 | 화재 종류 |
|---|---|---|---|
| 제1종 소화분말 | $NaHCO_3$ (탄산수소나트륨) | 백색 | BC 화재 |
| 제2종 소화분말 | $KHCO_3$ (탄산수소칼륨) | 담회색 | BC 화재 |
| 제3종 소화분말 | $NH_4H_2PO_4$ (인산암모늄) | 담홍색 | ABC 화재 |
| 제4종 소화분말 | $KHCO_3 + (NH_2)_2CO$ (탄산수소칼륨 + 요소) | 회색 | BC 화재 |

## 13

**제1종 분말 소화약제에 대한 각 물음에 답하시오.**

(1) 270℃에서의 열분해식
(2) 850℃에서의 열분해식

해설

(1)

$$2NaHCO_3 \rightarrow Na_2CO_3 + CO_2 + H_2O$$

(탄산수소나트륨) (탄산나트륨) (이산화탄소) (물)

(2)

$$2NaHCO_3 \rightarrow Na_2O + 2CO_2 + H_2O$$

(탄산수소나트륨) (산화나트륨) (이산화탄소) (물)

04

# 2018 2회차

위험물산업기사

# 실기 기출문제

## 01

**표준상태에서 $580g$의 인화알루미늄과 물이 반응하여 생성되는 기체의 부피$[L]$을 구하시오.**

해설

인화알루미늄($AlP$)의 분자량 : $27 + 31 = 58$

$$\underset{(인화알루미늄)}{AlP} + \underset{(물)}{3H_2O} \rightarrow \underset{(수산화알루미늄)}{Al(OH)_3} + \underset{(포스핀)}{PH_3}$$

표준상태(1기압, 0℃)에서 기체 $1mol$의 부피는 $22.4L$이고, 인화알루미늄 $1mol(58g)$이 반응할 때 $1mol$의 포스핀이 발생하니, $10mol(580g)$이 반응할 때 $10mol$의 포스핀이 발생하므로,

$\therefore V = 10 \times 22.4 = 224L$

## 02

**주유취급소에 설치하는 탱크의 용량을 몇 $L$ 이하로 해야하는지 쓰시오.**

[보기]

- 고속도로의 도로변에 설치하지 않은 고정급유설비에 직접 접속하는 전용탱크로서 ( ① )$L$ 이하인 것
- 고속도로의 도로변에 설치된 주유취급소에 있어서 탱크의 용량을 ( ② )$L$까지 할 수 있다.

해설

① 50000

② 60000

참고

*주유취급소 탱크의 용량

① 자동차 등에 주유학 위한 고정주유설비에 직접 접속하는 전용태크로서 $50000L$ 이하의 것

② 고정급유설비에 직접 접속하는 전용탱크로서 $50000L$ 이하의 것

③ 보일러 등에 직접 접속하는 전용탱크로서 $10000L$ 이하의 것

④ 자동차 등을 점검 • 정비하는 작업장 등에서 사용하는 폐유 • 윤활유 등의 위험물을 저장하는 탱크로서 용량이 $2000L$ 이하인 탱크

*고속국도주유취급소의 특례

고속국도의 도로변에 설치된 주유취급소에 있어서는 탱크의 용량을 $60000L$ 까지 할 수 있다.

## 03

**다음 위험물과 혼재 가능한 위험물을 각각 모두 쓰시오.**

**(단, 지정수량 $\frac{1}{10}$ 초과 한다.)**

(1) 제2류 위험물
(2) 제3류 위험물
(3) 제4류 위험물

해설

(1) 제4류 위험물, 제5류 위험물
(2) 제4류 위험물
(3) 제2류 위험물, 제3류 위험물, 제5류 위험물

참고

*혼재 가능한 위험물

① 4:23
- 제4류와 제2류, 제4류와 제3류는 혼재 가능

② 5:24
- 제5류와 제2류, 제5류와 제4류는 혼재 가능

③ 6:1
- 제6류와 제1류는 혼재 가능

| | 1류 | 2류 | 3류 | 4류 | 5류 | 6류 |
|---|---|---|---|---|---|---|
| 1류 | | × | × | × | × | ○ |
| 2류 | × | | × | ○ | ○ | × |
| 3류 | × | × | | ○ | × | × |
| 4류 | × | ○ | ○ | | ○ | × |
| 5류 | × | ○ | × | ○ | | × |
| 6류 | ○ | × | × | × | × | |

## 04

**"주유 중 엔진정지" 주의사항 게시판에 대한 각 물음에 답하시오.**

(1) 바탕색 및 글자색
(2) 규격

해설

(1) 바탕색 : 황색, 글자색 : 흑색
(2) 규격 : 한 변의 길이가 $0.3m$ 이상, 다른 한 변의 길이가 $0.6m$ 이상인 직사각형

## 05

**나트륨에 대한 각 물음에 답하시오.**

(1) 물과의 반응식
(2) 지정수량
(3) 나트륨의 보호용액

해설

(1) $2Na$ (나트륨) $+ 2H_2O$ (물) $\rightarrow$ $2NaOH$ (수산화나트륨) $+$ $H_2$ (수소)
(2) $10kg$
(3) 등유, 경유, 유동파라핀유, 벤젠 등

## 06

**다음 제1류 위험물의 분해온도가 높은 것부터 나열하시오.**

[보기]
염소산칼륨, 과염소산암모늄, 과산화바륨

해설

과산화바륨 - 염소산칼륨 - 과염소산암모늄

참고

| 명칭 | 화학식 | 분해온도 |
|---|---|---|
| 염소산칼륨 | $KClO_3$ | 400℃ |
| 과염소산암모늄 | $NH_4ClO_4$ | 130℃ |
| 과산화바륨 | $BaO_2$ | 840℃ |

## 07

**위험물안전관리법령상 동식물유류에 대한 다음 물음에 답하시오.**

(1) 요오드가의 정의를 쓰시오.
(2) 동식물유류의 요오드값에 따른 분류와 범위를 쓰시오.

해설

(1) 유지 100$g$에 첨가되는 요오드의 $g$수
(2) 건성유 : 요오드값이 130 이상인 것
반건성유 : 요오드값이 100 초과 130 미만인 것
불건성유 : 요오드값이 100 이하인 것

참고

| | | | |
|---|---|---|---|
| 동식물유류 | 건성유 | 요오드값 130 이상 | 아마인유, 들기름, 동유, 정어리유, 해바라기유 등 |
| | 반건성유 | 요오드값 100~130 | 참기름, 옥수수유, 채종유, 쌀겨유, 청어유, 콩기름 등 |
| | 불건성유 | 요오드값 100 이하 | 야자유, 땅콩유, 피마자유, 올리브유, 돼지기름 등 |

## 08

**제1류 위험물 중 알칼리금속의 과산화물의 운반용기 외부에 부착해야 하는 주의사항을 모두 쓰시오.**

해설

화기주의, 충격주의, 물기엄금, 가연물접촉주의

## 09

**불활성가스 소화약제에 대한 구성성분 및 구성비를 쓰시오.**

(1) $IG-100$
(2) $IG-55$
(3) $IG-541$

해설

(1) $N_2(100\%)$
(2) $N_2(50\%)+Ar(50\%)$
(3) $N_2(52\%)+Ar(40\%)+CO_2(8\%)$

참고

*불연성, 불활성기체혼합가스의 종류

| 종류 | 구성 |
|---|---|
| IG-100 | $N_2(100\%)$ |
| IG-55 | $N_2(50\%)+Ar(50\%)$ |
| IG-541 | $N_2(52\%)+Ar(40\%)+CO_2(8\%)$ |

## 10

**다음 탱크의 용량을 구하시오.**
**(단, 탱크의 공간용적은 5%이다.)**

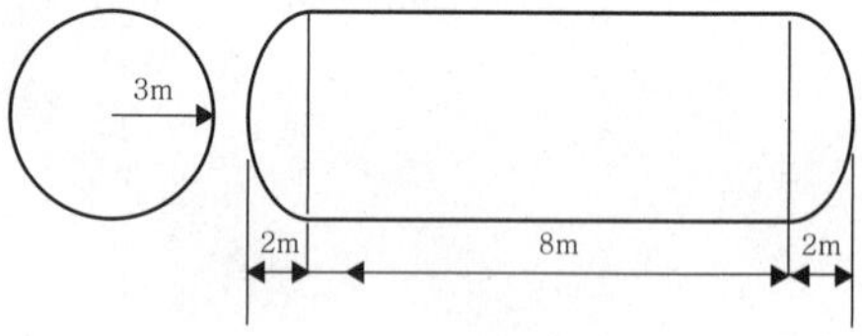


(1) 탱크의 내용적$[m^3]$
(2) 탱크의 용량$[m^3]$

해설

(1) $V=\pi r^2\left(\ell+\dfrac{\ell_1+\ell_2}{3}\right)$

$=\pi\times3^2\times\left(8+\dfrac{2+2}{3}\right)=263.89m^3$

(2) $\therefore V_{용량}=V(1-공간용적)$

$=263.89\times(1-0.05)=250.7m^3$

## 11

**제4류 위험물 중 특수인화물에 속하는 이황화탄소에 대한 각 물음에 답하시오.**

(1) 연소반응식을 쓰시오.
(2) 연소 시 생성되는 물질을 모두 쓰시오.
(3) 연소 시 불꽃의 색상을 쓰시오.

해설

(1) $CS_2$ (이황화탄소) $+ 3O_2$ (산소) $\rightarrow$ $CO_2$ (이산화탄소) $+ 2SO_2$ (이산화황)
(2) 이산화탄소, 이산화황
(3) 푸른색

## 12

**다음 아래의 위험물에 대한 수납률을 각각 쓰시오.**

(1) 염소산칼륨
(2) 톨루엔
(3) 트리메틸알루미늄

해설

(1) 95% 이하
(2) 98% 이하
(3) 90% 이하

참고

*적재방법
수납률
① 고체 위험물 : 운반용기 내용적의 95% 이하의 수납률로 수납할 것

② 액체 위험물 : 운반용기 내용적의 98% 이하의 수납률로 수납할 것

③ 자연발화성 물질 중 알킬알루미늄 등은 운반용기 내용적의 90% 이하의 수납물로 수납하되, 50℃의 온도에서 5% 이상의 공간용적을 유지하도록 할 것

| 명칭 | 종류 | 수납률 |
|---|---|---|
| 염소산칼륨 | 고체 위험물 | 95% 이하 |
| 톨루엔 | 액체 위험물 | 98% 이하 |
| 트리메틸 알루미늄 | 알킬알루미늄 | 90% 이하 |

## 13

**다음 보기는 위험물안전관리법령에 따른 위험물의 저장 및 취급기준일 때 빈칸을 채우시오.**

[보기]

- 제1류 위험물은 ( ① )과의 접촉・혼합이나 분해를 촉진하는 물품과의 접근 또는 과열・충격・마찰 등을 피하는 한편, 알칼리금속의 과산화물 및 이를 함유한 것에 있어서는 ( ② )과의 접촉을 피해야 한다.

- 제3류 위험물 중 자연발화성물질에 있어서는 불티・불꽃 또는 고온체와의 접근・과열 또는 ( ③ )와의 접촉을 피하고, 금수성물질에 있어서는 ( ④ )과의 접촉을 피해야 한다.

- 제6류 위험물은 ( ⑤ )과의 접촉・혼합이나 ( ⑥ )를 촉진하는 물품과의 접근 또는 과열을 피하여야 한다.

해설

① 가연물
② 물
③ 공기
④ 물
⑤ 가연물
⑥ 분해

참고

*제조소 등에서의 위험물의 저장 및 취급에 관한 기준
① 제1류 위험물은 가연물과의 접촉・혼합이나 분해를 촉진하는 물품과의 접근 또는 과열・충격・마찰 등을 피하는 한편, 알칼리금속의 과산화물 및 이를 함유한 것에 있어서는 물과의 접촉을 피하여야 한다.

② 제2류 위험물은 산화제와의 접촉・혼합이나 불티・불꽃・고온체와의 접근 또는 과열을 피하는 한편, 철분・금속분・마그네슘 및 이를 함유한 것에 있어서는 물이나 산과의 접촉을 피하고 인화성 고체에 있어서는 함부로 증기를 발생시키지 아니하여야 한다.

③ 제3류 위험물 중 자연발화성물질에 있어서는 불티・불꽃 또는 고온체와의 접근・과열 또는 공기와의 접촉을 피하고, 금수성물질에 있어서는 물과의 접촉을 피하여야 한다.

④ 제4류 위험물은 불티 • 불꽃 • 고온체와의 접근 또는 과열을 피하고, 함부로 증기를 발생시키지 아니하여야 한다.

⑤ 제5류 위험물은 불티 • 불꽃 • 고온체와의 접근이나 과열 • 충격 또는 마찰을 피하여야 한다.

⑥ 제6류 위험물은 가연물과의 접촉 • 혼합이나 분해를 촉진하는 물품과의 접근 또는 과열을 피하여야 한다.

# 2018 4회차

위험물산업기사

# 실기 기출문제

## 01

**제5류 위험물인 피크린산의 구조식과 지정수량을 각각 쓰시오.**

해설

① 구조식

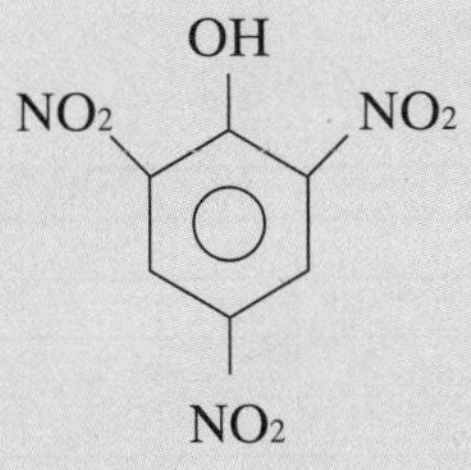


② 지정수량 : 200kg

## 02

**다음 보기에서 소화난이도등급 I에 해당되는 것을 모두 고르시오.**
**(단, 없으면 "없음"으로 표기하시오.)**

[보기]
① 지하탱크저장소
② 연면적 $1000m^2$인 제조소
③ 처마높이 $6m$인 옥내저장소
④ 제2종 판매취급소
⑤ 간이탱크저장소
⑥ 이송취급소
⑦ 이동탱크저장소

해설

②, ③, ⑥

해설

| 명창 | 소화난이도등급 |
|---|---|
| 지하탱크저장소 | III |
| 제2종 판매취급소 | II |
| 간이탱크저장소 | III |
| 이동탱크저장소 | III |

## 03

**트리에틸알루미늄과 메틸알코올의 반응식을 쓰시오.**

해설

$(C_2H_5)_3Al + 3CH_3OH \rightarrow Al(CH_3O)_3 + 3C_2H_6$
(트리에틸알루미늄) (메틸알코올) (트리메톡시알루미늄) (에탄)

## 04

**삼황화린과 오황화린이 연소 시 공통으로 발생하는 물질을 화학식으로 모두 쓰시오.**

해설

$P_4S_3 + 8O_2 \rightarrow 2P_2O_5 + 3SO_2$
(삼황화린) (산소) (오산화린) (이산화황)

$2P_2S_5 + 15O_2 \rightarrow 2P_2O_5 + 10SO_2$
(오황화린) (산소) (오산화인) (이산화황)

$\therefore P_2O_5,\ SO_2$

## 05

**다음 보기를 참고하여 제1류 위험물의 성질로 옳은 것을 모두 고르시오.**

[보기]
① 무기화합물
② 유기화합물
③ 산화제
④ 인화점이 0℃ 이하
⑤ 인화점이 0℃ 이상
⑥ 고체

해설
①, ③, ⑥

## 06

**산화프로필렌 $2000L$의 소요단위를 쓰시오.**

해설
산화프로필렌의 지정수량 : $50kg$

$$\text{지정수량의 배수} = \frac{\text{저장수량}}{\text{지정수량}} = \frac{2000}{50} = 40\text{배}$$

$$\therefore \text{소요단위} = \frac{\text{지정수량의 배수}}{10} = \frac{40}{10} = 4\text{소요단위}$$

## 07

**위험물 저장량이 지정수량의 $\frac{1}{10}$을 초과하는 경우 혼재할 수 없는 위험물을 모두 쓰시오.**

(1) 제1류 위험물
(2) 제2류 위험물
(3) 제3류 위험물
(4) 제4류 위험물
(5) 제5류 위험물

해설
(1) 제2류, 제3류, 제4류, 제5류 위험물
(2) 제1류, 제3류, 제6류 위험물
(3) 제1류, 제2류, 제5류, 제6류 위험물
(4) 제1류, 제6류 위험물
(5) 제1류, 제3류, 제6류 위험물

참고
*혼재 가능한 위험물
① 4:23
- 제4류와 제2류, 제4류와 제3류는 혼재 가능
② 5:24
- 제5류와 제2류, 제5류와 제4류는 혼재 가능
③ 6:1
- 제6류와 제1류는 혼재 가능

| | 1류 | 2류 | 3류 | 4류 | 5류 | 6류 |
|---|---|---|---|---|---|---|
| 1류 | | × | × | × | × | ○ |
| 2류 | × | | × | ○ | ○ | × |
| 3류 | × | × | | ○ | × | × |
| 4류 | × | ○ | ○ | | ○ | × |
| 5류 | × | ○ | × | ○ | | × |
| 6류 | ○ | × | × | × | × | |

## 08

**옥외소화전설비를 1층에 6개, 2층에 3개를 설치를 할 경우 필요한 수원의 수량$[m^3]$을 구하시오.**

해설
가장 많이 설치하는 층을 기준으로 계산해야 하니, 1층을 기준으로 한다.

$\therefore$수원의 수량 $= 13.5 \times 4 = 54m^3$ 이상

참고
*수원의 수량
① 옥외 : $13.5 \times n$[개]
(단, n=4개 이상인 경우는 n=4)
② 옥내 : $7.8 \times n$[개]
(단, n=5개 이상인 경우는 n=5)

## 09

**다음 보기의 위험물 등급을 분류하시오.**

[보기]
칼륨, 나트륨, 알킬알루미늄, 알킬리튬, 황린, 알칼리금속, 알칼리토금속

해설

I 등급 : 칼륨, 나트륨, 알킬알루미늄, 알킬리튬, 황린
II 등급 : 알칼리금속, 알칼리토금속

참고

| 등급 | 품명 | 지정수량 |
|---|---|---|
| I | 칼륨 | 10kg |
| | 나트륨 | |
| | 알킬리튬 | |
| | 알킬알루미늄 | |
| | 황린 | 20kg |
| II | 알칼리금속 (칼륨, 나트륨 제외) | 50kg |
| | 알칼리토금속 | |
| | 유기금속화합물 (알킬알루미늄, 알킬리튬 제외) | |
| III | 금속인화합물 | 300kg |
| | 금속수소화합물 | |
| | 칼슘 탄화물 | |
| | 알루미늄 탄화물 | |

## 10

**다음 보기의 불활성가스 소화약제에 대한 구성비의 빈칸을 채우시오.**

[보기]
① IG-55 : (　) 50%, (　) 50%
② IG-541 : (　) 52%, (　) 40%, (　) 8%

해설

① 질소, 아르곤
② 질소, 아르곤, 이산화탄소

해설

*불연성, 불활성기체혼합가스의 종류

| 종류 | 구성 |
|---|---|
| IG-100 | $N_2(100\%)$ |
| IG-55 | $N_2(50\%) + Ar(50\%)$ |
| IG-541 | $N_2(52\%) + Ar(40\%) + CO_2(8\%)$ |

## 11

**제4류 위험물인 아세톤에 대한 각 물음에 답하시오.**

(1) 품명
(2) 시성식
(3) 지정수량
(4) 증기비중

해설

(1) 제1석유류(수용성)
(2) $CH_3COCH_3$
(3) $400L$
(4) 분자량 : $12+1\times3+12+16+12+1\times3=58$

$$\therefore \text{증기비중} = \frac{\text{분자량}}{28.84} = \frac{58}{28.84} = 2.01$$

## 12

**아세트산의 완전연소 반응식을 쓰시오.**

해설

$$\underset{(\text{아세트산})}{CH_3COOH} + \underset{(\text{산소})}{2O_2} \rightarrow \underset{(\text{이산화탄소})}{2CO_2} + \underset{(\text{물})}{2H_2O}$$

## 13

**제조소등에 위험물을 저장 또는 취급할 때의 기준에 대한 설명일 때 빈칸을 채우시오.**

[보기]

옥내저장소에서 동일 품명의 위험물이라도 자연발화 할 우려가 있는 위험물을 다량 저장하는 경우에는 지정수량의 ( ① )배 이하마다 구분하여 ( ② )$m$ 이상의 간격을 두어 저장할 것

해설

① 10 ② 0.3

# Memo

**2019 1회차**

위험물산업기사

# 실기 기출문제

## 01

**다음 할로겐화합물 소화설비의 분사헤드 방사압력을 쓰시오.**

(1) 할론 2402
(2) 할론 1211
(3) 할론 1301

해설

(1) 0.1$MPa$ 이상
(2) 0.2$MPa$ 이상
(3) 0.9$MPa$ 이상

참고

*Halon 분사헤드의 방사압력 기준

| Halon의 종류 | 방사압력 |
| --- | --- |
| Halon 2402 | 0.1$MPa$ 이상 |
| Halon 1211 | 0.2$MPa$ 이상 |
| Halon 1301 | 0.9$MPa$ 이상 |

## 02

**인화알루미늄과 물의 반응식을 쓰시오.**

해설

$$\underset{(\text{인화알루미늄})}{AlP} + \underset{(\text{물})}{3H_2O} \rightarrow \underset{(\text{수산화알루미늄})}{Al(OH)_3} + \underset{(\text{포스핀})}{PH_3}$$

## 03

**트리니트로톨루엔에 대한 각 물음에 답하시오.**

(1) 구조식을 쓰시오.
(2) 제조과정을 서술하시오.

해설

(1)

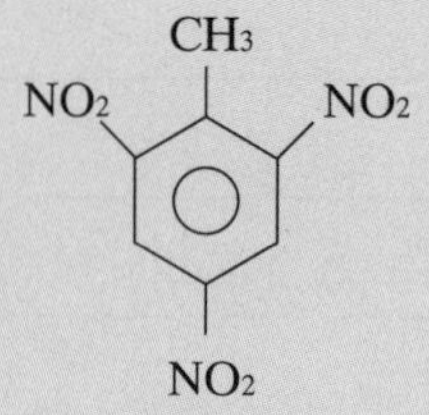


(2) 톨루엔과 진한질산을 황산 촉매 하에 니트로화 반응하여 트리니트로톨루엔이 생성된다.

참고

*트리니트로톨루엔(TNT) 제조식

$$\underset{(\text{톨루엔})}{C_6H_5CH_3} + \underset{(\text{질산})}{3HNO_3} \xrightarrow[\text{니트로화}]{C-H_2SO_4} \underset{(\text{트리니트로톨루엔})}{C_6H_2CH_3(NO_2)_3} + \underset{(\text{물})}{3H_2O}$$

## 04

**다음 옥외저장소의 보유공지에 대한 빈칸을 채우시오.**

| 저장 또는 취급하는 위험물의 최대수량 | 공지의 너비 |
| --- | --- |
| 지정수량의 10배 이하 | ( ① )$m$ 이상 |
| 지정수량의 10배 초과 20배 이하 | ( ② )$m$ 이상 |
| 지정수량의 20배 초과 50배 이하 | ( ③ )$m$ 이상 |
| 지정수량의 50배 초과 200배 이하 | ( ④ )$m$ 이상 |
| 지정수량의 200배 초과 | ( ⑤ )$m$ 이상 |

해설

① 3　② 5　③ 9　④ 12　⑤ 15

## 05

**황린의 연소반응식을 쓰시오.**

해설

$$\underset{(\text{황린})}{P_4} + \underset{(\text{산소})}{5O_2} \rightarrow \underset{(\text{오산화린})}{2P_2O_5}$$

## 06

**에틸렌과 산소를 염화구리의 촉매하에 생성되며, 인화점 $-38℃$, 비점 $21℃$, 분자량 $44$, 연소범위 $4.1$~$57\%$인 특수인화물이 있을 때 다음을 구하시오.**

(1) 시성식
(2) 증기비중

해설

(1) $CH_3CHO$(아세트알데히드)
(2) 분자량 : $12+1\times3+12+1+16=44$

$$\therefore \text{증기비중} = \frac{\text{분자량}}{28.84} = \frac{44}{28.84} = 1.53$$

## 07

**표준상태에서 질산암모늄 $800g$이 열분해 되는 경우 발생하는 모든 기체의 부피$[L]$를 구하시오.**

해설

$$\underset{(\text{질산암모늄})}{2NH_4NO_3} \rightarrow \underset{(\text{물})}{4H_2O} + \underset{(\text{질소})}{2N_2} + \underset{(\text{산소})}{O_2}$$

질산암모늄의 분자량 : $14+1\times4+14+16\times3=80$
표준상태는 1기압 $0℃$을 나타내고,

$PV=nRT=\frac{W}{M}RT$에서,

$$\therefore V=\frac{WRT}{PM}\times\frac{\text{생성물의 몰수}}{\text{반응물의 몰수}}$$

$$=\frac{800\times0.082\times(0+273)}{1\times80}\times\frac{7}{2}=783.51L$$

## 08

**유황 $100kg$, 알루미늄분 $500kg$, 인화칼슘 $600kg$의 지정수량 배수의 합을 구하시오.**

해설

유황의 지정수량 : $100kg$
알루미늄분의 지정수량 : $500kg$
인화칼슘의 지정수량 : $300kg$

$$\therefore \text{지정수량의 배수} = \frac{\text{저장수량}}{\text{지정수량}}$$

$$=\frac{100}{100}+\frac{500}{500}+\frac{600}{300}=4\text{배}$$

## 09

**인화점 $11℃$, 발화점 $464℃$인 제4류 위험물 중 흡입 시 시신경을 마비시키는 물질에 대하여 각 물음에 답하시오.**

(1) 명칭
(2) 지정수량

해설

(1) 메틸알코올($CH_3OH$)
(2) $400L$

## 10

**옥외저장탱크·옥내저장탱크 또는 지하저장탱크 중 압력탱크 외의 탱크에 아래의 위험물을 저장할 경우에 유지하여야 하는 온도를 쓰시오.**

| 물질 | 온도 |
|---|---|
| 디에틸에테르 | ( ① ) |
| 산화프로필렌 | ( ② ) |
| 아세트알데히드 | ( ③ ) |

해설

① 30℃ 이하
② 30℃ 이하
③ 15℃ 이하

## 11

**제6류 위험물과 혼재할 수 있는 위험물은 무엇인지 쓰시오.**

해설

제1류 위험물

참고

*혼재 가능한 위험물

① 4:23
- 제4류와 제2류, 제4류와 제3류는 혼재 가능

② 5:24
- 제5류와 제2류, 제5류와 제4류는 혼재 가능

③ 6:1
- 제6류와 제1류는 혼재 가능

| | 1류 | 2류 | 3류 | 4류 | 5류 | 6류 |
|---|---|---|---|---|---|---|
| 1류 | | × | × | × | × | ○ |
| 2류 | × | | × | ○ | ○ | × |
| 3류 | × | × | | ○ | × | × |
| 4류 | × | ○ | ○ | | ○ | × |
| 5류 | × | ○ | × | ○ | | × |
| 6류 | ○ | × | × | × | × | |

## 12

**황화린 종류 3가지의 화학식을 쓰시오.**

해설

$P_4S_3$, $P_2S_5$, $P_4S_7$

## 13

**탄화칼슘에 대한 각 물음에 답하시오.**

(1) 물과의 반응식
(2) 생성 기체의 명칭
(3) 생성 기체의 연소범위
(4) 생성기체의 연소반응식

해설

(1) $CaC_2 + 2H_2O \rightarrow Ca(OH)_2 + C_2H_2$
(탄화칼슘) (물) (수산화칼슘) (아세틸렌)

(2) 아세틸렌

(3) 2.5 ~ 81%

(4) $2C_2H_2 + 5O_2 \rightarrow 4CO_2 + 2H_2O$
(아세틸렌) (산소) (이산화탄소) (물)

# 2019 2회차

위험물산업기사
# 실기 기출문제

## 01

**다음 각 위험물의 지정수량을 쓰시오.**

(1) 중유
(2) 경유
(3) 디에틸에테르
(4) 아세톤

해설

(1) $2000L$
(2) $1000L$
(3) $50L$
(4) $400L$

참고

| 명칭 | 품명 | 지정수량 |
|---|---|---|
| 중유 | 제3석유류 (비수용성) | $2000L$ |
| 경유 | 제2석유류 (비수용성) | $1000L$ |
| 디에틸에테르 | 특수인화물 | $50L$ |
| 아세톤 | 제1석유류 (수용성) | $400L$ |

## 02

**표준상태에서 $20kg$의 황린을 완전연소할 때 필요한 공기의 부피$[m^3]$을 구하시오.**
**(단, 공기 중 산소의 양은 $21vol\%$, 황린의 분자량은 $124$이다.)**

해설

$$\underset{(황린)}{P_4} + \underset{(산소)}{5O_2} \rightarrow \underset{(오산화린)}{2P_2O_5}$$

표준상태는 1기압 0℃을 나타내고,

$$PV = nRT = \frac{W}{M}RT\text{에서,}$$

$$\therefore V = \frac{WRT}{PM} \times \frac{\text{산소의 몰수}}{\text{반응물의 몰수}} \times \frac{100}{\text{산소의 부피}}$$

$$= \frac{20 \times 0.082 \times (0+273)}{1 \times 124} \times \frac{5}{1} \times \frac{100}{21} = 85.97m^3$$

## 03

**위험물안전관리법에 따른 고인화점 위험물의 정의를 쓰시오.**

해설

인화점이 100℃ 이상인 제4류 위험물

## 04

**트리에틸알루미늄(TEA)의 완전 연소반응식을 쓰시오.**

해설

$$\underset{(트리에틸알루미늄)}{2(C_2H_5)_3Al} + \underset{(산소)}{21O_2} \rightarrow \underset{(산화알루미늄)}{Al_2O_3} + \underset{(이산화탄소)}{12CO_2} + \underset{(물)}{15H_2O}$$

## 05

**제4류 위험물과 혼재 불가능한 위험물을 모두 쓰시오.**

해설

제1류 위험물, 제6류 위험물

참고

*혼재 가능한 위험물

① 4:23
  - 제4류와 제2류, 제4류와 제3류는 혼재 가능

② 5:24
  - 제5류와 제2류, 제5류와 제4류는 혼재 가능

③ 6:1
  - 제6류와 제1류는 혼재 가능

| | 1류 | 2류 | 3류 | 4류 | 5류 | 6류 |
|---|---|---|---|---|---|---|
| 1류 | | × | × | × | × | ○ |
| 2류 | × | | × | ○ | ○ | × |
| 3류 | × | × | | ○ | × | × |
| 4류 | × | ○ | ○ | | ○ | × |
| 5류 | × | ○ | × | ○ | | × |
| 6류 | ○ | × | × | × | × | |

## 06

**옥내 저장소에 저장 시 높이에 대한 각 물음에 답하시오.**

[보기]

(1) 기계에 의하여 하역하는 구조로 된 용기만을 겹쳐 쌓는 경우 저장 높이는 ( ① )$m$를 초과해서는 안된다.

(2) 옥외저장소에서 위험물을 수납한 용기를 선반에 저장하는 경우 저장 높이는 ( ② )$m$를 초과해서는 안된다.

(3) 중유만을 저장하는 경우 저장 높이는 ( ③ )$m$를 초과해서는 안된다.

해설

① 6 ② 6 ③ 4

## 07

**제4류 위험물 중 위험등급 II에 해당하는 품명 2가지를 쓰시오.**

해설

제1석유류, 알코올류

## 08

**다음 질산암모늄에 대한 각 물음에 답하시오.**

(1) 열분해 반응식을 쓰시오.

(2) $0.9atm$, 300℃에서 $1mol$이 분해될 때 생성되는 $H_2O$의 부피[$L$]를 구하시오.

해설

(1) $2NH_4NO_3$ (질산암모늄) → $4H_2O$ (물) + $2N_2$ (질소) + $O_2$ (산소)

(2)

$NH_4NO_3$ $2mol$이 반응할 때 $H_2O$은 $4mol$ 생성된다.
그러므로, $1mol$이 반응하면 $2mol$이 생성된다.

질산암모늄($NH_4NO_3$)의 분자량

: $14+1\times4+14+16\times3=80$

$PV=nRT$에서,

$$\therefore V=\frac{nRT}{P}=\frac{2\times0.082\times(300+273)}{0.9}=104.41L$$

## 09

**다음 보기의 설명에 대한 각 물음에 답하시오.**

[보기]
- 휘발성이 있는 무색투명한 액체이다.
- 요오드포름 반응을 한다.
- 주로 화장품과 소독약의 원료로 사용된다.
- 산화하면 아세트알데히드가 된다.
- 증기는 마취성이 있다.
- 물에 잘 녹는다.

(1) 위의 물질의 화학식
(2) 위의 물질의 지정수량
(3) 위의 물질과 진한 황산의 축합반응 후에 생성되는 제4류 위험물의 화학식을 쓰시오.

해설

(1) $C_2H_5OH$(에틸알코올)

(2) $400L$

(3) $\underset{(\text{에틸알코올})}{2C_2H_5OH} \xrightarrow[\text{축합반응}]{C-H_2SO_4} \underset{(\text{디에틸에테르})}{C_2H_5OC_2H_5} + \underset{(\text{물})}{H_2O}$

$\therefore C_2H_5OC_2H_5$

## 10

**불활성가스 소화설비에 적응성이 있는 위험물을 모두 고르시오.**

[보기]
① 제1류 위험물 중 알칼리금속의 과산화물
② 제2류 위험물 중 인화성고체
③ 제3류 위험물
④ 제4류 위험물
⑤ 제5류 위험물
⑥ 제6류 위험물

해설

②, ④

참고

*불활성가스 소화설비에 적응성이 있는 위험물
① 제2류 위험물 중 인화성고체
② 제4류 위험물
③ 전기설비

## 11

**유별을 달리하는 위험물은 동일한 저장소에 저장하지 아니하여야 한다. 다만, 옥내 또는 옥외저장소에 위험물을 저장하는 경우로서 유별로 서로 $1m$ 이상의 간격을 두는 경우에는 그러지 아니하다. 다음 중 옥내저장소에서 동일한 실에 저장할 수 있는 유별을 바르게 연결한 것을 모두 고르시오.**

[보기]
① 과산화나트륨 - 과산화벤조일
② 질산염류 - 과염소산
③ 황린 - 제1류 위험물
④ 인화성고체 - 제1석유류
⑤ 유황 - 제4류 위험물

해설

① 과산화나트륨(제1류 중 알칼리금속의 과산화물) - 과산화벤조일(제5류) : 혼재 $X$

② 질산염류(제1류) - 과염소산(제6류) : 혼재 $O$

③ 황린(제3류 중 자연발화성물질) - 제1류 위험물(제1류) : 혼재 $O$

④ 인화성고체(제2류) - 제1석유류(제4류) : 혼재 $O$

⑤ 유황(제2류) - 제4류 위험물(제4류) : 혼재 $X$

참고

*제조소등에서의 위험물의 저장 및 취급에 관한 기준
- 유별을 달리하는 위험물은 동일한 저장소(내화구조의 격벽으로 완전히 구획된 실이 2 이상 있는 저장소에 있어서는 동일한 실)에 저장하지 아니하여야 한다. 다만, 옥내저장소 또는 옥외저장소에 있어서 다음의 각목의 규정에 의한 위험물을 저장하는 경우로서 위험물을 유별로 정리하여 저장하는 한편, 서로 1m 이상의 간격을 두는 경우에는 그러지 아니하다.

① 제1류 위험물(알칼리금속의 과산화물 또는 이를 함유한 것을 제외)과 제5류 위험물을 저장하는 경우
② 제1류 위험물과 제6류 위험물을 저장하는 경우
③ 제1류 위험물과 제3류 위험물 중 자연발화성물질(황린 또는 이를 함유한 것)을 저장하는 경우
④ 제2류 위험물 중 인화성고체와 제4류 위험물을 저장하는 경우

⑤ 제3류 위험물 중 알킬알루미늄등과 제4류 위험물(알킬알루미늄 또는 알칼리튬을 함유한 것)을 저장하는 경우
⑥ 제4류 위험물 중 유기과산화물 또는 이를 함유한 것과 제5류 위험물 중 유기과산화물 또는 이를 함유한 것을 저장하는 경우

## 12

**다음 보기의 이동탱크저장소의 주입설비 설치기준에 대하여 빈칸을 채우시오.**

[보기]
- 위험물이 ( ① ) 우려가 없고 화재 예방상 안전한 구조로 할 것
- 주입설비의 길이는 ( ② ) 이내로 하고, 그 선단에 축적되는 ( ③ )를 유효하게 제거할 수 있는 장치를 할 것
- 분당 토출량은 ( ④ ) 이하로 할 것

해설
① 샐
② 50$m$
③ 정전기
④ 200$L$

## 13

**다음 표를 채우시오.**

| 품명 | 유별 | 지정수량 |
|---|---|---|
| 칼륨 | ( ① ) | ( ② ) |
| 질산염류 | ( ③ ) | ( ④ ) |
| 니트로화합물 | ( ⑤ ) | ( ⑥ ) |
| 황린 | ( ⑦ ) | ( ⑧ ) |

해설
① 제3류 위험물 ② 10$kg$
③ 제1류 위험물 ④ 300$kg$
⑤ 제5류 위험물 ⑥ 200$kg$
⑦ 제3류 위험물 ⑧ 20$kg$

**2019 4회차**

위험물산업기사

# 실기 기출문제

04

## 01

**다음 위험물을 옥내저장소에 저장할 때 하나의 저장창고의 바닥면적은 각각 몇 $m^2$ 이하로 하여야 하는가?**

(1) 염소산염류
(2) 제2석유류
(3) 유기과산화물

해설

(1) $1000m^2$
(2) $2000m^2$
(3) $1000m^2$

참고

*옥내저장소의 위치, 구조 및 설비의 기준
하나의 저장창고의 바닥면적(2 이상의 구획된 실이 있는 경우에는 각 실의 바닥면적의 합계)은 다음 각목의 구분에 의한 면적 이하로 하여야 한다.

1. 다음의 위험물을 저장하는 창고 : $1,000m^2$
① 제1류 위험물 중 아염소산염류, 염소산염류, 과염소산염류, 무기과산화물 그 밖에 지정수량이 $50kg$인 위험물
② 제3류 위험물 중 칼륨, 나트륨, 알킬알루미늄, 알킬리튬 그 밖에 지정수량이 $10kg$인 위험물 및 황린
③ 제4류 위험물 중 특수인화물, 제1석유류 및 알코올류
④ 제5류 위험물 중 유기과산화물, 질산에스테르류 그 밖에 지정수량이 $10kg$인 위험물
⑤ 제6류 위험물

2. 1. 의 위험물 외의 위험물을 저장하는 창고 : $2,000m^2$

3. 1. 의 위험물과 2. 목의 위험물을 내화구조의 격벽으로 완전히 구획된 실에 각각 저장하는 창고 : $1,500m^2$
(1.의 위험물을 저장하는 실의 면적은 $500m^2$를 초과 할 수 없다.)

## 02

**옥외저장탱크 · 옥내저장탱크 또는 지하저장탱크 중 압력탱크 외의 탱크에 아래의 위험물을 저장할 경우에 유지하여야 하는 온도를 쓰시오.**

| 물질 | 온도 |
|---|---|
| 디에틸에테르 | ( ① ) |
| 산화프로필렌 | ( ② ) |
| 아세트알데히드 | ( ③ ) |

해설

① 30℃ 이하
② 30℃ 이하
③ 15℃ 이하

## 03

**톨루엔의 증기비중을 구하시오.**

해설

톨루엔( $C_6H_5CH_3$ )의 분자량
: $12\times6+1\times5+12+1\times3=92$

$$\therefore 증기비중 = \frac{분자량}{28.84} = \frac{92}{28.84} = 3.19$$

## 04

**산화성액체에 산화력의 잠재력인 위험성을 판단하기 위한 시험인 연소시간 측정 시험에 사용되는 물질 2가지를 쓰시오.**

해설

① 질산 ② 목분

## 05

**"주유 중 엔진정지" 주의사항 게시판의 바탕색과 글자색을 쓰시오.**

해설

① 바탕색 : 황색
② 글자색 : 흑색

## 06

**표준상태에서 트리에틸알루미늄 $228g$과 물의 반응식에서 발생된 기체의 부피[$L$]를 구하시오.**

해설

트리에틸알루미늄[$(C_2H_5)_3Al$]의 분자량
: $(12\times2+1\times5)\times3+27=114$

$$(C_2H_5)_3Al + 3H_2O \rightarrow Al(OH)_3 + 3C_2H_6$$
(트리에틸알루미늄) (물) (수산화알루미늄) (에탄)

표준상태(1기압, 0℃)에서 기체 $1mol$의 부피는 $22.4L$이고, 트리에틸알루미늄 $1mol(114g)$이 반응할 때 $3mol$의 에탄가스가 발생하니, $2mol(228g)$이 반응할 때 $6mol$의 에탄가스가 발생하므로,

$\therefore V=6\times22.4=134.4L$

## 07

**과산화나트륨과 이산화탄소의 화학반응식을 쓰시오.**

해설

$$2Na_2O_2 + 2CO_2 \rightarrow 2Na_2CO_3 + O_2$$
(과산화나트륨) (이산화탄소) (탄산나트륨) (산소)

## 08

**운반 시 방수성 및 차광성이 들어간 덮개로 덮어야 하는 위험물을 고르시오.**

[보기]
① 유기과산화물
② 알칼리금속의 과산화물
③ 질산
④ 염소산염류
⑤ 트리니트로톨루엔
⑥ 트리니트로페놀

해설

②

참고

*위험물의 운반 기준
① 제1류 위험물, 제3류 위험물 중 자연발화성물질, 제4류 위험물 중 특수인화물, 제5류 위험물 또는 제6류 위험물은 차광성이 있는 피복으로 가릴 것
② 제1류 위험물 중 알칼리금속의 과산화물 또는 이를 함유한 것, 제2류 위험물 중 철분 • 금속분 • 마그네슘 또는 이들 중 어느 하나 이상을 함유한 것 또는 제3류 위험물 중 금수성물질은 방수성이 있는 피복으로 덮을 것

## 09

**다음 물질들의 연소방식에 따라 분류하시오.**

[보기]
나트륨, TNT, 에탄올, 금속분,
디에틸에테르, 피크린산

해설

① 표면연소 : 나트륨, 금속분
② 증발연소 : 에탄올, 디에틸에테르
③ 자기연소 : TNT, 피크린산

참고

*고체연소의 종류
① 표면연소 : 숯(목탄), 코크스, 금속분 등
② 증발연소 : 제4류 위험물(에테르, 휘발유, 아세톤, 등유, 경유 등), 황, 나프탈렌, 파라핀(양초) 등
③ 자기연소 : 제5류 위험물(TNT, 니트로글리세린 등) 등
④ 분해연소 : 종이, 나무, 목재, 석탄, 중유, 플라스틱

## 10

**다음 보기 중 인화점이 낮은 순대로 배치하시오.**

[보기]
① 초산에틸 ② 메틸알코올
③ 니트로벤젠 ④ 에틸렌글리콜

해설

① - ② - ③ - ④

참고

| 물질 | 인화점 |
|---|---|
| 초산에틸 | −4℃ |
| 메틸알코올 | 11℃ |
| 니트로벤젠 | 88℃ |
| 에틸렌글리콜 | 111℃ |

## 11

**제5류 위험물로서 담황색의 주상결정이며 분자량이 227, 융점이 81℃, 물에 녹지 않고 벤젠, 아세톤, 알코올에 녹는 이 물질에 대한 다음 각 물음에 답하시오.**

(1) 화학식
(2) 지정수량
(3) 제조방법을 서술하시오.

해설

(1) $C_6H_2CH_3(NO_2)_3$ (트리니트로톨루엔)
(2) $200kg$
(3) 톨루엔과 진한질산을 황산 촉매 하에 니트로화 반응하여 트리니트로톨루엔이 생성된다.

## 12

**제3류 위험물 중 지정수량이 $50kg$인 위험물의 품명을 모두 쓰시오.**

해설

① 알칼리금속(칼륨 및 나트륨 제외)
② 알칼리토금속
③ 유기금속화합물(알킬알루미늄 및 알킬리튬 제외)

참고

*제3류 위험물의 지정수량

| 품명 | 지정수량 |
|---|---|
| 칼륨 | $10kg$ |
| 나트륨 | $10kg$ |
| 알킬알루미늄 | $10kg$ |
| 알킬리튬 | $10kg$ |
| 황린 | $20kg$ |
| 알칼리금속 | $50kg$ |
| 알칼리토금속 | $50kg$ |
| 유기금속화합물 | $50kg$ |

04

## 13

**오르소인산을 생성하는 ABC 분말 소화기의 1차 열분해 반응식을 쓰시오.**

해설

$NH_4H_2PO_4 \rightarrow NH_3 + H_3PO_4$
(인산암모늄) (암모니아) (인산)

참고

*제3종 분말 소화약제

① 166℃ 열분해식(1차 열분해식)

$NH_4H_2PO_4 \rightarrow NH_3 + H_3PO_4$
(인산암모늄) (암모니아) (인산)

② 완전 열분해식

$NH_4H_2PO_4 \rightarrow NH_3 + HPO_3 + H_2O$
(인산암모늄) (암모니아) (메타인산) (물)

Memo

2020 1회차

위험물산업기사

# 실기 기출문제

## 01

**압력 $800mmHg$, 온도 $30℃$에서, 이황화탄소 $100kg$이 연소할 때 발생하는 이산화황의 부피$[m^3]$를 구하시오.**

해설

$$\underset{(이황화탄소)}{CS_2} + \underset{(산소)}{3O_2} \rightarrow \underset{(이산화탄소)}{CO_2} + \underset{(이산화황)}{2SO_2}$$

이황화탄소($CS_2$)의 분자량 : $12+32\times2=76$

$PV=nRT=\frac{W}{M}RT$에서,

$$\therefore V=\frac{WRT}{PM}\times\frac{생성물의\ 몰수}{반응물의\ 몰수}$$

$$=\frac{100\times0.082\times(30+273)}{\frac{800}{760}\times76}\times\frac{2}{1}=62.12m^3$$

## 02

**다음은 염소산칼륨에 대한 내용일 때 각 물음에 답을 쓰시오.**

(1) 완전분해 반응식을 쓰시오.

(2) 염소산칼륨 $1kg$이 표준상태에서 완전분해 시 생성되는 산소의 부피$[m^3]$를 구하시오.

해설

(1) $\underset{(염소산칼륨)}{2KClO_3} \rightarrow \underset{(염화칼륨)}{2KCl} + \underset{(산소)}{3O_2}$

(2) 염소산칼륨의 분자량 : $39+35.5+16\times3=122.5g$

표준상태는 1기압 0℃을 나타내고,

$PV=nRT=\frac{W}{M}RT$에서,

$$\therefore V=\frac{WRT}{PM}\times\frac{생성물의\ 몰수}{반응물의\ 몰수}$$

$$=\frac{1\times0.082\times(0+273)}{1\times122.5}\times\frac{3}{2}=0.27m^3$$

## 03

**표준상태에서 과산화나트륨 $1kg$의 완전분해할 때 산소의 부피$[L]$를 구하시오.**

해설

과산화나트륨($Na_2O_2$)의 분자량 $=23\times2+16\times2=78$

$$\underset{(과산화나트륨)}{2Na_2O_2} \rightarrow \underset{(산화나트륨)}{2Na_2O} + \underset{(산소)}{O_2}$$

표준상태는 $1atm$, 0℃를 나타내고,

$PV=nRT=\frac{W}{M}RT$에서,

$$\therefore V=\frac{WRT}{PM}\times\frac{생성물의\ 몰수}{반응물의\ 몰수}$$

$$=\frac{1000\times0.082\times(0+273)}{1\times78}\times\frac{1}{2}=143.5L$$

## 04

**알루미늄에 대한 각 물음에 답하시오.**

(1) 연소반응식

(2) 물과의 반응식

(3) 염산과의 반응식

해설

(1) $\underset{(알루미늄)}{4Al} + \underset{(산소)}{3O_2} \rightarrow \underset{(산화알루미늄)}{2Al_2O_3}$

(2) $\underset{(알루미늄)}{2Al} + \underset{(물)}{6H_2O} \rightarrow \underset{(수산화알루미늄)}{2Al(OH)_3} + \underset{(수소)}{3H_2}$

(3) $\underset{(알루미늄)}{2Al} + \underset{(염산)}{6HCl} \rightarrow \underset{(염화알루미늄)}{2AlCl_3} + \underset{(수소)}{3H_2}$

## 05

**다음 위험물들을 저장할 때 각각 사용되는 보호액 한가지씩 쓰시오.**

(1) 황린
(2) 칼륨
(3) 이황화탄소

해설
(1) pH9 정도의 약알칼리성 물
(2) 등유, 경유, 유동파라핀유, 벤젠 등
(3) 물

## 06

**위험물안전관리법령상 동식물유류에 대한 다음 물음에 답하시오.**

(1) 요오드가의 정의를 쓰시오.
(2) 동식물유류의 요오드값에 따른 분류와 범위를 쓰시오.

해설
(1) 유지 100g에 첨가되는 요오드의 g수
(2) 건성유 : 요오드값이 130 이상인 것
반건성유 : 요오드값이 100 초과 130 미만인 것
불건성유 : 요오드값이 100 이하인 것

## 07

**제2류 위험물인 오황화린에 대한 각 물음에 답하시오.**

(1) 물과의 반응식
(2) (1)에서 생성되는 기체의 완전연소식

해설
(1) $\underset{(\text{오황화린})}{P_2S_5} + \underset{(\text{물})}{8H_2O} \rightarrow \underset{(\text{황화수소})}{5H_2S} + \underset{(\text{인산})}{2H_3PO_4}$
(2) $\underset{(\text{황화수소})}{2H_2S} + \underset{(\text{산소})}{3O_2} \rightarrow \underset{(\text{이산화황})}{2SO_2} + \underset{(\text{물})}{2H_2O}$

## 08

**제3류 위험물 중 다음 물질들이 물과의 반응식을 쓰시오.**

(1) 수소화리튬알루미늄
(2) 수소화칼륨
(3) 수소화칼슘

해설
(1) $\underset{(\text{수소화알루미늄리튬})}{LiAlH_4} + \underset{(\text{물})}{4H_2O} \rightarrow \underset{(\text{수산화리튬})}{LiOH} + \underset{(\text{수산화알루미늄})}{Al(OH)_3} + \underset{(\text{수소})}{4H_2}$
(2) $\underset{(\text{수소화칼륨})}{KH} + \underset{(\text{물})}{H_2O} \rightarrow \underset{(\text{수산화칼륨})}{KOH} + \underset{(\text{수소})}{H_2}$
(3) $\underset{(\text{수소화칼슘})}{CaH_2} + \underset{(\text{물})}{2H_2O} \rightarrow \underset{(\text{수산화칼슘})}{Ca(OH)_2} + \underset{(\text{수소})}{2H_2}$

## 09

**금속나트륨에 대한 각 물음에 답하시오.**

(1) 물과의 반응식
(2) 연소반응식
(3) 연소할 때 불꽃색상

해설
(1) $\underset{(\text{나트륨})}{2Na} + \underset{(\text{물})}{2H_2O} \rightarrow \underset{(\text{수산화나트륨})}{2NaOH} + \underset{(\text{수소})}{H_2}$
(2) $\underset{(\text{나트륨})}{4Na} + \underset{(\text{산소})}{O_2} \rightarrow \underset{(\text{산화나트륨})}{2Na_2O}$
(3) 노란색

참고
*불꽃색상

| 명칭 | 색깔 |
|---|---|
| 리튬 | 빨간색 |
| 칼슘 | 주황색 |
| 나트륨 | 노란색 |
| 칼륨 | 보라색 |

## 10

**제4류 위험물 중 특수인화물에 속하며 인화점 −37℃, 분자량 58이며, 용기는 구리(동), 은, 수은, 마그네슘과 반응하여 폭발성 아세틸리드를 생성하는 물질에 대해 각 물음에 답하시오.**

(1) 화학식
(2) 지정수량
(3) 저장하는 탱크에 공기가 차 있을 때 조치방법

해설
(1) $CH_3CH_2CHO$(산화프로필렌)
(2) 50$L$
(3) 질소 등 불연성 가스를 채워 둔다.

## 11

**인화점 측정방법 3가지를 쓰시오.**

해설
① 신속평형법
② 태그밀폐식
③ 클리브랜드 개방컵

## 12

**다음 위험물 운반용기 외부의 주의사항을 쓰시오.**

| 유별 | 주의사항 |
|---|---|
| 제1류 위험물 중 알칼리금속의 과산화물 | ( ① ) |
| 제3류 위험물 중 자연발화성 물질 | ( ② ) |
| 제5류 위험물 | ( ③ ) |

해설
① 화기주의, 충격주의, 물기엄금, 가연물접촉주의
② 화기엄금, 공기접촉엄금
③ 화기엄금, 충격주의

참고
*위험물의 운반용기 외부에 수납하는 위험물에 따른 주의사항

| 유별 | 성질 | 표시 |
|---|---|---|
| 제1류 위험물 | 산화성고체 | 알칼리금속의 과산화물 또는 이를 함유한 것 : 화기주의, 충격주의, 물기엄금, 가연물접촉주의 |
| | | 그 외 : 화기주의, 충격주의, 가연물접촉주의 |
| 제2류 위험물 | 가연성고체 | 철분, 금속분, 마그네슘 : 화기주의, 물기엄금 |
| | | 인화성고체 : 화기엄금 |
| | | 그 외 : 화기주의 |
| 제3류 위험물 | 자연발화성 및 금수성물질 | 자연발화성물질 : 화기엄금, 공기접촉엄금 |
| | | 금수성물질 : 물기엄금 |
| 제4류 위험물 | 인화성액체 | 화기엄금 |
| 제5류 위험물 | 자기반응성 물질 | 화기엄금, 충격주의 |
| 제6류 위험물 | 산화성액체 | 가연물접촉주의 |

## 13

**제4류 위험물의 인화점 기준을 쓰시오.**

[보기]
① 특수인화물 : 발화점이 (  )℃ 이하인 것 또는 인화점이 −20℃, 비점이 40℃ 이하인 것
② 제1석유류 : 인화점이 (  )℃ 미만
③ 제2석유류 : 인화점이 (  )℃이상 (  )℃ 미만
④ 제3석유류 : 인화점이 (  )℃ 이상 (  )℃ 미만
⑤ 제4석유류 : 인화점이 (  )℃이상 (  )℃ 미만
⑥ 동식물유류 : 인화점이 (  )℃ 미만

해설
① 100　② 21
③ 21, 70　④ 70, 200
⑤ 200, 250　⑥ 250

## 14

**크실렌의 이성질체 3가지에 대한 명칭과 구조식을 쓰시오.**

해설

| 명칭 | 구조식 |
|---|---|
| o-크실렌 | 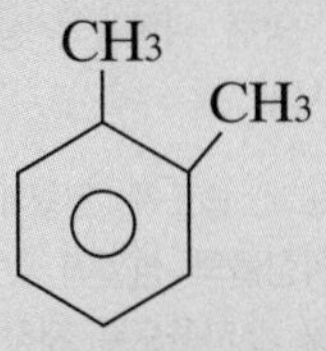 |
| m-크실렌 | 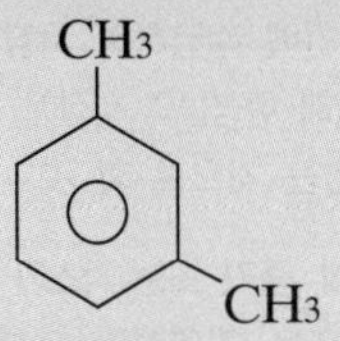 |
| p-크실렌 | 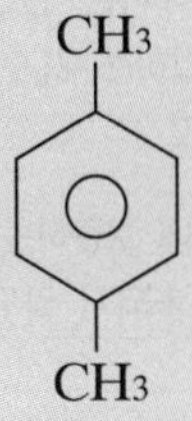 |

## 15

**다음 위험물 안전관리자 내용에 대한 각 물음에 답하시오.**

(1) 안전관리자를 선임해야 하는 대상을 아래의 보기에서 1가지 고르시오.
(단, 없으면 "없음"으로 표기)

[보기]
① 제조소 등의 관계인
② 제조소 등의 설치자
③ 소방서장
④ 소방청장
⑤ 시 • 도지사

(2) 안전관리자 해임 후 재선임 기간을 쓰시오.
(단, 제한 없으면 "제한 없음"으로 표기)

(3) 안전관리자 퇴직 후 재선임 기간을 쓰시오.
(단, 제한 없으면 "제한 없음"으로 표기)

(4) 안전관리자 선임 후 신고 기간을 쓰시오.
(단, 제한 없으면 "제한 없음"으로 표기)

(5) 안전관리자가 여행, 질병 그 밖의 사유로 일시적으로 직무를 수행할 수 없을 때 직무를 대행하는 기간을 쓰시오.
(단, 제한 없으면 "제한 없음"으로 표기)

해설

(1) ①
(2) 30일 이내
(3) 30일 이내
(4) 14일 이내
(5) 30일을 초과할 수 없다

참고

***위험물 안전관리자에 관한 법령**

- 제조소 등의 관계인은 위험물의 안전관리에 관한 직무를 수행하게 하기 위하여 제조소 등마다 대통령령이 정하는 위험물의 취급에 관한 자격이 있는 자를 위험물안전관리자로 선임하여야 한다.
- 규정에 따라 안전관리자를 선임한 제조소등의 관계인은 그 안전관리자를 해임하거나 안전관리자가 퇴직한 때에는 해임하거나 퇴직한 날부터 30일 이내에 다시 안전관리자를 선임하여야 한다.
- 제조소 등의 관계인은 안전관리자를 선임한 경우에는 선임한 날부터 14일 이내에 총리령으로 정하는 바에 따라 소방본부장 또는 소방서장에게 신고하여야 한다.
- 안전관리자를 선임한 제조소 등의 관계인은 안전관리자가 여행, 질병 그 밖의 사유로 인하여 일시적으로 직무를 수행할 수 없거나 안전관리자의 해임 또는 퇴직과 동시에 다른 안전관리자를 선임하지 못하는 경우에는 국가기술자격법에 따른 위험물 취급에 관한 자격취득자 또는 위험물안전에 관한 기본지식과 경험이 있는 자로서 총리령이 정하는 자를 대리자로 지정하여 그 직무를 대행하게 하여야 한다. 이 경우 대리자가 안전관리의 직무를 대행하는 기간은 30일을 초과할 수 없다.

## 16

**다음 옥내소화전 수원의 수량$[m^3]$을 구하시오.**

(1) 옥내소화전이 1층에 1개, 2층에 3개 설치된 경우
(2) 옥내소화전이 1층에 1개, 2층에 6개 설치된 경우

**해설**

(1) 가장 많이 설치하는 층을 기준으로 계산해야 하니, 2층을 기준으로 한다.
∴수원의 수량 $= 7.8 \times 3 = 23.4m^3$ 이상

(2) 가장 많이 설치하는 층을 기준으로 계산해야 하니, 2층을 기준으로 한다.
∴수원의 수량 $= 7.8 \times 5 = 39m^3$ 이상

**참고**

*수원의 수량
① 옥외 : $13.5 \times n$[개]
(단, n=4개 이상인 경우는 n=4)

② 옥내 : $7.8 \times n$[개]
(단, n=5개 이상인 경우는 n=5)

## 17

**제6류 위험물(산화성액체) 중 어떠한 물질이 히드라진과 격렬히 반응하고 폭발할 때 각 물음에 답하시오.**

(1) 이 물질이 위험물일 조건
(2) 이 물질과 히드라진의 폭발 반응식

**해설**

(1) 농도가 $36wt\%$ 이상일 것
(2) $\underset{(과산화수소)}{2H_2O_2} + \underset{(히드라진)}{N_2H_4} \rightarrow \underset{(물)}{4H_2O} + \underset{(질소)}{N_2}$

## 18

**제조소 등에서 위험물의 저장 또는 취급에 관한 기준일 때 빈칸을 채우시오.**

[보기]

- 위험물을 저장 또는 취급하는 건축물, 그 밖의 공작물 또는 설비는 당해 위험물의 성질에 따라 차광 또는 ( ① )를 실시할 것
- 위험물은 온도계, 습도계, 압력계 그 밖의 계기를 감시하여 당해 위험물의 성질에 맞는 적정한 온도, 습도 또는 ( ② )을 유지하도록 저장 또는 취급할 것
- 위험물을 용기에 수납하여 저장 또는 취급할 때에는 그 용기는 당해 위험물의 성질에 적응하고 파손, ( ③ ), 균열 등이 없는 것으로 할 것
- ( ④ )의 액체, 증기 또는 가스가 새거나 체류할 우려가 있는 장소 또는 가연성의 미분이 현저하게 부유할 우려가 있는 장소에서는 전선과 전기기구를 완전히 접속하고 불꽃을 발하는 기계, 기구, 공구, 신발 등을 사용하지 아니할 것
- 위험물을 ( ⑤ ) 중에 보존하는 경우에는 당해 위험물이 보호액으로부터 노출되지 않도록 할 것

**해설**

① 환기
② 압력
③ 부식
④ 가연성
⑤ 보호액

## 19

**위험물안전관리법령에서 정한 완공검사 내용에 대한 각 물음에 답하시오.**

(1) 위험물을 저장 또는 취급하는 탱크로서 대통령령이 정하는 탱크가 있는 제조소 등의 설치, 변경에 관하여 완공검사를 받기 전에 받아야 하는 검사는 무엇인가?
(2) 아래의 시설의 완공검사 신청시기를 쓰시오.
- 이동탱크저장소
- 지하탱크가 있는 제조소등
(3) 완공검사를 실시한 결과 제조소등이 규정에 의한 기술기준에 적합하다고 인정할 때에 시 • 도지사는 어떤 서류를 교부해야 하는가?

해설

(1) 탱크안전성능검사
(2) 이동탱크저장소 : 이동저장탱크를 완공하고 상치장소를 확보한 후
지하탱크가 있는 제조소등 : 당해 지하탱크를 매설하기 전
(3) 완공검사합격확인증

참고

**＊탱크안전성능검사**
위험물을 저장 또는 취급하는 탱크로서 대통령령이 정하는 탱크가 있는 제조소 등의 설치, 변경에 관하여 완공검사를 받기 전에 탱크안전성능검사를 받아야 한다.

**＊완공검사의 신청시기**
- 이동탱크저장소 : 이동저장탱크를 완공하고 상치장소를 확보한 후
- 지하탱크가 있는 제조소등 : 당해 지하탱크를 매설하기 전

**＊완공검사합격확인증**
완공검사를 실시한 결과 제조소등이 규정에 의한 기술기준에 적합하다고 인정할 때에 시 • 도지사는 완공검사합격확인증을 교부할 것

## 20

**다음 보기는 제5류 위험물일 때 각 물음에 답하시오.**

| [보기] |
|---|
| 니트로글리세린, 트리니트로톨루엔, 트리니트로페놀, 과산화벤조일, 디니트로벤젠 |

(1) 질산에스테르류에 속하는 물질을 모두 고르시오.
(2) 상온에서 액체이고 겨울에 동결하는 위험물의 분해 반응식을 쓰시오.

해설

(1) 니트로글리세린
(2) $4C_3H_5(ONO_2)_3 \rightarrow 12CO_2 + 10H_2O + 6N_2 + O_2$
(니트로글리세린) (이산화탄소) (물) (질소) (산소)

참고

트리니트로톨루엔, 트리니트로페놀, 디니트로벤젠은 니트로화합물이고, 과산화벤조일은 유기과산화물이다.

# 2020 2회차

위험물산업기사
# 실기 기출문제

## 01

**표준상태에서 탄화칼슘 $32g$과 물이 반응하여 생성되는 기체를 완전연소 하기 위해 필요한 산소의 부피$[L]$를 구하시오.**

해설

탄화칼슘($CaC_2$)의 분자량 : $40+12\times2=64g/mol$

$$\underset{(\text{탄화칼슘})}{CaC_2} + \underset{(\text{물})}{2H_2O} \rightarrow \underset{(\text{수산화칼슘})}{Ca(OH)_2} + \underset{(\text{아세틸렌})}{C_2H_2}$$

탄화칼슘이 $32g$있고, 분자량은 $64g/mol$이니 $0.5mol$의 탄화칼슘이 반응하였고, 탄화칼슘과 아세틸렌기체는 몰수 1:1 반응을 하니 아세틸렌도 $0.5mol$이 생성되었다.

$$\underset{(\text{아세틸렌})}{2C_2H_2} + \underset{(\text{산소})}{5O_2} \rightarrow \underset{(\text{이산화탄소})}{4CO_2} + \underset{(\text{물})}{2H_2O}$$

아세틸렌 $2mol$이 반응할 때 필요한 산소의 몰수는 $5mol$이고, 비례식으로 아세틸렌 $0.5mol$이 반응하면 $\frac{5}{4}mol$의 산소가 필요하다.

표준상태($1atm$, $0℃$)에서 $1mol$의 부피는 $22.4L$이다.

$\therefore V = 22.4\times mol수 = 22.4\times\frac{5}{4} = 28L$

## 02

**농도가 $36wt\%$ 미만일 경우 위험물에서 제외되는 제6류 위험물에 대한 각 물음에 답하시오.**

(1) 이 물질의 분해식
(2) 운반용기 외부에 표시해야 할 주의사항
(3) 위험등급

해설

(1) $\underset{(\text{과산화수소})}{2H_2O_2} \rightarrow \underset{(\text{물})}{2H_2O} + \underset{(\text{산소})}{O_2}$

(2) 가연물접촉주의

(3) 위험등급 I

참고

*위험물의 운반용기 외부에 수납하는 위험물에 따른 주의사항

| 유별 | 성질 | 표시 |
|---|---|---|
| 제1류 위험물 | 산화성고체 | 알칼리금속의 과산화물 또는 이를 함유한 것 : 화기주의, 충격주의, 물기엄금, 가연물접촉주의 |
| | | 그 외 : 화기주의, 충격주의, 가연물접촉주의 |
| 제2류 위험물 | 가연성고체 | 철분, 금속분, 마그네슘 : 화기주의, 물기엄금 |
| | | 인화성고체 : 화기엄금 |
| | | 그 외 : 화기주의 |
| 제3류 위험물 | 자연발화성 및 금수성물질 | 자연발화성물질 : 화기엄금, 공기접촉엄금 |
| | | 금수성물질 : 물기엄금 |
| 제4류 위험물 | 인화성액체 | 화기엄금 |
| 제5류 위험물 | 자기반응성 물질 | 화기엄금, 충격주의 |
| 제6류 위험물 | 산화성액체 | 가연물접촉주의 |

## 03

**$1atm$, $90℃$의 벤젠 $16g$이 증발할 때의 부피$[L]$를 구하시오.**

해설

벤젠($C_6H_6$)의 분자량 $= 12\times6+1\times6=78$

$PV=nRT=\frac{W}{M}RT$에서,

$\therefore V=\frac{WRT}{PM}=\frac{16\times0.082\times(90+273)}{1\times78}=6.11L$

## 04

**제4류 위험물 중 분자량이 27, 끓는점이 26℃ 이며 맹독성인 위험물이 있다. 이 위험물의 안정제로 무기산을 사용할 때 다음 각 물음에 답하시오.**

(1) 화학식을 쓰시오.
(2) 증기비중을 구하시오.

**해설**

(1) $HCN$(시안화수소)
(2) 시안화수소의 분자량 : $1+12+14=27$

$$\therefore \text{증기비중} = \frac{\text{분자량}}{28.84} = \frac{27}{28.84} = 0.94$$

## 05

**적린과 염소산칼륨이 접촉할 시 폭발의 위험이 있을 때 각 물음에 답하시오.**

(1) 폭발 반응식
(2) (1)에서 생성되는 기체와 물의 반응식

**해설**

(1) $\underset{(\text{적린})}{6P} + \underset{(\text{염소산칼륨})}{5KClO_3} \rightarrow \underset{(\text{오산화인})}{3P_2O_5} + \underset{(\text{염화칼륨})}{5KCl}$

(2) $\underset{(\text{오산화인})}{P_2O_5} + \underset{(\text{물})}{3H_2O} \rightarrow \underset{(\text{오르소인산})}{2H_3PO_4}$

## 06

**제3류 위험물인 물질과 물의 반응식을 각각 쓰시오.**

(1) 트리메틸알루미늄
(2) 트리에틸알루미늄

**해설**

(1) $\underset{(\text{트리메틸알루미늄})}{(CH_3)_3Al} + \underset{(\text{물})}{3H_2O} \rightarrow \underset{(\text{수산화알루미늄})}{Al(OH)_3} + \underset{(\text{메탄})}{3CH_4}$

(2) $\underset{(\text{트리에틸알루미늄})}{(C_2H_5)_3Al} + \underset{(\text{물})}{3H_2O} \rightarrow \underset{(\text{수산화알루미늄})}{Al(OH)_3} + \underset{(\text{에탄})}{3C_2H_6}$

## 07

**제5류 위험물 중 트리니트로페놀의 각 물음에 답하시오.**

(1) 구조식
(2) 품명
(3) 지정수량

**해설**

(1)

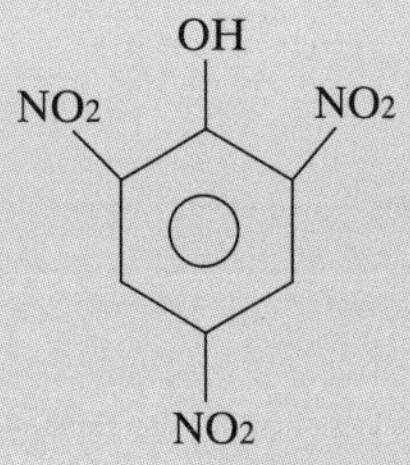

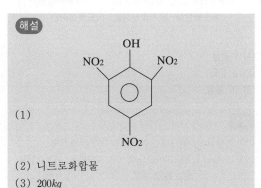

(2) 니트로화합물
(3) $200kg$

## 08

**아래의 물질이 열분해하여 산소를 발생하는 반응식을 각각 쓰시오.**

(1) 아염소산나트륨
(2) 염소산나트륨
(3) 과염소산나트륨

**해설**

(1) $\underset{(\text{아염소산나트륨})}{NaClO_2} \rightarrow \underset{(\text{염화나트륨})}{NaCl} + \underset{(\text{산소})}{O_2}$

(2) $\underset{(\text{염소산나트륨})}{2NaClO_3} \rightarrow \underset{(\text{염화나트륨})}{2NaCl} + \underset{(\text{산소})}{3O_2}$

(3) $\underset{(\text{과염소산나트륨})}{NaClO_4} \rightarrow \underset{(\text{염화나트륨})}{NaCl} + \underset{(\text{산소})}{2O_2}$

## 09

**다음 보기의 제5류 위험물의 물질을 보며, 해당 위험 등급별로 구분하시오.**
**(단, 없으면 "없음"이라 표기하시오.)**

| [보기] |
|---|
| 히드라진유도체, 질산에스테르류, 니트로화합물, 아조화합물, 유기과산화물, 히드록실아민 |

(1) Ⅰ 등급
(2) Ⅱ 등급
(3) Ⅲ 등급

해설

(1) Ⅰ 등급 : 유기과산화물, 질산에스테르류
(2) Ⅱ 등급 : 히드라진유도체, 니트로화합물, 아조화합물, 히드록실아민
(3) Ⅲ 등급 : 없음

## 10

**다음 표에 혼재가 가능한 위험물 $O$, 불가능한 위험물 $X$로 표시하시오.**

| | 1류 | 2류 | 3류 | 4류 | 5류 | 6류 |
|---|---|---|---|---|---|---|
| 1류 | | | | | | |
| 2류 | | | | | | |
| 3류 | | | | | | |
| 4류 | | | | | | |
| 5류 | | | | | | |
| 6류 | | | | | | |

해설

| | 1류 | 2류 | 3류 | 4류 | 5류 | 6류 |
|---|---|---|---|---|---|---|
| 1류 | | × | × | × | × | ○ |
| 2류 | × | | × | ○ | ○ | × |
| 3류 | × | × | | ○ | × | × |
| 4류 | × | ○ | ○ | | ○ | × |
| 5류 | × | ○ | × | ○ | | × |
| 6류 | ○ | × | × | × | × | |

참고

*혼재 가능한 위험물
① 4:23
- 제4류와 제2류, 제4류와 제3류는 혼재 가능
② 5:24
- 제5류와 제2류, 제5류와 제4류는 혼재 가능
③ 6:1
- 제6류와 제1류는 혼재 가능

## 11

**제4류 위험물인 아세트알데히드에 대해 각 물음에 답하시오.**

(1) 옥외저장탱크 중 압력탱크 외의 탱크에 저장 하는 경우 저장소의 온도를 쓰시오.
(2) 아세트알데히드의 연소범위가 4.1~57%일 경우 위험도를 구하시오.
(3) 아세트알데히드가 공기 중에서 산화 시 생성되는 물질의 명칭을 쓰시오.

해설

(1) 15℃ 이하
(2) $H = \frac{U-L}{L} = \frac{57-4.1}{4.1} = 12.9$
(3) $2CH_3CHO$ (아세트알데히드) $+$ $O_2$ (산소) $\rightarrow$ $2CH_3COOH$ (아세트산)

$\therefore$아세트산(초산)

참고

*옥외저장탱크, 옥내저장탱크 또는 지하저장탱크 중 압력탱크 외의 탱크에 저장
① 산화프로필렌, 디에틸에테르 : 30℃ 이하
② 아세트알데히드 : 15℃ 이하

*위험도

$$H = \frac{U-L}{L} \quad \begin{cases} H: \text{위험도} \\ U: \text{연소상한계[\%]} \\ L: \text{연소하한계[\%]} \end{cases}$$

## 12

**다음 보기는 위험물안전관리법령에 따른 위험물의 저장 및 취급기준일 때 빈칸을 채우시오.**

[보기]

- ( ① ) 위험물은 불티 • 불꽃 • 고온체와의 접근이나 과열 • 충격 또는 마찰을 피하여야 한다.
- ( ② ) 위험물은 가연물과의 접촉 • 혼합이나 분해를 촉진하는 물품과의 접근 또는 과열을 피하여야 한다.
- ( ③ ) 위험물은 불티 • 불꽃 • 고온체와의 접근 또는 과열을 피하고, 함부로 증기를 발생시키지 아니하여야 한다.

해설

① 제5류 ② 제6류 ③ 제4류

참고

**＊제조소 등에서의 위험물의 저장 및 취급에 관한 기준**

① 제1류 위험물은 가연물과의 접촉 • 혼합이나 분해를 촉진하는 물품과의 접근 또는 과열 • 충격 • 마찰 등을 피하는 한편, 알칼리금속의 과산화물 및 이를 함유한 것에 있어서는 물과의 접촉을 피하여야 한다.

② 제2류 위험물은 산화제와의 접촉 • 혼합이나 불티 • 불꽃 • 고온체와의 접근 또는 과열을 피하는 한편, 철분 • 금속분 • 마그네슘 및 이를 함유한 것에 있어서는 물이나 산과의 접촉을 피하고 인화성 고체에 있어서는 함부로 증기를 발생시키지 아니하여야 한다.

③ 제3류 위험물 중 자연발화성물질에 있어서는 불티 • 불꽃 또는 고온체와의 접근 • 과열 또는 공기와의 접촉을 피하고, 금수성물질에 있어서는 물과의 접촉을 피하여야 한다.

④ 제4류 위험물은 불티 • 불꽃 • 고온체와의 접근 또는 과열을 피하고, 함부로 증기를 발생시키지 아니하여야 한다.

⑤ 제5류 위험물은 불티 • 불꽃 • 고온체와의 접근이나 과열 • 충격 또는 마찰을 피하여야 한다.

⑥ 제6류 위험물은 가연물과의 접촉 • 혼합이나 분해를 촉진하는 물품과의 접근 또는 과열을 피하여야 한다.

## 13

**다음 위험물의 품명 및 지정수량을 각각 쓰시오.**

(1) $KIO_3$

(2) $AgNO_3$

(3) $KMnO_4$

해설

(1) 요오드산염류, 300$kg$

(2) 질산염류, 300$kg$

(3) 과망간산염류, 1000$kg$

참고

| 물질 | 품명 | 지정수량 |
|---|---|---|
| 요오드산칼륨 ($KIO_3$) | 요오드산염류 | 300$kg$ |
| 질산은 ($AgNO_3$) | 질산염류 | 300$kg$ |
| 과망간산칼륨 ($KMnO_4$) | 과망간산염류 | 1000$kg$ |

04

## 14

**보기는 소화설비의 소요단위에 관한 내용일 때 각 물음에 답하시오.**

| [보기] |
|---|
| ① 옥내저장소 |
| ② 외벽이 내화구조 |
| ③ 연면적 $150m^2$ |
| ④ 에탄올 $1000L$, 등유 $1500L$, 동식물유류 $20000L$, 특수인화물 $500L$ |

(1) 옥내저장소의 소요단위
(2) 위의 위험물을 저장하는 경우의 소요단위

**해설**

(1) 소요단위 $= \frac{150}{150} = 1$소요단위

(2)

지정수량의 배수 $= \frac{\text{저장수량}}{\text{지정수량}}$

$$= \frac{1000}{400} + \frac{1500}{1000} + \frac{20000}{10000} + \frac{500}{50} = 16$$

$\therefore$소요단위 $= \frac{\text{지정수량의 배수}}{10} = 1.6 ≒ 2$소요단위

**참고**

*각 설비의 1소요단위의 기준

| 건축물 | 외벽이 내화구조인 것 | 외벽이 내화구조가 아닌 것 |
|---|---|---|
| 제조소 및 취급소 | $100m^2$ | $50m^2$ |
| 저장소 | $150m^2$ | $75m^2$ |

| 물질 | 품명 | 지정수량 |
|---|---|---|
| 에탄올 | 제1석유류 (알코올류) | $400L$ |
| 등유 | 제2석유류 (비수용성) | $1000L$ |
| 동식물유류 | 동식물유류 | $10000L$ |
| 특수인화물 | 특수인화물 | $50L$ |

## 15

**다음 보기의 제4류 위험물 중 비수용성 위험물을 모두 고르시오.**

| [보기] |
|---|
| 이황화탄소, 아세트알데히드, 아세톤, 스티렌, 클로로벤젠 |

**해설**

이황화탄소, 스티렌, 클로로벤젠

**참고**

| 물질 | 품명 | 지정수량 |
|---|---|---|
| 이황화탄소 | 특수인화물 (비수용성) | $50L$ |
| 아세트알데히드 | 특수인화물 (수용성) | $50L$ |
| 아세톤 | 제1석유류 (수용성) | $400L$ |
| 스티렌 | 제2석유류 (비수용성) | $1000L$ |
| 클로로벤젠 | 제2석유류 (비수용성) | $1000L$ |

## 16

**다음 보기는 위험물안전관리법령에서 정한 인화점 측정 방법일 때 빈칸을 채우시오.**

[보기]

■ 가. ( ① ) 인화점 측정기
- 시험장소는 1기압, 무풍의 장소로 할 것
- 시료컵을 설정온도까지 가열 또는 냉각하여 시험물품(설정온도가 상온보다 낮은 온도인 경우에는 설정온도까지 냉각한 것) $2mL$를 시료컵에 넣고 즉시 뚜껑 및 개폐기를 닫을 것
- 시험불꽃을 점화하고 화염의 크기를 직경 $4mm$가 되도록 조정할 것

■ 나. ( ② ) 인화점 측정기
- 시험장소는 1기압, 무풍의 장소로 할 것
- 시료컵에 시험물품 $50cm^3$를 넣고 시험물품의 표면의 기포를 제거한 후 뚜껑을 덮을 것
- 시험불꽃을 점화하고 화염의 크기를 직경이 $4mm$가 되도록 조정할 것

■ 다. ( ③ ) 인화점 측정기
- 시험장소는 1기압, 무풍의 장소로 할 것
- 시료컵의 표선까지 시험물품을 채우고 시험물품의 표면의 기포를 제거할 것
- 시험불꽃을 점화하고 화염의 크기를 직경이 $4mm$가 되도록 조정할 것

해설

① 신속평형법
② 태그밀폐식
③ 클리브랜드 개방컵

## 17

**제1종 판매취급소의 시설기준에 관한 내용일 때 빈칸을 채우시오.**

(1) 위험물을 배합하는 실은 바닥면적 ( ① )$m^2$ 이상 ( ② ) $m^2$ 이하로 한다.

(2) ( ③ ) 또는 ( ④ )의 벽으로 한다.

(3) 바닥은 위험물이 침투하지 아니하는 구조로 하여 적당한 경사를 두고 ( ⑤ )을(를) 설치하여야 한다.

(4) 출입구 문턱의 높이는 바닥면으로부터 ( ⑥ )$m$ 이상으로 하여야 한다.

해설

① 6
② 15
③ 내화구조
④ 불연재료
⑤ 집유설비
⑥ 0.1

## 18

**위험물안전관리법령에 따른 자체소방대에 관한 내용일 때 각 물음에 답하시오.**

(1) 보기를 참고하여 자체소방대를 두어야 하는 경우를 모두 고르시오.

| [보기] |
|---|
| ① 염소산염류 $250ton$ 제조소 |
| ② 염소산염류 $250ton$ 일반취급소 |
| ③ 특수인화물 $250kL$ 제조소 |
| ④ 특수인화물 $250kL$ 충전하는 일반취급소 |

(2) 자체소방대에 두는 화학소방자동차 1대당 필요한 소방대원 인원수는?

(3) 다음 보기 중 틀린 것을 고르시오.
(단, 없으면 "없음"으로 표기하시오.)

| [보기] |
|---|
| ① 다른 사업소 등과 상호협정을 체결한 경우 그 모든 사업소를 하나의 사업소로 본다. |
| ② 포수용액 방사 차에는 소화약액탱크 및 소화약액혼합장치를 비치하여야 한다. |
| ③ 포수용액 방사 차에는 자체 소방차 대수의 $\frac{2}{3}$ 이상이어야 하고 포수용액의 방사능력은 분당 $3000L$ 이상이어야 한다. |
| ④ $10만L$ 이상의 포수용액을 방사할 수 있는 양의 소화약제를 비치하여야 한다. |

(4) 자체소방대를 설치하지 않은 경우 어떤 처벌을 받는가?

**해설**

(1)

①, ② : 염소산염류는 제1류 위험물이므로 자체소방대를 두지 않는다.

③ : 특수인화물의 지정수량은 $50L$이므로 계산하면,

$$지정수량의\ 배수 = \frac{저장수량}{지정수량} = \frac{250000}{50} = 5000배$$

이므로 자체소방대를 두어야 한다.

④ : 충전하는 일반취급소는 보일러로 위험물을 소비하기 때문에 제외된다.

∴ ③

(2) 5인

(3) ③ (분당 $2000L$ 이상이어야 한다.)

(4) 1년 이하의 징역 또는 1천만원 이하의 벌금

**참고**

*자체소방대를 설치해야 하는 사업소

① "대통령령이 정하는 제조소등"이라 함은 제4류 위험물을 취급하는 제조소 또는 일반취급소를 말한다. 다만, 보일러로 위험물을 소비하는 일반취급소 등 총리령이 정하는 일반취급소를 제외한다.

② "대통령령이 정하는 수량"이라 함은 지정수량의 3천배를 말한다.

*자체소방대에 두어야 하는 소방자동차 및 소방대원 수

| 사업소의 구분 | 화학소방자동차 | 자체소방대원 수 |
|---|---|---|
| 3000배 이상 12만배 미만 | 1대 | 5인 |
| 12만배 이상 24만배 미만 | 2대 | 10인 |
| 24만배 이상 48만배 미만 | 3대 | 15인 |
| 48만배 이상 | 4대 | 20인 |

*화학소방자동차 중 포수용액방사차의 소화능력 및 설비의 기준

① 포수용액의 방사능력이 분당 $2000L$ 이상일 것

② 소화약액탱크 및 소화약액혼합장치를 비치할 것

③ $10만L$ 이상의 포수용액을 방사할 수 있는 양의 소화약제를 비치할 것

*자체소방대를 설치하지 않을 경우의 처벌

1년 이하의 징역 또는 1천만원 이하의 벌금

## 19

**다음 방유제 내의 옥외탱크저장소가 설치될 때 각 물음에 답하시오.**

| [보기] |
|---|
| ① 내용적 5천만$L$에 휘발유를 3천만$L$ 저장하는 옥외저장탱크 |
| ② 내용적 1억2천만에 경유를 8천만$L$ 저장하는 옥외저장탱크 |

(1) ① 탱크의 최대용량[$L$]을 쓰시오.

(2) ①, ② 탱크 2기를 설치한 해당 방유제의 용량[$L$]을 쓰시오. (공간용적은 $\frac{10}{100}$ 이다.)

(3) 다음 그림의 (?)의 명칭을 쓰시오.

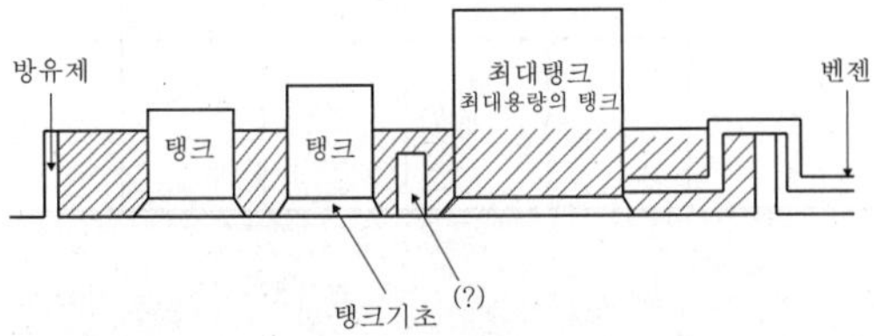


**해설**

(1) 위험물 저장탱크의 공간용적은 탱크 내용적의 $\frac{5}{100}$ 이상, $\frac{10}{100}$ 이하로 한다.

최대용량을 구하라고 했으니 $\frac{5}{100}$을 고려한다면,

$\therefore$ 탱크의 용량 $= V(1-$공간용적$)$

$= 50000000 \times (1-0.05) = 47500000L$

(2) 옥외탱크저장소의 방유제 용량은 탱크 하나일 때 110% 이상, 탱크 2기 이상일 때 제일 큰 용량의 110% 이상으로 해야 한다.

탱크의 용량 $= V(1-$공간용적$)$

$= 120000000 \times (1-0.1) = 108000000L$

$\therefore$ 방유제의 용량 $=$ 탱크의용량 $\times 1.1$

$= 108000000 \times 1.1 = 118800000L$ 이상

(3) 간막이둑

**참고**

*간막이둑

용량 1000만$L$ 이상인 옥외저장탱크 주위에 설치하는 방유제에 간막이둑을 설치를 하여야 한다.

04

## 20

**다음 표는 소화설비 적응성에 관한 내용일 때 적응성이 있는 경우 빈칸에 *O*를 채우시오.**

| 소화설비의 구분 | | 대상물 구분 | | | | | | | | | |
|---|---|---|---|---|---|---|---|---|---|---|---|
| | | 제1류 위험물 | | 제2류 위험물 | | | 제3류 위험물 | | 제4류 위험물 | 제5류 위험물 | 제6류 위험물 |
| | | 알칼리금속과산화물 | 그밖의 것 | 철분 금속분 마그네슘 | 인화성 고체 | 그 밖의 것 | 금수성 물질 | 그밖의 것 | | | |
| 옥내 및 옥외 소화전 | | | | | | | | | | | |
| 물분무등 소화설비 | 물분무 소화설비 | | | | | | | | | | |
| | 포 소화설비 | | | | | | | | | | |
| | 불활성가스 소화설비 | | | | | | | | | | |
| | 할로겐화합물 소화설비 | | | | | | | | | | |

해설

| 소화설비의 구분 | | 대상물 구분 | | | | | | | | | |
|---|---|---|---|---|---|---|---|---|---|---|---|
| | | 제1류 위험물 | | 제2류 위험물 | | | 제3류 위험물 | | 제4류 위험물 | 제5류 위험물 | 제6류 위험물 |
| | | 알칼리금속과산화물 | 그밖의 것 | 철분 금속분 마그네슘 | 인화성 고체 | 그 밖의 것 | 금수성 물질 | 그밖의 것 | | | |
| 옥내 및 옥외 소화전 | | | *O* | | *O* | *O* | | *O* | | *O* | *O* |
| 물분무등 소화설비 | 물분무 소화설비 | | *O* | | *O* | *O* | | *O* | *O* | *O* | *O* |
| | 포 소화설비 | | *O* | | *O* | *O* | | *O* | *O* | *O* | *O* |
| | 불활성가스 소화설비 | | | | *O* | | | | *O* | | |
| | 할로겐화합물 소화설비 | | | | *O* | | | | *O* | | |

# 2020 3회차

위험물산업기사
# 실기 기출문제



## 01

**제1종 분말소화약제의 열분해에 대해 각 물음에 답하시오.**

(1) 270℃에서의 열분해 반응식
(2) 850℃에서의 열분해 반응식

해설

(1) $2NaHCO_3$ (탄산수소나트륨) → $Na_2CO_3$ (탄산나트륨) + $CO_2$ (이산화탄소) + $H_2O$ (물)

(2) $2NaHCO_3$ (탄산수소나트륨) → $Na_2O$ (산화나트륨) + $2CO_2$ (이산화탄소) + $H_2O$ (물)

## 02

**다음 보기의 제4류 위험물 중 동식물유류를 요오드값에 따라 건성유, 반건성유, 불건성유로 분류하시오.**

[보기]
아마인유, 야자유, 들기름, 쌀겨유, 목화씨유, 피마자유

해설

① 건성유 : 아마인유, 들기름
② 반건성유 : 쌀겨유, 목화씨유
③ 불건성유 : 야자유, 피마자유

참고

| | | | |
|---|---|---|---|
| 동식물유류 | 건성유 | 요오드값 130 이상 | 아마인유, 들기름, 동유, 정어리유, 해바라기유 등 |
| | 반건성유 | 요오드값 100~130 | 참기름, 옥수수유, 채종유, 쌀겨유, 청어유, 콩기름 등 |
| | 불건성유 | 요오드값 100 이하 | 야자유, 땅콩유, 피마자유, 올리브유, 돼지기름 등 |

## 03

**다음 탱크에 대한 각 물음에 답하시오.**
**(단, 탱크의 공간용적은 $10\%$이다.)**

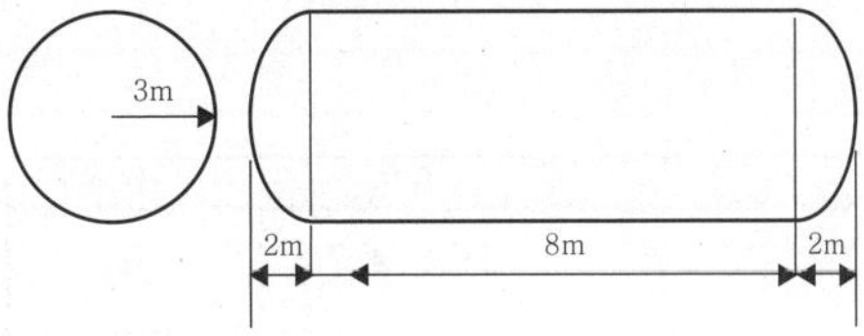


(1) 탱크의 내용적$[m^3]$
(2) 탱크의 용량$[m^3]$

해설

(1) $V = \pi r^2\left(\ell + \dfrac{\ell_1 + \ell_2}{3}\right)$
$= \pi \times 3^2 \times \left(8 + \dfrac{2+2}{3}\right) = 263.89m^3$

(2) $V_{용량} = V(1 - 공간용적)$
$= 263.89 \times (1 - 0.1) = 237.5m^3$

## 04

**다음 위험물의 화학식과 지정수량을 각각 쓰시오.**

(1) 벤조일퍼옥사이드
(2) 과망간산암모늄
(3) 인화아연

해설

(1) $(C_6H_5CO)_2O_2$, 10kg
(2) $NH_4MnO_4$, 1000kg
(3) $Zn_3P_2$, 300kg

참고

| 물질 | 유별 | 지정수량 |
|---|---|---|
| 과산화벤조일 (벤조일퍼옥사이드) | 제5류 위험물 | 10kg |
| 과망간산암모늄 | 제1류 위험물 | 1000kg |
| 인화아연 | 제3류 위험물 | 300kg |

## 05

**다음 위험물의 물과의 화학 반응식을 쓰시오.**

(1) $K_2O_2$
(2) $Mg$
(3) $Na$

해설

(1) $2K_2O_2 + 2H_2O \rightarrow 4KOH + O_2$
(과산화칼륨) (물) (수산화칼륨) (산소)

(2) $Mg + 2H_2O \rightarrow Mg(OH)_2 + H_2$
(마그네슘) (물) (수산화마그네슘) (수소)

(3) $2Na + 2H_2O \rightarrow 2NaOH + H_2$
(나트륨) (물) (수산화나트륨) (수소)

## 06

**아래의 화학반응식을 쓰시오.**

(1) 트리메틸알루미늄과 물의 반응식
(2) 트리메틸알루미늄의 연소 반응식
(3) 트리에틸알루미늄과 물의 반응식
(4) 트리에틸알루미늄의 연소 반응식

참고

(1) $(CH_3)_3Al + 3H_2O \rightarrow Al(OH)_3 + 3CH_4$
(트리메틸알루미늄) (물) (수산화알루미늄) (메탄)

(2) $2(CH_3)_3Al + 12O_2 \rightarrow Al_2O_3 + 6CO_2 + 9H_2O$
(트리메틸알루미늄) (산소) (산화알루미늄) (이산화탄소) (물)

(3) $(C_2H_5)_3Al + 3H_2O \rightarrow Al(OH)_3 + 3C_2H_6$
(트리에틸알루미늄) (물) (수산화알루미늄) (에탄)

(4)
$2(C_2H_5)_3Al + 21O_2 \rightarrow Al_2O_3 + 12CO_2 + 15H_2O$
(트리에틸알루미늄) (산소) (산화알루미늄) (이산화탄소) (물)

## 07

**질산칼륨($KNO_3$)에 대한 각 물음에 답하시오.**

(1) 품명
(2) 지정수량
(3) 위험등급
(4) 제조소의 게시판에 표기해야 하는 주의사항
(단, 없으면 "없음"으로 표기하시오.)
(5) 400℃에서의 열 분해반응식

해설

(1) 질산염류
(2) 300kg
(3) 위험등급 $II$
(4) 없음
(5) $2KNO_3 \rightarrow 2KNO_2 + O_2$
(질산칼륨) (아질산칼륨) (산소)

참고

*제조소의 게시판에 표기해야 하는 주의사항

| 종류 | 주의사항 표시 |
|---|---|
| *제1류 위험물 중 알칼리금속의 과산화물<br>*제3류 위험물 중 금수성물질 | 물기엄금 |
| *제2류 위험물 (인화성고체를 제외) | 화기주의 |
| *제2류 위험물 중 인화성고체<br>*제3류 위험물 중 자연발화성물질<br>*제4류 위험물<br>*제5류 위험물 | 화기엄금 |

## 08

**탄화알루미늄과 물이 반응하여 생성되는 기체에 대한 각 물음에 답하시오.**

(1) 생성되는 기체의 완전연소반응식
(2) 연소범위
(3) 위험도

해설

(1) $Al_4C_3$ (탄화알루미늄) $+ 12H_2O$ (물) $\rightarrow$ $4Al(OH)_3$ (수산화알루미늄) $+ 3CH_4$ (메탄)

$\therefore$ $CH_4$ (메탄) $+ 2O_2$ (산소) $\rightarrow$ $CO_2$ (이산화탄소) $+ 2H_2O$ (물)

(2) 5~15%

(3) $H = \dfrac{U-L}{L} = \dfrac{15-5}{5} = 2$

참고

*위험도

$$H = \frac{U-L}{L} \quad \begin{cases} H: \text{위험도} \\ U: \text{연소상한계[\%]} \\ L: \text{연소하한계[\%]} \end{cases}$$

*메탄의 연소범위 : 5~15%

## 09

**다음 보기에서 소화 적응성이 있는 위험물을 각각 고르시오.**

[보기]
① 제1류 위험물 중 알칼리금속의 과산화물
② 제2류 위험물 중 인화성고체
③ 제3류 위험물(금수성 물질 제외)
④ 제4류 위험물
⑤ 제5류 위험물
⑥ 제6류 위험물

(1) 불활성가스 소화설비
(2) 옥외소화전 설비
(3) 포 소화설비

참고

(1) ②, ④
(2) ②, ③, ⑤, ⑥
(3) ②, ③, ④, ⑤, ⑥

## 10

**다음 보기는 제4류 위험물을 나열한 것이다. 수용성인 위험물을 고르시오.**

[보기]
① 아세톤
② 아세트알데히드
③ 벤젠
④ 톨루엔
⑤ 휘발유
⑥ 클로로벤젠
⑦ 메틸알코올

해설

①, ②, ⑦

참고

| 명칭 | 품명 |
|---|---|
| 아세톤 | 제1석유류(수용성) |
| 아세트알데히드 | 특수인화물(수용성) |
| 벤젠 | 제1석유류(비수용성) |
| 톨루엔 | 제1석유류(비수용성) |
| 휘발유 | 제1석유류(비수용성) |
| 클로로벤젠 | 제2석유류(비수용성) |
| 메틸알코올 | 알코올류 |

## 11

**위험물안전관리법령상 이산화탄소를 저장하는 저압용기에 대한 내용일 때 빈칸을 채우시오.**

[보기]

① 이산화탄소를 방사하는 분사헤드 중 고압식의 방사압력은 (  ) $MPa$ 이상, 저압식의 경우 (  ) $MPa$ 이상일 것

② 저압식 저장용기에는 액면계 및 압력계와 (  ) $MPa$ 이상, (  ) $MPa$ 이하의 압력에서 작동하는 압력경보장치를 설치할 것

③ 저압식 저장용기에는 용기 내부의 온도를 영하 (  )℃ 이상, 영하 (  )℃ 이하로 유지할 수 있는 자동냉동기를 설치할 것

해설

① 2.1, 1.05
② 2.3, 1.9
③ 20, 18

## 12

**제6류 위험물에 대하여 위험물로 성립되는 조건을 쓰시오.**
**(단, 없으면 "없음"이라고 쓰시오.)**

(1) 과산화수소
(2) 과염소산
(3) 질산

해설

(1) 농도가 $36wt\%$ 이상인 것
(2) 없음
(3) 비중이 1.49 이상인 것

## 13

**1기압, 350℃에서 과산화나트륨 $1kg$이 물과 반응할 때 생성되는 기체의 부피$[L]$를 구하시오.**

해설

과산화나트륨($Na_2O_2$)의 분자량 $= 23\times2+16\times2 = 78$

$$\underset{(\text{과산화나트륨})}{2Na_2O_2} + \underset{(\text{물})}{2H_2O} \rightarrow \underset{(\text{수산화나트륨})}{4NaOH} + \underset{(\text{산소})}{O_2}$$

$PV=nRT=\dfrac{W}{M}RT$에서,

$$\therefore V=\frac{WRT}{PM}\times\frac{\text{생성물의 몰수}}{\text{반응물의 몰수}}$$

$$=\frac{1000\times0.082\times(350+273)}{1\times78}\times\frac{1}{2}=327.47L$$

## 14

**인화점 $-38$℃, 비점 21℃, 분자량 44, 연소범위 4.1~57%인 특수인화물이 있을 때 다음을 구하시오.**

(1) 시성식
(2) 증기비중
(3) 산화반응 시 생성되는 위험물

해설

(1) $CH_3CHO$(아세트알데히드)
(2) 분자량 : $12+1\times3+12+1+16=44$

$$\therefore \text{증기비중}=\frac{\text{분자량}}{28.84}=\frac{44}{28.84}=1.53$$

(3) $$\underset{(\text{아세트알데히드})}{2CH_3CHO} + \underset{(\text{산소})}{O_2} \rightarrow \underset{(\text{아세트산})}{2CH_3COOH}$$

∴아세트산(초산)

## 15

**위험물안전관리법령상 옥내저장소에 대한 각 물음에 답하시오.**

[보기]

가. 옥내저장소에 동일 품명의 위험물이더라도 자연발화 할 우려가 있는 위험물 또는 재해가 현저하게 증대 할 우려가 있는 위험물을 다량 저장하는 경우에는 지정수량의 10배 이하마다 ( ① ) 이상의 간격을 두어 저장하여야 한다.

나. 기계에 의하여 하역하는 구조로 된 용기만을 겹쳐 쌓는 경우 ( ② )의 높이를 초과하지 아니하여야 한다.

다. 제4류 위험물 중 제3석유류, 제4석유류 및 동식물유류를 수납하는 용기만을 겹쳐 쌓는 경우 ( ③ )의 높이를 초과하지 아니하여야 한다.

라. 그 밖의 경우에 있어서는 ( ④ )의 높이를 초과하지 아니하여야 한다.

마. 옥내저장소에서는 용기에 수납하여 저장하는 위험물의 온도가 ( ⑤ )를 넘지 아니하도록 필요한 조치를 강구하여야 한다.

해설

① 0.3m ② 6m ③ 4m ④ 3m ⑤ 55℃

## 16

**제4류 위험물 중 제1석유류 ~ 동식물유류의 인화점의 기준을 쓰시오.**

[보기]

① 제1석유류 : 인화점이 (　)℃ 미만
② 제2석유류 : 인화점이 (　)℃ 이상 (　)℃ 미만
③ 제3석유류 : 인화점이 (　)℃ 이상 (　)℃ 미만
④ 제4석유류 : 인화점이 (　)℃ 이상 (　)℃ 미만
⑤ 동식물유류 : 인화점이 (　)℃ 미만

해설

① 21　② 21, 70
③ 70, 200　④ 200, 250
⑤ 250

## 17

**위험물안전관리법령에 따른 지하탱크저장소에 대한 각 물음에 답하시오.**

(1) 탱크 전용실의 두께는 몇 $m$ 이상으로 하여야 하는가?
(2) 통기관은 지면으로부터 몇 $m$ 이상의 높이에 설치하여야 하는가?
(3) 누유검사관을 몇 개소 이상을 설치하여야 하는가?
(4) 탱크와 탱크전용실 사이의 공간을 어떤 물질로 채워야 하는가?
(5) 지하저장탱크의 윗부분은 지면으로부터 몇 $m$ 이상 아래에 있어야 하는가?

해설

(1) 0.3m
(2) 4m
(3) 4개소
(4) 마른 모래 또는 습기 등에 의해 응고되지 않은 입자지름 5mm 이하의 마른 자갈분
(5) 0.6m

참고

*지하탱크저장소의 위치, 구조 및 설비의 기준

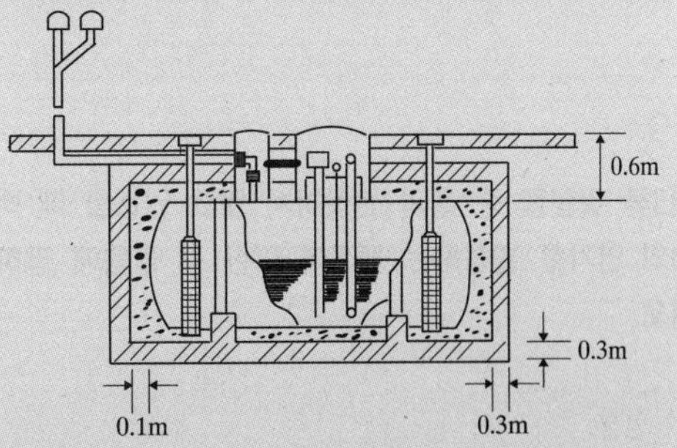


① 콘크리트 구조의 벽은 두께 0.3m 이상으로 한다.
② 지하저장탱크와 탱크전용실의 안쪽과의 사이는 0.1m 이상의 간격을 유지한다.
③ 콘크리트 구조의 바닥은 두께 0.3m 이상으로 한다.
④ 지하저장탱크의 윗부분은 지면으로부터 0.6m 이상 아래에 있어야 한다.
⑤ 벽, 바닥 등에 적당한 방수 조치를 강구한다.
⑥ 통기관은 지면으로부터 4m 이상 높이에 설치해야 한다.
⑦ 탱크와 탱크전용실 사이의 공간에 마른 모래 또는 습기 등에 의해 응고되지 않은 입자지름 5mm 이하의 마른 자갈분을 채운다.

## 18

**황화린에 대한 다음 각 물음에 답하시오.**

(1) 삼황화린, 오황화린, 칠황화린 중 조해성이 있는 물질과 없는 물질을 구분하시오.
(2) 위의 황화린들 중 발화점이 가장 낮은 물질의 명칭을 쓰시오.
(3) (2)의 물질에 대한 완전연소반응식을 쓰시오.

**해설**

(1) 조해성이 없는 황화린 : 삼황화린($P_4S_3$)

　　조해성이 있는 황화린 : 오황화린($P_2S_5$), 칠황화린($P_4S_7$)

(2) 삼황화린

(3) $\underset{(삼황화린)}{P_4S_3} + \underset{(산소)}{8O_2} \rightarrow \underset{(오산화린)}{2P_2O_5} + \underset{(이산화황)}{3SO_2}$

## 19

**제3류 위험물 중 물과 반응하지 않고 연소할 때 백색의 연기를 발생하는 물질에 대한 각 물음에 답하시오.**

(1) 명칭
(2) 이 위험물을 저장하는 옥내저장소의 바닥면적
(3) 수소화칼륨과 같은 강알칼리성 용액과 반응하여 생성되는 맹독성 기체의 화학식

**해설**

(1) 황린

(2) $1000m^2$ 이하

(3) $\underset{(황린)}{P_4} + \underset{(수산화칼륨)}{3KOH} + \underset{(물)}{3H_2O} \rightarrow \underset{(차아인산칼륨)}{3KH_2PO_2} + \underset{(포스핀)}{PH_3}$

　　$\therefore PH_3$

**참고**

***옥내저장소의 위치, 구조 및 설비의 기준**

하나의 저장창고의 바닥면적(2 이상의 구획된 실이 있는 경우에는 각 실의 바닥면적의 합계)은 다음 각목의 구분에 의한 면적 이하로 하여야 한다.

1. 다음의 위험물을 저장하는 창고 : $1,000m^2$
① 제1류 위험물 중 아염소산염류, 염소산염류, 과염소산염류, 무기과산화물 그 밖에 지정수량이 $50kg$인 위험물

② 제3류 위험물 중 칼륨, 나트륨, 알킬알루미늄, 알킬리튬 그 밖에 지정수량이 $10kg$인 위험물 및 황린

③ 제4류 위험물 중 특수인화물, 제1석유류 및 알코올류

④ 제5류 위험물 중 유기과산화물, 질산에스테르류 그 밖에 지정수량이 $10kg$인 위험물

⑤ 제6류 위험물

2. 1. 의 위험물 외의 위험물을 저장하는 창고 : $2,000m^2$

3. 1. 의 위험물과 2. 목의 위험물을 내화구조의 격벽으로 완전히 구획된 실에 각각 저장하는 창고 : $1,500m^2$ (1.의 위험물을 저장하는 실의 면적은 $500m^2$를 초과할 수 없다.)

## 20

**다음 위험물 운반용기 외부의 주의사항을 쓰시오.**

| 유별 | 주의사항 |
|---|---|
| 제2류 위험물 중 인화성고체 | ( ① ) |
| 제3류 위험물 중 금수성물질 | ( ② ) |
| 제4류 위험물 | ( ③ ) |
| 제5류 위험물 | ( ④ ) |
| 제6류 위험물 | ( ⑤ ) |

해설

① 화기엄금
② 물기엄금
③ 화기엄금
④ 화기엄금, 충격주의
⑤ 가연물 접촉주의

참고

*위험물의 운반용기 외부에 수납하는 위험물에 따른 주의사항

| 유별 | 성질 | 표시 |
|---|---|---|
| 제1류 위험물 | 산화성고체 | 알칼리금속의 과산화물 또는 이를 함유한 것 : 화기주의, 충격주의, 물기엄금, 가연물접촉주의 |
| | | 그 외 : 화기주의, 충격주의, 가연물접촉주의 |
| 제2류 위험물 | 가연성고체 | 철분, 금속분, 마그네슘 : 화기주의, 물기엄금 |
| | | 인화성고체 : 화기엄금 |
| | | 그 외 : 화기주의 |
| 제3류 위험물 | 자연발화성 및 금수성물질 | 자연발화성물질 : 화기엄금, 공기접촉엄금 |
| | | 금수성물질 : 물기엄금 |
| 제4류 위험물 | 인화성액체 | 화기엄금 |
| 제5류 위험물 | 자기반응성 물질 | 화기엄금, 충격주의 |
| 제6류 위험물 | 산화성액체 | 가연물접촉주의 |

2020 4회차

위험물산업기사

# 실기 기출문제

## 01

**다음 보기의 위험물들을 인화점이 낮은 순대로 배치하시오.**

[보기]
디에틸에테르, 아세톤, 이황화탄소, 산화프로필렌

해설

디에틸에테르 < 산화프로필렌 < 이황화탄소 < 아세톤

참고

| 명칭 | 품명 | 인화점 |
|---|---|---|
| 디에틸에테르 | 특수인화물 | -45℃ |
| 아세톤 | 제1석유류 (수용성) | -18℃ |
| 이황화탄소 | 특수인화물 | -30℃ |
| 산화프로필렌 | 특수인화물 | -37℃ |

## 02

**보기의 위험물을 수납하는 운반용기 외부에 표시해야 하는 주의사항을 쓰시오.**

[보기]
① 철분
② 아닐린
③ 황린
④ 질산칼륨
⑤ 질산

해설

① 철분 : 화기주의, 물기엄금
② 아닐린 : 화기엄금
③ 황린 : 화기엄금, 공기접촉엄금
④ 질산칼륨 : 화기주의, 충격주의, 가연물접촉주의
⑤ 질산 : 가연물접촉주의

참고

*위험물의 운반용기 외부에 수납하는 위험물에 따른 주의사항

| 유별 | 성질 | 표시 |
|---|---|---|
| 제1류 위험물 | 산화성고체 | 알칼리금속의 과산화물 또는 이를 함유한 것 : 화기주의, 충격주의, 물기엄금, 가연물접촉주의 |
| | | 그 외 : 화기주의, 충격주의, 가연물접촉주의 |
| 제2류 위험물 | 가연성고체 | 철분, 금속분, 마그네슘 : 화기주의, 물기엄금 |
| | | 인화성고체 : 화기엄금 |
| | | 그 외 : 화기주의 |
| 제3류 위험물 | 자연발화성 및 금수성물질 | 자연발화성물질 : 화기엄금, 공기접촉엄금 |
| | | 금수성물질 : 물기엄금 |
| 제4류 위험물 | 인화성액체 | 화기엄금 |
| 제5류 위험물 | 자기반응성 물질 | 화기엄금, 충격주의 |
| 제6류 위험물 | 산화성액체 | 가연물접촉주의 |

① 철분 : 제2류 위험물 중 철분
② 아닐린 : 제4류 위험물
③ 황린 : 제3류 위험물 중 자연발화성물질
④ 질산칼륨 : 제1류 위험물 중 그 외
⑤ 질산 : 제6류 위험물

## 03

**제4류 위험물을 옥외저장탱크에 저장하고 주위에 방유제를 설치할 때 각 물음에 답하시오.**

(1) 방유제 높이의 기준
(2) 방유제 면적의 기준
(3) 방유제 내에 설치하는 옥외저장탱크는 몇 기 이하인가?

해설
(1) $0.5m$ 이상 $3m$ 이하
(2) $80000m^2$ 이하
(3) 10기 이하

## 04

**다음 보기의 위험물에 대한 수납률을 각각 쓰시오.**

[보기]
① 질산칼륨
② 질산
③ 과염소산
④ 알킬리튬
⑤ 알킬알루미늄

해설
① 질산칼륨 : 95% 이하
② 질산 : 98% 이하
③ 과염소산 : 98% 이하
④ 알킬리튬 : 90% 이하
⑤ 알킬알루미늄 : 90% 이하

참고
*적재방법
수납률
① 고체 위험물 : 운반용기 내용적의 95% 이하의 수납률로 수납할 것
② 액체 위험물 : 운반용기 내용적의 98% 이하의 수납률로 수납할 것
③ 자연발화성 물질 중 알킬알루미늄 등은 운반용기 내용적의 90% 이하의 수납물로 수납하되, 50℃의 온도에서 5% 이상의 공간용적을 유지하도록 할 것

| 명칭 | 종류 | 수납률 |
|---|---|---|
| 질산칼륨 | 고체 위험물 | 95% 이하 |
| 질산 | 액체 위험물 | 98% 이하 |
| 과염소산 | 액체 위험물 | 98% 이하 |
| 알킬리튬 | 알킬리튬 | 90% 이하 |
| 알킬알루미늄 | 알킬알루미늄 | 90% 이하 |

## 05

**다음 보기는 제2류 위험물의 위험물이 되는 기준에 대한 설명일 때 빈칸을 채우시오.**

[보기]
- 유황은 순도 ( ① )$wt\%$ 이상인 것을 말한다. 이 경우 순도측정에 있어서 불순물은 활석 등 불연성 물질과 수분에 한한다.
- 철분이라 함은 철의 분말로서 ( ② )$\mu m$의 표준체를 통과하는 것이 ( ③ )$wt\%$ 이상인 것을 말한다.
- 금속분이라 함은 구리, 니켈을 제외한 금속의 분말로 ( ④ )$\mu m$의 표준체를 통과하는 것이 ( ⑤ )$wt\%$ 이상인 것을 말한다.

해설
① 60
② 53
③ 50
④ 150
⑤ 50

## 06

**다음은 옥내소화전설비의 압력수조를 이용한 가압 수송장치의 설치기준에 관한 공식일 때 보기를 참고하여 빈칸에 알맞은 답을 쓰시오.**

$$P = (\ ①\ ) + (\ ②\ ) + (\ ③\ ) + 0.35MPa$$

[보기]
ⓐ 전양정[$MPa$]
ⓑ 필요한 압력[$MPa$]
ⓒ 소방용 호스의 마찬손실수두압[$MPa$]
ⓓ 배관의 마찰손실수두압[$MPa$]
ⓔ 낙차의 환산수두압[$MPa$]
ⓕ 방수압력 환산수두압[$MPa$]

해설

① : ⓒ
② : ⓓ
③ : ⓔ

참고

*필요한 압력

$$P = p_1 + p_2 + p_3 + 0.35MPa$$

- $P$ : 필요한 압력[$MPa$]
- $p_1$ : 소방용 호스의 마찰손실수두압[$MPa$]
- $p_2$ : 배관의 마찰손실수두압[$MPa$]
- $p_3$ : 낙차의 환산수두압[$MPa$]

## 07

**특수인화물** $200L$, **제1석유류** $400L$, **제2석유류** $4000L$, **제3석유류** $12000L$, **제4석유류** $24000L$**에 대한 지정수량의 배수의 합을 쓰시오.**
**(단, 전부 수용성이다.)**

해설

$$\text{지정수량의 배수} = \frac{\text{저장수량}}{\text{지정수량}}$$

$$= \frac{200}{50} + \frac{400}{400} + \frac{4000}{2000} + \frac{12000}{4000} + \frac{24000}{6000}$$

$= 14$배

참고

*제4류 위험물의 각 지정수량

| 품명 | 지정수량 |
|---|---|
| 특수인화물 | $50L$ |
| 제1석유류(비수용성) | $200L$ |
| 제1석유류(수용성) | $400L$ |
| 알코올류 | $400L$ |
| 제2석유류(비수용성) | $1000L$ |
| 제2석유류(수용성) | $2000L$ |
| 제3석유류(비수용성) | $2000L$ |
| 제3석유류(수용성) | $4000L$ |
| 제4석유류 | $6000L$ |
| 동식물유류 | $10000L$ |

## 08

**다음 보기에서 제3류 위험물인 나트륨의 화재 시 사용하는 소화방법으로 맞는 것을 모두 고르시오.**

[보기]
팽창질석, 건조사, 포소화설비,
이산화탄소소화설비, 인산염류분말소화설비

해설

팽창질석, 건조사

참고

나트륨은 제3류 위험물 중 금수성물질로 화재 시 건조사(마른모래), 팽창질석, 팽창진주암, 탄산수소염류 분말 소화설비 등으로 질식소화를 하여야 한다.

## 09

**각 위험물의 위험등급 II에 해당되는 품명을 2가지씩 쓰시오.**

(1) 제1류 위험물
(2) 제2류 위험물
(3) 제4류 위험물

해설
(1) 제1류 위험물 : 브롬산염류, 요오드산염류, 질산염류
(2) 제2류 위험물 : 황화린, 적린, 유황
(3) 제4류 위험물 : 제1석유류, 알코올류

## 10

**제4류 위험물 중 알코올류에 속하는 에틸알코올에 대한 각 물음에 답하시오.**

(1) 연소반응식을 쓰시오.
(2) 칼륨과의 반응에서 발생하는 기체의 화학식을 쓰시오.
(3) 에틸알코올의 구조이성질체로서 디메틸에테르의 시성식을 쓰시오.

해설
(1) $\underset{(\text{에틸알코올})}{C_2H_5OH} + \underset{(\text{산소})}{3O_2} \rightarrow \underset{(\text{이산화탄소})}{2CO_2} + \underset{(\text{물})}{3H_2O}$
(2) $\underset{(\text{칼륨})}{2K} + \underset{(\text{에틸알코올})}{2C_2H_5OH} \rightarrow \underset{(\text{칼륨에틸레이트})}{2C_2H_5OK} + \underset{(\text{수소})}{H_2}$

$\therefore H_2$
(3) $CH_3OCH_3$(디메틸에테르)

## 11

**다음 위험물이 $1atm$, $30℃$에서 물과 반응할 때 생성되는 기체의 몰수를 각각 구하시오.**

(1) 과산화나트륨 $78g$
(2) 수소화칼슘 $42g$

참고
(1) $\underset{(\text{과산화나트륨})}{2Na_2O_2} + \underset{(\text{물})}{2H_2O} \rightarrow \underset{(\text{수산화나트륨})}{4NaOH} + \underset{(\text{산소})}{O_2}$
과산화나트륨의 분자량 : $23\times2+16\times2 = 78$

$$n = \frac{W}{M} = \frac{78}{78} = 1mol$$

$2mol$의 과산화나트륨이 반응하여 $1mol$의 산소를 생성하였으니, $1mol$의 과산화나트륨이 반응하면 $0.5mol$의 산소가 생성된다.
$\therefore 0.5mol$

(2) $\underset{(\text{수소화칼슘})}{CaH_2} + \underset{(\text{물})}{2H_2O} \rightarrow \underset{(\text{수산화칼슘})}{Ca(OH)_2} + \underset{(\text{수소})}{2H_2}$
수소화칼슘의 분자량 : $40+1\times2 = 42$

$$n = \frac{W}{M} = \frac{42}{42} = 1mol$$

$1mol$의 수소화칼슘이 반응하여 $2mol$의 수소가 생성된다.
$\therefore 2mol$

## 12

**다음 보기의 위험물의 품명과 지정수량을 각각 쓰시오.**

[보기]

① $HCN$
② $C_2H_4(OH)_2$
③ $CH_3COOH$
④ $C_3H_5(OH)_3$
⑤ $N_2H_4$

해설

① 제1석유류, 400$L$
② 제3석유류, 4000$L$
③ 제2석유류, 2000$L$
④ 제3석유류, 4000$L$
⑤ 제2석유류, 2000$L$

참고

| 명칭 | 품명 | 지정수량 |
|---|---|---|
| 시안화수소 ($HCN$) | 제1석유류 (수용성) | 400$L$ |
| 에틸렌글리콜 ($C_2H_4(OH)_2$) | 제3석유류 (수용성) | 4000$L$ |
| 아세트산 ($CH_3COOH$) | 제2석유류 (수용성) | 2000$L$ |
| 글리세린 ($C_3H_5(OH)_3$) | 제3석유류 (수용성) | 4000$L$ |
| 히드라진 ($N_2H_4$) | 제2석유류 (수용성) | 2000$L$ |

## 13

**다음 표는 주유취급소의 위치 · 구조 및 설비의 기준에 대한 내용일 때 알맞은 답을 쓰시오.**

| 기준 | 고정주유설비 | 고정급유설비 |
|---|---|---|
| 도로경계선 | ( ① ) 이상 | ( ② ) 이상 |
| 부지경계선 및 담 | ( ③ ) 이상 | ( ④ ) 이상 |
| 건축물의 벽 | ( ⑤ ) 이상 | ( ⑥ ) 이상 |
| 개구부가 없는 벽 | ( ⑦ ) 이상 | ( ⑧ ) 이상 |
| ※ 고정주유설비와 고정급유설비 사이에는 $4m$이상. | | |

해설

① $4m$ ② $4m$
③ $2m$ ④ $1m$
⑤ $2m$ ⑥ $2m$
⑦ $1m$ ⑧ $1m$

## 14

**인화칼슘에 대한 각 물음에 답하시오.**

(1) 몇 류 위험물인가?
(2) 지정수량은 얼마인가?
(3) 물과의 반응식을 쓰시오.
(4) 물과의 반응 후 생성되는 기체의 명칭을 쓰시오.

해설

(1) 제3류 위험물
(2) 300$kg$
(3) $\underset{(인화칼슘)}{Ca_3P_2} + \underset{(물)}{6H_2O} \rightarrow \underset{(수산화칼슘)}{3Ca(OH)_2} + \underset{(포스핀)}{2PH_3}$
(4) 포스핀(인화수소)

## 15

**제4류 위험물인 이황화탄소에 대하여 다음 물음에 답하시오.**

(1) 연소반응식
(2) 품명
(3) 지정수량
(4) 이황화탄소를 저장하는 철근콘크리트 수조의 최소 두께의 기준

해설

(1) $\underset{(이황화탄소)}{CS_2} + \underset{(산소)}{3O_2} \rightarrow \underset{(이산화탄소)}{CO_2} + \underset{(이산화황)}{2SO_2}$
(2) 특수인화물
(3) $50L$
(4) $0.2m$ 이상

참고

이황화탄소를 저장하는 옥외저장탱크는 벽 및 바닥의 두께가 $0.2m$ 이상이고 누수가 되지 않는 철근콘크리트의 수조에 넣어 보관해야 한다.

## 16

**다음 보기를 참고하여 제2류 위험물(가연성고체)에 대한 설명 중 알맞은 답을 모두 고르시오.**

[보기]
① 황화린, 유황, 적린은 위험등급 II이다.
② 고형알코올의 지정수량은 $1000kg$이고, 품명은 알코올류이다.
③ 물에 대부분 잘 녹는다.
④ 비중은 1보다 작다.
⑤ 산화성 물질이다.
⑥ 지정수량은 $100kg$, $500kg$, $1000kg$이다.
⑦ 제2류 위험물을 취급하는 제조소 게시판의 주의사항은 화기엄금과 화기주의 중 경우에 따라 한 개를 표기하여야 한다.

해설

①, ⑥, ⑦

참고

② 고형알코올의 지정수량은 $1000kg$이고, 품명은 인화성고체이다.
③ 제2류 위험물은 물에 녹지 않는다.
④ 제2류 위험물은 일반적으로 비중이 1보다 크다.
⑤ 제2류 위험물은 환원성 물질이다.

## 17

**ANFO 폭약의 원료를 제조하는 위험물이 있을 때 각 물음에 답하시오.**

(1) 화학식
(2) 이 위험물이 분해하여 물, 질소, 산소가 발생하는 분해 반응식을 쓰시오.

해설

(1) $NH_4NO_3$
(2) $\underset{(질산암모늄)}{2NH_4NO_3} \rightarrow \underset{(물)}{4H_2O} + \underset{(질소)}{2N_2} + \underset{(산소)}{O_2}$

## 18

**다음 표는 제3류 위험물에 대한 내용일 때 빈칸을 채우시오.**

| 품명 | 지정수량 |
|---|---|
| 칼륨 | ( ① ) |
| 나트륨 | ( ② ) |
| 알킬알루미늄 | ( ③ ) |
| ( ④ ) | $10kg$ |
| ( ⑤ ) | $20kg$ |
| 알칼리금속 | ( ⑥ ) |
| 유기금속화합물 | ( ⑦ ) |

해설

① $10kg$　② $10kg$
③ $10kg$　④ 알킬리튬
⑤ 황린　⑥ $50kg$
⑦ $50kg$

## 19

**유별을 달리하는 위험물은 동일한 저장소에 저장하지 아니하여야 한다. 다만, 옥내 또는 옥외저장소에 위험물을 저장하는 경우로서 유별로 서로 $1m$ 이상의 간격을 두는 경우에는 그러지 아니하다. 다음 위험물과 옥내저장소에서 동일한 실에 저장할 수 있는 위험물을 보기에서 모두 고르시오.**
**(단, 없으면 "없음"으로 표기하시오.)**

[보기]
과염소산칼륨, 염소산칼륨, 과산화나트륨,
아세톤, 과염소산, 질산, 아세트산

(1) 질산메틸
(2) 인화성고체
(3) 황린

해설

(1) 질산메틸 : 과염소산칼륨, 염소산칼륨
(2) 인화성고체 : 아세톤, 아세트산
(3) 황린 : 과염소산칼륨, 염소산칼륨, 과산화나트륨

참고

*제조소등에서의 위험물의 저장 및 취급에 관한 기준
- 유별을 달리하는 위험물은 동일한 저장소(내화구조의 격벽으로 완전히 구획된 실이 2 이상 있는 저장소에 있어서는 동일한 실)에 저장하지 아니하여야 한다. 다만, 옥내저장소 또는 옥외저장소에 있어서 다음의 각목의 규정에 의한 위험물을 저장하는 경우로서 위험물을 유별로 정리하여 저장하는 한편, 서로 1m 이상의 간격을 두는 경우에는 그러지 아니하다.

① 제1류 위험물(알칼리금속의 과산화물 또는 이를 함유한 것을 제외)과 제5류 위험물을 저장하는 경우
② 제1류 위험물과 제6류 위험물을 저장하는 경우
③ 제1류 위험물과 제3류 위험물 중 자연발화성물질(황린 또는 이를 함유한 것)을 저장하는 경우
④ 제2류 위험물 중 인화성고체와 제4류 위험물을 저장하는 경우
⑤ 제3류 위험물 중 알킬알루미늄등과 제4류 위험물(알킬알루미늄 또는 알칼리튬을 함유한 것)을 저장하는 경우
⑥ 제4류 위험물 중 유기과산화물 또는 이를 함유한 것과 제5류 위험물 중 유기과산화물 또는 이름 함유한 것을 저장하는 경우

| 명칭 | 유별 | 품명 |
|---|---|---|
| 과염소산칼륨 | 제1류 위험물 | 과염소산염류 |
| 염소산칼륨 | 제1류 위험물 | 염소산염류 |
| 과산화나트륨 | 제1류 위험물 | 무기과산화물 |
| 아세톤 | 제4류 위험물 | 제1석유류 |
| 과염소산 | 제6류 위험물 | 과염소산 |
| 질산 | 제6류 위험물 | 질산 |
| 아세트산 | 제4류 위험물 | 제2석유류 |
| 질산메틸 | 제5류 위험물 | 질산에스테르류 |
| 인화성고체 | 제2류 위험물 | 인화성고체 |
| 황린 | 제3류 위험물 | 자연발화성물질 |

## 20

**다음 그림과 같이 옥내저장탱크에 에틸알코올을 저장하는 탱크 2기가 있을 때 다음을 구하시오.**

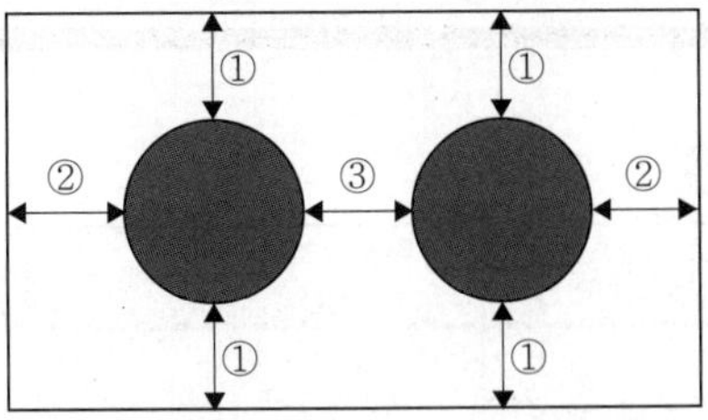


(1) ①의 거리는 몇 $m$ 이상으로 해야 한가?
(2) ②의 거리는 몇 $m$ 이상으로 해야 한가?
(3) ③의 거리는 몇 $m$ 이상으로 해야 한가?
(4) 옥내저장탱크의 전체 용량은 몇 $L$ 이하로 해야 한가?

해설

(1) $0.5m$ 이상
(2) $0.5m$ 이상
(3) $0.5m$ 이상
(4) $V = 400 \times 40 = 16000L$ 이하

참고

***탱크와 전용실 등과의 간격**

옥내저장탱크와 탱크 전용실 벽과의 사이 및 탱크 간에는 $0.5m$ 이상 간격을 유지할 것.

***옥내저장탱크의 용량**

지정수량의 40배(제4석유류 및 동식물유류 외의 제4류 위험물에 있어서 당해 수량이 $20000L$를 초과할 때에는 $20000L$) 이하일 것

| 물질 | 품명 | 지정수량 |
|---|---|---|
| 에틸알코올 | 알코올류 | $400L$ |

2020 5회차

위험물산업기사
# 실기 기출문제

## 01

**제3류 위험물 중 지정수량이 $10kg$인 위험물의 품명을 모두 쓰시오.**

해설

칼륨, 나트륨, 알킬알루미늄, 알킬리튬

*제3류 위험물의 지정수량

| 품명 | 지정수량 |
|---|---|
| 칼륨 | $10kg$ |
| 나트륨 | $10kg$ |
| 알킬알루미늄 | $10kg$ |
| 알킬리튬 | $10kg$ |
| 황린 | $20kg$ |
| 알칼리금속 | $50kg$ |
| 알칼리토금속 | $50kg$ |
| 유기금속화합물 | $50kg$ |

## 02

**자체소방대에 대한 각 물음에 답하시오.**

(1) 제조소 또는 일반취급소에서 취급하는 제4류 위험물의 최대수량의 합이 지정수량의 12만배 미만일 때의 자체소방대원 수 및 소방자동차의 대수
(2) 제조소 또는 일반취급소에서 취급하는 제4류 위험물의 최대수량의 합이 지정수량의 48만배 이상일 때의 자체소방대원 수 및 소방자동차의 대수

해설

(1) 5인, 1대
(2) 20인, 4대

참고

| 사업소의 구분 | 화학소방 자동차 | 자체소방대원 수 |
|---|---|---|
| 3000배 이상 12만배 미만 | 1대 | 5인 |
| 12만배 이상 24만배 미만 | 2대 | 10인 |
| 24만배 이상 48만배 미만 | 3대 | 15인 |
| 48만배 이상 | 4대 | 20인 |

## 03

**다음 보기 중 인화점이 낮은 순서대로 배치하시오.**

[보기]
아세톤, 아닐린, 메틸알코올, 이황화탄소

해설

이황화탄소 < 아세톤 < 메틸알코올 < 아닐린

참고

| 물질 | 인화점 |
|---|---|
| 아세톤 | −18℃ |
| 아닐린 | 70℃ |
| 메틸알코올 | 11℃ |
| 이황화탄소 | −30℃ |

## 04

**표준상태에서 $580g$의 인화알루미늄과 물이 반응하여 생성되는 기체의 부피$[L]$을 구하시오.**

해설

인화알루미늄($AlP$)의 분자량 : $27+31=58$

$$\underset{(\text{인화알루미늄})}{AlP} + \underset{(\text{물})}{3H_2O} \rightarrow \underset{(\text{수산화알루미늄})}{Al(OH)_3} + \underset{(\text{포스핀})}{PH_3}$$

표준상태(1기압, 0℃)에서 기체 1mol의 부피는 $22.4L$이고, 인화알루미늄 $1mol$(58g)이 반응할 때 $1mol$의 포스핀이 발생하니, $10mol$(580g)이 반응할 때 $10mol$의 포스핀이 발생하므로,

$\therefore V = 10 \times 22.4 = 224L$

## 05

**다음 위험물들의 지정수량 배수의 합을 구하시오.**

| |
|---|
| 아세톤 $20L$ - 100개, 경유 $200L$ - 5드럼 |

해설

$$\text{지정수량의 배수} = \frac{\text{저장수량}}{\text{지정수량}} = \frac{20\times100}{400} + \frac{200\times5}{1000}$$

$$= 6\text{배}$$

참고

| 명칭 | 품명 | 지정수량 |
|---|---|---|
| 아세톤 | 제1석유류 (수용성) | $400L$ |
| 경유 | 제2석유류 (비수용성) | $1000L$ |

## 06

**제2류 위험물 알루미늄에 대하여 각 물음에 답하시오.**

(1) 완전연소반응식
(2) 염산과의 반응식
(3) 위험등급

해설

(1) $\underset{(\text{알루미늄})}{4Al} + \underset{(\text{산소})}{3O_2} \rightarrow \underset{(\text{산화알루미늄})}{2Al_2O_3}$

(2) $\underset{(\text{알루미늄})}{2Al} + \underset{(\text{염산})}{6HCl} \rightarrow \underset{(\text{염화알루미늄})}{2AlCl_3} + \underset{(\text{수소})}{3H_2}$

(3) 위험등급 $III$

## 07

**위험물 제조소에 $200m^3$ 및 $100m^3$의 탱크가 각각 1개씩 있으며, 탱크 주위로 방유제를 만들 때 방유제의 용량$[m^3]$을 구하시오.**

해설

방유제의 용량 $= 200\times0.5+100\times0.1 = 110m^3$ 이상

참고

*위험물 제조소에 있는 위험물 취급탱크

① 하나의 취급 탱크 주위에 설치하는 방유제의 용량
: 당해 탱크용량의 50% 이상

② 2 이상의 취급 탱크 주위에 하나의 방유제를 설치하는 경우, 방유제의 용량
: 당해 탱크 중 용량이 최대인 것의 50%에 나머지 탱크용량의 합계를 10%를 가산한 양 이상이 되게 할 것

## 08

**제5류 위험물 중 규조토에 흡수시키면 다이너마이트를 제조하는 위험물에 대한 각 물음에 답하시오.**

(1) 구조식
(2) 품명
(3) 지정수량
(4) 이산화탄소, 수증기, 질소, 산소를 발생하는 완전 분해 반응식

**해설**

(1) 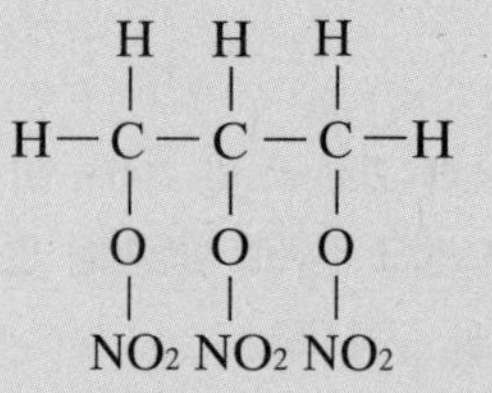

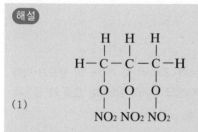

(2) 질산에스테르류

(3) $10kg$

(4) $\underset{(니트로글리세린)}{4C_3H_5(ONO_2)_3} \rightarrow \underset{(이산화탄소)}{12CO_2} + \underset{(수증기)}{10H_2O} + \underset{(질소)}{6N_2} + \underset{(산소)}{O_2}$

## 09

**다음 간이탱크저장소에 대해 빈칸을 채우시오.**

[보기]

- 하나의 간이탱크저장소에 설치하는 간이저장탱크는 그 수를 ( ① ) 이하로 한다.
- 간이저장탱크는 움직이거나 넘어지지 않도록 지면 또는 가설대에 고정시키되, 옥외에 설치하는 경우에는 그 탱크의 주위에 너비 ( ② )$m$ 이상의 공지를 두고, 전용실 안에 설치하는 경우에는 탱크와 전용실의 벽과의 사이에 ( ③ )$m$ 이상의 간격을 유지하여야 한다.
- 간이저장탱크의 용량은 ( ④ )$L$ 이하여야 한다.
- 간이저장탱크는 두께 ( ⑤ )$mm$ 이상의 강판으로 흠이 없도록 제작하여야 하며, ( ⑥ )$kPa$의 압력으로 10분간 수압시험을 실시하여 새거나 변형되지 않도록 한다.

**해설**

① 3
② 1
③ 0.5
④ 600
⑤ 3.2
⑥ 70

## 10

**다음 아세트알데히드에 대한 각 물음에 답하시오.**

(1) 시성식
(2) 에틸렌을 산화시켜 제조할 때의 반응식을 쓰시오.
(3) 아세트알데히드를 압력탱크 외의 탱크에 저장하는 경우의 저장온도
(4) 아세트알데히드를 압력탱크에 저장하는 경우의 저장온도

**해설**

(1) $CH_3CHO$

(2)

$\underset{(에틸렌)}{C_2H_4} + \underset{(염화팔라듐)}{PdCl_2} + \underset{(물)}{H_2O} \rightarrow \underset{(아세트알데히드)}{CH_3CHO} + \underset{(팔라듐)}{Pd} + \underset{(염산)}{2HCl}$

(3) 15℃ 이하

(4) 40℃ 이하

## 11

**위험물안전관리법의 기준에 따른 흑색화약의 원료 중 위험물에 해당하는 물질이 있을 때 다음을 구하시오.**

(1) 해당하는 위험물 2가지를 쓰시오.
(2) 해당하는 위험물의 지정수량을 쓰시오.

**해설**

(1) 질산칼륨($KNO_3$), 유황($S$)

(2) 질산칼륨 : $300kg$, 유황 : $100kg$

**참고**

흑색화약의 원료 : 질산칼륨, 유황, 숯
(여기서 숯은 위험물이 아니다.)

## 12

**아세트산에 대한 각 물음에 답하시오.**

(1) 과산화나트륨과의 반응식
(2) 연소반응식

해설

(1) $Na_2O_2 + 2CH_3COOH \rightarrow 2CH_3COONa + H_2O_2$
(과산화나트륨) (아세트산) (아세트산나트륨) (과산화수소)

(2) $CH_3COOH + 2O_2 \rightarrow 2CO_2 + 2H_2O$
(아세트산) (산소) (이산화탄소) (물)

## 13

**다음 보기의 제4류 위험물 중 수용성인 위험물을 모두 고르시오.**

[보기]
시안화수소, 아세톤, 클로로벤젠, 히드라진, 글리세린

해설

시안화수소, 아세톤, 히드라진, 글리세린

참고

| 물질 | 품명 |
|---|---|
| 시안화수소 | 제1석유류(수용성) |
| 아세톤 | 제1석유류(수용성) |
| 클로로벤젠 | 제2석유류(비수용성) |
| 히드라진 | 제2석유류(수용성) |
| 글리세린 | 제3석유류(수용성) |

## 14

**탄화칼슘에 대한 각 물음에 답하시오.**

(1) 물과의 반응식
(2) 생성 기체의 명칭
(3) 생성 기체의 연소범위
(4) 생성기체의 연소반응식

해설

(1) $CaC_2 + 2H_2O \rightarrow Ca(OH)_2 + C_2H_2$
(탄화칼슘) (물) (수산화칼슘) (아세틸렌)

(2) 아세틸렌

(3) 2.5 ~ 81%

(4) $2C_2H_2 + 5O_2 \rightarrow 4CO_2 + 2H_2O$
(아세틸렌) (산소) (이산화탄소) (물)

## 15

**위험물 제조소등과의 안전거리 기준에 따라 각 물음에 답하시오.**

(1) 위험물 제조소등과 가연성 도시가스시설의 안전거리
(2) 위험물 제조소등과 주거용 주택과의 안전거리
(3) 위험물 제조소등과 50000 $V$가 작용하는 특고압 가공전선과의 안전거리

해설

(1) 20$m$ 이상
(2) 10$m$ 이상
(3) 5$m$ 이상

참고

*제조소의 위치 • 구조 및 설비의 기준

| 안전거리 | 해당 대상물 |
|---|---|
| 50$m$ 이상 | 지정, 유형문화재 |
| 30$m$ 이상 | 병원, 학교, 극장, 보호시설, 아동복지시설, 양로원 등 |
| 20$m$ 이상 | 고압가스, 액화석유가스, 도시가스시설 |
| 10$m$ 이상 | 주거용도 주택 |
| 5$m$ 이상 | 35,000V 초과 특고압 가공전선 |
| 3$m$ 이상 | 7,000V 초과 35,000V 이하 특고압 가공전선 |

## 16

**다음 위험물과 혼재 가능한 위험물을 각각 모두 쓰시오.**

**(단, 지정수량 $\frac{1}{10}$ 초과 한다.)**

(1) 제2류 위험물
(2) 제3류 위험물
(3) 제4류 위험물

해설

(1) 제4류 위험물, 제5류 위험물
(2) 제4류 위험물
(3) 제2류 위험물, 제3류 위험물, 제5류 위험물

참고

*혼재 가능한 위험물

① 4:23
- 제4류와 제2류, 제4류와 제3류는 혼재 가능

② 5:24
- 제5류와 제2류, 제5류와 제4류는 혼재 가능

③ 6:1
- 제6류와 제1류는 혼재 가능

| | 1류 | 2류 | 3류 | 4류 | 5류 | 6류 |
|---|---|---|---|---|---|---|
| 1류 | | × | × | × | × | ○ |
| 2류 | × | | × | ○ | ○ | × |
| 3류 | × | × | | ○ | × | × |
| 4류 | × | ○ | ○ | | ○ | × |
| 5류 | × | ○ | × | ○ | | × |
| 6류 | ○ | × | × | × | × | |

## 17

**제조소의 보유공지를 단축을 위한 격벽의 설치 기준일 때 빈칸을 채우시오.**

[보기]

- 방화벽은 ( ① )로 할 것. 다만, 취급하는 위험물이 제6류 위험물인 경우 불연재료로 할 수 있다.
- 방화벽에 설치하는 출입구 및 창 등의 개구부는 가능한 최소로 하고, 출입구 및 창에는 자동폐쇄식의 ( ② )을 설치할 것.
- 방화벽의 양단 및 상단이 외벽 또는 지붕으로부터 ( ③ ) $cm$ 이상 돌출하도록 할 것.

해설

① 내화구조
② 갑종방화문
③ 50

## 18

**다음 보기의 위험물 중 물과 반응하여 가연성가스를 발생하는 물질 2가지를 고르고, 물과의 반응식을 쓰시오.**

[보기]
칼슘, 과염소산, 황린, 나트륨, 인화칼슘

해설

① $Ca + 2H_2O \rightarrow Ca(OH)_2 + H_2$
(칼슘) (물) (수산화칼슘) (수소)

② $2Na + 2H_2O \rightarrow 2NaOH + H_2$
(나트륨) (물) (수산화나트륨) (수소)

③ $Ca_3P_2 + 6H_2O \rightarrow 3Ca(OH)_2 + 2PH_3$
(인화칼슘) (물) (수산화칼슘) (포스핀)

참고

황린은 물과 반응하지 않고 녹지도 않아 물속에 저장하고, 과염소산은 물에 녹는다.

## 19

**다음 소화약제의 화학식을 각각 쓰시오.**

(1) Halon 1301
(2) IG-100
(3) 제2종 분말 소화약제

해설

(1) $CF_3Br$
(2) $N_2$
(3) $KHCO_3$

참고

Halon 소화약제의 Halon번호는 $C$, $F$, $Cl$, $Br$, $I$의 개수를 나타낸다.

*Halon 소화약제의 종류

| 명칭 | 분자식 |
|---|---|
| Halon 1001 | $CH_3Br$ |
| Halon 10001 | $CH_3I$ |
| Halon 1011 | $CH_2ClBr$ |
| Halon 1211 | $CF_2ClBr$ |
| Halon 1301 | $CF_3Br$ |
| Halon 104 | $CCl_4$ |
| Halon 2402 | $C_2F_4Br_2$ |

*불연성, 불활성기체혼합가스의 종류

| 종류 | 구성 |
|---|---|
| IG-100 | $N_2$(100%) |
| IG-55 | $N_2$(50%) + $Ar$(50%) |
| IG-541 | $N_2$(52%) + $Ar$(40%) + $CO_2$(8%) |

*분말소화기의 종류

| 종별 | 소화약제 | 착색 | 화재 종류 |
|---|---|---|---|
| 제1종 소화분말 | $NaHCO_3$ (탄산수소나트륨) | 백색 | BC 화재 |
| 제2종 소화분말 | $KHCO_3$ (탄산수소칼륨) | 담회색 | BC 화재 |
| 제3종 소화분말 | $NH_4H_2PO_4$ (인산암모늄) | 담홍색 | ABC 화재 |
| 제4종 소화분말 | $KHCO_3$ + $(NH_2)_2CO$ (탄산수소칼륨 + 요소) | 회색 | BC 화재 |

## 20

각 위험물에 따른 소화설비의 적응성을 나타낸 표일 때 빈칸을 채우시오.

| 소화설비의 구분 | | | 대상물의 구분 | | | | | | | | |
|---|---|---|---|---|---|---|---|---|---|---|---|
| | | | 제1류 위험물 | | 제2류 위험물 | | | 제3류 위험물 | | 제4류 위험물 | 제5류 위험물 | 제6류 위험물 |
| | | | 알칼리금속 과산화물 | 그 외 | 철분, 금속분, 마그네슘 | 인화성 고체 | 그 외 | 금수성 물질 | 그 외 | | | |
| ( ① )소화전설비 또는 ( ② )소화전설비 | | | | O | | O | O | | O | | O | O |
| ( ③ ) 등 소화설비 | ( ③ ) | | | O | | O | O | | O | O | O | O |
| | ( ④ ) | | | O | | O | O | | O | O | O | O |
| | 불활성 가스 | | | | | O | | | | O | | |
| | 할로겐 화합물 | | | | | O | | | | O | | |
| | ( ⑤ ) 소화설비 | 인산염류 | | O | | O | O | | | O | | O |
| | | 탄산수소염류 | O | | O | O | | O | | O | | |
| | | 그 외 | O | | O | | | O | | | | |

**해설**

① 옥내
② 옥외
③ 물분무
④ 포
⑤ 분말

# Memo

**2021** 1회차

위험물산업기사
# 실기 기출문제

## 01

**질산암모늄의 구성성분 중 질소와 수소의 함량[$wt\%$]을 구하시오.**

해설

질산암모늄($NH_4NO_3$)의 분자량

: $14+1\times4+14+16\times3=80$

$$\therefore \text{질소}(N)\text{의 함량} = \frac{\text{질소 분자량}}{\text{전체 분자량}}\times100 = \frac{14\times2}{80}\times100 = 35wt\%$$

$$\therefore \text{수소}(H)\text{의 함량} = \frac{\text{수소 분자량}}{\text{전체 분자량}}\times100 = \frac{1\times4}{80}\times100 = 5wt\%$$

## 02

**다음 보기는 제4류 위험물과 지정수량을 나타낼 때 옳은 것을 모두 고르시오.**

[보기]

① 테라핀유 : $2000L$
② 실린더유 : $6000L$
③ 아닐린 : $2000L$
④ 피리딘 : $400L$
⑤ 산화프로필렌 : $200L$

해설

②, ③, ④

참고

| 물질 | 품명 | 지정수량 |
|---|---|---|
| 테라핀유 | 제2석유류 (비수용성) | $1000L$ |
| 실린더유 | 제4석유류 | $6000L$ |
| 아닐린 | 제3석유류 (비수용성) | $2000L$ |
| 피리딘 | 제1석유류 (수용성) | $400L$ |
| 산화프로필렌 | 특수인화물 | $50L$ |

## 03

**다음 분말소화약제의 1차 열분해 반응식을 쓰시오.**

(1) 제1종 분말소화약제
(2) 제2종 분말소화약제

해설

(1) $2NaHCO_3 \rightarrow Na_2CO_3 + CO_2 + H_2O$
(탄산수소나트륨) (탄산나트륨) (이산화탄소) (물)

(2) $2KHCO_3 \rightarrow K_2CO_3 + CO_2 + H_2O$
(탄산수소칼륨) (탄산칼륨) (이산화탄소) (물)

## 04

**다음 정의를 각각 쓰시오.**

(1) 인화성고체
(2) 철분

해설

(1) 고형알코올, 그 밖에 1기압에서 인화점이 40℃ 미만인 고체를 말한다.

(2) 철의 분말로서 $53\mu m$의 표준체를 통과하는 것이 $50wt\%$ 이상인 것을 말한다.

## 05

**지정수량 $200kg$인 제5류 위험물의 품명 3가지를 쓰시오.**

해설

① 니트로화합물
② 니트로소화합물
③ 아조화합물
④ 디아조화합물
⑤ 히드라진유도체

## 06

**제2류 위험물인 마그네슘에 대한 각 물음에 답하시오.**

(1) 이산화탄소와의 반응식
(2) 이산화탄소 소화약제로 소화하면 안되는 이유

해설

(1) $2Mg + CO_2 \rightarrow 2MgO + C$
(마그네슘) (이산화탄소) (산화마그네슘) (탄소)

(2) 폭발적으로 반응하여 탄소를 발생하기 때문이다.

## 07

**제4류 위험물 중 알코올류에 속한 메탄올에 대한 각 물음에 답하시오.**

(1) 완전연소 반응식
(2) 메탄올 $1mol$에 대한 생성물질의 몰 수의 총합을 구하시오.

해설

(1) $2CH_3OH + 3O_2 \rightarrow 2CO_2 + 4H_2O$
(메틸알코올) (산소) (이산화탄소) (물)

(2) $CH_3OH + 1.5O_2 \rightarrow CO_2 + 2H_2O$
(메틸알코올) (산소) (이산화탄소) (물)

$\therefore 3mol$

## 08

**탄화칼슘에 대한 각 물음에 답하시오.**

(1) 물과의 반응식
(2) 생성기체의 연소반응식

해설

(1) $CaC_2 + 2H_2O \rightarrow Ca(OH)_2 + C_2H_2$
(탄화칼슘) (물) (수산화칼슘) (아세틸렌)

(2) $2C_2H_2 + 5O_2 \rightarrow 4CO_2 + 2H_2O$
(아세틸렌) (산소) (이산화탄소) (물)

## 09

**다음 그림의 종형 원통형 탱크의 내용적$[m^3]$을 구하시오.**

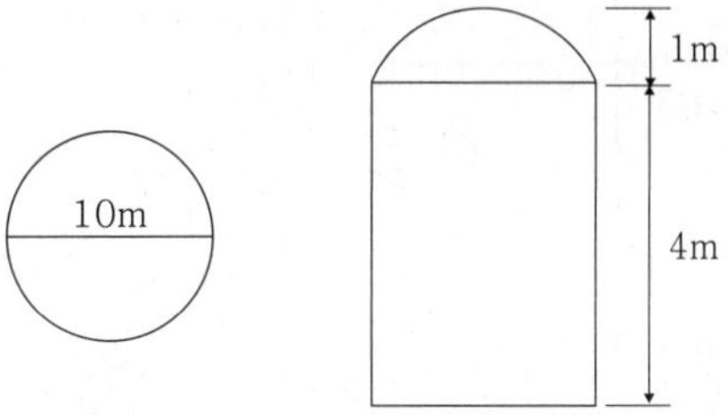


해설

$V = \pi r^2 \ell = \pi \times 5^2 \times 4 = 314.16m^3$

## 10

**다음 위험물의 운반용기 외부 주의사항을 각각 쓰시오.**

(1) 황린
(2) 인화성고체
(3) 과산화나트륨

해설

(1) 화기엄금, 공기접촉엄금
(2) 화기엄금
(3) 화기주의, 충격주의, 물기엄금, 가연물접촉주의

참고

***위험물의 운반용기 외부에 수납하는 위험물에 따른 주의사항**

| 유별 | 성질 | 표시 |
|---|---|---|
| 제1류 위험물 | 산화성고체 | 알칼리금속의 과산화물 또는 이를 함유한 것 : 화기주의, 충격주의, 물기엄금, 가연물접촉주의 |
| | | 그 외 : 화기주의, 충격주의, 가연물접촉주의 |
| 제2류 위험물 | 가연성고체 | 철분, 금속분, 마그네슘 : 화기주의, 물기엄금 |
| | | 인화성고체 : 화기엄금 |
| | | 그 외 : 화기주의 |
| 제3류 위험물 | 자연발화성 및 금수성물질 | 자연발화성물질 : 화기엄금, 공기접촉엄금 |
| | | 금수성물질 : 물기엄금 |
| 제4류 위험물 | 인화성액체 | 화기엄금 |
| 제5류 위험물 | 자기반응성 물질 | 화기엄금, 충격주의 |
| 제6류 위험물 | 산화성액체 | 가연물접촉주의 |

## 11

**다음 보기는 지정과산화물 옥내저장소의 저장창고격벽에 설치 기준일 때 빈칸을 채우시오.**

[보기]

저장창고는 ( ① )$m^2$ 이내마다 격벽으로 완전하게 구획할 것. 이 경우 당해 격벽은 두께 ( ② )$cm$ 이상의 철근콘크리트조 또는 철골철근콘크리트조로 하거나 두께 ( ③ ) $cm$ 이상의 보강콘크리트블록조로 하고, 당해 저장창고의 양측의 외벽으로부터 ( ④ )$m$ 이상, 상부의 지붕으로부터 ( ⑤ )$cm$ 이상 돌출하게 하여야 한다.

해설

① 150
② 30
③ 40
④ 1
⑤ 50

## 12

**다음 배출설비에 대해 빈칸을 채우시오.**

[보기]

- 국소방식은 시간당 배출장소 용적의 ( ① )배 이상으로 하고 전역방식은 바닥면적 $1m^2$ 당 ( ② )$m^3$ 이상으로 한다.
- 배출구는 지상 ( ③ )$m$ 이상으로서 연소의 우려가 없는 장소에 설치하고, ( ④ )가 관통하는 벽부분의 바로 가까이에 화재시 자동으로 폐쇄되는 ( ⑤ )를 설치할 것.

해설

① 20
② 18
③ 2
④ 배출덕트
⑤ 방화댐퍼

## 13

**이소프로필알코올을 산화시켜 만든 것으로 요오드포름 반응을 하는 제1석유류에 대한 각 물음에 답하시오.**

(1) 제1석유류 중 요오드포름반응을 하는 것의 명칭을 쓰시오.
(2) 요오드포름의 화학식을 쓰시오.
(3) 요오드포름의 색깔을 쓰시오.

해설

(1) 아세톤
(2) $CHI_3$
(3) 노란색

참고

아세톤, 아세트알데히드, 에틸알코올에 수산화칼륨과 요오드를 반응시키면 노란색의 요오드포름($CHI_3$)의 침전물이 생긴다.

## 14

**과산화수소와 이산화망간의 반응식을 쓰시오.**

해설

$$\underset{(과산화수소)}{2H_2O_2} + \underset{(이산화망간)}{MnO_2} \rightarrow \underset{(물)}{2H_2O} + \underset{(산소)}{O_2} + \underset{(이산화망간)}{MnO_2}$$

참고

이산화망간은 촉매 역할만 하고 반응하고난 후 바닥에 그대로 남아있다.

## 15

**다음 보기는 제조소 중 옥외탱크저장소에 소화난이도 등급I에 해당하는 항목을 모두 고르시오. (단, 답이 없으면 "없음"이라고 쓰시오.)**

[보기]
① 질산 $60000kg$을 저장하는 옥외탱크저장소
② 과산화수소 액표면적이 $40m^2$ 이상인 옥외탱크저장소
③ 이황화탄소 $500L$를 저장하는 옥외탱크저장소
④ 유황 $14000kg$을 저장하는 지중탱크
⑤ 휘발유 $100000L$를 저장하는 해상탱크

해설

① (질산), ②(과산화수소)는 제6류 위험물이라 해당되지 않는다.

③ (이황화탄소)는 액체이므로 해당되지 않는다.

④ 유황의 지정수량 : $100kg$

$$지정수량의\ 배수 = \frac{저장수량}{지정수량} = \frac{14000}{100} = 140배$$

(100배 이상이므로 해당한다.)

⑤ 휘발유의 지정수량 : $200L$

$$지정수량의\ 배수 = \frac{저장수량}{지정수량} = \frac{100000}{200} = 500배$$

(100배 이상이므로 해당한다.)

∴ ④, ⑤

참고

*소화난이도 등급I

| | |
|---|---|
| 옥외탱크저장소 | 액표면적이 $40m^2$ 이상인 것 (제6류 위험물을 저장하는 것 및 고인화점 위험물만을 100℃ 미만의 온도에서 저장하는 것은 제외) |
| | 지반면으로부터 탱크 옆판의 상단까지 높이가 6 $m$ 이상인 것 (제6류 위험물을 저장하는 것 및 고인화점 위험물만을 100℃ 미만의 온도에서 저장하는 것은 제외) |
| | 지중탱크 또는 해상탱크로서 지정수량의 100배 이상인 것 (제6류 위험물을 저장하는 것 및 고인화점 위험물만을 100℃ 미만의 온도에서 저장하는 것은 제외) |
| | 고체위험물을 저장하는 것으로서 지정수량의 100배 이상인 것 |

## 16

**제조소 또는 일반취급소에서 취급하는 제4류 위험물의 최대수량에 대한 자체소방대원 및 소방차의 수에 대한 다음 표를 완성하시오.**

| 사업소의 구분 | 화학소방 자동차 | 자체소방대원 수 |
|---|---|---|
| 3000배 이상 12만배 미만 | ( ① ) | ( ② ) |
| 12만배 이상 24만배 미만 | ( ③ ) | ( ④ ) |
| 24만배 이상 48만배 미만 | ( ⑤ ) | ( ⑥ ) |
| 48만배 이상 | ( ⑦ ) | ( ⑧ ) |

**해설**

① 1대　② 5인
③ 2대　④ 10인
⑤ 3대　⑥ 15인
⑦ 4대　⑧ 20인

## 17

**다음 보기는 알코올류에 관한 내용일 때 빈칸을 채우시오.**

[보기]

(1) 1분자를 구성하는 탄소원자의 수가 1개 내지 ( ① ) 개의 포화1가 알코올의 함유량이 ( ② )$wt\%$ 미만인 수용액

(2) 가연성액체량이 $60wt\%$ 미만이고 인화점 및 연소점이 에틸알코올 ( ③ )$wt\%$ 수용액의 인화점 및 연소점을 초과하는 것

**해설**

① 3
② 60
③ 60

## 18

**$1atm$, 50℃에서 이황화탄소 $5kg$이 모두 증발할 때의 부피$[m^3]$를 구하시오.**

**해설**

이황화탄소($CS_2$)의 분자량 : $12 + 32 \times 2 = 76$

$PV = nRT = \dfrac{W}{M}RT$에서,

$$\therefore V = \frac{WRT}{PM} = \frac{5 \times 0.082 \times (50+273)}{1 \times 76} = 1.74m^3$$

## 19

**다음 보기를 참고하여 빈칸을 채우시오.**

[보기]

(1) ( ① ) 등을 취급하는 제조소의 설비
- 불활성기체 봉입장치를 갖추어야 한다.
- 누설된 ( ① )등을 안전한 장소에 설치된 저장실에 유입시킬 수 있는 설비를 갖추어야 한다.

(2) ( ② ) 등을 취급하는 제조소의 설비
- 구리, 은, 수은, 마그네슘을 성분으로 하는 합금으로 만들지 아니한다.
- 연소성 혼합기체의 폭발을 방지하기 위한 불활성기체 또는 수증기 봉입장치를 갖추어야 한다.
- 저장하는 탱크에는 냉각장치 또는 보냉장치 및 불활성기체 봉입장치를 갖추어야 한다.

(3) ( ③ ) 등을 취급하는 제조소의 설비
- 철, 이온 등의 혼입에 따른 위험한 반응을 방지하기 위한 조치를 강구한다.
- ( ③ ) 등의 온도 및 농도의 상승에 따른 위험한 반응을 방지하기 위한 조치를 강구한다.

**해설**

① 알킬알루미늄
② 아세트알데히드
③ 히드록실아민

## 20

**다음 표를 보고 각 물음에 답하시오.**

| | | |
|---|---|---|
| ( ① ) | 제조소 | 제조소 |
| | 저장소 | 옥내저장소 |
| | | 옥내탱크저장소 |
| | | 옥외탱크저장소 |
| | | 지하탱크저장소 |
| | | ( ② ) |
| | | 이동탱크저장소 |
| | | 옥외저장소 |
| | | 암반탱크저장소 |
| | 취급소 | 주유취급소 |
| | | 판매취급소 |
| | | ( ③ ) |
| | | 일반취급소 |

(1) 제조소, 저장소, 취급소 등을 모두 포함하는 ①의 명칭을 쓰시오.
(2) ②의 명칭을 쓰시오.
(3) ③의 명칭을 쓰시오.
(4) 위험물안전관리자를 선임하지 않아도 되는 저장소의 종류를 모두 쓰시오.
(단, 없으면 "없음"으로 표기하시오.)
(5) 일반취급소 중 이동저장탱크에 액체위험물을 주입하는 일반취급소의 명칭을 쓰시오.

해설

(1) 제조소등
(2) 간이탱크저장소
(3) 이송취급소
(4) 이동탱크저장소
(5) 충전하는 일반취급소

참고

*제조소등의 종류

| | | |
|---|---|---|
| 제조소등 | 제조소 | 제조소 |
| | 저장소 | 옥내저장소 |
| | | 옥내탱크저장소 |
| | | 옥외탱크저장소 |
| | | 지하탱크저장소 |
| | | 간이탱크저장소 |
| | | 이동탱크저장소 |
| | | 옥외저장소 |
| | | 암반탱크저장소 |
| | 취급소 | 주유취급소 |
| | | 판매취급소 |
| | | 이송취급소 |
| | | 일반취급소 |

**2021**
**2회차**

위험물산업기사
# 실기 기출문제

## 01

**다음 물질의 완전 연소반응식을 쓰시오.**

(1) $P_2S_5$
(2) $Al$
(3) $Mg$

해설
(1) $2P_2S_5 + 15O_2 \rightarrow 2P_2O_5 + 10SO_2$
(오황화린) (산소) (오산화인) (이산화황)
(2) $4Al + 3O_2 \rightarrow 2Al_2O_3$
(알루미늄) (산소) (산화알루미늄)
(3) $2Mg + O_2 \rightarrow 2MgO$
(마그네슘) (산소) (산화마그네슘)

## 02

**금속칼륨에 대한 각 물음에 답하시오.**

(1) 물과의 반응식
(2) 이산화탄소와의 반응식
(3) 에틸알코올과의 반응식

해설
(1) $2K + 2H_2O \rightarrow 2KOH + H_2$
(칼륨) (물) (수산화칼륨) (수소)
(2) $4K + 3CO_2 \rightarrow 2K_2CO_3 + C$
(칼륨) (이산화탄소) (탄산칼륨) (탄소)
(3) $2K + 2C_2H_5OH \rightarrow 2C_2H_5OK + H_2$
(칼륨) (에틸알코올) (칼륨에틸레이트) (수소)

## 03

**위험물 저장량이 지정수량의 $\frac{1}{10}$을 초과하는 경우 혼재할 수 없는 위험물을 모두 쓰시오.**

(1) 제1류 위험물
(2) 제2류 위험물
(3) 제3류 위험물
(4) 제4류 위험물
(5) 제5류 위험물

해설
(1) 제2류, 제3류, 제4류, 제5류 위험물
(2) 제1류, 제3류, 제6류 위험물
(3) 제1류, 제2류, 제5류, 제6류 위험물
(4) 제1류, 제6류 위험물
(5) 제1류, 제3류, 제6류 위험물

참고
*혼재 가능한 위험물
① 4:23
- 제4류와 제2류, 제4류와 제3류는 혼재 가능
② 5:24
- 제5류와 제2류, 제5류와 제4류는 혼재 가능
③ 6:1
- 제6류와 제1류는 혼재 가능

| | 1류 | 2류 | 3류 | 4류 | 5류 | 6류 |
|---|---|---|---|---|---|---|
| 1류 | | × | × | × | × | ○ |
| 2류 | × | | × | ○ | ○ | × |
| 3류 | × | × | | ○ | × | × |
| 4류 | × | ○ | ○ | | ○ | × |
| 5류 | × | ○ | × | ○ | | × |
| 6류 | ○ | × | × | × | × | |

## 04

**제조소에 설치하는 옥내소화전 설비에 대한 각 물음에 답하시오.**

(1) 하나의 호스접속구까지의 수평거리$[m]$
(2) 하나의 노즐의 방수압력$[kPa]$
(3) 하나의 노즐의 방수량$[L/\min]$
(4) 수원의 수량은 옥내소화전 설비가 가장 많이 설치된 층을 기준으로 옥내소화전 설치개수에 얼마를 곱한 양$[m^3]$ 이상이 되도록 설치하여야 하는가?

해설

(1) $25m$ 이하
(2) $350kPa$ 이상
(3) $260L/\min$ 이상
(4) $7.8m^3$

참고

*옥내 및 옥외소화전 설비 비교

| 비교 | 옥내소화전 설비 | 옥외소화전 설비 |
|---|---|---|
| 방수압력 | $350KPa$ 이상 | |
| 방수량 | $260L/\min$ 이상 | $450L/\min$ 이상 |
| 수평거리 | $25m$ 이하 | $40m$ 이하 |
| 비상전원의 용량 | 45분 이상 | |

*수원의 수량

① 옥외 : $13.5 \times n$[개]
(단, n=4개 이상인 경우는 n=4)

② 옥내 : $7.8 \times n$[개]
(단, n=5개 이상인 경우는 n=5)

## 05

**각 물음에 답하시오.**

(1) 대표적인 소화방법 4가지
(2) 위의 소화방법 중 증발잠열에 의한 소화방법은 무엇인가?
(3) 위의 소화방법 중 가스의 밸브를 폐쇄하는 소화방법은 무엇인가?
(4) 위의 소화방법 중 불활성기체를 방사하여 산소를 차단하는 소화방법은 무엇인가?

해설

(1) 냉각소화, 질식소화, 제거소화, 억제소화(부촉매소화)
(2) 냉각소화
(3) 제거소화
(4) 질식소화

참고

*소화방법의 분류

| 소화방법 | 소화종류 | 내용 |
|---|---|---|
| 물리적소화 | 냉각소화 | 산소공급원 차단 |
| | 질식소화 | 점화원 차단 |
| | 제거소화 | 가연물 차단 |
| 화학적소화 | 억제소화 | 연쇄반응 차단 |

## 06

**다음 보기는 위험물 저장 및 취급 기준에 대한 기준일 때 빈칸을 채우시오.**

[보기]

- 제3류 위험물 중 자연발화성 물질에 있어서는 불티 • 불꽃 • 고온체와의 접근 • 과열 또는 ( ① )와의 접촉을 피하고, 금수성 물질에 있어서는 물과의 접촉을 피하여야 한다.
- 제 ( ② )류 위험물은 불티 • 불꽃 • 고온체와의 접근이나 과열 • 충격 또는 마찰을 피하여야 한다.
- 제2류 위험물은 산화제와의 접촉 • 혼합이나 불티 • 불꽃 • 고온체와의 접근 또는 과열을 피하는 한편, ( ③ ), ( ④ ), ( ⑤ ) 및 이를 함유한 것에 있어서는 물이나 산과의 접촉을 피하고 인화성 고체에 있어서는 함부로 증기를 발생시키지 아니하여야 한다.

해설

① 공기
② 5
③ 철분
④ 금속분
⑤ 마그네슘

참고

***제조소 등에서의 위험물의 저장 및 취급에 관한 기준**

① 제1류 위험물은 가연물과의 접촉 • 혼합이나 분해를 촉진하는 물품과의 접근 또는 과열 • 충격 • 마찰 등을 피하는 한편, 알칼리금속의 과산화물 및 이를 함유한 것에 있어서는 물과의 접촉을 피하여야 한다.

② 제2류 위험물은 산화제와의 접촉 • 혼합이나 불티 • 불꽃 • 고온체와의 접근 또는 과열을 피하는 한편, 철분 • 금속분 • 마그네슘 및 이를 함유한 것에 있어서는 물이나 산과의 접촉을 피하고 인화성 고체에 있어서는 함부로 증기를 발생시키지 아니하여야 한다.

③ 제3류 위험물 중 자연발화성물질에 있어서는 불티 • 불꽃 또는 고온체와의 접근 • 과열 또는 공기와의 접촉을 피하고, 금수성물질에 있어서는 물과의 접촉을 피하여야 한다.

④ 제4류 위험물은 불티 • 불꽃 • 고온체와의 접근 또는 과열을 피하고, 함부로 증기를 발생시키지 아니하여야 한다.

⑤ 제5류 위험물은 불티 • 불꽃 • 고온체와의 접근이나 과열 • 충격 또는 마찰을 피하여야 한다.

⑥ 제6류 위험물은 가연물과의 접촉 • 혼합이나 분해를 촉진하는 물품과의 접근 또는 과열을 피하여야 한다.

## 07

**$1atm$, $600℃$에서 질산암모늄 $800g$이 열분해 되는 경우 발생하는 모든 기체의 부피$[L]$를 구하시오.**

해설

$$\underset{(질산암모늄)}{2NH_4NO_3} \rightarrow \underset{(물)}{4H_2O} + \underset{(질소)}{2N_2} + \underset{(산소)}{O_2}$$

질산암모늄의 분자량 : $14+1\times4+14+16\times3=80$

$PV=nRT=\frac{W}{M}RT$에서,

$$\therefore V=\frac{WRT}{PM}\times\frac{생성물의\ 몰수}{반응물의\ 몰수}$$

$$=\frac{800\times0.082\times(600+273)}{1\times80}\times\frac{7}{2}=2505.51L$$

## 08

**표준상태에서, 아세톤 $200g$을 완전연소할 때 다음을 구하시오.**
**(공기 중 산소의 부피는 $21\%$이다.)**

(1) 연소반응식
(2) 연소할 때 필요한 이론 공기량$[L]$
(3) 연소할 때 발생하는 탄산가스의 부피$[L]$

해설

(1) $\underset{(아세톤)}{CH_3COCH_3} + \underset{(산소)}{4O_2} \rightarrow \underset{(탄산가스)}{3CO_2} + \underset{(물)}{3H_2O}$

(2)
아세톤($CH_3COCH_3$)의 분자량
: $12+1\times3+12+16+12+1\times3=58$

표준상태는 $1atm$, $0℃$이니,
$PV=nRT=\frac{W}{M}RT$에서,
$\therefore V=\frac{WRT}{PM}\times\frac{산소의\ 몰수}{반응물의\ 몰수}\times\frac{100}{산소의\ 부피}$
$=\frac{200\times0.082\times(0+273)}{1\times58}\times\frac{4}{1}\times\frac{100}{21}=1470.34L$

(3) $V=\frac{WRT}{PM}\times\frac{생성물의\ 몰수}{반응물의\ 몰수}$
$=\frac{200\times0.082\times(0+273)}{1\times58}\times\frac{3}{1}=231.58L$

## 09

**옥외저장탱크 · 옥내저장탱크 또는 지하저장탱크 중에서 압력탱크 외의 탱크 또는 압력탱크에 저장할 경우에 유지하여야 하는 온도를 쓰시오.**

(1) 압력탱크에 저장하는 디에틸에테르
(2) 압력탱크에 저장하는 아세트알데히드
(3) 압력탱크 외에 저장하는 아세트알데히드
(4) 압력탱크 외에 저장하는 디에틸에테르
(5) 압력탱크 외에 저장하는 산화프로필렌

해설

(1) $40℃$ 이하
(2) $40℃$ 이하
(3) $15℃$ 이하
(4) $30℃$ 이하
(5) $30℃$ 이하

## 10

**다음 보기는 액체위험물의 옥외저장탱크 주입구 기준일 때 각 물음에 답하시오.**

| [보기] |
|---|
| ( ① ), ( ② ) 그 밖에 정전기에 의한 재해발생의 우려가 있는 액체의 위험물을 이동저장탱크의 상부로 주입하는 때에는 주입관을 사용하되 당해 주입관의 선단을 이동저장탱크의 밑바닥에 밀착할 것 |

(1) ①, ②의 명칭과 지정수량을 쓰시오.
(2) (1)의 물질 중 겨울철에 응고가 될 수 있고, 인화점이 낮아 고체 상태에서도 인화할 수 있는 방향족 탄화수소의 명칭, 구조식을 쓰시오.

해설

(1) ① 휘발유 : $200L$ ② 벤젠 : $200L$

(2) 벤젠, 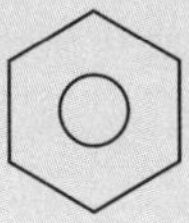

## 11

**제2류 위험물과 동소체의 관계에 있는 자연발화성 물질인 제3류 위험물에 대한 각 물음에 답하시오.**

(1) 연소 반응식
(2) 위험등급
(3) 옥내저장소의 바닥면적은 몇 $m^2$ 이하인가?

해설

(1) $\underset{(황린)}{P_4} + \underset{(산소)}{5O_2} \rightarrow \underset{(오산화린)}{2P_2O_5}$
(2) 위험등급 $I$
(3) $1000m^2$ 이하

참고

적린($P$)과 황린($P_4$)는 동소체의 관계이다.

## 12

**메틸알코올 $320g$을 산화시키면 포름알데히드와 물이 발생할 때 포름알데히드의 양[$g$]을 구하시오.**

해설

$$\underset{(\text{메틸알코올})}{2CH_3OH} + \underset{(\text{산소})}{O_2} \rightarrow \underset{(\text{포름알데히드})}{2HCHO} + \underset{(\text{물})}{2H_2O}$$

메틸알코올의 분자량 : $12+1\times3+16+1=32$
포름알데히드의 분자량 : $1+12+1+16=30$

메틸알코올 $2mol(64g)$을 산화시키면 포름알데히드 $2mol(60g)$이 생성한다.
그러면 비례식에 의해 메틸알코올 $10mol(320g)$을 산화시키면 포름알데히드 $10mol(300g)$이 생성된다

$\therefore 300g$

## 13

**다음 옥외탱크저장소의 보유공지에 대한 빈칸을 채우시오.**

| 저장 또는 취급하는 위험물의 최대수량 | 공지의 너비 |
|---|---|
| 지정수량의 500배 이하 | ( ① )$m$ 이상 |
| 지정수량의 500배 초과 1000배 이하 | ( ② )$m$ 이상 |
| 지정수량의 1000배 초과 2000배 이하 | ( ③ )$m$ 이상 |
| 지정수량의 2000배 초과 3000배 이하 | ( ④ )$m$ 이상 |
| 지정수량의 3000배 초과 4000배 이하 | ( ⑤ )$m$ 이상 |

해설

① 3 ② 5 ③ 9 ④ 12 ⑤ 15

## 14

**지정과산화물 옥내저장소 기준에 대한 각 물음에 답하시오.**

(1) 위험등급
(2) 바닥면적은 몇 $m^2$ 이하로 하여야 하는가?
(3) 철근콘크리트로 만든 이 옥내저장소 외벽의 두께는 몇 $cm$ 이상으로 하여야 하는가?

해설

(1) 위험등급 $I$
(2) $1000m^2$
(3) $20cm$

## 15

**다음 보기 중 염산과 반응할 때 제6류 위험물이 발생되는 물질의 물과의 반응식을 쓰시오.**

| [보기] |
|---|
| 과염소산암모늄, 과산화나트륨, 과망간산칼륨, 마그네슘 |

해설

$$\underset{(\text{과산화나트륨})}{Na_2O_2} + \underset{(\text{염산})}{2HCl} \rightarrow \underset{(\text{염화나트륨})}{2NaCl} + \underset{(\text{과산화수소})}{H_2O_2}$$

⇒ 과산화나트륨과 염산이 반응하여 제6류 위험물인 과산화수소를 생성함.

$$\therefore \underset{(\text{과산화나트륨})}{2Na_2O_2} + \underset{(\text{물})}{2H_2O} \rightarrow \underset{(\text{수산화나트륨})}{4NaOH} + \underset{(\text{산소})}{O_2}$$

## 16

**다음 보기를 참고하여 각 물음에 답하시오.**

| [보기] |
|---|
| 메탄올, 아세톤, 클로로벤젠, 아닐린, 메틸에틸케톤 |

(1) 인화점이 가장 낮은 위험물을 고르시오.
(2) (1)의 물질의 구조식을 쓰시오.
(3) 제1석유류를 모두 고르시오.
(단, 없으면 "없음"으로 표기하시오.)

**해설**

(1) 아세톤

(2) 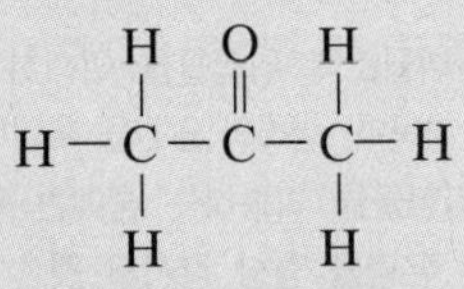

(3) 아세톤, 메틸에틸케톤

**참고**

| 물질 | 품명 | 인화점 |
|---|---|---|
| 메탄올 | 알코올류 | 11℃ |
| 아세톤 | 제1석유류 (수용성) | −18℃ |
| 클로로벤젠 | 제2석유류 (비수용성) | 27℃ |
| 아닐린 | 제3석유류 (비수용성) | 70℃ |
| 메틸에틸케톤 | 제1석유류 (비수용성) | −9℃ |

## 17

**특수인화물에 속하는 물질 중 물안에 저장하는 위험물에 대한 각 물음에 답하시오.**

(1) 이 위험물의 연소 시 발생하는 독성가스의 화학식
(2) 이 위험물의 증기비중
(3) 이 위험물의 옥외저장탱크에 저장하는 철근콘크리트 수조의 두께는 몇 $m$ 이상으로 하여야 하는가?

**해설**

(1) $CS_2$ (이황화탄소) $+ 3O_2$ (산소) $\rightarrow CO_2$ (이산화탄소) $+ 2SO_2$ (이산화황)

$\therefore SO_2$

(2) 이황화탄소의 분자량 : $12 + 32 \times 2 = 76$

$\therefore$ 증기비중 $= \dfrac{\text{분자량}}{28.84} = \dfrac{76}{28.84} = 2.64$

(3) $0.2m$

## 18

**덩어리상태의 유황 $30000kg$을 면적 $300m^2$인 옥외저장소에 저장할 때 각 물음에 답하시오.**

(1) 설치 가능한 경계표시의 개수
(2) 경계구역과 경계표시의 간격은 몇 $m$ 이상으로 하여야 하는가?
(3) 제4류 위험물(인화점 10℃ 이상)과 함께 저장할 수 있는가?

**해설**

(1) 2개
(2) 유황의 지정수량 : $100kg$

지정수량의 배수 $= \dfrac{\text{저장수량}}{\text{지정수량}} = \dfrac{30000}{100} = 300$배

$\therefore 10m$

(3) 저장 불가능

**참고**

*옥외저장소 중 덩어리 상태의 유황의 경계표시 등

① 하나의 경계표시의 내부의 면적은 $100m^2$ 이하일것
② 2이상의 경계표시를 설치하는 경우에 있어서는 각각의 경계표시 내부의 면적을 합산한 면적은 $1000m^2$ 이하로 하고, 인접하는 경계표시와 경계표시와의 간격을 공지의 너비의 $\frac{1}{2}$ 이상으로 할 것. 다만, 저장 또는 취급하는 위험물의 최대수량이 지정수량의 200배 이상인 경우에는 $10m$ 이상으로 하여야 한다.
③ 경계표시는 불연재료로 만드는 동시에 유황이 새지 아니하는 구조로 할 것
④ 경계표시의 높이는 $1.5m$ 이하로 할 것

⑤ 경계표시에는 유황이 넘치거나 비산하는 것을 방지하기 위한 천막 등을 고정하는 장치를 설치하되, 천막 등을 고정하는 장치는 경계표시의 길이 $2m$마다 한 개 이상 설치할 것
⑥ 유황을 저장 또는 취급하는 장소의 주위에는 배수구와 분리장치를 설치할 것

***제조소등에서의 위험물의 저장 및 취급에 관한 기준**
유별을 달리하는 위험물은 동일한 저장소(내화구조의 격벽으로 완전히 구획된 실이 2 이상 있는 저장소에 있어서는 동일한 실)에 저장하지 아니하여야 한다. 다만, 옥내저장소 또는 옥외저장소에 있어서 다음의 각 목의 규정에 의한 위험물을 저장하는 경우로서 위험물을 유별로 정리하여 저장하는 한편, 서로 $1m$ 이상의 간격을 두는 경우에는 그러지 아니하다.
① 제1류 위험물(알칼리금속의 과산화물 또는 이를 함유한 것을 제외)과 제5류 위험물을 저장하는 경우
② 제1류 위험물과 제6류 위험물을 저장하는 경우
③ 제1류 위험물과 제3류 위험물 중 자연발화성물질(황린 또는 이를 함유한 것)을 저장하는 경우
④ 제2류 위험물 중 인화성고체와 제4류 위험물을 저장하는 경우
⑤ 제3류 위험물 중 알킬알루미늄등과 제4류 위험물(알킬알루미늄 또는 알칼리튬을 함유한 것)을 저장하는 경우
⑥ 제4류 위험물 중 유기과산화물 또는 이를 함유한 것과 제5류 위험물 중 유기과산화물 또는 이를 함유한 것을 저장하는 경우

(1)에서 2개인 이유는 순수한 면적은 $100m^2$ 당 하나의 경계표시로 3개이나, 인접하는 경계표시와 경계표시와의 간격을 공지의 너비의 $\frac{1}{2}$ 이상으로 간격을 두어야 하기 때문에 $3 \times \frac{1}{2} = 1.5 \fallingdotseq 2$개다.

## 19

**다음 보기는 위험물의 저장 및 취급에 관한 기준일 때 옳은 것을 모두 고르시오.**

[보기]
① 옥내저장소에서 용기에 수납하여 저장하는 위험물의 온도가 45℃가 넘지 않도록 필요한 조치를 강구하여야 한다.

② 제3류 위험물 중 황린 그 밖에 물 속에 저장하는 물품과 금수성물질은 동일한 저장소에 저장할 수 있다.

③ 컨테이너식 이동탱크저장소 외의 이동탱크저장소에 있어서는 위험물을 저장한 상태로 이동저장탱크를 옮겨 싣지 아니하여야 한다.

④ 위험물 이동취급소에 위험물을 이송하기 위한 배관, 펌프 및 이에 부속한 설비의 안전을 확인하기 위한 순찰을 행하고, 위험물을 이송하는 중에는 이송하는 위험물의 압력 및 유량을 항상 감시할 것.

⑤ 제조소등에서 허가 및 신고와 관련되는 품명 외의 위험물 또는 이러한 허가 및 신고와 관련되는 수량 또는 지정수량의 배수를 초과하는 위험물을 저장 또는 취급하지 아니하여야 한다.

해설

③, ⑤

참고

① 옥내저장소에서 용기에 수납하여 저장하는 위험물의 온도가 55℃를 넘지 아니하도록 필요한 조치를 강구하여야 한다.

② 제3류 위험물 중 황린 그 밖에 물속에 저장하는 물품과 금수성물질은 동일한 저장소에 저장하지 아니할 것

④ 위험물 "이송취급소"에 위험물을 이송하기 위한 배관, 펌프 및 이에 부속한 설비의 안전을 확인하기 위한 순찰을 행하고, 위험물을 이송하는 중에는 이송하는 위험물의 압력 및 유량을 항상 감시할 것.

## 20

**질산 $98wt\%$(비중 $1.51$), $100mL$를 질산 $68wt\%$(비중 $1.41$)로 만들기 위해 물은 몇 $g$ 첨가되어야 하는가?**
**(단, 물의 밀도는 $1g/cm^3$이다.)**

해설

질산용액($98wt\%$) = $1.51 \times 100 = 151g$

순수 질산의 질량(용질의 질량) = $151 \times 0.98 = 147.98g$

질산용액($68wt\%$) = $(151 + A)g$

(첨가한 물의 질량 = $A[g]$)

$$중량\% = \frac{용질의\ 질량}{용액의\ 질량} \times 100[\%]$$

$$68wt\% = \frac{147.98}{151 + A} \times 100[\%]에서,$$

$$\therefore A = 66.62g$$

21-4

# 2021 4회차

위험물산업기사

# 실기 기출문제

## 01

**제4류 위험물인 알코올류과 산화, 환원되는 과정일 때 다음 각 물음에 답하시오.**

[보기]

메탄올 ↔ 포름알데히드 ↔ ( ① )

에탄올 ↔ ( ② ) ↔ 아세트산(초산)

(1) ①의 물질명 및 화학식을 쓰시오.
(2) ②의 물질명 및 화학식을 쓰시오.
(3) ①, ② 중 지정수량 작은 물질의 연소반응식을 쓰시오.

**해설**

(1) 포름산(의산, 개미산), $HCOOH$
(2) 아세트알데히드, $CH_3CHO$
(3) $\underset{(아세트알데히드)}{2CH_3CHO} + \underset{(산소)}{5O_2} \rightarrow \underset{(이산화탄소)}{4CO_2} + \underset{(물)}{4H_2O}$

**참고**

$\underset{(메탄올)}{CH_3OH} \xrightarrow[-H_2]{산화} \underset{(포름알데히드)}{HCHO} \xrightarrow[+O]{산화} \underset{(포름산)}{HCOOH}$

$\underset{(에탄올)}{C_2H_5OH} \xrightarrow[-H_2]{산화} \underset{(아세트알데히드)}{CH_3CHO} \xrightarrow[+O]{산화} \underset{(아세트산)}{CH_3COOH}$

| 물질 | 품명 | 지정수량 |
|---|---|---|
| 포름산 | 제2석유류 (수용성) | 2000$L$ |
| 아세트알데히드 | 특수인화물 | 50$L$ |

## 02

**다음 보기의 이동탱크저장소의 주입설비 설치기준에 대하여 빈칸을 채우시오.**

[보기]

- 위험물이 샐 우려가 없고 화재 예방상 안전한 구조로 할 것
- 주입호스는 내경이 ( ① )$mm$ 이상이고, ( ② )$MPa$ 이상의 압력에 견딜 수 있는 것으로 하며, 필요 이상으로 길게 하지 아니할 것
- 주입설비의 길이는 ( ③ )$m$ 이내로 하고, 그 선단에 축적되는 ( ④ )를 유효하게 제거할 수 있는 장치를 할 것
- 분당 토출량은 ( ⑤ )$L$ 이하로 할 것

**해설**

① 23
② 0.3
③ 50
④ 정전기
⑤ 200

## 03

**다음 보기의 위험물에 대하여 위험등급 $II$에 해당하는 위험물의 지정수량 배수의 합을 구하시오.**

[보기]
유황 $100kg$, 나트륨 $100kg$, 질산염류 $600kg$, 철분 $50kg$, 등유 $6000L$

해설

$$\text{지정수량의 배수} = \frac{\text{저장수량}}{\text{지정수량}} = \frac{100}{100} + \frac{600}{300} = 3\text{배}$$

참고

| 물질 | 유별 | 지정수량 | 위험등급 |
|---|---|---|---|
| 유황 | 제2류 위험물 | $100kg$ | $II$ |
| 나트륨 | 제3류 위험물 | $10kg$ | $I$ |
| 질산염류 | 제1류 위험물 | $300kg$ | $II$ |
| 철분 | 제2류 위험물 | $500kg$ | $III$ |
| 등유 | 제4류 위험물 | $1000L$ | $III$ |

## 04

**다음 보기의 위험물이 연소할 때 생성되는 물질이 같은 위험물의 연소반응식을 쓰시오.**

[보기]
삼황화린, 오황화린, 유황, 철, 적린, 마그네슘

해설

$P_4S_3 + 8O_2 \rightarrow 2P_2O_5 + 3SO_2$
(삼황화린) (산소) (오산화린) (이산화황)

$2P_2S_5 + 15O_2 \rightarrow 2P_2O_5 + 10SO_2$
(오황화린) (산소) (오산화인) (이산화황)

## 05

**다음 보기를 참고하여 제1류 위험물의 성질로 옳은 것을 모두 고르시오.**

[보기]
① 무기화합물
② 유기화합물
③ 산화제
④ 인화점이 0℃ 이하
⑤ 인화점이 0℃ 이상
⑥ 고체

해설

①, ③, ⑥

## 06

**다음 제6류 위험물에 대한 설명을 보고 각 물음에 답하시오.**

[보기]
- 단백질과 크산토프로테인반응을 하여 노란색으로 변한다.
- 저장용기는 갈색병에 넣어 햇빛을 피하고 찬 곳에 저장한다.

(1) 지정수량
(2) 위험등급
(3) 위험물이 되기 위한 조건
(단, 없으면 "없음"으로 표시하시오.)
(4) 햇빛에 의한 열분해반응식

해설

(1) $300kg$
(2) 위험등급 $I$
(3) 비중이 1.49 이상
(4) $4HNO_3 \rightarrow 4NO_2 + 2H_2O + O_2$
(질산) (이산화질소) (물) (산소)

참고

*크산토프로테인반응
단백질의 발색반응의 하나로 시료에 소량의 질산을 가하여 몇 분간 가열하면 노란색이 되며, 다시 암모니아수를 가하여 알칼리성으로 하면 색이 진하게 되어 주황색에 가깝게 되는 반응이다.

## 07

**위험물의 저장 또는 취급에 관한 중요기준일 때 다음 각 물음에 답하시오.**

[보기]
- 옥내저장소에서는 용기에 수납하여 저장하는 위험물의 온도가 55℃를 넘지 아니하도록 필요한 조치를 강구할 것
- 불티·불꽃·고온체와의 접근이나 과열·충격 또는 마찰을 피할 것

(1) 위에서 설명하는 유별과 혼재 가능한 위험물의 유별을 모두 쓰시오.
(2) 위에서 설명하는 유별의 운반용기 외부에 표시해야 하는 주의사항
(3) 위에서 설명하는 유별에서 지정수량이 가장 작은 것의 품명 1가지를 쓰시오.

해설

(1) 위의 설명은 제5류 위험물일 때 혼재 가능한 유별은,
∴ 제2류 위험물, 제4류 위험물
(2) 화기엄금, 충격주의
(3) 질산에스테르류 또는 유기과산화물

참고

*제조소 등에서의 위험물의 저장 및 취급에 관한 기준

① 제1류 위험물은 가연물과의 접촉·혼합이나 분해를 촉진하는 물품과의 접근 또는 과열·충격·마찰 등을 피하는 한편, 알칼리금속의 과산화물 및 이를 함유한 것에 있어서는 물과의 접촉을 피하여야 한다.

② 제2류 위험물은 산화제와의 접촉·혼합이나 불티·불꽃·고온체와의 접근 또는 과열을 피하는 한편, 철분·금속분·마그네슘 및 이를 함유한 것에 있어서는 물이나 산과의 접촉을 피하고 인화성 고체에 있어서는 함부로 증기를 발생시키지 아니하여야 한다.

③ 제3류 위험물 중 자연발화성물질에 있어서는 불티·불꽃 또는 고온체와의 접근·과열 또는 공기와의 접촉을 피하고, 금수성물질에 있어서는 물과의 접촉을 피하여야 한다.

④ 제4류 위험물은 불티·불꽃·고온체와의 접근 또는 과열을 피하고, 함부로 증기를 발생시키지 아니하여야 한다.

⑤ 제5류 위험물은 불티·불꽃·고온체와의 접근이나 과열·충격 또는 마찰을 피하여야 한다.

⑥ 제6류 위험물은 가연물과의 접촉·혼합이나 분해를 촉진하는 물품과의 접근 또는 과열을 피하여야 한다.

*혼재 가능한 위험물

① 4:23
- 제4류와 제2류, 제4류와 제3류는 혼재 가능

② 5:24
- 제5류와 제2류, 제5류와 제4류는 혼재 가능

③ 6:1
- 제6류와 제1류는 혼재 가능

| | 1류 | 2류 | 3류 | 4류 | 5류 | 6류 |
|---|---|---|---|---|---|---|
| 1류 | | × | × | × | × | ○ |
| 2류 | × | | × | ○ | ○ | × |
| 3류 | × | × | | ○ | × | × |
| 4류 | × | ○ | ○ | | ○ | × |
| 5류 | × | ○ | × | ○ | | × |
| 6류 | ○ | × | × | × | × | |

*위험물의 운반용기 외부에 수납하는 위험물에 따른 주의사항

| 유별 | 성질 | 표시 |
|---|---|---|
| 제1류 위험물 | 산화성고체 | 알칼리금속의 과산화물 또는 이를 함유한 것 : 화기주의, 충격주의, 물기엄금, 가연물접촉주의 |
| | | 그 외 : 화기주의, 충격주의, 가연물접촉주의 |
| 제2류 위험물 | 가연성고체 | 철분, 금속분, 마그네슘 : 화기주의, 물기엄금 |
| | | 인화성고체 : 화기엄금 |
| | | 그 외 : 화기주의 |
| 제3류 위험물 | 자연발화성 및 금수성물질 | 자연발화성물질 : 화기엄금, 공기접촉엄금 |
| | | 금수성물질 : 물기엄금 |
| 제4류 위험물 | 인화성액체 | 화기엄금 |
| 제5류 위험물 | 자기반응성 물질 | 화기엄금, 충격주의 |
| 제6류 위험물 | 산화성액체 | 가연물접촉주의 |

질산에스테르류 또는 유기과산화물은 지정수량 10㎏로 제5류 위험물 중 지정수량이 가장 낮다.

## 08

**다음 제3류 위험물에 대한 설명을 보고 각 물음에 답하시오.**

[보기]
- 분자량이 64이다.
- 비중이 2.2이다.
- 지정수량이 300kg이다.
- 질소와 고온에서 반응하여 석회질소(칼슘시안나이드)가 생성된다.

(1) 화학식
(2) 물과의 반응식
(3) (2)에서 생성되는 가스의 완전연소반응식

해설

(1) $CaC_2$(탄화칼슘)

(2) $CaC_2$ (탄화칼슘) + $2H_2O$ (물) → $Ca(OH)_2$ (수산화칼슘) + $C_2H_2$ (아세틸렌)

(3) $2C_2H_2$ (아세틸렌) + $5O_2$ (산소) → $4CO_2$ (이산화탄소) + $2H_2O$ (물)

참고

$CaC_2$ (탄화칼슘) + $N_2$ (질소) → $CaCN_2$ (석회질소) + $C$ (탄소)

## 09

**다음 보기의 위험물을 보고 연소범위가 가장 큰 위험물에 대한 각 물음에 답하시오.**

[보기]
아세톤, 메틸알코올, 메틸에틸케톤, 톨루엔, 디에틸에테르

(1) 명칭
(2) 위험도

해설

(1) 디에틸에테르

(2) $H = \frac{U-L}{L} = \frac{48-1.9}{1.9} = 24.26$

참고

| 물질 | 연소범위 |
|---|---|
| 아세톤 | 2.6~12.8% |
| 메틸알코올 | 6~36% |
| 메틸에틸케톤 | 1.8~10% |
| 톨루엔 | 1.2~7.1% |
| 디에틸에테르 | 1.9~48% |

*위험도

$H = \frac{U-L}{L}$ $\begin{cases} H: \text{위험도} \\ U: \text{연소상한계[\%]} \\ L: \text{연소하한계[\%]} \end{cases}$

## 10

**옥외저장소에 옥외소화전을 다음과 같이 설치할 경우에 필요한 수원의 수량[$m^3$]을 구하시오.**

(1) 3개 설치
(2) 6개 설치

(1) 수원의 수량 = 13.5×3 = 40.5$m^3$ 이상
(2) 수원의 수량 = 13.5×4 = 54$m^3$ 이상

해설

*수원의 수량

① 옥외 : 13.5×$n$[개]
(단, n=4개 이상인 경우는 n=4)

② 옥내 : 7.8×$n$[개]
(단, n=5개 이상인 경우는 n=5)

## 11

**$TNT$ 제조식을 쓰시오.**

해설

$C_6H_5CH_3$ (톨루엔) + $3HNO_3$ (질산) $\xrightarrow[\text{니트로화}]{C-H_2SO_4}$ $C_6H_2CH_3(NO_2)_3$ (트리니트로톨루엔) + $3H_2O$ (물)

## 12

**아래의 위험물과 물의 반응식을 쓰시오.**

(1) 탄화칼슘
(2) 탄화알루미늄

**해설**

(1) $\underset{(\text{탄화칼슘})}{CaC_2} + \underset{(\text{물})}{2H_2O} \rightarrow \underset{(\text{수산화칼슘})}{Ca(OH)_2} + \underset{(\text{아세틸렌})}{C_2H_2}$

(2) $\underset{(\text{탄화알루미늄})}{Al_4C_3} + \underset{(\text{물})}{12H_2O} \rightarrow \underset{(\text{수산화알루미늄})}{4Al(OH)_3} + \underset{(\text{메탄})}{3CH_4}$

## 13

**탱크의 용량$[L]$을 구하시오.**
**(단, 탱크의 공간용적은 $5\%$이고, $r=2m, \ell=5m, \ell_1=1.5m, \ell_2=1.5m$이다.)**

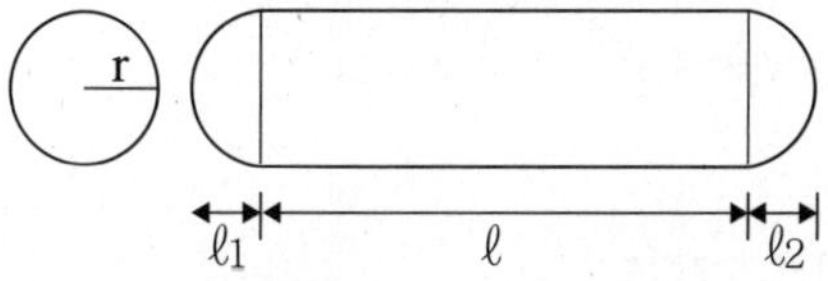


**해설**

$$V=\pi r^2\left(\ell+\frac{\ell_1+\ell_2}{3}\right)$$

$$=\pi\times2^2\times\left(5+\frac{1.5+1.5}{3}\right)=75.39822m^3=75398.22L$$

$$\therefore V_{\text{용량}}=V(1-\text{공간용적})$$
$$=75398.22\times(1-0.05)=71628.31L$$

## 14

**제1종, 제2종, 제3종 분말소화약제의 화학식을 각각 쓰시오.**

**해설**

① 제1종 분말 소화약제 : $NaHCO_3$ (탄산수소나트륨)
② 제2종 분말 소화약제 : $KHCO_3$ (탄산수소칼륨)
③ 제3종 분말 소화약제 : $NH_4H_2PO_4$ (인산암모늄)

**참고**

*분말소화기의 종류

| 종별 | 소화약제 | 착색 | 화재 종류 |
|---|---|---|---|
| 제1종 소화분말 | $NaHCO_3$ (탄산수소나트륨) | 백색 | BC 화재 |
| 제2종 소화분말 | $KHCO_3$ (탄산수소칼륨) | 담회색 | BC 화재 |
| 제3종 소화분말 | $NH_4H_2PO_4$ (인산암모늄) | 담홍색 | ABC 화재 |
| 제4종 소화분말 | $KHCO_3+(NH_2)_2CO$ (탄산수소칼륨 + 요소) | 회색 | BC 화재 |

## 15

**제3류 위험물임 나트륨에 관한 각 물음에 답하시오.**

(1) 지정수량
(2) 보호액 1가지쓰시오.
(3) 물과의 반응식

**해설**

(1) $10kg$
(2) 등유, 경유, 유동파라핀유, 벤젠 등
(3) $\underset{(\text{나트륨})}{2Na} + \underset{(\text{물})}{2H_2O} \rightarrow \underset{(\text{수산화나트륨})}{2NaOH} + \underset{(\text{수소})}{H_2}$

## 16

**옥외저장소에 저장할 수 있는 위험물의 품명 5가지를 쓰시오.**

해설

① 유황
② 인화성고체(인화점이 0℃ 이상인 것에 한한다.)
③ 제1석유류(인화점이 0℃ 이상인 것에 한한다.)
④ 알코올류
⑤ 제2석유류
⑥ 제3석유류
⑦ 제4석유류
⑧ 동식물유류
⑨ 과산화수소
⑩ 질산
⑪ 과염소산

## 17

**다음 보기의 지정수량의 배수에 따른 제조소의 보유공지를 각각 쓰시오.**

(1) 1배
(2) 5배
(3) 10배
(4) 20배
(5) 200배

해설

(1) $3m$ 이상
(2) $3m$ 이상
(3) $3m$ 이상
(4) $5m$ 이상
(5) $5m$ 이상

참고

*제조소의 보유공지

| 지정수량의 배수 | 보유공지의 너비 |
|---|---|
| 지정수량의 10배 이하 | $3m$ 이상 |
| 지정수량의 10배 초과 | $5m$ 이상 |

## 18

**트리에틸알루미늄(TEA)에 대한 각 물음에 답하시오.**

(1) 물과의 반응식
(2) (1)에서 생성되는 기체의 명칭

해설

(1) $\underset{(\text{트리에틸알루미늄})}{(C_2H_5)_3Al} + \underset{(\text{물})}{3H_2O} \rightarrow \underset{(\text{수산화알루미늄})}{Al(OH)_3} + \underset{(\text{에탄})}{3C_2H_6}$

(2) 에탄

## 19

**지하탱크저장소에 관한 내용일 때 빈칸을 채우시오.**

[보기]

- 탱크전용실은 지하의 가장 가까운 벽・피트・가스관 등의 시설물 및 대지경계선으로부터 ( ① )$m$ 이상 떨어진 곳에 설치할 것.
- 지하저장탱크의 윗부분은 지면으로부터 ( ② )$m$ 이상 아래에 있어야 한다.
- 지하저장탱크를 2이상 인접해 설치하는 경우에는 그 상호간에 ( ③ )$m$ (당해 2이상의 지하저장탱크의 용량의 합계가 지정수량의 100배 이하일 때에는 ( ④ ) $m$ 이상의 간격을 유지하여야 한다. 다만, 그 사이에 탱크전용실의 벽이나 두께 ( ⑤ )$cm$ 이상의 콘크리트 구조물이 있는 경우에는 그러하지 아니하다.

해설

① 0.1
② 0.6
③ 1
④ 0.5
⑤ 20

## 20

**옥내탱크저장소 펌프실에 대한 각 물음에 답하시오. (단, 펌프전용실 외의 장소에 설치했다.)**

(1) 펌프실이 상층에 있을 때 상층의 바닥은 내화구조로 하고, 상층이 없을 때 지붕을 어떤 재료로 하여야 하는가?
(2) 펌프실 출입구에는 무엇을 설치하여야 하는가?
(3) 탱크전용실에 펌프설비를 설치할 때 견고한 기초 위에 고정한 다음 그 주위엔 불연재료로 된 턱을 몇 $m$ 이상의 높이로 설치하여야 하는가?
(4) 바닥은 콘크리트 등 위험물이 스며들지 아니한 재료로 적당히 경사지게 하여 최저부에 무엇을 설치하여야 하는가?
(5) 펌프실의 창 및 출입구에 유리를 이용하는 경우 어떠한 유리를 사용하여야 하는가?

해설

(1) 불연재료
(2) 갑종방화문 또는 을종방화문
(3) 0.2
(4) 집유설비
(5) 망입유리

참고

***탱크전용실이 있는 건축물에 설치하는 펌프설비**
－펌프전용실 외의 장소에 설치하는 경우
① 이 펌프실은 벽, 기둥, 바닥 및 보를 내화구조로 할 것
② 펌프실은 상층이 있는 경우에 있어서는 상층의 바닥을 내화구조로 하고, 상층이 없는 경우에 있어서는 지붕을 불연재료로 하며, 천장을 설치하지 아니할 것
③ 펌프실에는 창을 설치하지 아니할 것. 다만, 제6류 위험물의 탱크전용실에 있어서는 갑종방화문 또는 을종방화문을 설치할 수 있다.
④ 펌프실의 출입구에는 갑종방화문을 설치할 것. 다만, 제6류 위험물의 탱크전용실에 있어서는 을종방화문을 설치할 수 있다.
⑤ 펌프실의 환기 및 배출의 설비에는 방화상 유효한 댐퍼 등을 설치할 것
⑥ 펌프설비는 견고한 기초 위에 고정할 것
⑦ 펌프실의 바닥의 주위에는 높이 $0.2m$ 이상의 턱을 만들고 바닥은 콘크리트 등 위험물이 스며들지 아니하는 재료로 적당히 경사지게 하여 그 최저부에는 집유설비를 설치할 것
⑧ 펌프실에는 위험물을 취급하는데 필요한 채광, 조명 및 환기의 설비를 설치할 것
⑨ 가연성 증기가 체류할 우려가 있는 펌프실에는 그 증기를 옥외의 높은 곳으로 배출하는 설비를 설치할 것
⑩ 인 화점이 21℃ 미만인 위험물을 취급하는 펌프설비에는 보기 쉬운 곳에 "옥내저장탱크 펌프설비"라는 표시를 한 게시판과 방화에 관하여 필요한 사항을 게시한 게시판을 설치할 것. 다만, 소방본부장 또는 소방서장이 화재예방상 당해 게시판을 설치할 필요가 없다고 인정하는 경우에는 그러하지 아니하다.

# Memo

2022 1회차

위험물산업기사

# 실기 기출문제

## 01

**제3류 위험물 중 위험등급 I에 해당되는 품명 5가지를 쓰시오.**

해설

① 칼륨
② 나트륨
③ 알킬알루미늄
④ 알킬리튬
⑤ 황린

참고

| 유별 | 품명 | 지정수량 | 위험등급 |
|---|---|---|---|
| 제3류 위험물 | 칼륨 | 10kg | I |
| | 나트륨 | | |
| | 알킬알루미늄 | | |
| | 알킬리튬 | | |
| | 황린 | 20kg | |

## 02

**다음 빈칸에 알맞은 유별과 지정수량을 쓰시오.**

| 품명 | 유별 | 지정수량 |
|---|---|---|
| 알킬리튬 | 제3류 | 10kg |
| 칼륨 | ( ① ) | ( ⑥ ) |
| 질산 | ( ② ) | ( ⑦ ) |
| 아조화합물 | ( ③ ) | ( ⑧ ) |
| 질산염류 | ( ④ ) | ( ⑨ ) |
| 니트로화합물 | ( ⑤ ) | ( ⑩ ) |

해설

① 제3류 ⑥ 10kg
② 제6류 ⑦ 300kg
③ 제5류 ⑧ 200kg
④ 제1류 ⑨ 300kg
⑤ 제5류 ⑩ 200kg

## 03

**제1종, 제2종, 제3종 분말소화약제의 화학식을 각각 쓰시오.**

해설

① 제1종 분말 소화약제 : $NaHCO_3$ (탄산수소나트륨)
② 제2종 분말 소화약제 : $KHCO_3$ (탄산수소칼륨)
③ 제3종 분말 소화약제 : $NH_4H_2PO_4$ (인산암모늄)

참고

*분말소화기의 종류

| 종별 | 소화약제 | 착색 | 화재 종류 |
|---|---|---|---|
| 제1종 소화분말 | $NaHCO_3$ (탄산수소나트륨) | 백색 | BC 화재 |
| 제2종 소화분말 | $KHCO_3$ (탄산수소칼륨) | 담회색 | BC 화재 |
| 제3종 소화분말 | $NH_4H_2PO_4$ (인산암모늄) | 담홍색 | ABC 화재 |
| 제4종 소화분말 | $KHCO_3 + (NH_2)_2CO$ (탄산수소칼륨 + 요소) | 회색 | BC 화재 |

## 04

**다음 제4류 위험물 중 알코올류에 속하는 위험물의 연소반응식을 쓰시오.**

(1) 메틸알코올(메탄올)
(2) 에틸알코올(에탄올)

해설

(1) $2CH_3OH + 3O_2 \rightarrow 2CO_2 + 4H_2O$
(메틸알코올) (산소) (이산화탄소) (물)

(2) $C_2H_5OH + 3O_2 \rightarrow 2CO_2 + 3H_2O$
(에틸알코올) (산소) (이산화탄소) (물)

## 05

**다음 보기 중 금수성물질이면서 자연발화성 물질인 것을 모두 고르시오.**
**(단, 없으면 '해당없음'으로 쓰시오.)**

| [보기] | | |
|---|---|---|
| ① 칼륨 | ② 니트로벤젠 | ③ 트리니트로페놀 |
| ④ 황린 | ⑤ 글리세린 | ⑥ 수소화나트륨 |

해설
칼륨

참고
*금수성물질이면서 자연발화성 물질인 위험물
① 칼륨
② 나트륨
③ 알킬알루미늄
④ 알킬리튬

## 06

**다음 보기 위험물의 증기비중을 구하시오.**

| [보기] | | |
|---|---|---|
| ① 이황화탄소 | ② 아세트알데히드 | ③ 벤젠 |

해설
① 이황화탄소($CS_2$) 분자량
: $12+32\times2=76$

$\therefore$증기비중 $=\dfrac{76}{28.84}=2.64$

② 아세트알데히드($CH_3CHO$)의 분자량
: $12+1\times3+12+1+16=44$

$\therefore$증기비중 $=\dfrac{44}{28.84}=1.53$

③ 벤젠($C_6H_6$)의 분자량
: $12\times6+1\times6=78$

$\therefore$증기비중 $=\dfrac{78}{28.84}=2.7$

## 07

**에틸렌과 산소를 염화구리($CuCl_2$)의 촉매하에 생성되며, 인화점 $-38$℃, 비점 $21$℃, 분자량 $44$, 연소범위 $4.1$~$57\%$인 특수인화물이 있을 때 다음을 구하시오.**

(1) 시성식
(2) 증기비중
(3) 이 위험을 보냉장치가 없는 이동탱크저장소에 저장할 경우 몇 ℃ 이하로 유지하여야 하는가?

해설
(1) $CH_3CHO$(아세트알데히드)
(2) 분자량 : $12+1\times3+12+1+16=44$

$\therefore$증기비중 $=\dfrac{\text{분자량}}{28.84}=\dfrac{44}{28.84}=1.53$

(3) 40℃

## 08

**분자량 $39$, 인화점 $-11$℃, 불꽃반응 시 보라색을 띄는 제3류 위험물이 제1류 위험물의 과산화물이 되었을 때 그 물질에 대한 다음을 구하시오.**

(1) 물과의 반응식
(2) 이산화탄소와의 반응식
(3) 옥내저장소에 저장할 경우 바닥 면적은 몇 $m^2$ 이하로 하여야 하는가?

해설
(1) $2K_2O_2 + 2H_2O \rightarrow 4KOH + O_2$
(과산화칼륨) (물) (수산화칼륨) (산소)

(2) $2K_2O_2 + 2CO_2 \rightarrow 2K_2CO_3 + O_2$
(과산화칼륨) (이산화탄소) (탄산칼륨) (산소)

(3) $1000m^2$

## 09

**다위험물안전관리법에 따른 옥외저장소의 보유공지의 너비에 대한 내용일 때 빈칸을 채우시오.**

| 저장 또는 취급하는 위험물의 최대수량 | 저장 또는 취급하는 위험물 | 공지의 너비 |
|---|---|---|
| 지정수량의 10배 이하 | 제1석유류 | ( ① )m 이상 |
| | 제2석유류 | ( ② )m 이상 |
| 지정수량의 20배 초과 50배 이하 | 제2석유류 | ( ③ )m 이상 |
| | 제3석유류 | ( ④ )m 이상 |
| | 제4석유류 | ( ⑤ )m 이상 |

해설

① 3
② 3
③ 9
④ 9
⑤ $9 \times \frac{1}{3} = 3$

참고

*옥외저장소의 보유공지 너비의 기준

| 저장 또는 취급하는 위험물의 최대수량 | 공지의 너비 |
|---|---|
| 지정수량의 10배 이하 | $3m$ 이상 |
| 지정수량의 10배 초과 20배 이하 | $5m$ 이상 |
| 지정수량의 20배 초과 50배 이하 | $9m$ 이상 |
| 지정수량의 50배 초과 200배 이하 | $12m$ 이상 |
| 지정수량의 200배 초과 | $15m$ 이상 |
| 제4류 위험물 중 제4석유류와 제6류 위험물을 저장 또는 취급하는 옥외저장소의 보유공지는 위의 표에 의한 공지의 너비의 $\frac{1}{3}$ 이상의 너비로 할 수 있다. | |

## 10

**위험물안전관리법에 따른 위험물의 운반에 관한 기준에서 다음 위험물이 지정수량 10배 이상일 때 혼재가 가능한 위험물의 유별을 모두 쓰시오. (단, 없으면 '해당없음'으로 쓰시오.)**

(1) 제2류 위험물과만 혼재가 가능한 위험물
(2) 제4류 위험물과만 혼재가 가능한 위험물
(3) 제6류 위험물과만 혼재가 가능한 위험물

해설

(1) 해당없음
(2) 제3류 위험물
(3) 제1류 위험물

참고

*혼재 가능한 위험물

① 4:23
- 제4류와 제2류, 제4류와 제3류는 혼재 가능

② 5:24
- 제5류와 제2류, 제5류와 제4류는 혼재 가능

③ 6:1
- 제6류와 제1류는 혼재 가능

| | 1류 | 2류 | 3류 | 4류 | 5류 | 6류 |
|---|---|---|---|---|---|---|
| 1류 | | × | × | × | × | ○ |
| 2류 | × | | × | ○ | ○ | × |
| 3류 | × | × | | ○ | × | × |
| 4류 | × | ○ | ○ | | ○ | × |
| 5류 | × | ○ | × | ○ | | × |
| 6류 | ○ | × | × | × | × | |

## 11

**다음 보기는 위험물안전관리법에 따른 주유취급소의 탱크 용량에 대한 내용일 때 빈칸을 채우시오.**

[보기]

- 자동차 등에 주유하기 위한 고정주유설비에 직접 접속하는 전용탱크로서 ( ① )L 이하의 것
- 고정급유설비에 직접 접속하는 전용탱크로서 ( ② )L 이하의 것
- 보일러 등에 직접 접속하는 전용탱크로서 ( ③ )L 이하의 것
- 자동차 등을 점검・정비하는 작업장 등에서 사용하는 폐유・윤활유 등의 위험물을 저장하는 탱크로서 용량이 ( ④ )L 이하인 탱크

해설

① 50000
② 50000
③ 10000
④ 2000

참고

*주유취급소의 위치 • 구조 및 설비의 기준
다음 각목의 탱크 외에는 위험물을 저장 또는 취급하는 탱크를 설치할 수 없다. 다만 법규에 의한 이동탱크저장소(당해 주유취급소의 위험물을 저장 또는 취급에 관계된 것에 한한다)를 설치하는 경우에는 그러하지 아니하다.

① 자동차 등에 주유하기 위한 고정주유설비에 직접 접속하는 전용탱크로서 50000 L 이하의 것
② 고정급유설비에 직접 접속하는 전용탱크로서 50000 L 이하의 것
③ 보일러 등에 직접 접속하는 전용탱크로서 10000 L 이하의 것
④ 자동차 등을 점검·정비하는 작업장 등(주유취급소 안에 설치된 것에 한한다)에서 사용하는 폐유·윤활유 등의 위험물을 저장하는 탱크로서 용량(2이상 설치하는 경우에는 각 용량의 합계를 말한다)이 2000 L 이하인 탱크(이하 "폐유탱크등"이라 한다)
⑤ 고정주유설비 또는 고정급유설비에 직접 접속하는 3기 이하의 간이탱크. 다만, 국토의계획및이용에관한법률에 의한 방화지구안에 위치하는 주유취급소의 경우를 제외한다.

## 12

**다음 보기의 설명에 대한 각 물음에 답하시오.**

[보기]
- 제4류 위험물 중 제1석유류(비수용성)
- 무색투명한 방향성을 갖는 휘발성이 강한 액체로 분자량 78, 인화점 -11℃

(1) 물질의 명칭
(2) 물질의 구조식
(3) 위험물을 취급하는 설비에 있어서는 당해 위험물이 직접 배수구에 흘러들어가지 아니하도록 집유설비에 무엇을 설치하여야 하는지 쓰시오.
(단, 없으면 '해당없음;' 으로 쓰시오.)

해설

(1) 벤젠($C_6H_6$)

(2) 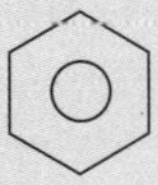

(3) 유분리장치



## 13

**다음 보기는 제4류 위험물 중 인화점이 21℃ 이상 70℃ 미만이며, 수용성인 위험물을 고르시오.**

[보기]
① 메틸알코올 ② 아세트산 ③ 포름산
④ 글리세린 ⑤ 니트로벤젠

해설

인화점이 21℃ 이상 70℃ 미만이면 제2석유류이다.
∴②, ③

참고

| 명칭 | 품명 |
|---|---|
| 메틸알코올 | 제1석유류(알코올류) |
| 아세트산 | 제2석유류(수용성) |
| 포름산 | 제2석유류(수용성) |
| 글리세린 | 제3석유류(수용성) |
| 니트로벤젠 | 제3석유류(비수용성) |

## 14

**다음 반응에 대해 생성되는 유독한 가스의 명칭을 쓰시오. (단, 없으면 '해당없음' 으로 쓰시오.)**

(1) 황린의 연소반응
(2) 황린과 수산화칼륨 수용액의 반응
(3) 아세트산의 연소반응
(4) 인화칼슘과 물의 반응
(5) 과산화바륨과 물의 반응

해설

(1) $P_4 + 5O_2 \rightarrow 2P_2O_5$
(황린) (산소) (오산화인)

∴오산화인

(2)

$P_4 + 3KOH + 3H_2O \rightarrow 3KH_2PO_2 + PH_3$
(황린) (수산화칼륨) (물) (차아인산칼륨) (포스핀)

∴포스핀

(3) $CH_3COOH + 2O_2 \rightarrow 2CO_2 + 2H_2O$
(아세트산) (산소) (이산화탄소) (물)

∴해당없음

(4) $Ca_3P_2 + 6H_2O \rightarrow 3Ca(OH)_2 + 2PH_3$
(인화칼슘) (물) (수산화칼슘) (포스핀)

∴ 포스핀

(5) $2BaO_2 + 2H_2O \rightarrow 2Ba(OH)_2 + O_2$
(과산화바륨) (물) (수산화바륨) (산소)

∴해당없음

## 15

**제2류 위험물에 속하는 마그네슘에 대해 다음 물음에 알맞은 답을 쓰시오.**

(1) 빈칸에 공통으로 들어가는 수치를 쓰시오.

| [보기] |
|---|
| - ( )mm의 체를 통과하지 아니하는 덩어리 상태의 것 |
| - 지름 ( )mm 이상의 막대 모양의 것 |

(2) 위험등급을 쓰시오.
(3) 다음 물음에 알맞은 답을 쓰시오.

| [보기] |
|---|
| ① 염산과의 반응식 |
| ② 물과의 반응식 |

해설

(1) 2
(2) III등급
(3) $Mg + 2HCl \rightarrow MgCl_2 + H_2$
(마그네슘) (염산) (염화마그네슘) (수소)

$Mg + 2H_2O \rightarrow Mg(OH)_2 + H_2$
(마그네슘) (물) (수산화마그네슘) (수소)

## 16

**위험물안전관리법령상 동식물유류를 요오드가 크기에 따른 분류 및 범위를 쓰시오.**

해설

건성유 : 요오드값이 130 이상인 것
반건성유 : 요오드값이 100 초과 130 미만인 것
불건성유 : 요오드값이 100 이하인 것

참고

| | | | |
|---|---|---|---|
| 동식물유류 | 건성유 | 요오드값 130 이상 | 아마인유, 들기름, 동유, 정어리유, 해바라기유 등 |
| | 반건성유 | 요오드값 100~130 | 참기름, 옥수수유, 채종유, 쌀겨유, 청어유, 콩기름 등 |
| | 불건성유 | 요오드값 100 이하 | 야자유, 땅콩유, 피마자유, 올리브유, 돼지기름 등 |

## 17

**제4류 위험물을 옥외저장탱크에 저장하고 주위에 방유제를 설치할 때 각 물음에 답하시오.**

(1) 방유제 면적의 기준
(2) 제1석유류 15만 리터를 저장할 경우 탱크의 최대 개수는 몇 개인가?
(3) 저장탱크의 개수를 제한 두지 않을 경우에 대하여 인화점 중심으로 서술하시오.

해설

(1) $80000m^2$ 이하
(2) 방유제 내에 설치하는 옥외저장탱크는 10기 이하이므로 ∴10기
(3) 인화점이 200℃ 이상인 위험물을 저장 또는 취급하는 경우

## 18

**지하저장탱크 2기를 인접하여 설치할 때 그 상호 간의 거리는 몇 $m$ 이상인지 각각 쓰시오.**

(1) 경유 20000L와 휘발유 8000L
(2) 경유 8000L와 휘발유 20000L
(3) 경유 20000L와 휘발유 20000L

해설

(1) 지정수량의 배수 $= \frac{\text{저장수량}}{\text{지정수량}}$
$= \frac{20000}{1000} + \frac{8000}{200} = 60$배
$\therefore 0.5m$

(2) 지정수량의 배수 $= \frac{\text{저장수량}}{\text{지정수량}}$
$= \frac{8000}{1000} + \frac{20000}{200} = 108$배
$\therefore 1m$

(3) 지정수량의 배수 $= \frac{\text{저장수량}}{\text{지정수량}}$
$= \frac{20000}{1000} + \frac{20000}{200} = 120$배
$\therefore 1m$

참고

*지하저장탱크 상호간의 거리
① 지하저장탱크를 2기 이상 인접하여 설치하는 경우 상호 간 1m 이상 간격을 유지한다.
② 2기 이상 지하저장탱크 용량 합계가 지정수량 100배 이하인 경우는 0.5m 이상 간격을 유지한다.

*경유와 휘발유의 지정수량

| 명칭 | 품명 | 지정수량 |
|---|---|---|
| 경유 | 제2석유류 (비수용성) | $1000L$ |
| 휘발유 | 제1석유류 (비수용성) | $200L$ |

## 19

**다음 탱크에 대한 각 물음에 답하시오.**
**(단, 탱크의 공간용적은 $\frac{10}{100}$ 이다.)**

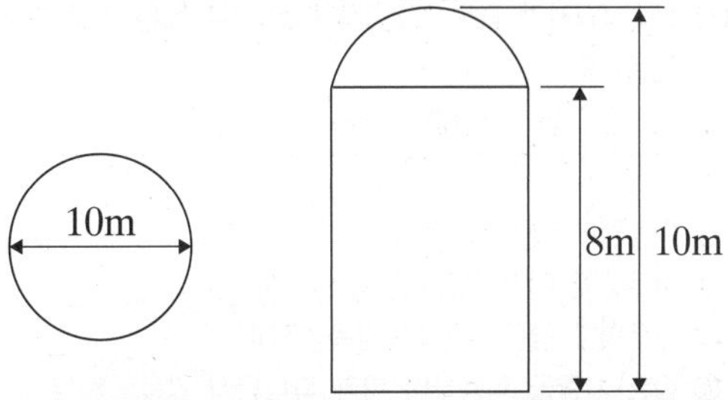


(1) 탱크의 용량$[m^3]$
(2) 위의 탱크는 기술검토를 받아야 하는가?
(3) 위의 탱크는 완공검사를 받아야 하는가?
(4) 위의 탱크는 정기검사를 받아야 하는가?

해설

(1) $V = \pi r^2 \ell (1 - \text{공간용적})$
$= \pi \times 5^2 \times 8 \times \left(1 - \frac{10}{100}\right)$
$= 565.48668m^3 = 565486.68L$
(2) 받아야 한다.
(3) 받아야 한다.
(4) 받아야 한다.

참고

*기술검토 • 완공검사 • 정기검사 대상
탱크의 용량이 50만L 이상인 경우

## 20

**위험물안전관리법에 따른 위험물의 운송에 관한 내용일 때 각 물음에 알맞은 답을 쓰시오.**

(1) 운송책임자가 감독 또는 지원방법으로 옳은 것을 모두 고르시오.
(단, 없으면 '해당없음'으로 쓰시오.)

| [보기] |
|---|
| ① 이동탱크저장소에 동승 |
| ② 사무실에 대기하면서 감독·지원 |
| ③ 부득이한 경우 GPS로 감독·지원 |
| ④ 다른 차량을 이용하여 따라 다니면서 감독·지원 |

(2) 위험물 운송시 운전자가 장시간 운전할 경우 2명 이상의 운전자로 하여야 한다. 다만 어떤 경우에 그러하지 아니하여도 되는 경우를 보기에서 모두 고르시오.
(단, 없으면 '해당없음'으로 쓰시오.)

| [보기] |
|---|
| ① 운송책임자가 동승하는 경우 |
| ② 제2류 위험물을 운반하는 경우 |
| ③ 제4류 위험물 중 제1석유류를 운반하는 경우 |
| ④ 2시간 이내마다 20분 이상씩 휴식하는 경우 |

(3) 위험물 운송시 이동탱크저장소에 비치하여야 하는 것을 모두 고르시오.
(단, 없으면 '해당없음'으로 쓰시오.)

| [보기] | |
|---|---|
| ① 완공검사합격확인증 | ② 정기검사확인증 |
| ③ 설치허가확인증 | ④ 위험물 안전관리카드 |

해설

(1) ①, ②
(2) ①, ②, ③, ④
(3) ①, ④

참고

***위험물 운송책임자의 감독 또는 지원의 방법과 위험물의 운송시에 준수하여야 하는 사항**

(1) 운송책임자의 감독 또는 지원의 방법

① 운송책임자가 이동탱크저장소에 동승하여 운송 중인 위험물의 안전확보에 관하여 운전자에게 필요한 감독 또는 지원을 하는 방법. 다만, 운전자가 운반책임자의 자격이 있는 경우에는 운반책임자의 자격이 없는 자가 동승할 수 있다.

② 운송의 감독 또는 지원을 위하여 마련한 별도의 사무실에 운송책임자가 대기하면서 다음의 사항을 이행하는 방법

- 운송경로를 미리 파악하고 관할 소방관서 또는 관련 업체(비상대응에 관한 협력을 얻을 수 있는 업체를 말한다)에 대한 연락체계를 갖추는 것
- 이동탱크저장소의 운전자에 대하여 수시로 안전확보 상황을 확인하는 것
- 비상시의 응급처치에 관하여 조언을 하는 것
- 그 밖에 위험물의 운송중 안전확보에 관하여 필요한 정보를 제공하고 감독 또는 지원하는 것

(2) 이동탱크저장소에 의한 위험물의 운송시에 준수하여야 하는 기준

① 위험물운송자는 운송의 개시전에 이동저장탱크의 배출밸브 등의 밸브와 폐쇄장치, 맨홀 및 주입구의 뚜껑, 소화기 등의 점검을 충분히 실시할 것.

② 위험물운송자는 장거리(고속국도에 있어서는 340㎞ 이상, 그 밖의 도로에 있어서는 200㎞ 이상을 말한다)에 걸치는 운송을 하는 때에는 2명 이상의 운전자로 할 것. 다만, 다음에 해당하는 경우에는 그러하지 아니하다.

- 운송책임자를 동승시킨 경우
- 운송하는 위험물이 제2류 위험물·제3류 위험물(칼슘 또는 알루미늄의 탄화물과 이것만을 함유한 것에 한한다) 또는 제4류 위험물(특수인화물을 제외한다)인 경우
- 운송도중에 2시간 이내마다 20분 이상씩 휴식하는 경우

③ 위험물운송자는 이동탱크저장소를 휴식·고장 등으로 일시 정차시킬 때에는 안전한 장소를 택하고 당해 이동탱크저장소의 안전을 위한 감시를 할 수 있는 위치에 있는 등 운송하는 위험물의 안전확보에 수의할 것

④ 위험물운송자는 이동저장탱크로부터 위험물이 현저하게 새는 등 재해발생의 우려가 있는 경우에는 재난을 방지하기 위한 응급조치를 강구하는 동시에 소방관서 그 밖의 관계기관에 통보할 것

⑤ 위험물(제4류 위험물에 있어서는 특수인화물 및 제1석유류에 한한다)을 운송하게 하는 자는 운송하게 하는 위험물의 취급방법 및 응급조치요령을 알기 쉽게 기록한 카드(이하 바목에서 "위험물안전카드"라 한다)를 위험물운송자로 하여금 휴대하게 할 것

⑥ 위험물운송자는 위험물안전카드를 휴대하고 당해 카드에 기재된 내용에 따를 것. 다만, 재난 그 밖의 불가피한 이유가 있는 경우에는 당해 기재된 내용에 따르지 아니할 수 있다.

*제조소등에서의 위험물의 저장 및 취급에 관한 기준
이동탱크저장소에는 당해 이동탱크저장소의 완공검사합격확인증 및 정기점검기록을 비치하여야 한다.

**2022**
**2회차**

위험물산업기사

# 실기 기출문제

## 01

**다음 물질이 물과 반응하여 생성되는 기체의 명칭을 쓰시오.**
**(단, 없으면 '해당없음'으로 쓰시오.)**

| [보기] |
|---|
| ① 인화칼슘 |
| ② 질산암모늄 |
| ③ 과산화칼륨 |
| ④ 금속리튬 |
| ⑤ 염소산칼륨 |

해설

① $\underset{(인화칼슘)}{Ca_3P_2} + \underset{(물)}{6H_2O} \rightarrow \underset{(수산화칼슘)}{3Ca(OH)_2} + \underset{(포스핀)}{2PH_3}$

∴ 포스핀

② 제1류 위험물 중 질산염류는 물과 반응하지 않아

∴ 해당없음

③ $\underset{(과산화칼륨)}{2K_2O_2} + \underset{(물)}{2H_2O} \rightarrow \underset{(수산화칼륨)}{4KOH} + \underset{(산소)}{O_2}$

∴ 산소

④ $\underset{(리튬)}{2Li} + \underset{(물)}{2H_2O} \rightarrow \underset{(수산화리튬)}{2LiOH} + \underset{(수소)}{H_2}$

∴ 수소

⑤ 제1류 위험물 중 염소산염류는 물과 반응하지 않아

∴ 해당없음

## 02

**위험물안전관리법에 따른 소화설비의 소요단위에 대해 다음 물음에 알맞은 소요단위를 쓰시오.**

(1) 면적 $300m^2$인 내화구조의 벽으로 된 제조소
(2) 면적 $300m^2$인 내화구조가 아닌 제조소
(3) 면적 $300m^2$인 내화구조의 저장소

해설

(1) 소요단위 $= \frac{300}{100} =$ 3소요단위

(2) 소요단위 $= \frac{300}{50} =$ 6소요단위

(3) 소요단위 $= \frac{300}{150} =$ 2소요단위

참고

*각 설비의 1소요단위의 기준

| 건축물 | 외벽이 내화구조인 것 | 외벽이 내화구조가 아닌 것 |
|---|---|---|
| 제조소 및 취급소 | $100m^2$ | $50m^2$ |
| 저장소 | $150m^2$ | $75m^2$ |

## 03

**다음은 염소산칼륨에 대한 내용일 때 각 물음에 답을 쓰시오.**

(1) 완전분해 반응식을 쓰시오.
(2) 염소산칼륨 $24.5kg$이 표준상태에서 완전분해 시 생성되는 산소의 부피$[m^3]$를 구하시오.
(단, 칼륨의 분자량 39, 염소의 분자량 35.5이다.)

해설

(1) $2KClO_3 \rightarrow 2KCl + 3O_2$
(염소산칼륨) (염화칼륨) (산소)

(2) 염소산칼륨의 분자량 : $39 + 35.5 + 16 \times 3 = 122.5g$
표준상태는 1기압 0℃을 나타내고,

$PV = nRT = \frac{W}{M}RT$에서,

$\therefore V = \frac{WRT}{PM} \times \frac{\text{생성물의 몰수}}{\text{반응물의 몰수}}$

$= \frac{24.5 \times 0.082 \times (0+273)}{1 \times 122.5} \times \frac{3}{2} = 6.72m^3$

## 04

**다음 보기의 불활성가스 소화약제에 대한 구성비의 빈칸을 채우시오.**

[보기]
① IG-55 : ( ) 50%, ( ) 50%
② IG-541 : ( ) 52%, ( ) 40%, ( ) 8%

해설

① 질소, 아르곤
② 질소, 아르곤, 이산화탄소

참고

*불연성, 불활성기체혼합가스의 종류

| 종류 | 구성 |
|---|---|
| IG-100 | $N_2(100\%)$ |
| IG-55 | $N_2(50\%) + Ar(50\%)$ |
| IG-541 | $N_2(52\%) + Ar(40\%) + CO_2(8\%)$ |

## 05

**삼황화린과 오황화린이 연소 시 공통으로 발생하는 물질의 명칭을 모두 쓰시오.**

해설

$P_4S_3 + 8O_2 \rightarrow 2P_2O_5 + 3SO_2$
(삼황화린) (산소) (오산화린) (이산화황)

$2P_2S_5 + 15O_2 \rightarrow 2P_2O_5 + 10SO_2$
(오황화린) (산소) (오산화인) (이산화황)

∴오산화인, 이산화황

## 06

**제3류 위험물에 속하는 트리에틸알루미늄에 대한 각 물음에 답하시오.**

(1) 메탄올과의 반응식을 쓰시오.
(2) (1)의 반응에서 생성되는 기체의 연소반응식을 쓰시오.

해설

(1) $(C_2H_5)_3Al + 3CH_3OH$
(트리에틸알루미늄) (메틸알코올)

$\rightarrow Al(CH_3O)_3 + 3C_2H_6$
(트리메톡시알루미늄) (에탄)

(2) $2C_2H_6 + 7O_2 \rightarrow 4CO_2 + 6H_2O$
(에탄) (산소) (이산화탄소) (물)

## 07

**다음 표는 위험물안전관리법에 따른 소화설비의 능력단위에 대한 내용일 때 빈칸을 채우시오.**

| 소화설비 | 용량 | 능력단위 |
|---|---|---|
| 소화전용 물통 | ( ① )L | 0.3 |
| 수조<br>(소화전용물통 3개 포함) | 80L | ( ② ) |
| 수조<br>(소화전용물통 6개 포함) | 190L | ( ③ ) |
| 마른 모래(삽 1개 포함) | ( ④ ) | 0.5 |
| 팽창질석 또는<br>팽창진주암(삽 1개 포함) | ( ⑤ ) | 1.0 |

해설

① 8
② 1.5
③ 2.5
④ 50
⑤ 160

참고

| 소화설비 | 용량 | 능력단위 |
|---|---|---|
| 소화전용 물통 | 8L | 0.3 |
| 수조<br>(소화전용물통 3개 포함) | 80L | 1.5 |
| 수조<br>(소화전용물통 6개 포함) | 190L | 2.5 |
| 마른 모래(삽 1개 포함) | 50L | 0.5 |
| 팽창질석 또는 팽창진주암<br>(삽1개 포함) | 160L | 1.0 |

## 08

**탄화알루미늄에 대한 각 물음에 답하시오.**

(1) 물과의 반응식
(2) 염산과의 반응식

해설

(1) $Al_4C_3$ (탄화알루미늄) $+ 12H_2O$ (물) $\rightarrow$ $4Al(OH)_3$ (수산화알루미늄) $+ 3CH_4$ (메탄)

(2) $Al_4C_3$ (탄화알루미늄) $+ 12HCl$ (염산) $\rightarrow$ $4AlCl_3$ (염화알루미늄) $+ 3CH_4$ (메탄)

## 09

**지정과산화물을 저장하는 옥내저장창고 지붕에 대한 설명일 때 빈칸을 채우시오.**

[보기]
- 중도리 또는 서까래의 간격은 ( ① )$cm$ 이하로 할 것
- 지붕의 아래쪽 면에는 한 변의 길이가 ( ② )$cm$ 이하의 환강, 경량형강 등으로 된 강제의 격자를 설치할 것
- 지붕의 아래쪽 면에 ( ③ )을 쳐서 불연재료의 도리·보 또는 서까래에 단단히 결합할 것
- 두께 ( ④ )$cm$ 이상, 너비 ( ⑤ )$cm$ 이상의 목재로 만든 받침대를 설치할 것

해설

① 30  ② 45  ③ 철망  ④ 5  ⑤ 30

## 10

**다음 정의를 각각 쓰시오.**

(1) 인화성고체
(2) 철분
(3) 제2석유류

해설

(1) 고형알코올, 그 밖에 1기압에서 인화점이 40℃ 미만인 고체를 말한다.

(2) 철의 분말로서 53$\mu m$의 표준체를 통과하는 것이 50$wt\%$ 이상인 것을 말한다.

(3) 1기압에서 인화점이 21℃ 이상 70℃ 미만인 것

## 11

**제1류 위험물 중 위험등급 I의 위험물을 품명 3가지를 쓰시오.**

해설

① 아염소산염류  ② 염소산염류
③ 과염소산염류  ④ 무기과산화물

## 12

**다음 아세트알데히드가 산화될 경우 생성되는 제4류 위험물에 대한 각 물음에 답하시오.**

(1) 이 물질의 시성식
(2) 이 물질의 완전연소반응식
(3) 이 물질을 옥내저장소에 저장할 경우 저장소의 바닥면적을 쓰시오.

해설

(1) $CH_3COOH$(아세트산)

(2) $CH_3COOH$ (아세트산) $+ 2O_2$ (산소) $\rightarrow$ $2CO_2$ (이산화탄소) $+ 2H_2O$ (물)

(3) $2000m^2$

참고

*옥내저장소의 위치, 구조 및 설비의 기준

하나의 저장창고의 바닥면적(2 이상의 구획된 실이 있는 경우에는 각 실의 바닥면적의 합계)은 다음 각목의 구분에 의한 면적 이하로 하여야 한다.

(1) 다음의 위험물을 저장하는 창고 : $1,000m^2$
① 제1류 위험물 중 아염소산염류, 염소산염류, 과염소산염류, 무기과산화물 그 밖에 지정수량이 50$kg$인 위험물
② 제3류 위험물 중 칼륨, 나트륨, 알킬알루미늄, 알킬리튬 그 밖에 지정수량이 10$kg$인 위험물 및 황린
③ 제4류 위험물 중 특수인화물, 제1석유류 및 알코올류
④ 제5류 위험물 중 유기과산화물, 질산에스테르류 그 밖에 지정수량이 10$kg$인 위험물
⑤ 제6류 위험물

(2) (1)의 위험물 외의 위험물을 저장하는 창고 : $2,000m^2$
(3) (1)의 위험물과 2. 목의 위험물을 내화구조의 격벽으로 완전히 구획된 실에 각각 저장하는 창고 : $1,500m^2$
[(1)의 위험물을 저장하는 실의 면적은 $500m^2$를 초과할 수 없다.]

## 13

**금속칼륨에 대한 각 물음에 답하시오.**

(1) 이산화탄소와의 반응식
(2) 에탄올과의 반응식

해설

(1) $4K$ (칼륨) + $3CO_2$ (이산화탄소) → $2K_2CO_3$ (탄산칼륨) + $C$ (탄소)

(2) $2K$ (칼륨) + $2C_2H_5OH$ (에틸알코올) → $2C_2H_5OK$ (칼륨에틸레이트) + $H_2$ (수소)

## 14

**제4류 위험물 중 특수인화물에 속하는 산화프로필렌에 대하여 각 물음에 답하시오.**

(1) 증기비중
(2) 위험등급
(3) 보냉장치가 없는 이동탱크저장소에 저장할 경우의 온도

해설

(1) 산화프로필렌($CH_3CHOCH_2$) 분자량

: $12+1\times3+12+1+16+12+1\times2=58$

$\therefore$ 증기비중 $=\dfrac{58}{28.84}=2.01$

(2) I등급

(3) 40℃ 이하

## 15

**니트로셀룰로오스에 대한 각 물음에 답하시오.**

(1) 제조방법을 서술하시오.
(2) 품명
(3) 지정수량
(4) 운반 시 운반용기 외부에 표시하여야 할 주의사항을 모두 쓰시오.

해설

(1) 셀룰로오스에 진한황산과 진한질산을 혼합시켜 제조한다.
(2) 질산에스테르류
(3) 10kg
(4) 화기엄금, 충격주의

## 16

**제4류 위험물(이황화탄소는 제외)을 취급하는 제조소의 옥외취급탱크에 100만$L$ 1기, 50만$L$ 2기, 10만$L$ 3기가 있다. 이 중 50만$L$ 탱크 1기를 다른 방유제에 설치하고 나머지를 하나의 방유제에 설치할 경우 방유제 전체의 최소용량 합계[$L$]를 구하시오.**

해설

하나의 방유제의 용량(50만L 1기)

: 50만$\times0.5=$ 25만$L$

또 다른 하나의 방유제의 용량

(100만L 1기, 50만L 1기, 10만L 3기)

: 100만$\times0.5+$50만$\times0.1+$10만$\times0.1\times3=$ 58만$L$

$\therefore$ 25만 + 58만 = 83만$L$

참고

*위험물 제조소에 있는 위험물 취급탱크

① 하나의 취급 탱크 주위에 설치하는 방유제의 용량
: 당해 탱크용량의 50% 이상

② 2 이상의 취급 탱크 주위에 하나의 방유제를 설치하는 경우, 방유제의 용량
: 당해 탱크 중 용량이 최대인 것의 50%에 나머지 탱크용량의 합계를 10%를 가산한 양 이상이 되게 할 것

## 17

**다음 보기에서 설명하는 위험물에 대하여 각 물음에 답하시오.**

| [보기] |
|---|
| - 무색의 유동성이 있는 액체로서 물과 반응하여 발열한다.<br>- 분자량 100.5, 비중 1.76이다.<br>- 염소산 중 가장 강한 산이다. |

(1) 시성식
(2) 위험물의 유별
(3) 이 물질을 취급하는 제조소와 병원과의 안전거리
(4) 이 물질 5000kg을 취급하는 제조소의 보유공지 너비

해설

(1) $HClO_4$
(2) 제6류 위험물
(3) 해당없음
(4) 지정수량 $= \frac{5000}{300} = 16.67$배
10배 초과이므로,
$\therefore$ 5m 이상

참고

*제조소의 위치 • 구조 및 설비의 기준

| 안전거리 | 해당 대상물 |
|---|---|
| 50$m$ 이상 | 지정, 유형문화재 |
| 30$m$ 이상 | 병원, 학교, 극장, 보호시설, 아동복지시설, 양로원 등 |
| 20$m$ 이상 | 고압가스, 액화석유가스, 도시가스시설 |
| 10$m$ 이상 | 주거용도 주택 |
| 5$m$ 이상 | 35,000V 초과 특고압 가공전선 |
| 3$m$ 이상 | 7,000V 초과 35,000V 이하 특고압 가공전선 |

✔제6류 위험물은 해당없음

*제조소의 보유공지

| 지정수량의 배수 | 보유공지의 너비 |
|---|---|
| 지정수량의 10배 이하 | 3$m$ 이상 |
| 지정수량의 10배 초과 | 5$m$ 이상 |

## 18

**다음 보기는 위험물안전관리법에 따른 옥내저장소 기준일 때 빈칸을 채우시오.**

| [보기] |
|---|
| - 옥내저장소에서 동일 품명의 위험물이라도 자연발화할 우려가 있는 위험물을 다량 저장하는 경우에는 지정수량의 ( ① )배 이하마다 구분하여 ( ② )$m$ 이상의 간격을 두어 저장한다.<br>- 기계에 의하여 하역하는 구조로 된 용기만을 겹쳐 쌓는 경우 ( ③ )의 높이를 초과하지 아니하여야 한다.<br>- 제4류 위험물 중 제3석유류, 제4석유류 및 동식물유류를 수납하는 용기만을 겹쳐 쌓는 경우 ( ④ )의 높이를 초과하지 아니하여야 한다.<br>- 그 밖의 경우에 있어서는 ( ⑤ )의 높이를 초과하지 아니하여야 한다. |

해설

① 10　② 0.3　③ 6m　④ 4m　⑤ 3m

## 19

**다음 그림과 같은 옥외탱크저장소에 위험물을 저장할 경우 탱크의 용량$[m^3]$의 최댓값과 최솟값을 구하시오. (단, $a : 2m,\ b : 1.5m,\ \ell : 3m,\ \ell_1 : 0.3m$ 이다.)**

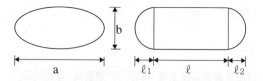

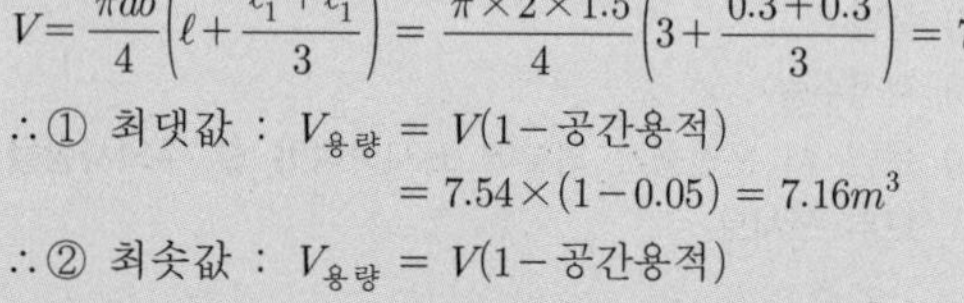


해설

$$V = \frac{\pi ab}{4}\left(\ell + \frac{\ell_1 + \ell_1}{3}\right) = \frac{\pi \times 2 \times 1.5}{4}\left(3 + \frac{0.3+0.3}{3}\right) = 7.54m^3$$

$\therefore$ ① 최댓값 : $V_{용량} = V(1 - 공간용적)$
$= 7.54 \times (1 - 0.05) = 7.16m^3$

$\therefore$ ② 최솟값 : $V_{용량} = V(1 - 공간용적)$
$= 7.54 \times (1 - 0.1) = 6.79m^3$

참고

*탱크의 내용적 및 공간용적

탱크의 공간용적은 탱크의 내용적의 100분의 5이상 100분의 10이하의 용적으로 한다.

## 20

**위험물안전관리법에 따른 위험물 유별에 대한 각 빈칸을 채우시오.**

| 유별 | 특성 | 품명 | | 지정수량 |
|---|---|---|---|---|
| 제1류 위험물 | 산화성 고체 | 질산염류 | | 300kg |
| | | 요오드산염류 | | ( ④ )kg |
| | | 과망간산염류 | | 1000kg |
| | | ( ② ) | | |
| 제2류 위험물 | ( ① ) | 철분 | | 500kg |
| | | 금속분 | | |
| | | 마그네슘 | | |
| | | ( ③ ) | | 1000kg |
| 제4류 위험물 | 인화성 액체 | 제2 석유류 | 비수용성 | ( ⑤ )L |
| | | | 수용성 | 2000L |
| | | 제3 석유류 | 비수용성 | 2000L |
| | | | 수용성 | ( ⑥ )L |

해설

① 가연성고체
② 중크롬산염류
③ 인화성고체
④ 300
⑤ 1000
⑥ 4000

**2022**
**4회차**

위험물산업기사
# 실기 기출문제

## 01

**금속나트륨과 에틸알코올이 반응하여 가연성 기체를 발생할 때 각 물음에 답하시오.**

(1) 금속나트륨과 에틸알코올의 반응식
(2) (1)의 반응에서 생성되는 가연성 기체의 위험도

**해설**

(1) $\underset{(나트륨)}{2Na} + \underset{(에틸알코올)}{2C_2H_5OH} \rightarrow \underset{(나트륨에틸레이트)}{2C_2H_5ONa} + \underset{(수소)}{H_2}$

(2) $H = \dfrac{75-4}{4} = 17.75$

**참고**

*수소의 연소범위
4~75vol%

## 02

**금속칼륨과 각 물질의 반응식을 쓰시오.**
**(단, 없으면 '해당없음'으로 쓰시오.)**

(1) 물
(2) 경유
(3) 이산화탄소

**해설**

(1) $\underset{(칼륨)}{2K} + \underset{(물)}{2H_2O} \rightarrow \underset{(수산화칼륨)}{2KOH} + \underset{(수소)}{H_2}$
(2) 해당없음
(3) $\underset{(칼륨)}{4K} + \underset{(이산화탄소)}{3CO_2} \rightarrow \underset{(탄산칼륨)}{2K_2CO_3} + \underset{(탄소)}{C}$

## 03

**다음 탱크의 최대용량[$L$]을 구하시오.**
**(단, 탱크의 공간용적은 $\dfrac{5}{100}$이다.)**

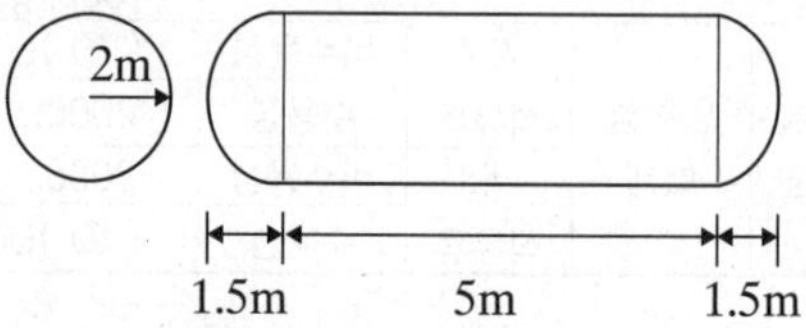


**해설**

$$V = \pi r^2\left(\ell + \frac{\ell_1 + \ell_2}{3}\right) = \pi \times 2^2 \times \left(5 + \frac{1.5+1.5}{3}\right) = 75.39822m^3$$
$$= 75398.22L$$
$$\therefore V_{용량} = V(1-공간용적) = 75398.22 \times (1-0.05) = 71628.31L$$

## 04

**각 위험물의 시성식을 쓰시오.**

(1) 아세톤
(2) 의산(포름산, 개미산)
(3) 트리니트로페놀(피크린산)
(4) 초산에틸(아세트산에틸)
(5) 아닐린

**해설**

(1) $CH_3COCH_3$
(2) $HCOOH$
(3) $C_6H_2OH(NO_2)_3$
(4) $CH_3COOC_2H_5$
(5) $C_6H_5NH_2$

## 05

**위험물안전관리법에 따른 소화설비의 소요단위에 대해 각 물음에 알맞은 소요단위를 구하시오.**

(1) 디에틸에테르 $2000L$
(2) 면적 $1500m^2$으로 외벽이 내화구조가 아닌 저장소
(3) 면적 $1500m^2$으로 외벽이 내화구조로 된 제조소

해설

(1)

$$\text{지정수량의 배수} = \frac{\text{저장수량}}{\text{지정수량}} = \frac{2000}{50} = 40\text{배}$$

$$\therefore \text{소요단위} = \frac{\text{지정수량의 배수}}{10} = \frac{40}{10} = 4\text{소요단위}$$

(2) $\text{소요단위} = \frac{1500}{75} = 20\text{소요단위}$

(3) $\text{소요단위} = \frac{1500}{100} = 15\text{소요단위}$

참고

*디에틸에테르 지정수량
50L

*각 설비의 1소요단위의 기준

| 건축물 | 외벽이 내화구조인 것 | 외벽이 내화구조가 아닌 것 |
|---|---|---|
| 제조소 및 취급소 | $100m^2$ | $50m^2$ |
| 저장소 | $150m^2$ | $75m^2$ |

## 06

**트리에틸알루미늄에 대한 각 물음에 답하시오.**

(1) 트리에틸알루미늄과 물의 반응식
(2) 트리에틸알루미늄 $228g$이 물과 반응할 때 생성되는 가연성기체의 부피$[L]$를 구하시오.

해설

(1)

$$(C_2H_5)_3Al + 3H_2O \rightarrow Al(OH)_3 + 3C_2H_6$$
(트리에틸알루미늄) (물) (수산화알루미늄) (에탄)

(2) 트리에틸알루미늄$[(C_2H_5)_3Al]$의 분자량
: $(12\times2+1\times5)\times3+27=114$

표준상태(1기압, 0℃)에서 기체 1mol의 부피는 $22.4L$이고, 트리에틸알루미늄 $1mol(114g)$이 반응할 때 $3mol$의 에탄가스가 발생하니, $2mol(228g)$이 반응할 때 $6mol$의 에탄가스가 발생하므로,

$\therefore V = 6\times22.4 = 134.4L$

## 07

**크실렌(자일렌)의 이성질체 3가지에 대한 명칭과 구조식을 쓰시오.**

해설

| 명칭 | 구조식 |
|---|---|
| o−크실렌 | 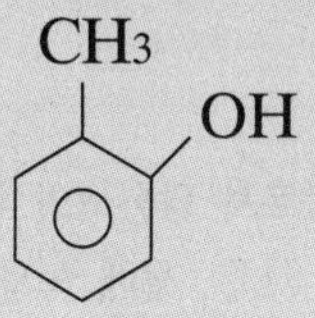 |
| m−크실렌 | 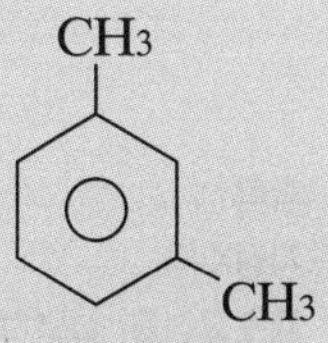 |
| p−크실렌 | 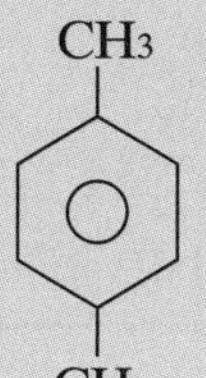 |

## 08

**보기의 위험물들을 인화점이 낮은 순서대로 배치하시오.**

| [보기] |
|---|
| 이황화탄소, 초산에틸, 글리세린, 클로로벤젠 |

해설

이황화탄소 < 초산에틸 < 클로로벤젠 < 글리세린

참고

| 물질 | 인화점 |
|---|---|
| 이황화탄소 | −30℃ |
| 초산에틸 | −4℃ |
| 글리세린 | 160℃ |
| 클로로벤젠 | 27℃ |

## 09

**제5류 위험물로서 담황색의 주상결정이며 분자량이 227, 융점이 81℃, 물에 녹지 않고 벤젠, 아세톤, 알코올에 녹는 이 물질에 대한 다음 각 물음에 답하시오.**

(1) 이 물질의 화학식
(2) 이 물질의 지정수량
(3) 이 물질의 제조과정을 설명하시오.

해설

(1) $C_6H_2CH_3(NO_2)_3$
(2) $200kg$
(3) 톨루엔과 진한질산을 황산 촉매 하에 니트로화 반응하여 트리니트로톨루엔이 생성된다.

## 10

**다음 질산암모늄에 대한 각 물음에 답하시오.**

(1) 열분해 반응식을 쓰시오.
(2) $0.9atm$, 300℃에서 $1mol$이 분해될 때 생성되는 $H_2O$의 부피$[L]$를 구하시오.

해설

(1) $2NH_4NO_3 \rightarrow 4H_2O + 2N_2 + O_2$
(질산암모늄) (물) (질소) (산소)

(2)
$NH_4NO_3$ $2mol$이 반응할 때 $H_2O$은 $4mol$ 생성된다. 그러므로, $1mol$이 반응하면 $2mol$이 생성된다.

질산암모늄($NH_4NO_3$)의 분자량
: $14 + 1\times4 + 14 + 16\times3 = 80$

$PV = nRT$에서,
$$\therefore V = \frac{nRT}{P} = \frac{2\times0.082\times(300+273)}{0.9} = 104.41L$$

## 11

**다음 보기는 위험물안전관리법에 따른 운반의 기준에 따른 차광성 또는 방수성의 피복으로 모두 덮어야 하는 위험물의 품명을 다음 보기에서 모두 고르시오.**
**(단, 없으면 '해당없음'으로 쓰시오.)**

[보기]
① 알칼리금속의 과산화물
② 특수인화물
③ 금속분
④ 제5류 위험물
⑤ 제6류 위험물
⑥ 인화성고체

해설

① 알칼리금속의 과산화물

참고

*위험물의 운반 기준
① 제1류 위험물, 제3류 위험물 중 자연발화성물질, 제4류 위험물 중 특수인화물, 제5류 위험물 또는 제6류 위험물은 차광성이 있는 피복으로 가릴 것
② 제1류 위험물 중 알칼리금속의 과산화물 또는 이를 함유한 것, 제2류 위험물 중 철분・금속분・마그네슘 또는 이들 중 어느 하나 이상을 함유한 것 또는 제3류 위험물 중 금수성물질은 방수성이 있는 피복으로 덮을 것

## 12

**다음 아래의 제조소 조건에서의 방화벽 설치 높이 $[m]$를 구하시오.**

[조건]
① 제조소 높이 : $30m$
② 인접건물 높이 : $40m$
③ $p$상수 : $0.15$
④ 제조소와 방화벽 거리 : $5m$
⑤ 제조소와 인접건물 거리 : $10m$

해설

$H \le pD^2 + a$일 경우에 높이는 $h = 2m$이다.

$H$ : 인근 건축물 또는 공작물의 높이$[m]$
$p$ : 상수
$D$ : 제조소등과 인근 건축물 또는 공작물의 높이$[m]$
$a$ : 제조소등의 외벽의 높이$[m]$

$40 \le 0.15 \times 10^2 + 30$
$40 \le 45 \Rightarrow \therefore$ 높이 $2m$

## 13

**다음 보기의 설명을 보고 각 물음에 답하시오.**

[조건]
- 분자량 34이다.
- 표백작용 • 살균작용을 한다.
- 일정 농도 이상인 것에 한하여 위험물로 간주한다.
- 운반용기 외부에 표시하여야 하는 주의사항은 '가연물접촉주의' 이다.

(1) 이 위험물의 명칭
(2) 시성식
(3) 분해반응식
(4) 제조소의 표지판에 설치해야 하는 주의사항을 모두 쓰시오. (단, 없으면 '해당없음' 으로 쓰시오.)

해설

(1) 과산화수소
(2) $H_2O_2$
(3) $\underset{(\text{과산화수소})}{2H_2O_2} \rightarrow \underset{(\text{물})}{2H_2O} + \underset{(\text{산소})}{O_2}$
(4) 해당없음

해설

*제조소의 게시판에 표기해야 하는 주의사항

| 종류 | 주의사항 표시 |
|---|---|
| *제1류 위험물 중 알칼리금속의 과산화물<br>*제3류 위험물 중 금수성물질 | 물기엄금 |
| *제2류 위험물<br>(인화성고체를 제외) | 화기주의 |
| *제2류 위험물 중 인화성고체<br>*제3류 위험물 중 자연발화성물질<br>*제4류 위험물<br>*제5류 위험물 | 화기엄금 |

## 14

**다음 보기는 위험물안전관리법령에 따른 위험물의 저장 및 취급기준일 때 빈칸을 채우시오.**

[보기]
- 제( ① )류 위험물은 가연물과의 접촉 • 혼합이나 분해를 촉진하는 물품과의 접근 또는 과열을 피하여야 한다.
- 제( ② )류 위험물은 불티, 불꽃, 고온체와의 접근 또는 과열을 피하고, 함부로 증기를 발생시키지 아니하여야 한다.
- 제( ③ )류 위험물은 불티, 불꽃, 고온체와의 접근이나 과열, 충격 또는 마찰을 피하여야 한다.
- 유별을 달리하는 위험물은 동일한 저장소에 저장할 수 없는데, 유별로 정리하여 서로 1m 이상의 간격을 두면 동일한 실에 함께 저장할 수 있다.
  • 제1류 위험물과 제( ④ )류 위험물
  • 제2류 위험물 중 인화성고체와 제( ⑤ )류 위험물

해설

① 6 ② 4 ③ 5 ④ 6 ⑤ 4

참고

*제조소 등에서의 위험물의 저장 및 취급에 관한 기준
① 제1류 위험물은 가연물과의 접촉 • 혼합이나 분해를 촉진하는 물품과의 접근 또는 과열 • 충격 • 마찰 등을 피하는 한편, 알칼리금속의 과산화물 및 이를 함유한 것에 있어서는 물과의 접촉을 피하여야 한다.

② 제2류 위험물은 산화제와의 접촉 • 혼합이나 불티 • 불꽃 • 고온체와의 접근 또는 과열을 피하는 한편, 철분 • 금속분 • 마그네슘 및 이를 함유한 것에 있어서는 물이나 산과의 접촉을 피하고 인화성 고체에 있어서는 함부로 증기를 발생시키지 아니하여야 한다.

③ 제3류 위험물 중 자연발화성물질에 있어서는 불티 • 불꽃 또는 고온체와의 접근 • 과열 또는 공기와의 접촉을 피하고, 금수성물질에 있어서는 물과의 접촉을 피하여야 한다.

④ 제4류 위험물은 불티 • 불꽃 • 고온체와의 접근 또는 과열을 피하고, 함부로 증기를 발생시키지 아니하여야 한다.

⑤ 제5류 위험물은 불티 • 불꽃 • 고온체와의 접근이나 과열 • 충격 또는 마찰을 피하여야 한다.

⑥ 제6류 위험물은 가연물과의 접촉 • 혼합이나 분해를촉진하는 물품과의 접근 또는 과열을 피하여야 한다.

***제조소등에서의 위험물의 저장 및 취급에 관한 기준**

- 유별을 달리하는 위험물은 동일한 저장소(내화구조의 격벽으로 완전히 구획된 실이 2 이상 있는 저장소에 있어서는 동일한 실)에 저장하지 아니하여야 한다. 다만, 옥내저장소 또는 옥외저장소에 있어서 다음의 각목의 규정에 의한 위험물을 저장하는 경우로서 위험물을 유별로 정리하여 저장하는 한편, 서로 1m 이상의 간격을 두는 경우에는 그러하지 아니하다.

① 제1류 위험물(알칼리금속의 과산화물 또는 이를 함유한 것을 제외)과 제5류 위험물을 저장하는 경우
② 제1류 위험물과 제6류 위험물을 저장하는 경우
③ 제1류 위험물과 제3류 위험물 중 자연발화성물질(황린 또는 이를 함유한 것)을 저장하는 경우
④ 제2류 위험물 중 인화성고체와 제4류 위험물을 저장하는 경우
⑤ 제3류 위험물 중 알킬알루미늄등과 제4류 위험물(알킬알루미늄 또는 알칼리튬을 함유한 것)을 저장하는 경우
⑥ 제4류 위험물 중 유기과산화물 또는 이를 함유한 것과 제5류 위험물 중 유기과산화물 또는 이를 함유한 것을 저장하는 경우

## 15

**다음 그림은 위험물안전관리법에 따른 안전거리 기준일 때 빈칸을 채우시오.**

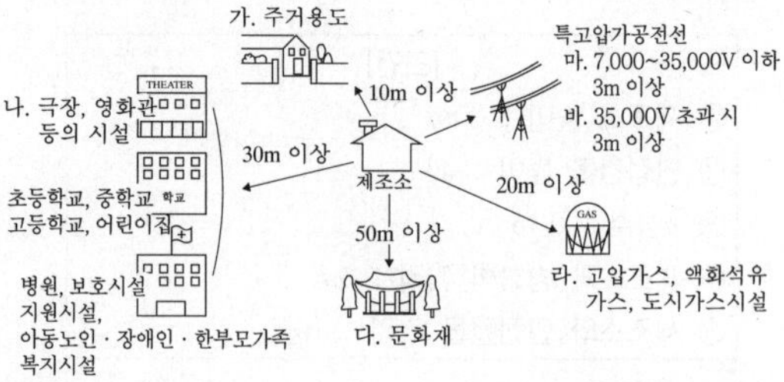


해설

① 10m 이상
② 30m 이상
③ 50m 이상
④ 20m 이상
⑤ 3m 이상

참고

***제조소의 위치 • 구조 및 설비의 기준**

| 안전거리 | 해당 대상물 |
|---|---|
| 50$m$ 이상 | 지정, 유형문화재 |
| 30$m$ 이상 | 병원, 학교, 극장, 보호시설, 아동복지시설, 양로원 등 |
| 20$m$ 이상 | 고압가스, 액화석유가스,<br>도시가스시설 |
| 10$m$ 이상 | 주거용도 주택 |
| 5$m$ 이상 | 35,000V 초과<br>특고압 가공전선 |
| 3$m$ 이상 | 7,000V 초과 35,000V 이하<br>특고압 가공전선 |

## 16

**다음 보기를 보고 각 물음에 알맞은 답을 쓰시오.**

[보기]
질산나트륨, 과산화수소, 메틸에틸케톤,
알루미늄분, 염소산암모늄

(1) 보기에서 연소가 가능한 위험물을 모두 쓰시오.
(2) (1)의 위험물 중 완전연소반응식 1가지만 쓰시오.

해설

(1) 메틸에틸케톤, 알루미늄분

(2) $2CH_3COC_2H_5 + 11O_2 \rightarrow 8CO_2 + 8H_2O$
(메틸에틸케톤) (산소) (이산화탄소) (물)

or

$4Al + 3O_2 \rightarrow 2Al_2O_3$
(알루미늄) (산소) (산화알루미늄)

## 17

**다음 표는 위험물안전관리법에 따른 안전교육의 과정, 기간과 그 밖의 교육의 실시에 관한 사항일 때 다음 보기를 참고하여 빈칸에 알맞은 답을 쓰시오.**

| 교육과정 | 교육대상자 | 교육시간 |
|---|---|---|
| 강습교육 | ( ① )가 되려는 사람 | 24시간 |
| | ( ② )가 되려는 사람 | 8시간 |
| | ( ③ )가 되려는 사람 | 16시간 |
| 실무교육 | ( ① ) | 8시간 이내 |
| | ( ② ) | 4시간 |
| | ( ③ ) | 8시간 이내 |
| | ( ④ )의 기술인력 | 8시간 이내 |

[보기]
안전관리자, 탱크시험자,
위험물운송자, 위험물운반자

해설

① 안전관리자
② 위험물운반자
③ 위험물운송자
④ 탱크시험자

## 18

**보기의 내용을 참고하여 각 물음에 알맞은 답을 쓰시오.**

[보기]
- 분자량 78이다.
- 휘발성이 있는 액체로 독특한 냄새가 난다.
- 수소 첨가반응으로 시클로헥산을 생성한다.

(1) 화학식
(2) 위험등급
(3) 위험물안전카드의 휴대 여부
(단, 보기의 조건으로 알 수 없으면 '알 수 없음'을 쓰시오.)
(4) 장거리에 걸치는 운송을 하는 때에는 2명 이상의 운전자로 하여야 한다. 이에 해당하는지 여부를 쓰시오.
(단, 보기의 조건으로 알 수 없으면 '알 수 없음'을 쓰시오.)

해설

(1) $C_6H_6$(벤젠)
(2) II등급
(3) 휴대할 것
(4) 알 수 없음

참고

*위험물 운송책임자의 감독 또는 지원의 방법과 위험물의 운송시에 준수하여야 하는 사항

(1) 운송책임자의 감독 또는 지원의 방법

① 운송책임자가 이동탱크저장소에 동승하여 운송 중인 위험물의 안전확보에 관하여 운전자에게 필요한 감독 또는 지원을 하는 방법. 다만, 운전자가 운반책임자의 자격이 있는 경우에는 운반책임자의 자격이 없는 자가 동승할 수 있다.

② 운송의 감독 또는 지원을 위하여 마련한 별도의 사무실에 운송책임자가 대기하면서 다음의 사항을 이행하는 방법

- 운송경로를 미리 파악하고 관할 소방관서 또는 관련 업체(비상대응에 관한 협력을 얻을 수 있는 업체를 말한다)에 대한 연락체계를 갖추는 것
- 이동탱크저장소의 운전자에 대하여 수시로 안전확보 상황을 확인하는 것
- 비상시의 응급처치에 관하여 조언을 하는 것
- 그 밖에 위험물의 운송중 안전확보에 관하여 필요한 정보를 제공하고 감독 또는 지원하는 것

(2) 이동탱크저장소에 의한 위험물의 운송시에 준수하여야 하는 기준

① 위험물운송자는 운송의 개시전에 이동저장탱크의

04

배출밸브 등의 밸브와 폐쇄장치, 맨홀 및 주입구의 뚜껑, 소화기 등의 점검을 충분히 실시할 것.

② 위험물운송자는 장거리(고속국도에 있어서는 340㎞ 이상, 그 밖의 도로에 있어서는 200㎞ 이상을 말한다)에 걸치는 운송을 하는 때에는 2명 이상의 운전자로 할 것. 다만, 다음에 해당하는 경우에는 그러하지 아니하다.

- 운송책임자를 동승시킨 경우
- 운송하는 위험물이 제2류 위험물·제3류 위험물(칼슘 또는 알루미늄의 탄화물과 이것만을 함유한 것에 한한다) 또는 제4류 위험물(특수인화물을 제외한다)인 경우
- 운송도중에 2시간 이내마다 20분 이상씩 휴식하는 경우

③ 위험물운송자는 이동탱크저장소를 휴식·고장 등으로 일시 정차시킬 때에는 안전한 장소를 택하고 당해 이동탱크저장소의 안전을 위한 감시를 할 수 있는 위치에 있는 등 운송하는 위험물의 안전확보에 주의할 것

④ 위험물운송자는 이동저장탱크로부터 위험물이 현저하게 새는 등 재해발생의 우려가 있는 경우에는 재난을 방지하기 위한 응급조치를 강구하는 동시에 소방관서 그 밖의 관계기관에 통보할 것

⑤ 위험물(제4류 위험물에 있어서는 특수인화물 및 제1석유류에 한한다)을 운송하게 하는 자는 운송하게 하는 위험물의 취급방법 및 응급조치요령을 알기 쉽게 기록한 카드(이하 바목에서 "위험물안전카드"라 한다)를 위험물운송자로 하여금 휴대하게 할 것

⑥ 위험물운송자는 위험물안전카드를 휴대하고 당해 카드에 기재된 내용에 따를 것. 다만, 재난 그 밖의 불가피한 이유가 있는 경우에는 당해 기재된 내용에 따르지 아니할 수 있다.

## 19

**다음 보기에서 제4류 위험물 중 제2석유류에 대한 설명으로 옳은 것을 모두 고르시오.**

[보기]

① 등유, 경유
② 중유, 클레오소트유
③ 1기압에서 인화점이 섭씨 70도 이상 섭씨 200도 미만인 것을 말한다.
④ 1기압에서 인화점이 섭씨 200도 이상 섭씨 250도 미만인 것을 말한다.
⑤ 도료류 그 밖의 물품에 있어서는 가연성 액체량이 40중량퍼센트 이하이면서 인화점이 섭씨 40도 이상인 동시에 연소점이 섭씨 60도 이상인 것은 제외한다.

해설

①, ⑤

참고

*제2석유류

등유, 경유 그 밖에 $1atm$에서 인화점이 21℃ 이상 70℃ 미만인 것을 말한다. 다만 도료류, 그 밖의 물품에 있어서는 가연성 액체량이 $40wt\%$ 이하이면서 인화점이 40℃ 이상인 동시에 연소점이 60℃ 이상인 것은 제외한다.

## 20

**다음 표는 소화설비 적응성에 관한 내용일 때 적응성이 있는 경우 빈칸에 *O*를 채우시오.**

| 소화설비의 구분 | | 대상물 구분 | | | | | | | | | | | |
|---|---|---|---|---|---|---|---|---|---|---|---|---|---|
| | | 건축물·그 밖의 공작물 | 전기설비 | 제1류 위험물 | | 제2류 위험물 | | | 제3류 위험물 | | 제4류 위험물 | 제5류 위험물 | 제6류 위험물 |
| | | | | 알칼리금속과산화물 | 그밖의 것 | 철분 금속분 마그네슘 | 인화성 고체 | 그 밖의 것 | 금수성 물질 | 그밖의 것 | | | |
| 옥내 및 옥외 소화전 | | | | | | | | | | | | | |
| 물분무등 소화설비 | 물분무 소화설비 | | | | | | | | | | | | |
| | 불활성가스 소화설비 | | | | | | | | | | | | |
| | 할로겐화합물 소화설비 | | | | | | | | | | | | |

해설

| 소화설비의 구분 | | 대상물 구분 | | | | | | | | | | | |
|---|---|---|---|---|---|---|---|---|---|---|---|---|---|
| | | 건축물·그 밖의 공작물 | 전기설비 | 제1류 위험물 | | 제2류 위험물 | | | 제3류 위험물 | | 제4류 위험물 | 제5류 위험물 | 제6류 위험물 |
| | | | | 알칼리금속과산화물 | 그밖의 것 | 철분 금속분 마그네슘 | 인화성 고체 | 그 밖의 것 | 금수성 물질 | 그밖의 것 | | | |
| 옥내 및 옥외 소화전 | | *O* | | | *O* | | *O* | *O* | | *O* | | *O* | *O* |
| 물분무등 소화설비 | 물분무 소화설비 | *O* | *O* | | *O* | | *O* | *O* | | *O* | *O* | *O* | *O* |
| | 불활성가스 소화설비 | | *O* | | | | *O* | | | | *O* | | |
| | 할로겐화합물 소화설비 | | *O* | | | | *O* | | | | *O* | | |

더 북(The book)
한권으로 끝내는 '위험물산업기사 실기'

초판발행 | 2023년 03월 24일
편 저 자 | 이태랑, 김내오
발 행 처 | 오스틴북스
등록번호 | 제 396-2010-000009호
주 소 | 경기도 고양시 일산동구 백석동 1351번지
전 화 | 070-4123-5716
팩 스 | 031-902-5716
정 가 | 28,000원
I S B N | 979-11-88426-68-3(13500)